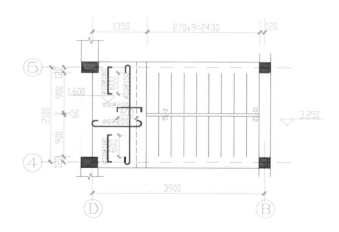

楼梯结构平面图

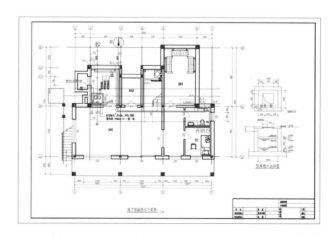

地下层给水排水平面图

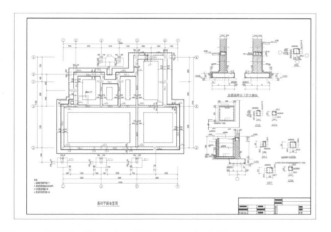

基础平面布置图

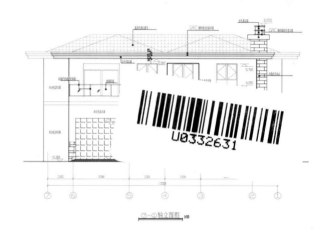

7-1立面图

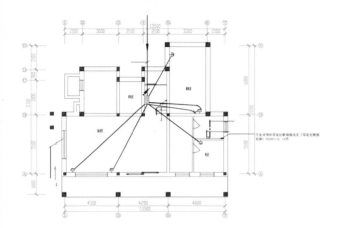

电视电话平面图

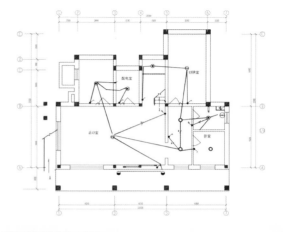

地下照明平面图

AutoCAD 2015中文版
建筑设计实例教程
本书部分案例

Series of books
With your good teachers and
helpful friends is the inexhaustible spiritual wealth

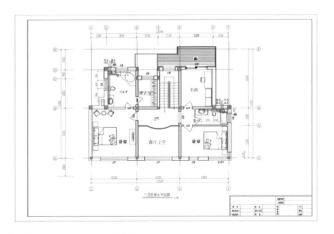

二层给排水平面图

某户型采暖系统图

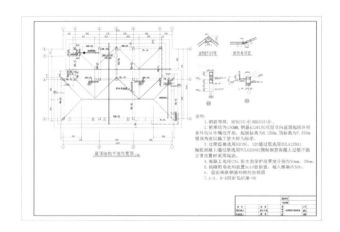

屋顶结构平面图

屋顶结构平面布置图

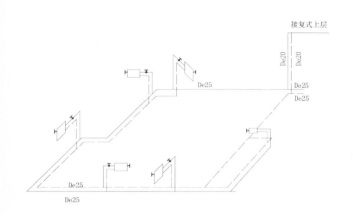

某教学楼空调平面图局部

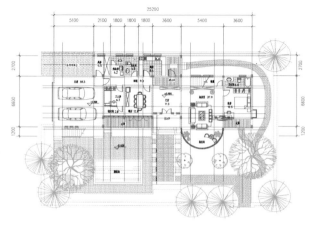

底层平面图

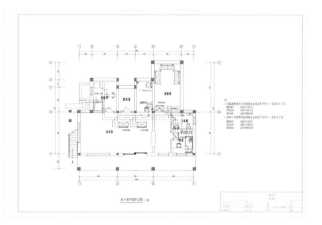

地下室空调平面图

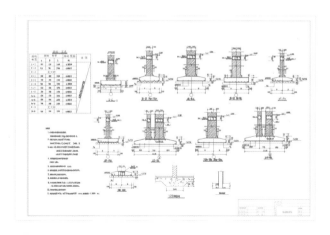

基础断面图

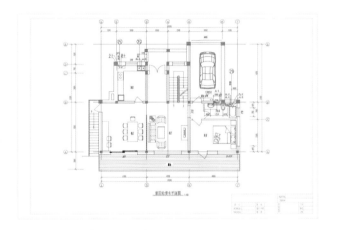

首层给排水平面图

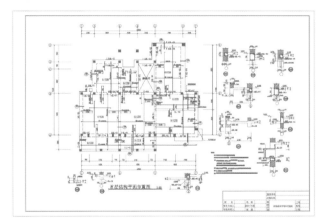

首层结构平面布置图

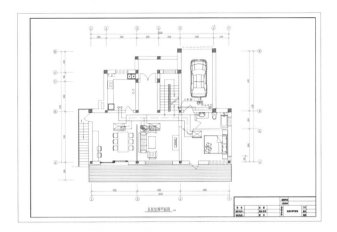

首层空调平面图

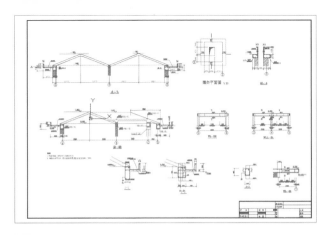

烟囱详图

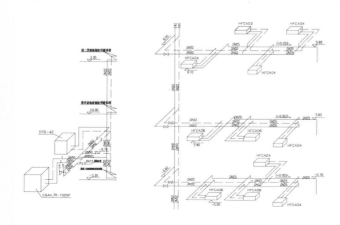

空调水系统图

居室室内设计平面图 1:50

居室室内平面图

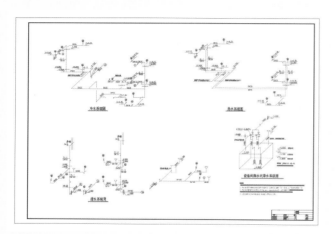

给排水系统图

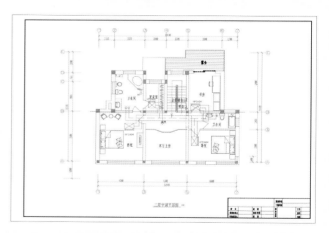

二层空调平面图

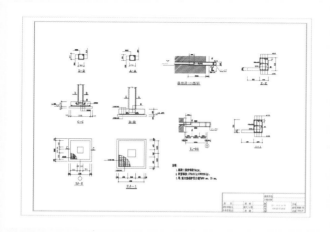

悬挑梁配筋图

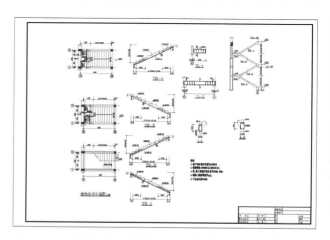

楼梯结构配筋图

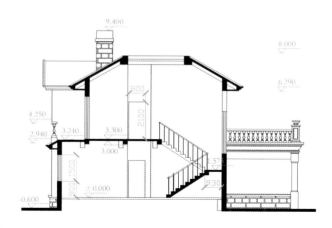

別墅1-1剖面图

1-7立面图的绘制

二层平面图

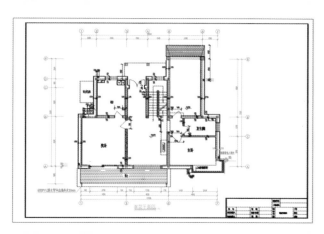

首层平面图

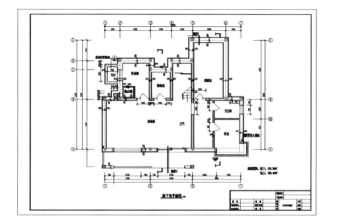

別墅地下室平面图

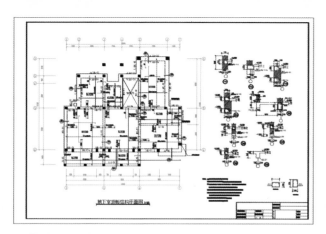

地下室顶板结构平面图

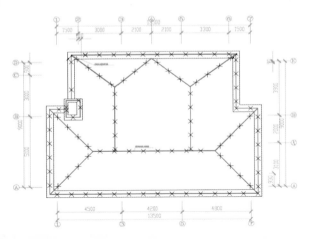

接地防雷平面图

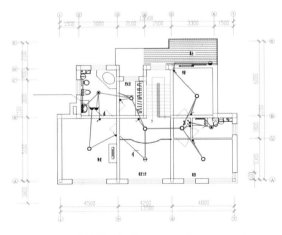

二层照明平面图的绘制

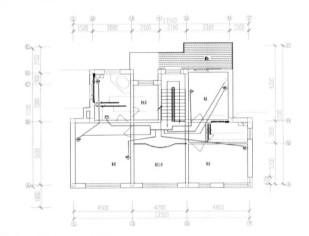

二层电视电话平面图的绘制

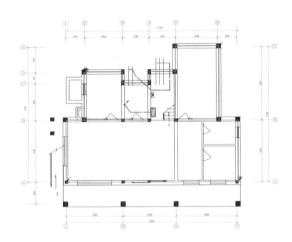

接地平面图的绘制

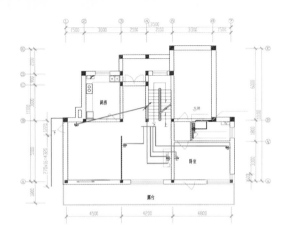

首层电视电话平面图

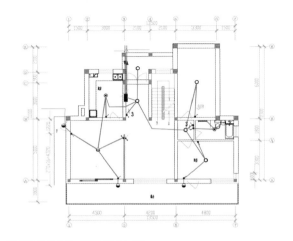

首层照明平面图的绘制

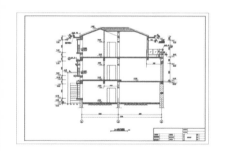

2-2剖面图

别墅首层平面图

平面图

二层平面图

A-E立面图的绘制

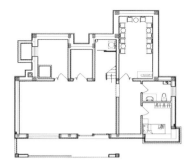

地下室装饰平面图

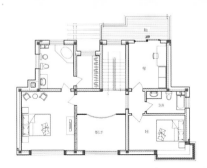

二层装饰平面图

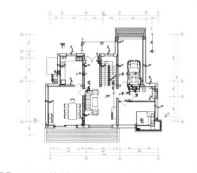

首层装饰平面图

E-A立面图的绘制

1-1剖面图

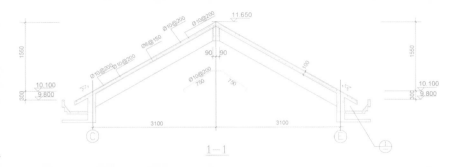

1-1剖面配筋图

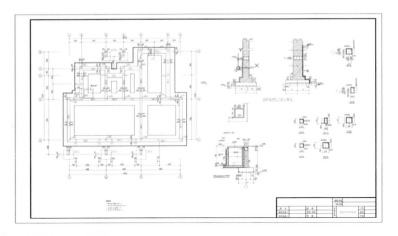

■ 基础平面布置图

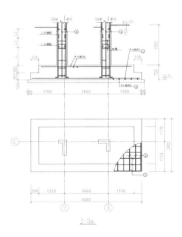

■ 别墅结构基础大样详图二

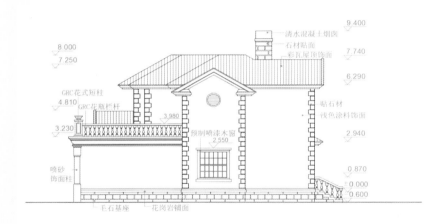

■ 别墅西立面图

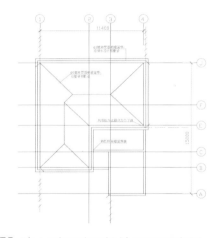

■ 独立别墅防雷接地平面图实例

■ 别墅南立面图

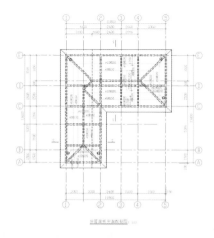

■ 斜屋面板平面配筋图

AutoCAD 2015 中文版建筑设计实例教程

CAD/CAM/CAE 技术联盟　编著

清华大学出版社

北　京

内 容 简 介

《AutoCAD 2015 中文版建筑设计实例教程》一书根据 AutoCAD 认证考试最新大纲编写，重点介绍了 AutoCAD 2015 中文版的新功能及各种基本操作方法和技巧。其最大的特点是，在大量利用图解方法进行知识点讲解的同时，巧妙地融入了建筑设计工程应用案例，使读者能够在建筑设计工程实践中掌握 AutoCAD 2015 的操作方法和技巧。

本书分为 5 篇共 19 章，分别介绍了 AutoCAD 2015 入门、辅助绘图工具、二维绘制命令、编辑命令、复杂二维绘制与编辑命令、文字与标注、辅助工具、建筑设计基本理论、别墅平面图、别墅装饰平面图、别墅立面图、别墅剖面图、建筑结构设计概述、别墅建筑结构平面图、别墅建筑结构详图、建筑电气工程基础、别墅建筑电气工程图、建筑给水排水工程图基本知识、别墅水暖设计工程图等内容。

本书内容翔实，图文并茂，语言简洁，实例丰富，既可以作为初学者的入门与提高教材，也可作为 AutoCAD 认证考试辅导与自学教材。

本书除利用传统的纸面讲解外，随书还配送了多功能学习光盘。光盘具体内容如下：

1. 67 段大型高清多媒体教学视频（动画演示），边看视频边学习，轻松学习效率高。

2. AutoCAD 绘图技巧、快捷命令速查手册、疑难问题汇总、常用图块等辅助学习资料，极大地方便读者学习。

3. 3 套建筑设计方案及长达 715 分钟同步教学视频，可以拓展视野，增强实战。

4. 全书实例的源文件和素材，方便按照书中实例操作时直接调用。

图书在版编目（CIP）数据

AutoCAD 2015 中文版建筑设计实例教程/CAD/CAM/CAE 技术联盟编著. —北京：清华大学出版社，2016
ISBN 978-7-302-43152-7

I. ①A…　II. ①C…　III. ①建筑设计-计算机辅助设计-AutoCAD 软件-教材　IV. ①TU201.4

中国版本图书馆 CIP 数据核字（2016）第 034895 号

责任编辑：杨静华
封面设计：李志伟
版式设计：魏　远
责任校对：王　云
责任印制：李红英

出版发行：清华大学出版社
　　　　　网　　　址：http://www.tup.com.cn，http://www.wqbook.com
　　　　　地　　　址：北京清华大学学研大厦 A 座　　　　　邮　　编：100084
　　　　　社 总 机：010-62770175　　　　　　　　　　　邮　　购：010-62786544
　　　　　投稿与读者服务：010-62776969，c-service@tup.tsinghua.edu.cn
　　　　　质 量 反 馈：010-62772015，zhiliang@tup.tsinghua.edu.cn
印　刷　者：清华大学印刷厂
装 订 者：三河市溧源装订厂
经　　销：全国新华书店
开　　本：203mm×260mm　印　张：32.5　插　页：7　字　　数：983 千字
　　　　　（附 DVD 光盘 1 张）
版　　次：2016 年 5 月第 1 版　　　　　　　　　　　印　　次：2016 年 5 月第 1 次印刷
印　　数：1～4000
定　　价：69.80 元

产品编号：058942-01

前　言

Preface

　　建筑设计是指建筑物在建造之前，设计者按照建设任务，将施工过程和使用过程中所存在的或可能发生的问题，事先作好通盘的设想，拟定好解决这些问题的办法、方案，用图纸和文件表达出来，作为后期备料、施工组织工作和各工种在制作、建造工作中互相配合协作的共同依据，使整个工程得以在预定的投资限额范围内，按照周密考虑的预定方案，统一步调，顺利进行。

　　AutoCAD 是美国 Autodesk 公司推出的，集二维绘图、三维设计、渲染及通用数据库管理和互联网通信功能为一体的计算机辅助绘图软件包。自 1982 年推出以来，从初期的 1.0 版本，经多次版本更新和性能完善，不仅在机械、电子和建筑等工程设计领域得到了广泛的应用，而且在地理、气象、航海等特殊图形的绘制，甚至乐谱、灯光、幻灯和广告等领域也得到了多方面的应用，目前已成为 CAD 系统中应用最为广泛的图形软件之一。本书以 2015 版本为基础讲解 AutoCAD 在建筑设计中的应用方法和技巧。

一、编写目的

　　鉴于 AutoCAD 强大的功能和深厚的工程应用底蕴，我们力图为 AutoCAD 初学者、自学者或想参加 AutoCAD 认证考试的读者开发一套全方位介绍 AutoCAD 在各个行业应用实际情况的书籍。在具体编写过程中，我们不求事无巨细地将 AutoCAD 知识点全面讲解清楚，而是针对本专业或本行业需要，参考 AutoCAD 认证考试最新大纲，以 AutoCAD 大体知识脉络为线索，以"实例"为抓手，由浅入深，从易到难，帮助读者掌握利用 AutoCAD 进行本行业工程设计的基本技能和技巧，并希望能够为广大读者的学习起到良好的引导作用，为广大读者学习 AutoCAD 提供一个简洁有效的捷径。

二、本书特点

1. 专业性强，经验丰富

　　本书的著作责任者是 Autodesk 中国认证考试中心（ACAA）的首席技术专家，全面负责 AutoCAD 认证考试大纲制定和考试题库建设。编者均为在高校多年从事计算机图形教学研究的一线人员，具有丰富的教学实践经验，能够准确地把握学生的心理与实际需求。有一些执笔者是国内 AutoCAD 图书出版界的知名作者，前期出版的一些相关书籍经过市场检验很受读者欢迎。作者总结多年的设计经验和教学的心得体会，结合 AutoCAD 认证考试最新大纲要求编写此书，具有很强的专业性和针对性。

2. 涵盖面广，剪裁得当

　　本书定位于 AutoCAD 2015 在建筑设计应用领域功能全貌的教学与自学相结合的指导书。所谓功能全貌，不是将 AutoCAD 所有知识面面俱到，而是根据认证考试大纲，结合行业需要，将必须掌握的知识讲述清楚。根据这一原则，本书将建筑设计中必须掌握的知识进行了详细介绍，讲述了 AutoCAD 操作的基础知识和技巧，建筑设计的基本理论，别墅平面图、立面图、剖面图的绘制，建筑结构平面图、详图的绘制，建筑电气工程图、给排水工程图和水暖设计工程图设计等内容。为了在有限的篇幅内提高知识集中程度，作者对所讲述的知识点进行了精心剪裁，并确保各知识点为实际设计中用得到、读者学得会的内容。

3．实例丰富，步步为营

作为 AutoCAD 软件在建筑设计领域应用的图书，我们力求避免空洞的介绍和描述，而是步步为营，对每个知识点采用建筑设计实例来演绎，通过实例操作使读者加深对知识点内容的理解，并在实例操作过程中牢固地掌握了软件功能。实例的种类也非常丰富，既有知识点讲解的小实例，也有几个知识点或全章知识点结合的综合实例，还有练习提高的上机实例。各种实例交错讲解，达到巩固读者理解的目标。

4．工程案例，潜移默化

AutoCAD 是一个侧重应用的工程软件，为了体现这一点，本书采用的巧妙处理方法是：在读者基本掌握各个知识点后，通过别墅建筑设计这个典型案例练习来具体体验软件在建筑设计实践中的应用方法，对读者的建筑设计能力进行最后的"淬火"处理。"随风潜入夜，润物细无声"，潜移默化地培养读者的建筑设计能力，同时使全书的内容显得紧凑完整。

5．技巧总结，点石成金

除了一般提示说明性内容外，本书在有些章节的最后特别给出了一个"名师点拨"的内容环节，针对本章内容所涉及的知识给出作者多年操作应用的经验总结和关键操作技巧提示，帮助读者对本章知识进行最后的提升。

6．认证实题训练，模拟考试环境

由于本书作者全面负责 AutoCAD 认证考试大纲的制定和考试题库建设，具有得天独厚的条件，所以本书在有些章节的最后给出了一个模拟考试的内容环节，所有的模拟试题都来自 AutoCAD 认证考试题库，非常有针对性，特别适合参加 AutoCAD 认证考试人员作为辅导教材。

三、本书光盘

1．67 段大型高清多媒体教学视频（动画演示）

为了方便读者学习，本书对书中全部实例（包括上机实验）专门制作了 67 段多媒体图像、语音视频录像（动画演示），读者可以先看视频，像看电影一样轻松愉悦地学习本书内容。

2．辅助学习资料

本书赠送了 AutoCAD 2015 工程师认证考试大纲、AutoCAD 2015 工程师认证考试模拟题、AutoCAD 绘图技巧大全、快捷命令速查手册、常用工具按钮速查手册、常用快捷键速查手册、疑难问题汇总和常用图块等多种学习资料，方便读者使用。

3．3 套大型图纸设计方案及长达 715 分钟的同步教学视频

为了帮助读者拓展视野，本书光盘中特意赠送了 3 套设计图纸集、图纸源文件，视频教学录像（动画演示），总长 715 分钟。

4．全书实例的源文件和素材

本书附带了很多实例，光盘中包含实例和练习实例的源文件和素材，读者可以安装 AutoCAD 2015 软件

后打开并使用它们。

四、本书服务

1．AutoCAD 2015 安装软件的获取

在学习本书前，请先在电脑中安装 AutoCAD 2015 软件（随书光盘中不附带软件安装程序），读者可在
Autodesk 官网 http://www.autodesk.com.cn/下载其试用版本，也可在当地电脑城、软件经销商购买软件使用。
安装完成后，即可按照本书上的实例进行操作练习。

2．关于本书和配套光盘的技术问题或有关本书信息的发布

读者朋友遇到有关本书的技术问题，可以加入 QQ 群 379090620 进行咨询，也可以将问题发送到邮箱
win760520@126.com 或 CADCAMCAE7510@163.com，我们将及时回复。另外，也可以登录清华大学出版
社网站 http://www.tup.com.cn/，在右上角的"站内搜索"框中输入本书书名或关键字，找到该书后单击，进
入详细信息页面，我们会将读者反馈的关于本书和光盘的问题汇总在"资源下载"栏的"网络资源"处，
读者可以下载查看。

3．关于本书光盘的使用

本书光盘可以放在电脑 DVD 格式光驱中使用，其中的视频文件可以用播放软件进行播放，但不能在家
用 DVD 播放机上播放，也不能在 CD 格式光驱的电脑上使用（现在 CD 格式的光驱已经很少）。如果光盘
仍然无法读取，最快的办法是建议换一台电脑读取，然后复制过来，极个别光驱与光盘不兼容的现象是有
的。另外，盘面有脏物建议要先行擦拭干净。

五、作者团队

本书由 CAD/CAM/CAE 技术联盟组织编写。CAD/CAM/CAE 技术联盟是一个 CAD/CAM/CAE 技术研
讨、工程开发、培训咨询和图书创作的工程技术人员协作联盟，包含 20 多位专职和众多兼职 CAD/CAM/CAE
工程技术专家。其中赵志超、张辉、赵黎黎、朱玉莲、徐声杰、张琪、卢园、杨雪静、孟培、闫聪聪、李
兵、甘勤涛、孙立明、李亚莉、王敏、宫鹏涵、左昉、李谨、王玮、王玉秋等参与了具体章节的编写工作，
对他们的付出表示真诚的感谢。

CAD/CAM/CAE 技术联盟负责人由 Autodesk 中国认证考试中心首席专家担任，全面负责 Autodesk 中国
官方认证考试大纲制定、题库建设、技术咨询和师资力量培训工作，成员精通 Autodesk 系列软件。其创作
的很多教材成为国内具有引导性的旗帜作品，在国内相关专业方向图书创作领域具有举足轻重的地位。

六、致谢

在本书的写作过程中，编辑刘利民先生和杨静华女士给予了很大的帮助和支持，提出了很多中肯的建
议，在此表示感谢。同时，还要感谢清华大学出版社的所有编审人员为本书的出版所付出的辛勤劳动。本
书的成功出版是大家共同努力的结果，谢谢所有给予支持和帮助的人们。

编　者

目　录

Contents

第 1 篇　基础知识篇

第2篇　建筑设计施工篇

第3篇 建筑结构图篇

第 5 篇　建筑水暖设计篇

基础知识篇

使用 AutoCAD 进行建筑绘图前必须掌握 AutoCAD 软件的使用方法。本篇将根据需要介绍 AutoCAD 2015 的基本使用方法和操作技巧，为后面的具体学习打下坚实基础。

▶▶ AutoCAD 2015 入门

▶▶ **辅助绘图工具**

▶▶ **二维绘制命令**

▶▶ **编辑命令**

▶▶ **文字与标注**

▶▶ **辅助工具**

AutoCAD 2015 入门

　　本章学习 AutoCAD 2015 绘图的基本知识，了解如何设置图形的系统参数、样板图，熟悉创建新的图形文件、打开已有文件的方法等，为后面章节的学习奠定必要的基础知识。

1.1　操作环境简介

操作环境是指和本软件相关的操作界面、绘图系统设置等一些涉及软件的最基本的界面和参数。本节将进行简要介绍。

【预习重点】

☑　安装软件，熟悉软件界面。
☑　观察光标大小与绘图区颜色。

1.1.1　操作界面

AutoCAD 操作界面是 AutoCAD 显示、编辑图形的区域，一个完整的 AutoCAD 操作界面如图 1-1 所示，包括标题栏、菜单栏、工具栏、快速访问工具栏、交互信息工具栏、绘图区、功能区、坐标系、命令行、状态栏、布局标签。

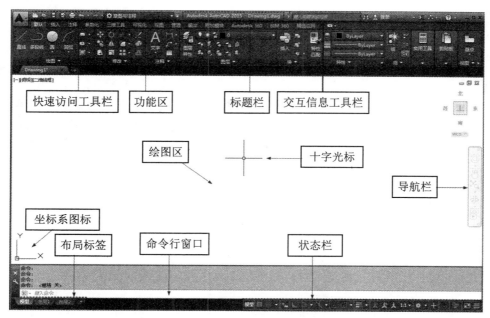

图 1-1　AutoCAD 2015 中文版的操作界面

1. 标题栏

在 AutoCAD 2015 中文版操作界面的最上端是标题栏。在标题栏中，显示了系统当前正在运行的应用程序（AutoCAD 2015）和用户正在使用的图形文件。在第一次启动 AutoCAD 2015 时，在标题栏中，将显示 AutoCAD 2015 在启动时创建并打开的图形文件的名称"Drawing1.dwg"，如图 1-1 所示。

注意　需要将 AutoCAD 的工作空间切换到"草图与注释"模式下（单击操作界面右下角中的"切换工作空间"按钮，在弹出的菜单中选择"草图与注释"命令），才能显示如图 1-1 所示的操作界面。本书中的所有操作均在"草图与注释"模式下进行。

2．菜单栏

在 AutoCAD 快速访问工具栏处调出菜单栏，如图 1-2 所示，调出后的菜单栏如图 1-3 所示。同其他 Windows 程序一样，AutoCAD 的菜单也是下拉形式，在菜单中包含子菜单。AutoCAD 的菜单栏中包含 12 个菜单："文件"、"编辑"、"视图"、"插入"、"格式"、"工具"、"绘图"、"标注"、"修改"、"参数"、"窗口"和"帮助"，这些菜单几乎包含了 AutoCAD 的所有绘图命令，后面的章节将对这些菜单功能进行详细的讲解。一般来讲，AutoCAD 下拉菜单中的命令有以下 3 种。

（1）带有子菜单的菜单命令。这种类型的菜单命令后面带有小三角形。例如，选择菜单栏中的"绘图"命令，指向其下拉菜单中的"圆"命令，系统就会进一步显示出"圆"子菜单中所包含的命令，如图 1-4 所示。

（2）打开对话框的菜单命令。这种类型的命令后面带有省略号。例如，选择菜单栏中的"格式"→"表格样式"命令，如图 1-5 所示，系统就会打开"表格样式"对话框，如图 1-6 所示。

图 1-2　调出菜单栏

图 1-3　菜单栏显示界面

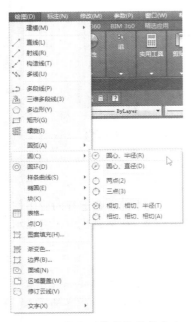

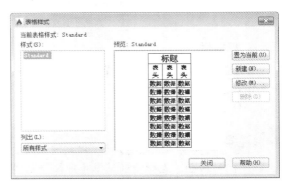

图 1-4　带有子菜单的菜单命令　图 1-5　打开对话框的菜单命令　图 1-6　"表格样式"对话框

（3）直接执行操作的菜单命令。这种类型的命令后面既不带小三角形，也不带省略号，选择该命令将直接进行相应的操作。例如，选择菜单栏中的"视图"→"重画"命令，系统将刷新显示所有视口。

3．工具栏

工具栏是一组按钮工具的集合，选择菜单栏中的"工具"→"工具栏"→AutoCAD 命令，调出所需要的工具栏，把光标移动到某个按钮上，稍停片刻即在该按钮的一侧显示相应的功能提示，同时在状态栏中，显示对应的说明和命令名，此时，单击按钮就可以启动相应的命令。

（1）设置工具栏。AutoCAD 2015 提供了十几种工具栏，选择菜单栏中的"工具"→"工具栏"→AutoCAD 命令，调出所需要的工具栏，如图 1-7 所示。选择某个未在界面中显示的工具栏名，系统将自动在界面中打开该工具栏；反之，关闭工具栏。

（2）工具栏的"固定"、"浮动"与"打开"。工具栏可以在绘图区"浮动"显示（如图 1-8 所示），此时显示该工具栏标题，并可关闭该工具栏；可以拖动"浮动"工具栏到绘图区边界，使它变为"固定"工具栏，此时该工具栏标题隐藏；也可以把"固定"工具栏拖出，使它成为"浮动"工具栏。

有些工具栏按钮的右下角带有一个小三角，单击后则会打开相应的工具栏，将光标移动到某一按钮上并单击，该按钮就变为当前显示的按钮。单击当前显示的按钮，即可执行相应的命令（如图 1-9 所示）。

图 1-8　"浮动"工具栏

图 1-7　调出工具栏

图 1-9　打开工具栏

4．快速访问工具栏和交互信息工具栏

（1）快速访问工具栏。该工具栏包括"新建"、"打开"、"保存"、"另存为"、"打印"、"放

弃"、"重做"和"工作空间"等几个常用的工具。用户也可以单击此工具栏后面的小三角下拉按钮选择设置需要的常用工具。

（2）交互信息工具栏。该工具栏包括"搜索"、"Autodesk 360"、"Autodesk Exchange 应用程序"、"保持连接"和"帮助"等几个常用的数据交互访问工具按钮。

5．功能区

在默认情况下，功能区包括"默认"选项卡、"插入"选项卡、"注释"选项卡、"参数化"选项卡、"视图"选项卡、"管理"选项卡、"输出"选项卡、"附加模块"选项卡、"Autodesk360"选项卡、BIM360选项卡以及"精选应用"选项卡，如图 1-10 所示（所有的选项卡显示面板如图 1-11 所示）。每个选项卡集成了相关的操作工具，方便用户使用。用户可以单击功能区选项后面的▲按钮控制功能的展开与收缩。

图 1-10　默认情况下出现的选项卡

图 1-11　所有的选项卡显示面板

（1）设置选项卡。将光标放在面板中任意位置处，右击，打开如图 1-12 所示的快捷菜单。选择某个未在功能区显示的选项卡名，系统将自动在功能区打开该选项卡；反之，将关闭选项卡（调出面板的方法与调出选项板的方法类似，这里不再赘述）。

（2）选项卡中面板的"固定"与"浮动"。面板可以在绘图区"浮动"（如图 1-13 所示），将鼠标光标放到浮动面板的右上角位置处，显示"将面板返回到功能区"，如图 1-14 所示。单击此处，使其变为"固定"面板。也可以把"固定"面板拖出，使其成为"浮动"面板。

图 1-12　快捷菜单

【执行方式】

☑　命令行：RIBBON（或 RIBBONCLOSE）。
☑　菜单栏：选择菜单栏中的"工具"→"选项板"→"功能区"命令。

6．绘图区

绘图区是指在标题栏下方的大片空白区域，是用户使用 AutoCAD 绘制图形的区域，用户要完成一幅设计图形，其主要工作都是在绘图区中完成的。

7．坐标系图标

在绘图区的左下角，有一个箭头指向的图标，称之为坐标系图标，表示用户绘图时正使用的坐标系样式。坐标系图标的作用是为点的坐标确定一个参照系。根据实际情况，用户也可以将其关闭。

【执行方式】

☑　命令行：UCSICON。
☑　菜单栏：选择菜单栏中的"视图"→"显示"→"UCS 图标"→"开"命令，如图 1-15 所示。

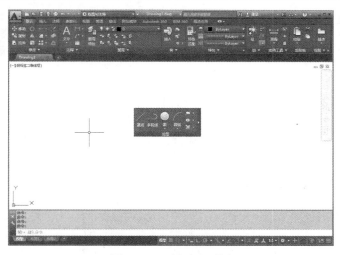

图 1-13　"浮动"面板

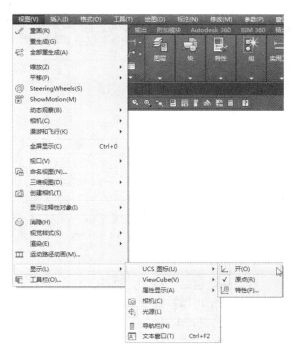

图 1-14　"绘图"面板

图 1-15　"视图"菜单

8．命令行窗口

命令行窗口是输入命令名和显示命令提示的区域，默认命令行窗口布置在绘图区下方，由若干文本行构成。对命令行窗口，有以下几点需要说明。

（1）移动拆分条，可以扩大和缩小命令行窗口。

（2）可以拖动命令行窗口，布置在绘图区的其他位置。默认情况下在图形区的下方。

（3）对当前命令行窗口中输入的内容，可以按 F2 键用文本编辑的方法进行编辑，如图 1-16 所示。AutoCAD 文本窗口和命令行窗口相似，可以显示当前 AutoCAD 进程中命令的输入和执行过程。在执行 AutoCAD 某些命令时，会自动切换到文本窗口，列出有关信息。

（4）AutoCAD 通过命令行窗口，反馈各种信息，也包括出错信息，因此，用户要时刻关注在命令行窗口中出现的信息。

9．状态栏

状态栏在屏幕的底部，依次有"坐标"、"模型空间"、"栅格"、"捕捉模式"、"推断约束"、"动态输入"、"正交模式"、"极轴追踪"、"等轴测草图"、"对象捕捉追踪"、"二维对象捕捉"、"线宽"、"透明度"、"选择循环"、"三维对象捕捉"、"动态 UCS"、"选择过滤"、"小控

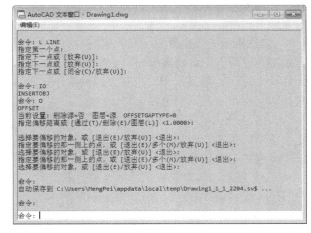

图 1-16　文本窗口

件"、"注释可见性"、"自动缩放"、"注释比例"、"切换工作空间"、"注释监视器"、"单位"、"快捷特性"、"图形性能"、"全屏显示"和"自定义"28 个功能按钮。单击部分开关按钮，可以实现这些功能的开关。通过部分按钮也可以控制图形或绘图区的状态。

10. 布局标签

AutoCAD 系统默认设定一个"模型"空间和"布局 1"、"布局 2"两个图样空间布局标签。在这里有两个概念需要解释一下。

（1）布局。布局是系统为绘图设置的一种环境，包括图样大小、尺寸单位、角度设定、数值精确度等，在系统预设的 3 个标签中，这些环境变量都按默认设置。用户可根据实际需要改变这些变量的值，后面将详细介绍。用户也可以根据需要设置符合自己要求的新标签。

（2）模型。AutoCAD 的空间分模型空间和图样空间两种。模型空间是通常绘图的环境，而在图样空间中，用户可以创建叫做"浮动视口"的区域，以不同视图显示所绘图形。用户可以在图样空间中调整浮动视口并决定所包含视图的缩放比例。如果用户选择图样空间，可打印多个视图，也可以打印任意布局的视图。AutoCAD 系统默认打开模型空间，用户可以选择操作界面下方的布局标签，选择需要的布局。

11. 状态托盘

状态托盘包括一些常见的显示工具和注释工具按钮，包括模型与布局空间转换按钮，如图 1-17 所示，通过这些按钮可以控制图形或绘图区的状态。

（1）模型或布局空间：在模型空间与布局空间之间进行转换。

（2）显示图形栅格：栅格是覆盖用户坐标系（UCS）的整个 XY 平面的直线或点的矩形图案。使用栅格类似于在图形下放置一张坐标纸。利用栅格可以对齐对象并直观显示对象之间的距离。

（3）捕捉模式：对象捕捉对于在对象上指定精确位置非常重要。不论何时提示输入点，都可以指定对象捕捉。默认情况下，当光标移到对象的对象捕捉位置上时，将显示标记和工具提示。

（4）正交限制光标：将光标限制在水平或垂直方向上移动，以便于精确地创建和修改对象。当创建或移动对象时，可以使用"正交"模式将光标限制在相对于用户坐标系（UCS）的水平或垂直方向上。

（5）按指定角度限制光标（极轴追踪）：使用"极轴追踪"，光标将按指定角度进行移动。创建或修改对象时，可以使用"极轴追踪"来显示由指定的极轴角度所定义的临时对齐路径。

（6）等轴测草图：通过设定"等轴测捕捉/栅格"，可以很容易地沿 3 个等轴测平面之一对齐对象。尽管等轴测图形看似三维图形，但实际上是二维表示。因此不能期望提取三维距离和面积、从不同视点显示对象或自动消除隐藏线。

（7）显示捕捉参照线（对象捕捉追踪）：使用对象捕捉追踪，可以沿着基于对象捕捉点的对齐路径进行追踪。已获取的点将显示一个小加号（+），一次最多可以获取 7 个追踪点。获取点之后，当在绘图路径上移动光标时，将显示相对于获取点的水平、垂直或极轴对齐路径。例如，可以基于对象端点、中点或者对象的交点，沿着某个路径选择一点。

（8）将光标捕捉到二维参照点（对象捕捉）：使用执行对象捕捉设置（也称为对象捕捉），可以在对象上的精确位置指定捕捉点。选择多个选项后，将应用选定的捕捉模式，以返回距离靶框中心最近的点。按 Tab 键可以在这些选项之间循环。

（9）显示注释对象：当图标亮显时表示显示所有比例的注释性对象；当图标变暗时表示仅显示当前比例的注释性对象。

（10）在注释比例发生变化时，将比例添加到注释性对象：注释比例更改时，自动将比例添加到注释对象上。

（11）当前视图的注释比例：单击注释比例右侧的下三角按钮，弹出注释比例列表，如图 1-18 所示，可以根据需要选择适当的注释比例。

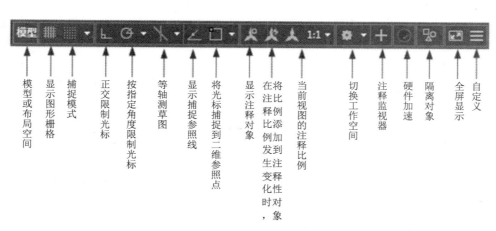

图 1-17　状态托盘

图 1-18　注释比例列表

（12）切换工作空间：进行工作空间转换。

（13）注释监视器：打开仅用于所有事件或模型文档事件的注释监视器。

（14）硬件加速：设定图形卡的驱动程序以及设置硬件加速的选项。

（15）隔离对象：当选择隔离对象时，在当前视图中显示选定对象。所有其他对象都暂时隐藏；当选择隐藏对象时，在当前视图中暂时隐藏选定对象。所有其他对象都可见。

（16）全屏显示：该选项可以清除 Windows 窗口中的标题栏、功能区和选项板等界面元素，使 AutoCAD 的绘图窗口全屏显示，如图 1-19 所示。

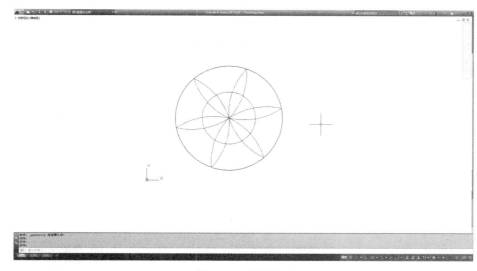

图 1-19　全屏显示

（17）自定义：状态栏可以提供重要信息，而无须中断工作流。使用 MODEMACRO 系统变量可将应用程序所能识别的大多数数据显示在状态栏中。使用该系统变量的计算、判断和编辑功能可以完全按照用户的要求构造状态栏。

12．光标大小

在绘图区中，有一个作用类似光标的"十"字线，其交点坐标反映了光标在当前坐标系中的位置。在 AutoCAD 中，将该"十"字线称为十字光标，如图 1-1 中所示。

☆ 贴心小帮手

> AutoCAD 通过光标坐标值显示当前点的位置。光标的方向与当前用户坐标系的 X、Y 轴方向平行，光标的长度系统预设为绘图区大小的 5%，用户可以根据绘图需要修改其大小。

【操作实践——设置十字光标大小】

（1）选择菜单栏中的"工具"→"选项"命令，打开"选项"对话框。

（2）选择"显示"选项卡，在"十字光标大小"文本框中直接输入数值，或拖动文本框后面的滑块，即可对十字光标的大小进行调整，如图 1-20 所示。

此外，还可以通过设置系统变量 CURSORSIZE 的值，修改其大小。

1.1.2 绘图系统

每台计算机所使用的显示器、输入设备和输出设备的类型不同，用户喜好的风格及计算机的目录设置也不同。一般来讲，使用 AutoCAD 2015 的默认配置就可以绘图，但为了使用用户的定点设备或打印机，以及提高绘图的效率，推荐用户在开始作图前先进行必要的配置。

【执行方式】

- ☑ 命令行：PREFERENCES。
- ☑ 菜单栏：选择菜单栏中的"工具"→"选项"命令。
- ☑ 快捷菜单：在绘图区右击，在打开的快捷菜单中选择"选项"命令，如图 1-21 所示。

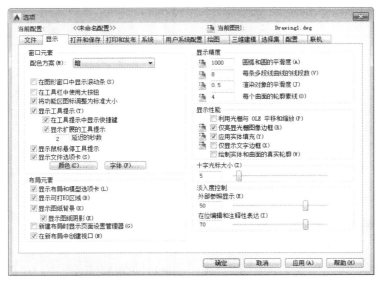
图 1-20 "显示"选项卡

图 1-21 快捷菜单

🎓 **高手支招**

> 设置实体显示精度时，请务必记住，显示质量越高，即精度越高，计算机计算的时间越长，因此建议不要将精度设置得太高，显示质量设定在一个合理的程度即可。

【操作实践——设置绘图区的颜色】

在默认情况下，AutoCAD 的绘图区是黑色背景、白色线条，不符合大多数用户的习惯，因此修改绘图区颜色，是大多数用户都要进行的操作。

（1）选择菜单栏中的"工具"→"选项"命令，打开"选项"对话框，选择如图 1-22 所示的"显示"选项卡，再单击"窗口元素"选项组中的"颜色"按钮，打开如图 1-23 所示的"图形窗口颜色"对话框。

图 1-22　"显示"选项卡

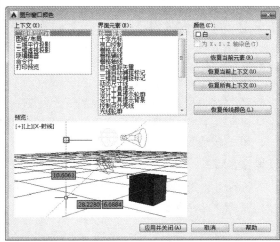

图 1-23　"图形窗口颜色"对话框

（2）在"颜色"下拉列表框中选择需要的窗口颜色，然后单击"应用并关闭"按钮，此时 AutoCAD 的绘图区就变换了背景色，通常按视觉习惯选择白色为窗口颜色。

1.2　文　件　管　理

本节介绍有关文件管理的一些基本操作方法，包括新建文件、打开已有文件、保存文件、删除文件等，这些都是进行 AutoCAD 2015 操作最基础的知识。

【预习重点】

☑　了解有几种文件管理命令。
☑　简单练习新建、打开、保存、退出等绘制方法。

1.2.1　新建文件

【执行方式】

☑　命令行：NEW。

- ☑ 菜单栏：选择菜单栏中的"文件"→"新建"命令。
- ☑ 工具栏：单击"标准"工具栏中的"新建"按钮 。
- ☑ 快捷键：Ctrl+N。

【操作实践——快速创建图形设置】

要想运行快速创建图形功能，必须首先进行如下设置。

（1）在命令行输入"FILEDIA"，按 Enter 键，设置系统变量为 1；在命令行输入"STARTUP"，设置系统变量为 0。

（2）选择菜单栏中的"工具"→"选项"命令，弹出"选项"对话框，在"文件"选项卡中，单击"样板设置"前面的"+"，在展开的选项列表中选择"快速新建的默认样板文件名"选项，如图 1-24 所示。单击"浏览"按钮，打开"选择文件"对话框，然后选择需要的样板文件即可。

1.2.2 打开文件

【执行方式】

- ☑ 命令行：OPEN。
- ☑ 菜单栏：选择菜单栏中的"文件"→"打开"命令。
- ☑ 工具栏：单击"标准"工具栏中的"打开"按钮 。
- ☑ 快捷键：Ctrl+O。

【操作步骤】

执行上述操作后，打开"选择文件"对话框，如图 1-25 所示。

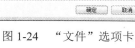

图 1-24 "文件"选项卡

图 1-25 "选择文件"对话框

【选项说明】

在"文件类型"下拉列表框中用户可选".dwg 文件"、".dwt 文件"、".dxf 文件"和".dws"文件。".dws"文件是包含标准图层、标注样式、线型和文字样式的样板文件；".dxf"文件是用文本形式存储的图形文件，能够被其他程序读取，许多第三方应用软件都支持".dxf"格式。

高手支招

有时在打开".dwg"文件时，系统会打开一个信息提示对话框，提示用户图形文件不能打开，在这种情况下先退出打开操作，然后选择菜单栏中的"文件"→"图形实用工具"→"修复"命令，或在命令行输入"RECOVER"，接着在"选择文件"对话框中输入要恢复的文件，确认后系统开始执行恢复文件操作。

1.2.3　保存文件

【执行方式】

☑　命令名：QSAVE（或 SAVE）。
☑　菜单栏：选择菜单栏中的"文件"→"保存"命令。
☑　工具栏：单击"标准"工具栏中的"保存"按钮。
☑　快捷键：Ctrl+S。

【操作实践——自动保存设置】

为了防止因意外操作或计算机系统故障导致正在绘制的图形文件丢失，可以对当前图形文件设置自动保存。

（1）在命令行输入"SAVEFILEPATH"，按 Enter 键，设置所有自动保存文件的位置，如"D:\HU\"。

（2）在命令行输入"SAVEFILE"，按 Enter 键，设置自动保存文件名。该系统变量存储的文件是只读文件，用户可以从中查询自动保存的文件名。

（3）在命令行输入"SAVETIME"，按 Enter 键，指定在使用自动保存时，多长时间保存一次图形，单位是"分"。

注意

本例中第一步输入"SAVEFILEPATH"命令后，若设置文件保存位置"D:\HU\"，则在 D 盘下必须有"HU"文件夹，否则保存无效。

在没有相应保存文件路径时，命令行提示与操作如下：

命令: SAVEFILEPATH
输入 SAVEFILEPATH 的新值，或输入. 表示无 <"C:\Documents and Settings\Administrator\local settings\temp\">:　　d:\hu\　　（输入文件路径）

SAVEFILEPATH 无法设置为该值。

1.2.4　另存为

【执行方式】

☑　命令行：SAVEAS。
☑　菜单栏：选择菜单栏中的"文件"→"另存为"命令。

【操作步骤】

执行上述操作后，打开"图形另存为"对话框，如图 1-26 所示，系统用新的文件名保存，并为当前图形更名。

图 1-26　"图形另存为"对话框

🎓 **高手支招**

　　系统打开"选择样板"对话框，在"文件类型"下拉列表框中有 4 种格式的图形样板，后缀分别是.dwt、.dwg、.dws 和.dxf。

1.2.5　退出

【执行方式】

　　☑　命令行：QUIT（或 EXIT）。
　　☑　菜单栏：选择菜单栏中的"文件"→"退出"命令。
　　☑　按钮：单击 AutoCAD 操作界面右上角的"关闭"按钮▣。

【操作步骤】

　　执行上述操作后，若用户对图形所做的修改尚未保存，则会打开如图 1-27 所示的系统警告对话框。单击"是"按钮，系统将保存文件，然后退出；单击"否"按钮，系统将不保存文件。若用户对图形所做的修改已经保存，则直接退出。

图 1-27　系统警告对话框

1.3　基本绘图参数

　　绘制一幅图形时，需要设置一些基本参数，如图形单位、图幅界限等，下面进行简要介绍。

【预习重点】

　　☑　了解基本参数的概念。
　　☑　熟悉参数设置命令的使用方法。

1.3.1　设置图形单位

【执行方式】

☑　命令行：DDUNITS（或 UNITS，快捷命令 UN）。

☑　菜单栏：选择菜单栏中的"格式"→"单位"命令或选择主菜单中的"图形实用工具"→"单位"命令。

【操作步骤】

执行上述操作后，系统打开"图形单位"对话框，如图 1-28 所示，该对话框用于定义单位和角度格式。

【选项说明】

（1）"长度"与"角度"选项组：指定测量的长度与角度当前单位及精度。

（2）"插入时的缩放单位"选项组：控制插入到当前图形中的块和图形的测量单位。如果块或图形创建时使用的单位与该选项指定的单位不同，则在插入这些块或图形时，将对其按比例进行缩放。插入比例是原块或图形使用的单位与目标图形使用的单位之比。如果插入块时不按指定单位缩放，则在其下拉列表框中选择"无单位"选项。

（3）"输出样例"选项组：显示用当前单位和角度设置的例子。

（4）"光源"选项组：控制当前图形中光度控制光源的强度测量单位。为创建和使用光度控制光源，必须从下拉列表框中指定非"常规"的单位。如果"插入比例"设置为"无单位"，则将显示警告信息，通知用户渲染输出可能不正确。

（5）"方向"按钮：单击该按钮，系统打开"方向控制"对话框，如图 1-29 所示，在其中可进行方向控制设置。

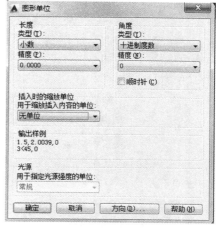

图 1-28　"图形单位"对话框

图 1-29　"方向控制"对话框

1.3.2　设置图形界限

【执行方式】

☑　命令行：LIMITS。

☑　菜单栏：选择菜单栏中的"格式"→"图形界限"命令。

【操作步骤】

命令行提示与操作如下：

```
命令: LIMITS✓
重新设置模型空间界限:
指定左下角点或 [开(ON)/关(OFF)] <0.0000,0.0000>:（输入图形边界左下角的坐标后按 Enter 键）
指定右上角点 <12.0000,9.0000>:（输入图形边界右上角的坐标后按 Enter 键）
```

【选项说明】

（1）开(ON)：使图形界限有效。系统在图形界限以外拾取的点将视为无效。

（2）关(OFF)：使图形界限无效。用户可以在图形界限以外拾取点或实体。

（3）动态输入角点坐标：可以直接在绘图区的动态文本框中输入角点坐标，输入了横坐标值后，按"，"键，接着输入纵坐标值，如图1-30所示；也可以按光标位置直接单击，确定角点位置。

图1-30 动态输入

 举一反三

在命令行中输入坐标时，请检查此时的输入法是否为英文输入。如果是中文输入，如输入"150，20"，则由于逗号"，"的原因，系统会认定该坐标输入无效。这时，只需将输入法改为英文输入即可。

1.4 基本输入操作

绘制图形的要点在于准、快，即图形尺寸绘制准确、绘图时间锐减。本节主要介绍不同命令的操作方法，读者在后面章节中学习绘图命令时，尽可能掌握多种方法，从中找出适合自己且快速的方法。

【预习重点】

☑ 了解基本输入方法。

1.4.1 命令输入方式

AutoCAD 交互绘图必须输入必要的指令和参数。有多种 AutoCAD 命令输入方式，下面以画直线为例，介绍命令输入方式。

（1）在命令行输入命令名。命令字符可不区分大小写，例如，命令"LINE"。执行命令时，在命令行提示中经常会出现命令选项。在命令行输入绘制直线命令"LINE"后，命令行提示与操作如下：

命令: LINE∠
指定第一个点: 在绘图区指定一点或输入一个点的坐标
指定下一点或 [放弃(U)]:

命令行中不带括号的提示为默认选项（如上面的"指定下一点或"），因此可以直接输入直线段的起点坐标或在绘图区指定一点，如果要选择其他选项，则应该首先输入该选项的标识字符，如"放弃"选项的标识字符"U"，然后按系统提示输入数据即可。在命令选项的后面有时还带有尖括号，尖括号内的数值为默认数值。

（2）在命令行输入命令缩写字。如 L（Line）、C（Circle）、A（Arc）、Z（Zoom）、R（Redraw）、M（Move）、CO（Copy）、PL（Pline）、E（Erase）等。

（3）选择"绘图"菜单栏中对应的命令，在命令行窗口中可以看到对应的命令说明及命令名。

（4）单击"绘图"工具栏中对应的按钮，命令行窗口中也可以看到对应的命令说明及命令名。

（5）在命令行打开快捷菜单。如果在前面刚使用过要输入的命令，可以在命令行右击，打开快捷菜单，在"最近使用的命令"子菜单中选择需要的命令，如图 1-31 所示。"最近使用的命令"子菜单中存储了最近使用的 6 个命令，如果经常重复使用某 6 个命令以内的命令，这种方法就比较快速简单。

（6）在绘图区右击。如果用户要重复使用上次使用的命令，可以直接在绘图区右击，系统立即重复执行上次使用的命令，这种方法适用于重复执行某个命令。

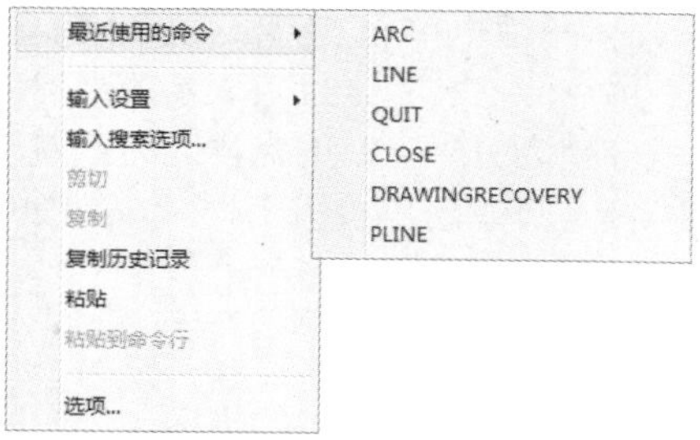

1.4.2　命令的重复、撤销、重做

1. 命令的重复

按 Enter 键，可重复调用上一个命令，不管上一个命令是完成了还是被取消了。

2. 命令的撤销

在命令执行的任何时刻都可以取消和终止命令的执行。

【执行方式】

- ☑　命令行：UNDO。
- ☑　菜单栏：选择菜单栏中的"编辑"→"放弃"命令。
- ☑　快捷键：Esc。

3. 命令的重做

已被撤销的命令要恢复重做，可以恢复撤销的最后一个命令。

【执行方式】

- ☑　命令行：REDO（快捷命令 RE）。
- ☑　菜单栏：选择菜单栏中的"编辑"→"重做"命令。
- ☑　快捷键：Ctrl+Y。

AutoCAD 2015 可以一次执行多重放弃和重做操作。单击"标准"工具栏中的"放弃"按钮 🔙 或"重做"按钮 🔜 后面的下三角，可以选择要放弃或重做的操作，如图 1-32 所示。

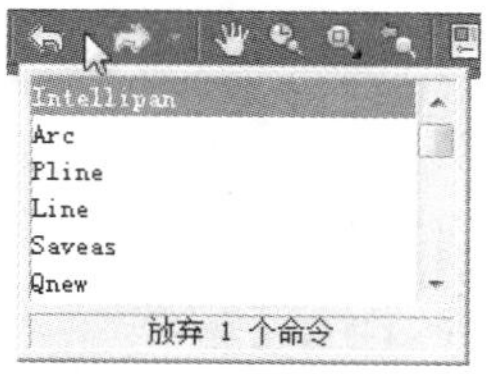

图 1-31　命令行快捷菜单

图 1-32　多重放弃选项

1.4.3　命令执行方式

有的命令有两种执行方式，通过对话框或通过命令行输入命令。如指定使用命令行方式，可以在命令名前加短划线来表示，如"-LAYER"表示用命令行方式执行"图层"命令。而如果在命令行输入"LAYER"，系统则会打开"图层特性管理器"对话框。

另外，有些命令同时存在命令行、菜单栏、工具栏和功能区 4 种执行方式，这时如果选择菜单栏、工具栏或功能区方式，命令行会显示该命令，并在前面加一个下划线。例如，通过菜单、工具栏或功能区方式执行"直线"命令时，命令行会显示"_line"，命令的执行过程与结果和命令行方式相同。

1.4.4　数据输入法

在 AutoCAD 2015 中，点的坐标可以用直角坐标、极坐标、球面坐标和柱面坐标表示，每一种坐标又分别具有两种坐标输入方式：绝对坐标和相对坐标。其中直角坐标和极坐标最为常用，具体输入方法如下。

1．直角坐标法

用点的 X、Y 坐标值表示的坐标。在命令行中输入点的坐标"15,18"，则表示输入了一个 X、Y 的坐标值分别为 15、18 的点，此为绝对坐标输入方式，表示该点的坐标是相对于当前坐标原点的坐标值，如图 1-33（a）所示。如果输入"@10,20"，则为相对坐标输入方式，表示该点的坐标是相对于前一点的坐标值，如图 1-33（b）所示。

2．极坐标法

用长度和角度表示的坐标，只能用来表示二维点的坐标。

（1）在绝对坐标输入方式下，表示为："长度<角度"，如"25<50"，其中长度表示该点到坐标原点的距离，角度表示该点到坐标原点的连线与 X 轴正向的夹角，如图 1-33（c）所示。

（2）在相对坐标输入方式下，表示为："@长度<角度"，如"@25<45"，其中长度为该点到前一点的距离，角度为该点至前一点的连线与 X 轴正向的夹角，如图 1-33（d）所示。

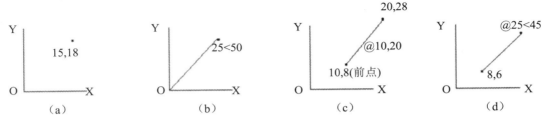

图 1-33　数据输入方法

3．动态数据输入

按下状态栏中的"动态输入"按钮，系统打开动态输入功能，可以在绘图区动态地输入某些参数数据。例如，绘制直线时，在光标附近，会动态地显示"指定第一个点："，以及后面的坐标框。当前坐标框中显示的是目前光标所在位置，可以输入数据，两个数据之间以逗号隔开，如图 1-34 所示。指定第一点后，系统动态显示直线的角度，同时要求输入线段长度值，如图 1-35 所示，其输入效果与"@长度<角度"方式相同。

图 1-34　动态输入坐标值

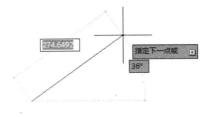

图 1-35　动态输入长度值

下面分别介绍点与距离值的输入方法。

4．点的输入

在绘图过程中，常需要输入点的位置，AutoCAD 提供了如下几种输入点的方式。

（1）用键盘直接在命令行输入点的坐标。直角坐标有两种输入方式：x,y（点的绝对坐标值，如"100,50"）和@x,y（相对于上一点的相对坐标值，如"@50,-30"）。

极坐标的输入方式为"长度<角度"（其中，长度为点到坐标原点的距离，角度为原点至该点连线与 X 轴的正向夹角，如"20<45"）或"@长度<角度"（相对于上一点的相对极坐标，如"@50<-30"）。

（2）用鼠标等定标设备移动光标，在绘图区单击直接取点。

（3）用目标捕捉方式捕捉绘图区已有图形的特殊点（如端点、中点、中心点、插入点、交点、切点、垂足点等）。

（4）直接输入距离。先绘出直线以确定方向，然后通过键盘输入距离。这样有利于准确控制对象的长度。

5. 距离值的输入

在 AutoCAD 命令中，有时需要提供高度、宽度、半径、长度等表示距离的值。AutoCAD 系统提供了两种输入距离值的方式：一种是用键盘在命令行中直接输入数值；另一种是在绘图区选择两点，以两点的距离值确定出所需数值。

【操作实践——绘制线段】

利用命令行输入长度绘制线段，结果如图 1-36 所示。操作步骤如下。

（1）单击"绘图"工具栏中的"直线"按钮，绘制长度为 10mm 的直线。

图 1-36　绘制直线

（2）在绘图区移动光标指明线段的方向，但不要单击，然后在命令行输入"10"，这样就在指定方向上准确地绘制了长度为 10mm 的线段。

1.5　综合演练——样板图绘图环境设置

本实例设置如图 1-37 所示的样板图文件绘图环境。操作步骤如下。

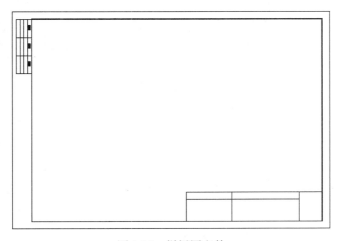

图 1-37　样板图文件

手把手教你学

绘制的大体顺序是先打开".dwg"格式的图形文件，设置图形单位与图形界限，最后将设置好的文件保存成".dwt"格式的样板图文件。绘制过程中要用到打开、单位、图形界限和保存等命令。

（1）打开文件。单击"标准"工具栏中的"打开"按钮，打开源文件目录下"\第 1 章\ A3 图框样板图.dwg"文件。

（2）设置单位。选择菜单栏中的"格式"→"单位"命令，AutoCAD 打开"图形单位"对话框，如图 1-38 所示。设置"长度"的"类型"为"小数"，"精度"为"0"；"角度"的"类型"为"十进制度数"，"精度"为 0，系统默认逆时针方向为正，"用于缩放插入内容的单位"设置为"毫米"。

（3）设置图形边界。国家标准对图纸的幅面大小作了严格规定，如表 1-1 所示。

表 1-1　图幅国家标准

幅面代号	A0	A1	A2	A3	A4
宽×长/（mm×mm）	841×1189	594×841	420×594	297×420	210×297

在这里，按国标 A3 图纸幅面设置图形边界。A3 图纸的幅面为 420mm×297mm。

选择菜单栏中的"格式"→"图形界限"命令，设置图幅，命令操作如图 1-39 所示。

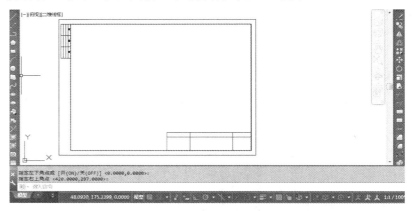

图 1-38　"图形单位"对话框　　　　　　　　　　图 1-39　设置图形界限

（4）保存成样板图文件。现阶段的样板图及其环境设置已经完成，先将其保存成样板图文件。

选择菜单栏中的"文件"→"另存为"命令，打开"图形另存为"对话框，如图 1-40 所示。在"文件类型"下拉列表框中选择"AutoCAD 图形样板（*.dwt）"选项，输入文件名"A3 建筑样板图"，单击"保存"按钮，系统打开"样板选项"对话框，如图 1-41 所示，保持默认的设置，单击"确定"按钮，保存文件。

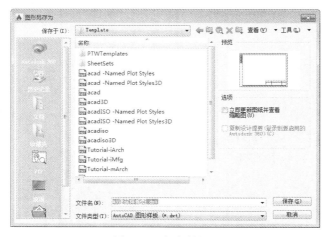

图 1-40　保存样板图　　　　　　　　　　图 1-41　样板选项

1.6　名师点拨——图形基本设置技巧

1. 复制图形粘贴后总是离得很远怎么办

复制时使用带基点复制：选择菜单栏中的"编辑"→"带基点复制"命令。

2. CAD 命令三键还原的方法是什么

如果 CAD 中的系统变量被人无意更改或一些参数被人有意调整了可以进行以下设置：

选择"选项"→"配置"→"重置"命令，即可恢复。恢复后，有些选项还需要一些调整，例如十字光标的大小等。

3. 文件安全保护具体的设置方法是什么

（1）右击 CAD 工作区的空白处，在弹出的快捷菜单中选择"选项"命令，弹出"选项"对话框，选择"打开和保存"选项卡。

（2）单击"打开和保存"选项卡中的"安全选项"按钮，打开"安全选项"对话框，用户可以在文本框中输入口令进行密码设置，再次打开该文件时将出现密码提示。

如果忘记了密码则文件永远也打不开了，所以加密之前最好先备份文件。

1.7　上 机 实 验

【练习 1】设置绘图环境。

1. 目的要求

任何一个图形文件都有一个特定的绘图环境，包括图形边界、绘图单位和角度等。设置绘图环境通常有两种方法：设置向导与单独的命令设置方法。通过学习设置绘图环境，可以促进读者对图形总体环境的认识。

2. 操作提示

（1）选择菜单栏中的"文件"→"新建"命令，系统打开"选择样板"对话框，单击"打开"按钮，进入绘图界面。

（2）选择菜单栏中的"格式"→"图形界限"命令，设置界限为"（0,0），（297,210）"，在命令行中可以重新设置模型空间界限。

（3）选择菜单栏中的"格式"→"单位"命令，系统打开"图形单位"对话框，设置"长度"的"类型"为"小数"，"精度"为"0.00"；"角度"的"类型"为"十进制度数"，"精度"为"0"；"用于缩放插入内容的单位"为"毫米"，"用于指定光源强度的单位"为"国际"；角度方向为"顺时针"。

【练习 2】熟悉操作界面。

1. 目的要求

操作界面是用户绘制图形的平台，操作界面的各个部分都有其独特的功能，熟悉操作界面有助于用户方便快速地进行绘图。本例要求读者了解操作界面的各部分功能，掌握改变绘图区颜色和光标大小的方法，能够熟练地打开、移动、关闭工具栏。

2．操作提示

（1）启动 AutoCAD 2015，进入操作界面。
（2）调整操作界面的大小。
（3）设置绘图区颜色与光标大小。
（4）打开、移动、关闭工具栏。
（5）尝试同时利用命令行、菜单命令和工具栏绘制一条线段。

【练习3】管理图形文件。

1．目的要求

图形文件管理包括文件的新建、打开、保存、加密、退出等。本例要求读者熟练掌握 DWG 文件的赋名保存、自动保存、加密及打开的方法。

2．操作提示

（1）启动 AutoCAD 2015，进入操作界面。
（2）打开一幅已经保存过的图形。
（3）进行自动保存设置。
（4）尝试在图形上绘制任意图线。
（5）将图形以新的名称保存。
（6）退出该图形。

【练习4】查看零件图细节。

1．目的要求

本练习要求读者熟练地掌握各种图形显示工具的使用方法。

2．操作提示

如图 1-42 所示，利用"平移"工具和"缩放"工具移动和缩放图形。

图 1-42　平面图

1.8　模　拟　考　试

1. 以下（　　）打开方式不存在。
   A. 以只读方式打开
   B. 局部打开
   C. 以只读方式局部打开
   D. 参照打开

2. 正常退出 AutoCAD 的方法有（　　）。
   A. QUIT 命令
   B. EXIT 命令
   C. 屏幕右上角的"关闭"按钮
   D. 直接关机

3. 在日常工作中贯彻办公和绘图标准时，下列（　　）方式最为有效。
   A. 应用典型的图形文件
   B. 应用模板文件
   C. 重复利用已有的二维绘图文件
   D. 在"启动"对话框中选取公制

4. 重复使用刚执行的命令，按（　　）键。
   A. Ctrl
   B. Alt
   C. Enter
   D. Shift

5. 如果想要改变绘图区域的背景颜色，应该（　　）。
   A. 在"选项"对话框的"显示"选项卡的"窗口元素"选项组中，单击"颜色"按钮，在弹出的对话框中进行修改
   B. 在 Windows 的"显示属性"对话框的"外观"选项卡中单击"高级"按钮，在弹出的对话框中进行修改
   C. 修改 SETCOLOR 变量的值
   D. 在"特性"面板的"常规"选项组中，修改"颜色"值

6. 自动保存文件"D1_1_2_2010.sv$"，其中"2010"表示（　　）。
   A. 保存的年份
   B. 保存文件的版本格式
   C. 随机数字
   D. 图形文件名

7. 如何使用".bak"文件恢复 AutoCAD 图形？（　　）
   A. 使用 recover 进行修复
   B. 更改".bak"扩展名为".dwg"
   C. 导出文件为 dxf，然后再把 dxf 文件导入到一个新文件中
   D. 以上说法均可以

8. "*.bmp"文件是怎么创建的？（　　）
   A. 文件→保存
   B. 文件→另存为
   C. 文件→输出
   D. 文件→打印

9. 在图形修复管理器中，以下（　　）文件是由系统自动创建的自动保存文件。
   A. drawing1_1_1_6865.svs$
   B. drawing1_1_68656.svs$
   C. drawing1_recovery.dwg
   D. drawing1_1_1_6865.bak

第 2 章

辅助绘图工具

为了快捷准确地绘制图形，AutoCAD 提供了多种必要的辅助绘图工具，如对象选择工具、对象捕捉工具、栅格、正交模式、缩放和平移等。利用这些工具，可以方便、迅速、准确地实现图形的绘制和编辑，不仅可提高工作效率，而且能更好地保证图形的质量。本章将介绍捕捉、栅格、正交、对象捕捉、对象追踪、极轴、动态输入、缩放和平移等知识。

2.1　精确定位工具

精确定位工具是指能够快速准确地定位某些特殊点（如端点、中点、圆心等）和特殊位置（如水平位置、垂直位置）的工具，包括"推断约束"、"捕捉模式"、"栅格显示"、"正交模式"、"极轴追踪"、"对象捕捉"、"三维对象捕捉"、"对象捕捉追踪"、"允许/禁止动态 UCS"、"动态输入"、"显示/隐藏线宽"、"显示/隐藏透明度"、"快捷特征"、"选择循环"和"注释监视器"15 个功能开关按钮，如图 2-1 所示。

【预习重点】

☑　了解定位工具的应用。

☑　逐个对应各按钮与命令的相互关系。

图 2-1　"状态栏"按钮

☑　练习正交、栅格、捕捉按钮的应用。

2.1.1　正交模式

在 AutoCAD 绘图过程中，经常需要绘制水平直线和垂直直线，但是用光标控制选择线段的端点时很难保证两个点严格沿水平或垂直方向，为此，AutoCAD 提供了正交功能，当启用正交模式时，画线或移动对象时只能沿水平方向或垂直方向移动光标，也只能绘制平行于坐标轴的正交线段。

【执行方式】

☑　命令行：ORTHO。

☑　状态栏：单击状态栏中的"正交模式"按钮█。

☑　快捷键：F8。

【操作步骤】

命令行提示与操作如下：

```
命令: ORTHO↙
输入模式 [开(ON)/关(OFF)] <开>: 设置开或关
```

🎓 **高手支招**

"正交"模式必须依托于其他绘图工具，才能显示其功能效果。

2.1.2　栅格显示

用户可以应用栅格显示工具使绘图区显示网格，它是一个形象的画图工具，就像传统的坐标纸一样。本节介绍控制栅格显示及设置栅格参数的方法。

【执行方式】

☑　命令行：DSETTINGS。

☑　菜单栏：选择菜单栏中的"工具"→"绘图设置"命令。

☑　状态栏：单击状态栏中的"栅格显示"按钮█（仅限于打开与关闭）。

☑ 快捷键：F7（仅限于打开与关闭）。

【操作步骤】

按上述操作，系统打开"草图设置"对话框，选择"捕捉和栅格"选项卡，如图 2-2 所示。

其中，"启用栅格"复选框用于控制是否显示栅格；"栅格 X 轴间距"和"栅格 Y 轴间距"文本框用于设置栅格在水平与垂直方向的间距。如果"栅格 X 轴间距"和"栅格 Y 轴间距"设置为 0，则 AutoCAD 系统会自动将捕捉栅格间距应用于栅格，且其原点和角度总是与捕捉栅格的原点和角度相同。另外，还可以通过"Grid"命令在命令行设置栅格间距。

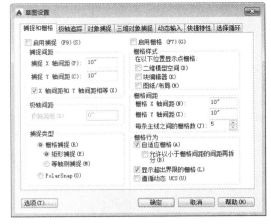

图 2-2 "捕捉和栅格"选项卡

高手支招

在"栅格间距"选项组的"栅格 X 轴间距"和"栅格 Y 轴间距"文本框中输入数值时，若在"栅格 X 轴间距"文本框中输入一个数值后按 Enter 键，系统将自动传送这个值给"栅格 Y 轴间距"，这样可减少工作量。

2.1.3 捕捉模式

为了准确地在绘图区捕捉点，AutoCAD 提供了捕捉工具，可以在绘图区生成一个隐含的栅格（捕捉栅格），这个栅格能够捕捉光标，约束它只能落在栅格的某一个节点上，使用户能够高精确度地捕捉和选择这个栅格上的点。本节主要介绍捕捉栅格的参数设置方法。

【执行方式】

☑ 命令行：DSETTINGS。
☑ 菜单栏：选择菜单栏中的"工具"→"草图设置"命令。
☑ 状态栏：单击状态栏中的"捕捉模式"按钮▦（仅限于打开与关闭）。
☑ 快捷键：F9（仅限于打开与关闭）。

【操作步骤】

选择菜单栏中的"工具"→"绘图设置"命令，打开"草图设置"对话框，选择"捕捉和栅格"选项卡，如图 2-2 所示。

【选项说明】

（1）"启用捕捉"复选框：控制捕捉功能的开关，与按 F9 键或单击状态栏上的"捕捉模式"按钮▦功能相同。

（2）"捕捉间距"选项组：设置捕捉参数，其中"捕捉 X 轴间距"与"捕捉 Y 轴间距"文本框用于确定捕捉栅格点在水平和垂直两个方向上的间距。

（3）"捕捉类型"选项组：确定捕捉类型和样式。AutoCAD 提供了两种捕捉栅格的方式："栅格捕捉"和"PolarSnap（极轴捕捉）"。"栅格捕捉"是指按正交位置捕捉位置点，"极轴捕捉"则可以根据设置的任意极轴角捕捉位置点。

"栅格捕捉"又分为"矩形捕捉"和"等轴测捕捉"两种方式。在"矩形捕捉"方式下捕捉栅格是标准的矩形，在"等轴测捕捉"方式下捕捉栅格和光标十字线不再互相垂直，而是成绘制等轴测图时的特定角度，这种方式对于绘制等轴测图十分方便。

（4）"极轴间距"选项组：该选项组只有在选择 PolarSnap 捕捉类型时才可用。可在"极轴距离"文本框中输入距离值，也可以在命令行输入"SNAP"，设置捕捉的有关参数。

2.2　对象捕捉工具

在利用 AutoCAD 画图时经常要用到一些特殊的点，例如圆心、切点、线段或圆弧的端点、中点等，但是如果用鼠标拾取的话，要准确地找到这些点是十分困难的。为此，AutoCAD 提供了一些识别这些点的工具，通过这些工具可以容易构造新的几何体，使创建的对象精确地画出来，其结果比传统手工绘图更精确、更容易维护。在 AutoCAD 中，这种功能称之为对象捕捉功能。

【预习重点】

☑　掌握对象捕捉工具的熟练运用。

2.2.1　特殊位置点捕捉

在绘制 AutoCAD 图形时，需要指定一些特殊位置的点，如圆心、端点、中点、平行线上的点等，这些点如表 2-1 所示。可以通过对象捕捉功能来捕捉这些点。

表 2-1　特殊位置点捕捉

捕 捉 模 式	功　　能
临时追踪点	建立临时追踪点
两点之间的中点	捕捉两个独立点之间的中点
自	建立一个临时参考点，作为指出后继点的基点
点过滤器	由坐标选择点
端点	线段或圆弧的端点
中点	线段或圆弧的中点
交点	线、圆弧或圆等的交点
外观交点	图形对象在视图平面上的交点
延长线	指定对象的延伸线
圆心	圆或圆弧的圆心
象限点	距光标最近的圆或圆弧上可见部分的象限点，即圆周上 0°、90°、180°、270° 位置上的点
切点	最后生成的一个点到选中的圆或圆弧上引切线的切点位置
垂足	在线段、圆、圆弧或它们的延长线上捕捉一个点，使之同最后生成的点的连线与该线段、圆或圆弧正交
平行线	绘制与指定对象平行的图形对象
节点	捕捉用 Point 或 Divide 等命令生成的点
插入点	文本对象和图块的插入点
最近点	离拾取点最近的线段、圆、圆弧等对象上的点
无	关闭对象捕捉模式
对象捕捉设置	设置对象捕捉

AutoCAD 提供了命令行、工具栏和右键快捷菜单 3 种执行特殊点对象捕捉的方法。

1．命令方式

绘图时，当在命令行中提示输入一点时，输入相应特殊位置点命令，然后根据提示操作即可。

> **注意** AutoCAD 对象捕捉功能中捕捉垂足（Perpendiculer）和捕捉交点（Intersection）等项有延伸捕捉的功能，即如果对象没有相交，AutoCAD 会假想把线或弧延长，从而找出相应的点，表 2-1 中的垂足就是这种情况。

2．工具栏方式

使用如图 2-3 所示的"对象捕捉"工具栏可以使用户更方便地实现捕捉点的目的。当命令行提示输入一点时，从"对象捕捉"工具栏上单击相应的按钮（把鼠标放在图标上时，会显示出该图标功能的提示），然后根据提示操作即可。

图 2-3　　"对象捕捉"工具栏

3．快捷菜单方式

快捷菜单可通过同时按 Shift 键和鼠标右键来激活，菜单中列出了 AutoCAD 提供的对象捕捉模式，如图 2-4 所示。其操作方法与工具栏相似，只要在 AutoCAD 提示输入点时单击快捷菜单上相应的菜单项，然后按提示操作即可。

2.2.2　对象捕捉设置

在 AutoCAD 中绘图之前，可以根据需要事先设置开启一些对象捕捉模式，绘图时系统就能自动捕捉这些特殊点，从而加快绘图速度，提高绘图质量。

【执行方式】

- ☑　命令行：DDOSNAP。
- ☑　菜单栏：选择菜单栏中的"工具"→"绘图设置"命令。
- ☑　工具栏：单击"对象捕捉"工具栏中的"对象捕捉设置"按钮。
- ☑　状态栏：单击状态栏中的"对象捕捉"按钮（仅限于打开与关闭）。
- ☑　快捷键：F3（仅限于打开与关闭）。
- ☑　快捷菜单：选择快捷菜单中的"捕捉替代"→"对象捕捉设置"命令。

【操作步骤】

执行上述操作后，系统打开"草图设置"对话框，选择"对象捕捉"选项卡，如图 2-5 所示，利用该选项卡可对对象捕捉方式进行设置。

【选项说明】

（1）"启用对象捕捉"复选框：选中该复选框，在"对象捕捉模式"选项组中选中的捕捉模式处于激活状态。

（2）"启用对象捕捉追踪"复选框：用于打开或关闭自动追踪功能。

（3）"对象捕捉模式"选项组：该选项组中列出各种捕捉模式的复选框，被选中的复选框处于激活状态。单击"全部清除"按钮,则所有模式均被清除。单击"全部选择"按钮,则所有模式均被选中。

(4)"选项"按钮:单击该按钮,可以打开"选项"对话框的"草图"选项卡,利用该对话框可决定捕捉模式的各项设置。

图 2-4 对象捕捉快捷菜单

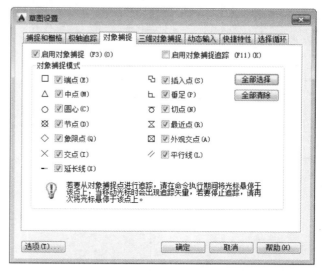

图 2-5 "对象捕捉"选项卡

2.2.3 自动追踪

利用自动追踪功能,可以对齐路径,有助于以精确的位置和角度创建对象。自动追踪包括"极轴追踪"和"对象捕捉追踪"两种追踪选项。"极轴追踪"是指按指定的极轴角或极轴角的倍数对齐要指定点的路径;"对象捕捉追踪"是指以捕捉到的特殊位置点为基点,按指定的极轴角或极轴角的倍数对齐要指定点的路径。

"对象捕捉追踪"必须配合"对象捕捉"功能一起使用,即同时单击状态栏中的"对象捕捉"按钮▦和"对象捕捉追踪"按钮◪。

【执行方式】

- ☑ 命令行:DDOSNAP。
- ☑ 菜单栏:选择菜单栏中的"工具"→"绘图设置"命令。
- ☑ 工具栏:单击"对象捕捉"工具栏中的"对象捕捉设置"按钮▦。
- ☑ 状态栏:单击状态栏中的"对象捕捉"按钮▦和"对象捕捉追踪"按钮◪或单击"极轴追踪"右侧的小三角弹出下拉菜单,选择"正在追踪设置"命令(如图 2-6 所示)。
- ☑ 快捷键:F11。
- ☑ 快捷菜单:选择快捷菜单中的"三维对象捕捉"→"对象捕捉设置"命令。

图 2-6 下拉菜单

【操作步骤】

执行上述操作后,或在"对象捕捉"按钮▦与"对象捕捉追踪"按钮◪上右击,在弹出的快捷菜单中选择"设置"命令,系统打开"草图设置"对话框的"对象捕捉"选项卡,选中"启用对象捕捉追踪"复选框,即可完成对象捕捉追踪的设置,如图 2-7 所示。

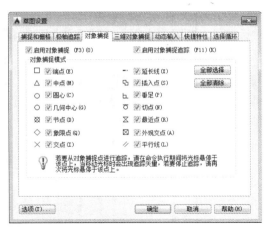

图 2-7　"对象捕捉"选项卡

在绘图区域中按住 Shift 键的同时右击，弹出的快捷菜单如图 2-8 所示。

图 2-8　快捷菜单

2.3　显　示　控　制

图形的显示控制就是设置视图特定的放大倍数、位置及方向。改变视图最一般的方法就是利用缩放和平移命令。使用它们可以在绘图区域放大或缩小图像显示，或者改变观察位置。

【预习重点】

☑　认识图形显示控制工具按钮。
☑　练习视图设置方法。

2.3.1　图形的缩放

缩放并不改变图形的绝对大小，只是在图形区域内改变视图的大小。AutoCAD 提供了多种缩放视图的方法，本节主要介绍动态缩放的操作方法。

【执行方式】

☑　命令行：ZOOM。
☑　菜单栏：选择菜单栏中的"视图"→"缩放"→"动态"命令。
☑　工具栏：单击"标准"工具栏中的"缩放"下拉列表中的"动态缩放"按钮 🔍。
☑　功能区：单击"视图"选项卡"导航"面板上的"范围"下拉菜单中的"动态"按钮 🔍（如图 2-9 所示）。

【操作步骤】

执行上述命令后，系统打开一个图框。选取动态缩放前的画面呈绿色点线。如果动态缩放的图形显示范围与选取动态缩放前的范围相同，则此框与边线重合而不可见。重生成区域的四周有一个蓝色虚线框，用来标记虚拟屏幕。

图 2-9　下拉菜单

如果线框中有一个"×"，如图 2-10（a）所示，就可以拖动线框并将其平移到另外一个区域。如果要放大图形到不同的放大倍数，按下鼠标，"×"就会变成一个箭头，如图 2-10（b）所示。这时左右拖动边界线就可以重新确定视口的大小。缩放后的图形如图 2-10（c）所示。

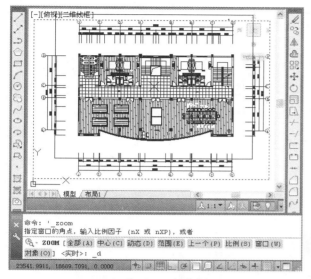

（a）带"×"的线框

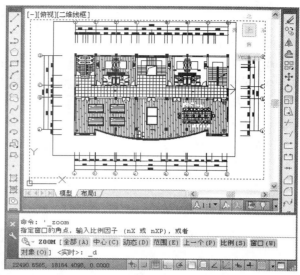

（b）带箭头的线框

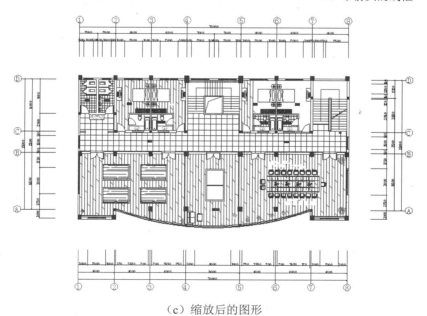

（c）缩放后的图形

图 2-10　动态缩放

【选项说明】

视图缩放命令还有实时缩放、窗口缩放、比例缩放、中心缩放、全部缩放、缩放对象、缩放上一个和范围缩放，操作方法与动态缩放类似，这里不再赘述。

2.3.2 图形的平移

1. 实时平移

【执行方式】

- ☑ 命令行：PAN。
- ☑ 菜单栏：选择菜单栏中的"视图"→"平移"→"实时"命令。
- ☑ 工具栏：单击"标准"工具栏中的"实时平移"按钮 🖐。
- ☑ 功能区：单击"视图"选项卡"导航"面板中的"平移"按钮 🖐（如图 2-11 所示）。

【操作步骤】

执行上述命令后，按下鼠标，然后移动手形光标即可平移图形。

另外，在 AutoCAD 2015 中为显示控制命令设置了一个右键快捷菜单，如图 2-12 所示。在该菜单中，可以在显示命令执行的过程中透明地进行切换。

图 2-11　"导航"面板　　　　　　　　图 2-12　右键快捷菜单

2. 定点平移和方向平移

【执行方式】

- ☑ 命令行：PAN。
- ☑ 菜单栏：选择菜单栏中的"视图"→"平移"→"点"命令。

【操作步骤】

执行上述命令后，当前图形按指定的位移和方向进行平移。另外，在"平移"子菜单中还有"左""右""上""下"4 个平移命令，选择这些命令时，图形按指定的方向平移一定的距离。

2.4　图层的操作

AutoCAD 中的图层如同在手工绘图中使用的重叠透明图纸，如图 2-13 所示，可以使用图层来组织不同类型的信息。在 AutoCAD 中，图形的每个对象都位于一个图层上，所有图形对象都具有图层、颜色、线型和线宽这 4 个基本属性。在绘制时，图形对象将创建在当前的图层上。AutoCAD 中图层的数量是不受限制的，每个图层都有自己的名称。

【预习重点】

- ☑ 建立图层概念。
- ☑ 练习图层设置命令。

图 2-13　图层示意图

2.4.1　建立新图层

新建的 CAD 文档中只能自动创建一个名为 0 的特殊图层。默认情况下，图层 0 将被指定使用 7 号颜色、Continuous 线型、"默认"线宽以及 Color-7 打印样式。不能删除或重命名图层 0 。通过创建新的图层，可以将类型相似的对象指定给同一个图层使其相关联。例如，可以将构造线、文字、标注和标题栏置于不同的图层上，并为这些图层指定通用特性。通过将对象分类放到各自的图层中，可以快速有效地控制对象的显示以及对其进行更改。

【执行方式】

- ☑　命令行：LAYER。
- ☑　菜单栏：选择菜单栏中的"格式"→"图层"命令。
- ☑　工具栏：单击"图层"工具栏中的"图层特性管理器"按钮██（如图 2-14 所示）。
- ☑　功能区：单击"默认"选项卡"图层"面板中的"图层特性"按钮██或单击"视图"选项卡"选项板"面板中的"图层特性"按钮██。

图 2-14　"图层"工具栏

执行上述命令后，系统打开"图层特性管理器"对话框，如图 2-15 所示。

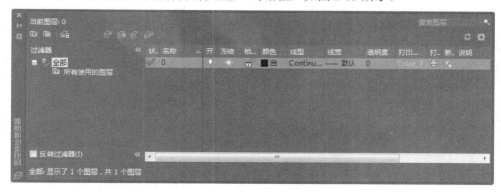

图 2-15　"图层特性管理器"对话框

单击"图层特性管理器"对话框中的"新建"按钮██，建立新图层，默认的图层名为"图层 1"。可以根据绘图需要更改图层名，例如改为实体层、中心线层或标准层等。

在每个图层属性设置中，包括图层名称、关闭/打开图层、冻结/解冻图层、锁定/解锁图层、图层线条颜色、图层线条线型、图层线条宽度、图层打印样式以及图层是否打印等参数。

1. 设置图层线条颜色

在工程制图中，整个图形包含多种不同功能的图形对象，例如实体、剖面线与尺寸标注等，为了便于直观地区分它们，有必要针对不同的图形对象使用不同的颜色，例如实体层使用白色，剖面线层使用青色等。

需要改变图层的颜色时，可单击图层所对应的颜色图标，打开"选择颜色"对话框，如图 2-16 所示。它是一个标准的颜色设置对话框，可以使用"索引颜色"、"真彩色"和"配色系统"3 个选项卡来选择颜色。

2. 设置图层线型

线型是指作为图形基本元素的线条的组成和显示方式，如实线、点划线等。在许多绘图工作中，常常以线型划分图层，为某一个图层设置适合的线型。在绘图时，只需将该图层设为当前工作层，即可绘制出符合线型要求的图形对象，极大地提高了绘图的效率。

单击图层所对应的线型图标，打开"选择线型"对话框，如图 2-17 所示。默认情况下，在"已加载的线型"列表框中，系统只添加了 Continuous 线型。单击"加载"按钮，打开"加载或重载线型"对话框，如图 2-18 所示，可以看到 AutoCAD 还提供了许多其他的线型，用鼠标选择所需线型，单击"确定"按钮，即可把该线型加载到"已加载的线型"列表框中（可以按住 Ctrl 键选择几种线型同时加载）。

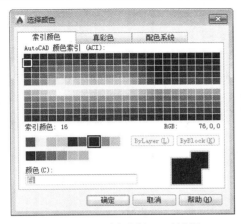

图 2-16　"选择颜色"对话框

图 2-17　"选择线型"对话框

3．设置图层线宽

线宽设置就是改变线条的宽度，使用不同宽度的线条表现图形对象的类型，这样可以提高图形的表达能力和可读性，例如绘制外螺纹时大径使用粗实线，小径使用细实线。

单击图层所对应的线宽图标，打开"线宽"对话框，如图 2-19 所示。选择一个线宽，单击"确定"按钮即可完成对图层线宽的设置。

图层线宽的默认值为 0.25mm。当状态栏中的"模型"按钮激活时，显示的线宽同计算机的像素有关，线宽为零时，显示为一个像素的线宽。单击状态栏中的"线宽"按钮，屏幕上显示图形的线宽，显示的线宽与实际线宽成比例，如图 2-20 所示，但线宽不随着图形的放大和缩小而变化。将状态栏中的"线宽"功能关闭时，屏幕上不显示图形的线宽，图形的线宽以默认的宽度值显示，可以在"线宽"对话框中选择需要的线宽。

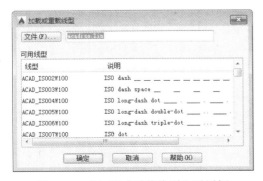

图 2-18　"加载或重载线型"对话框

图 2-19　"线宽"对话框

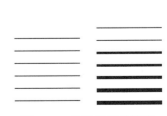

图 2-20　线宽显示效果图

高手支招

有的读者设置了线宽，但在图形中显示不出效果来，出现这种情况一般有两种原因。

（1）没有打开状态上的"显示线宽"按钮。

（2）线宽设置的宽度不够，AutoCAD 只能显示出 0.30 毫米以上的线宽的宽度，如果宽度低于 0.30 毫米，就无法显示出线宽的效果。

2.4.2　设置图层

除了上面讲述的通过图层管理器设置图层的方法外，还有其他的简便方法可以设置图层的颜色、线宽、线型等参数。

1. 直接设置图层

可以直接通过命令行或菜单设置图层的颜色、线宽、线型。

（1）颜色设置

【执行方式】

- ☑　命令行：COLOR。
- ☑　菜单栏：选择菜单栏中的"格式"→"颜色"命令。
- ☑　功能区：单击"默认"选项卡"特性"面板上的"对象颜色"下拉菜单中的"更多颜色"按钮 。

【操作步骤】

执行上述命令后，系统打开"选择颜色"对话框。

（2）线型设置

【执行方式】

- ☑　命令行：LINETYPE。
- ☑　菜单栏：选择菜单栏中的"格式"→"线型"命令。
- ☑　功能区：单击"默认"选项卡"特性"面板上的"线型"下拉菜单中的"其他"。

【操作步骤】

执行上述命令后，系统打开"线型管理器"对话框，如图 2-21 所示。该对话框的使用方法与"选择线型"对话框类似。

（3）线宽设置

【执行方式】

- ☑　命令行：LINEWEIGHT 或 LWEIGHT。
- ☑　菜单栏：选择菜单栏中的"格式"→"线宽"命令。
- ☑　功能区：选择"默认"选项卡"特性"面板上的"线宽"下拉菜单中的"线宽设置"命令。

【操作步骤】

执行上述命令后，系统打开"线宽设置"对话框，如图 2-22 所示。该对话框的使用方法与"线宽"对话框类似。

2. 利用"特性"工具栏设置图层

AutoCAD 提供了一个"特性"工具栏，如图 2-23 所示。用户能够控制和使用工具栏上的"特性"工具栏快速地查看和改变所选对象的图层、颜色、线型和线宽等特性。"特性"工具栏上的图层颜色、线型、线宽和打印样式的控制增强了查看和编辑对象属性的命令。在绘图屏幕上选择任何对象都将在"特性"工具栏上自动显示它所在的图层、颜色、线型等属性。

图 2-21　"线型管理器"对话框

图 2-22　"线宽设置"对话框

图 2-23　"特性"工具栏

也可以在"特性"工具栏上的"颜色"、"线型"、"线宽"和"打印样式"下拉列表中选择需要的参数值。如果在"颜色"下拉列表中选择"选择颜色"选项，如图 2-24 所示，系统就会打开"选择颜色"对话框；同样，如果在"线型"下拉列表中选择"其他"选项，如图 2-25 所示，系统就会打开"线型管理器"对话框。

3．利用"特性"对话框设置图层

【执行方式】

- ☑ 命令行：DDMODIFY 或 PROPERTIES。
- ☑ 菜单栏：选择菜单栏中的"修改"→"特性"命令。
- ☑ 工具栏：单击"标准"工具栏中的"特性"按钮。

【操作步骤】

执行上述命令后，系统打开"特性"对话框，如图 2-26 所示。在其中可以方便地设置或修改图层、颜色、线型、线宽等属性。

2.4.3　控制图层

1．切换当前图层

不同的图形对象需要在不同的图层中绘制，在绘制前，需要将工作图层切换到所需的图层上来。打开"图层特性管理器"对话框，选择图层，单击"置为当前"按钮可使该图层成为当前图层。

图 2-24　"选择颜色"选项

图 2-25　"其他"选项

图 2-26　"特性"对话框

2．删除图层

在"图层特性管理器"对话框中的图层列表框中选择要删除的图层，单击"删除"按钮 即可删除该图层。图层包括图层 0、DEFPOINTS 图层、包含对象（包括块定义中的对象）的图层以及当前图层和依赖外部参照的图层。可以删除不包含对象（包括块定义中的对象）的图层、非当前图层和不依赖外部参照的图层。

3．打开/关闭图层

在"图层特性管理器"对话框中，单击 图标，可以控制图层的可见性。打开图层时， 图标呈现鲜艳的颜色，该图层上的图形可以显示在屏幕上或绘制在绘图仪上。当单击该图标后，图标呈灰暗色，该图层上的图形不显示在屏幕上，而且不能被打印输出，但仍然作为图形的一部分保留在文件中。

4．冻结/解冻图层

在"图层特性管理器"对话框中，单击 / 图标，可以冻结图层或将图层解冻。图标呈雪花灰暗色时，该图层是冻结状态；图标呈太阳鲜艳色时，该图层是解冻状态。冻结图层上的对象不能显示，也不能打印，同时也不能编辑修改该图层上的图形对象。在冻结了图层后，该图层上的对象不影响其他图层上的对象的显示和打印。例如，在使用 HIDE 命令消隐时，被冻结图层上的对象不隐藏其他的对象。

5．锁定/解锁图层

在"图层特性管理器"对话框中，单击 / 图标，可以锁定图层或将图层解锁。锁定图层后，该图层上的图形依然显示在屏幕上并可打印输出，而且还可以在该图层上绘制新的图形对象，但不能对该图层上的图形进行编辑修改操作。可以对当前层进行锁定，也可再对锁定图层上的图形进行查询和对象捕捉命令。锁定图层可以防止对图形的意外修改。

6．打印样式

打印样式控制对象的打印特性，包括颜色、抖动、灰度、笔号、虚拟笔、淡显、线型、线宽、线条端点样式、线条连接样式和填充样式。使用打印样式给用户提供了很大的灵活性，因为用户可以设置打印样式来替代其他对象特性，也可以按用户的需要关闭这些替代设置。

7．打印/不打印

在"图层特性管理器"对话框中，单击 图标，可以设定打印时该图层是否打印，以在保证图形显示可见不变的条件下，控制图形的打印特征。打印功能只对可见的图层起作用，对于已经被冻结或被关闭的图层不起作用。

8．冻结新视口

控制在当前视口中图层的冻结和解冻。不解冻图形中设置为"关"或"冻结"的图层，对于模型空间视口不可用。

9．透明度

在"图层特性管理器"对话框中，透明度用于选择或输入要应用于当前图形中选定图层的透明度级别。

举一反三

合理利用图层，可以事半功倍。在开始绘制图形时，预先设置一些基本图层。每个图层锁定自己的专门用途，这样做我们只需绘制一份图形文件，就可以组合出许多需要的图纸，需要修改时也可针对各个图层进行。

2.5 综合演练——样板图图层设置

在前面学习的基础上，本例主要讲解如图 2-27 所示样板图的图层设置知识。操作步骤如下。

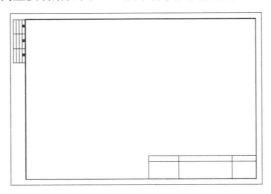

图 2-27 建筑样板图

手把手教你学

本例准备设置一个建筑制图样板图，图层约定如表 2-2 所示，结果如图 2-28 所示。

表 2-2 图层设置

图 层 名	颜 色	线 型	线 宽	用 途
0	7（黑色）	Continuous	b	图框线
轴线	2（红色）	Center	1/2b	绘制轴线
构造线	2（黑色）	Continuous	b	可见轮廓线
注释	7（黑色）	Continuous	1/2b	一般注释
图案填充	2（蓝色）	Continuous	1/2b	填充剖面线或图案
尺寸标注	3（绿色）	Continuous	1/2b	尺寸标注

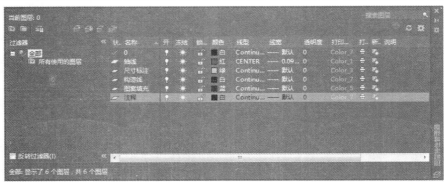

图 2-28 设置图层

（1）打开文件。单击"标准"工具栏中的"打开"按钮，打开源文件目录下"\第 2 章\建筑 A3 样板图.dwg"文件。

（2）设置图层名。单击"图层"工具栏中的"图层"按钮，打开"图层特性管理器"对话框，如图 2-29 所示。在该对话框中单击"新建"按钮，在图层列表框中出现一个默认名为"图层 1"的新图层，如图 2-30 所示，用鼠标单击该图层名，将图层名改为"轴线"，如图 2-31 所示。

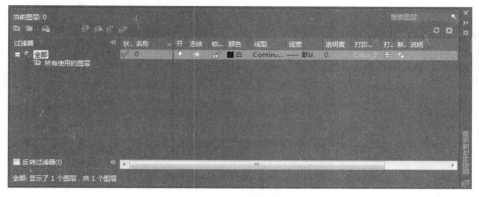

图 2-29　"图层特性管理器"对话框

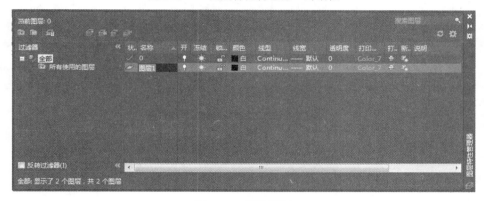

图 2-30　新建图层

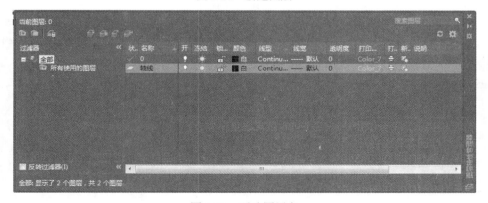

图 2-31　更改图层名

（3）设置图层颜色。为了区分不同的图层上的图线，增加图形不同部分的对比性，可以为不同的图层设置不同的颜色。单击刚建立的"轴线"图层"颜色"标签下的颜色色块，AutoCAD 打开"选择颜色"对话框，如图 2-32 所示。在该对话框中选择黄色，单击"确定"按钮。在"图层特性管理器"对话框中可以发现 CEN 图层的颜色变成了黄色，如图 2-33 所示。

图 2-32 "选择颜色"对话框

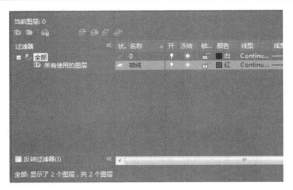

图 2-33 更改颜色

（4）设置线型。在常用的工程图纸中，通常要用到不同的线型，这是因为不同的线型表示不同的含义。在上述"图层特性管理器"对话框中单击 CEN 图层"线型"标签下的线型选项，AutoCAD 打开"选择线型"对话框，如图 2-34 所示，单击"加载"按钮，打开"加载或重载线型"对话框，如图 2-35 所示。在该对话框中选择 CENTER 线型，单击"确定"按钮。系统回到"选择线型"对话框，这时在"已加载的线型"列表框中就出现了 CENTER 线型，如图 2-36 所示。选择 CENTER 线型，单击"确定"按钮，在"图层特性管理器"对话框中可以发现 CEN 图层的线型变成了 CENTER 线型，如图 2-37 所示。

图 2-34 "选择线型"对话框

图 2-35 "加载或重载线型"对话框

图 2-36 加载线型

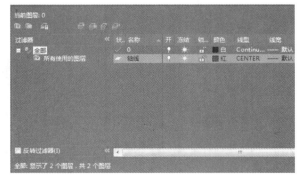

图 2-37 更改线型

（5）设置线宽。在工程图中，不同的线宽也表示不同的含义，因此也要对不同的图层的线宽界线设置，单击上述"图层特性管理器"对话框中"轴线"图层"线宽"栏下的选项，AutoCAD 打开"线宽"对话框，如图 2-38 所示。在该对话框中选择适当的线宽。单击"确定"按钮，在"图层特性管理器"对话框中可以发现 CEN 图层的线宽变成了 0.09 毫米，如图 2-39 所示。

图 2-38 "线宽"对话框

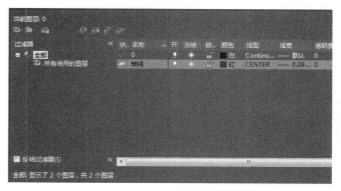

图 2-39 更改线型

注意 应尽量保持细线与粗线之间的比例大约为 1:2。这样的线宽符合新国标相关规定。

（6）绘制其余图层。同样方法建立不同层名的新图层，这些不同的图层可以分别存放不同的图线或图形的不同部分。最后完成设置的图层如图 2-27 所示。

2.6 名师点拨——绘图助手

1. 对象捕捉的作用

绘图时，可以使用新的对象捕捉修饰符来查找任意两点之间的中点。例如，在绘制直线时，可以按住 Shift 键并单击鼠标右键来显示"对象捕捉"快捷菜单。单击"两点之间的中点"之后，请在图形中指定两点。该直线将以这两点之间的中点为起点。

2. 文件占用空间大，电脑运行速度慢怎么办

当图形文件经过多次的修改，特别是插入多个图块以后，文件占有空间会越变越大，这时，电脑运行的速度会变慢，图形处理的速度也会变慢。此时可以通过选择"文件"菜单中的"绘图实用程序"→"清除"命令，清除无用的图块、字型、图层、标注型式、复线型式等，这样，图形文件也会随之变小。

3. 如何删除多余图层

方法 1：将使用的图层关闭，选择绘图区域中所有图形，复制、粘贴至一新文件中，那些多余无用的图层就不会粘贴过来。但若在一图层中定义图块，又在另一图层中插入，那么这个多余的插入图层是不能用这种方法删除的。

方法 2：打开一个 CAD 文件，把要删除的层先关闭，在图面上只留下在必要图层中的可见图形，选择菜单栏中的"文件"→"另存为"命令，确定文件名，在"文件类型"下拉列表框中选择"*.DXF"格式，在弹出的对话框中选择"工具"→"选项"→DXF 选项，再选中"选择对象"复选框，单击"确定"按钮，然后单击"保存"按钮，即可保存可见、要用的图形。打开刚保存的文件，已删除要删除的图层。

方法 3：在命令行中输入"LAYTRANS"，弹出"图层转换器"对话框，在"转换自"选项组中选择要删除的图层，在"转换为"选项组下单击"加载"按钮，在弹出的对话框中选择图形文件，完成加载文件后，在"转换为"选项组中显示加载的文件中的图层，选择要转换成的图层，例如图层 0，单击"映射"

按钮，在"图层转换映射"选项下显示图层映射信息，单击"转换"按钮，将需删除的图层映射为 0 层。这个方法可以删除具有实体对象或被其他块嵌套定义的图层。

4．鼠标中键的用法

（1）Ctrl+鼠标中键可以实现类似其他软件的游动漫游。

（2）双击鼠标中键相当于 ZOOM E。

5．如何将直线改变为点划线线型

使用鼠标单击所绘的直线，在"特性"工具栏上，在"线形控制"下拉列表中选择"点划线"，所选择的直线将改变线型。若还未加载此种线型，则选择"其他"选项，加载此种"点划线"线型。

2.7　上 机 实 验

【练习 1】 查看建筑图细节。

1．目的要求

本例要求用户熟练地掌握各种图形显示工具的使用方法。

2．操作提示

如图 2-40 所示，利用平移工具和缩放工具移动和缩放图形。

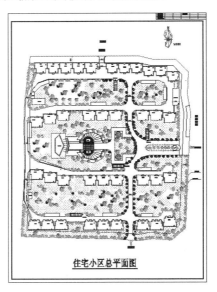

图 2-40　建筑图

【练习 2】 设置图层。

1．目的要求

本例要求用户熟练地掌握图层在平面图绘制过程中的应用。

2．操作提示

如图 2-40 所示，根据需要设置不同的图层。注意设置不同的线型、线宽和颜色。

2.8 模 拟 考 试

1. 下面（　　）选项将图形进行动态放大。

    A．ZOOM/(D)　　　　　B．ZOOM/(W)　　　　　C．ZOOM/(E)　　　　　D．ZOOM/(A)

2. 当捕捉设定的间距与栅格所设定的间距不同时，（　　）。

    A．捕捉仍然只按栅格进行　　　　　　　B．捕捉时按照捕捉间距进行

    C．捕捉既按栅格，又按捕捉间距进行　　D．无法设置

3. 如果某图层的对象不能被编辑，但能在屏幕上可见，且能捕捉该对象的特殊点和标注尺寸，该图层状态为（　　）。

    A．冻结　　　　　　　B．锁定　　　　　　　C．隐藏　　　　　　　D．块

4. 在如图 2-41 所示的"特性"对话框中，不可以修改矩形的（　　）属性。

    A．面积　　　　　　　B．线宽　　　　　　　C．顶点位置　　　　　　D．标高

5. 展开图形修复管理器顶层节点最多可显示 4 个文件，其中不包括（　　）。

    A．程序失败时保存的已修复图形文件

    B．原始图形文件（DWG 和 DWS）

    C．自动保存的文件

    D．图层状态文件（las）

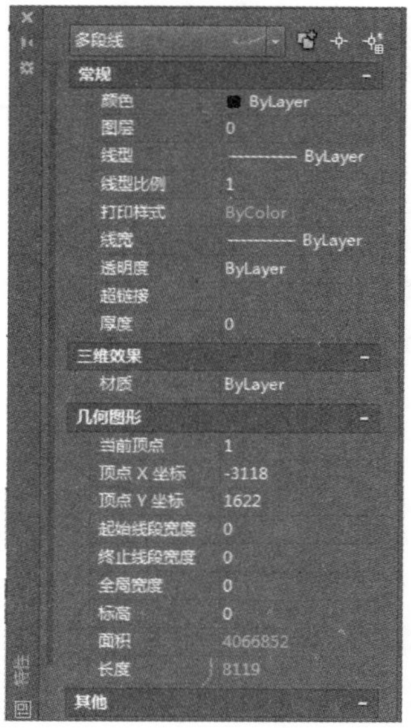

6. 对某图层进行锁定后，则（　　）。

    A．图层中的对象不可编辑，但可添加对象

    B．图层中的对象不可编辑，也不可添加对象

    C．图层中的对象可编辑，也可添加对象

    D．图层中的对象可编辑，但不可添加对象

7. 不可以通过"图层过滤器特性"对话框中过滤的特性是（　　）。

    A．图层名、颜色、线型、线宽和打印样式

    B．打开还是关闭图层

    C．锁定还是解锁图层

    D．图层是 Bylayer 还是 ByBlock

8. 临时代替键 F10 的作用是（　　）。

    A．打开或关闭栅格　　　　　　B．打开或关闭对象捕捉

    C．打开或关闭动态输入　　　　D．打开或关闭极轴追踪

图 2-41 "特性"对话框

9. 关于自动约束，下面说法正确的是（　　）。

    A．相切对象必须共用同一交点　　B．垂直对象必须共用同一交点

    C．平滑对象必须共用同一交点　　D．以上说法均不对

10. 栅格状态默认为开启，以下（　　）方法无法关闭该状态。

    A．单击状态栏上的"栅格"按钮　　B．将 Gridmode 变量设置为 1

    C．输入 GRID 然后输入 OFF　　D．以上均不正确

二维绘制命令

二维图形是指在二维平面空间绘制的图形，主要由一些图形元素组成，如点、直线、圆弧、圆、椭圆、矩形、多边形等几何元素。

本章详细讲述 AutoCAD 提供的绘图工具，帮助读者准确、简捷地完成二维图形的绘制。

3.1　直线类命令

直线类命令包括直线段、射线和构造线。这几个命令是 AutoCAD 中最简单的绘图命令。

【预习重点】

- ☑　了解有几种直线类命令。
- ☑　简单练习直线、构造线的绘制方法。

3.1.1　直线

【执行方式】

- ☑　命令行：LINE（快捷命令 L）。
- ☑　菜单栏：选择菜单栏中的"绘图"→"直线"命令。
- ☑　工具栏：单击"绘图"工具栏中的"直线"按钮 ✏。
- ☑　功能区：单击"默认"选项卡"绘图"面板中的"直线"按钮 ✏（如图 3-1 所示）。

图 3-1　"绘图"面板

【操作实践——绘制折叠门】

绘制如图 3-2 所示折叠门。操作步骤如下。

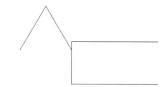

图 3-2　折叠门

（1）　单击"绘图"工具栏中的"直线"按钮 ✏，命令行提示与操作如下：

命令: LINE✓（在命令行输入"直线"命令 LINE，不区分大小写）
指定第一个点: 0,0✓
指定下一点或 [放弃(U)]: 100,0✓
指定下一点或 [放弃(U)]: 100,50✓
指定下一点或 [闭合(C)/放弃(U)]: 0,50✓
指定下一点或 [闭合(C)/放弃(U)]: ✓（结果如图 3-3 所示）
命令: _line（执行"绘图"→"直线"命令或单击"绘图"工具栏中的 ✏ 按钮）
指定第一个点: 440,0✓
指定下一点或 [放弃(U)]: @-100,0✓（相对直角坐标数值输入方法，此方法便于控制线段长度）
指定下一点或 [放弃(U)]: @0,50✓

指定下一点或 [闭合(C)/放弃(U)]: @100,0↙

指定下一点或 [闭合(C)/放弃(U)]: ↙（结果如图 3-4 所示）

命令: ↙（直接按 Enter 键表示执行上一次执行的命令）

LINE 指定第一个点: 100,40↙

指定下一点或 [放弃(U)]: @60<60↙（相对极坐标数值输入方法，此方法便于控制线段长度和倾斜角度）

指定下一点或 [放弃(U)]: @60<-60↙

指定下一点或 [闭合(C)/放弃(U)]: ↙

命令: L↙（在命令行输入"LINE"命令的缩写方式 L）

LINE 指定第一个点: 340,40↙

指定下一点或 [放弃(U)]: @60<120↙

指定下一点或 [放弃(U)]: @60<210↙

指定下一点或 [闭合(C)/放弃(U)]: u↙（表示上一步执行错误，撤销该操作）

指定下一点或 [放弃(U)]: @60<240↙（也可以单击状态栏上的"动态输入"按钮，在鼠标位置为 240° 时，动态输入"60"，如图 3-5 所示）

指定下一点或 [闭合(C)/放弃(U)]: ↙（按 Enter 键结束直线命令）

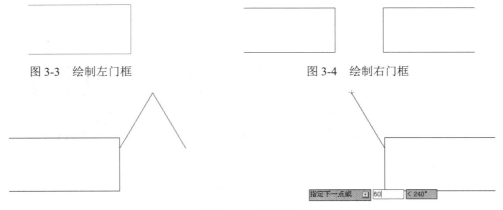

图 3-3　绘制左门框　　　　　　　　　图 3-4　绘制右门框

图 3-5　动态输入

（2）最终结果如图 3-2 所示。

注意　在输入坐标数值时，中间的逗号一定要在西文状态下输入，否则系统无法识别。

【选项说明】

（1）若采用按 Enter 键响应"指定第一个点"提示，系统会把上次绘制图线的终点作为本次图线的起始点。若上次操作为绘制圆弧，按 Enter 键响应后绘出通过圆弧终点并与该圆弧相切的直线段，该线段的长度为光标在绘图区指定的一点与切点之间线段的距离。

（2）在"指定下一点"提示下，用户可以指定多个端点，从而绘出多条直线段。但是，每一段直线是一个独立的对象，可以进行单独的编辑操作。

（3）绘制两条以上直线段后，若采用输入选项"C"响应"指定下一点"提示，系统会自动连接起始点和最后一个端点，从而绘出封闭的图形。

（4）若采用输入选项"U"响应提示，则删除最近一次绘制的直线段。

（5）若设置正交方式（单击状态栏中的"正交模式"按钮），只能绘制水平线段或垂直线段。

（6）若设置动态数据输入方式（单击状态栏中的"动态输入"按钮，如图 3-5 右侧图所示），则可以动态输入坐标或长度值，效果与非动态数据输入方式类似。除了特别需要，以后不再强调，而只按非动态数据输入方式输入相关数据。

3.1.2　构造线

【执行方式】

- ☑　命令行：XLINE（快捷命令 XL）。
- ☑　菜单栏：选择菜单栏中的"绘图"→"构造线"命令。
- ☑　工具栏：单击"绘图"工具栏中的"构造线"按钮█。
- ☑　功能区：单击"默认"选项卡"绘图"面板中的"构造线"按钮█（如图 3-6 所示）。

图 3-6　"绘图"面板

【操作步骤】

命令: XLINE✓
指定点或 [水平(H)/垂直(V)/角度(A)/二等分(B)/偏移(O)]:（给出根点 1）
指定通过点:（给定通过点 2，绘制一条双向无限长直线）
指定通过点:（继续给点，继续绘制线，如图 3-7（a）所示，按 Enter 键结束）

【选项说明】

（1）执行选项中有"指定点"、"水平"、"垂直"、"角度"、"二等分"和"偏移"6 种方式绘制构造线，分别如图 3-7（a）～图 3-7（f）所示。

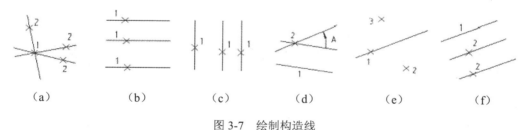

|　（a）　　　　（b）　　　　（c）　　　　（d）　　　　（e）　　　　（f）|

图 3-7　绘制构造线

（2）构造线模拟手工作图中的辅助作图线。用特殊的线型显示，在图形输出时可不作输出。应用构造线作为辅助线绘制机械图中的三视图是构造线的最主要用途，构造线的应用保证了三视图之间"主、俯视图长对正，主、左视图高平齐，俯、左视图宽相等"的对应关系。

3.2　圆 类 命 令

圆类命令主要包括"圆"、"圆弧"、"圆环"、"椭圆"以及"椭圆弧"命令，这几个命令是 AutoCAD 中最简单的曲线命令。

【预习重点】

- ☑　了解圆类命令的绘制方法。
- ☑　简单练习各命令操作。

3.2.1 圆

【执行方式】

☑ 命令行：CIRCLE（快捷命令 C）。

☑ 菜单栏：选择菜单栏中的"绘图"→"圆"命令。

☑ 工具栏：单击"绘图"工具栏中的"圆"按钮 ⊙。

☑ 功能区：单击"默认"选项卡"绘图"面板中的
"圆"下拉菜单（如图 3-8 所示）。

【操作实践——绘制圆餐桌】

绘制如图 3-9 所示的圆餐桌。操作步骤如下。

（1）单击"绘图"工具栏中的"圆"按钮 ⊙，选择"圆
心、半径"的方法绘制 A 圆，命令行提示与操作如下：

图 3-8　"圆"下拉菜单　图 3-9　圆餐桌图形

命令: _circle
指定圆的圆心或 [三点(3P)/两点(2P)/相切，相切，半径(T)]: 100,100　（1 点）
指定圆的半径或 [直径(D)]: 41 ✓（绘制出圆 1）

（2）重复"圆"命令，以（100,100）为圆心，绘制半径为 40 的圆，命令行提示与操作如下：

命令: _circle
指定圆的圆心或 [三点(3P)/两点(2P)/相切，相切，半径(T)]: 100,100　（1 点）
指定圆的半径或 [直径(D)]:40 ✓（绘制出圆 2）

（3）单击快速访问工具栏中的"保存"按钮 🖫，保存图形。

🔧 举一反三

有时绘制出的圆的圆弧显得很不光
滑，这时可以选择菜单栏中的"工具"→
"选项"命令，打开"选项"对话框，
在其中的"显示"选项卡"显示精度"
选项组中把各项参数设置高一些，如
图 3-10 所示，但不要超过其最高允许的
范围，如果设置超出允许范围，系统会
提示允许范围。

设置完毕后，选择菜单栏中的"视
图"→"重生成"命令或在命令行输
入"RE"命令，就可以使显示的圆弧更
光滑。

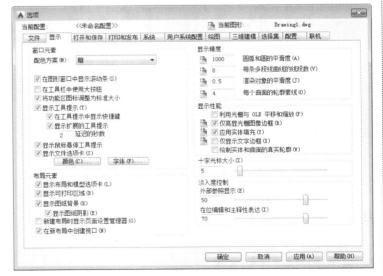

图 3-10　设置显示精度

【选项说明】

（1）三点(3P)：通过指定圆周上三点绘制圆。

（2）两点(2P)：通过指定直径的两端点绘制圆。

（3）相切，相切，半径(T)：通过先指定两个相切对象，再给出半径的方法绘制圆。如图 3-11（a）～图 3-11（d）所示给出了以"相切，相切，半径"方式绘制圆的各种情形（加粗的圆为最后绘制的圆）。

（4）选择菜单栏中的"绘图"→"圆"命令，其子菜单中比命令行中多了一种"相切、相切、相切"的绘制方法，如图 3-12 所示。

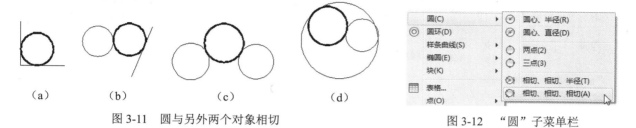

图 3-11　圆与另外两个对象相切　　　　　　　图 3-12　"圆"子菜单栏

🎓 高手支招

对于圆心点的选择，除了直接输入圆心点外，还可以利用圆心点与中心线的对应关系，利用对象捕捉的方法选择。单击状态栏中的"对象捕捉"按钮🗖，命令行中会提示"命令: <对象捕捉 开>"。

3.2.2　圆弧

【执行方式】

- ☑ 命令行：ARC（快捷命令 A）。
- ☑ 菜单栏：选择菜单栏中的"绘图"→"圆弧"命令。
- ☑ 工具栏：单击"绘图"工具栏中的"圆弧"按钮▨。
- ☑ 功能区：单击"默认"选项卡"绘图"面板中的"圆弧"下拉菜单（如图 3-13 所示）。

【操作实践——绘制吧凳】

本实例利用圆命令绘制座板，再利用直线与圆弧命令绘制出靠背，绘制流程如图 3-14 所示。操作步骤如下。

（1）单击"绘图"工具栏中的"圆"按钮⊙，绘制一个适当大小的圆，如图 3-15 所示。

（2）打开状态栏上的"对象捕捉"按钮▨、"对象捕捉追踪"按钮▨和"正交"按钮⊾。单击

图 3-13　"圆弧"下拉菜单

图 3-14　吧凳图形

图 3-15　绘制线段

"绘图"工具栏中的"直线"按钮⬛。命令行提示与操作如下：

命令: LINE
指定第一个点:（用鼠标在刚才绘制的圆弧上左上方捕捉一点）
指定下一点或 [放弃(U)]:（水平向左适当指定一点）
指定下一点或 [放弃(U)]:
命令: LINE
指定第一个点:（将鼠标捕捉到刚绘制的直线右端点，向右拖动鼠标，拉出一条水平追踪线，如图 3-16 所示，捕捉追踪线与右边圆弧的交点）
指定下一点或 [放弃(U)]:（水平向右适当指定一点，使线段的长度与刚绘制的线段长度大概相等）
指定下一点或 [放弃(U)]:

绘制结果如图 3-17 所示。

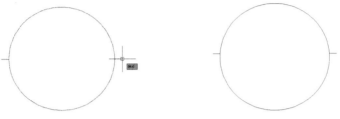

图 3-16　绘制圆　　　　　　　　图 3-17　捕捉追踪

（3）单击"绘图"工具栏中的"圆弧"按钮⬛，命令行提示与操作如下：

命令: _arc
指定圆弧的起点或 [圆心(C)]:（指定右边线段的右端点）
指定圆弧的第二个点或 [圆心(C)/端点(E)]: e
指定圆弧的端点:（指定左边线段的左端点）
指定圆弧的中心点（按住 Ctrl 键以切换方向）或 [角度(A)/方向(D)/半径(R)]:（捕捉圆心）

最终绘制结果如图 3-14 所示。

【选项说明】

（1）用命令行方式绘制圆弧时，可以根据系统提示选择不同的选项，具体功能和利用菜单栏中的"绘图"→"圆弧"中子菜单提供的 11 种方式相似。这 11 种方式绘制的圆弧分别如图 3-18（a）～图 3-18（k）所示。

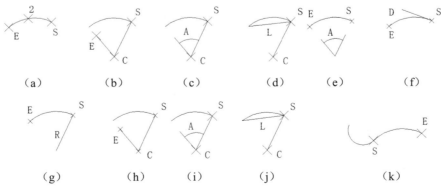

（a）　　　（b）　　　（c）　　　（d）　　　（e）　　　（f）

（g）　　　（h）　　　（i）　　　（j）　　　（k）

图 3-18　11 种圆弧绘制方法

（2）需要强调的是"连续"方式，绘制的圆弧与上一线段圆弧相切。连续绘制圆弧段，只提供端点即可。

🎓 **高手支招**

> 绘制圆弧时，注意圆弧的曲率是遵循逆时针方向的，所以在选择指定圆弧两个端点和半径模式时，需要注意端点的指定顺序，否则有可能导致圆弧的凹凸形状与预期的相反。

3.2.3　圆环

【执行方式】

☑　命令行：DONUT（快捷命令 DO）。
☑　菜单栏：选择菜单栏中的"绘图"→"圆环"命令。
☑　功能区：单击"默认"选项卡"绘图"面板中的"圆环"按钮◎。

【操作步骤】

命令: DONUT↙
指定圆环的内径 <默认值>:（指定圆环内径）
指定圆环的外径 <默认值>:（指定圆环外径）
指定圆环的中心点或 <退出>:（指定圆环的中心点）
指定圆环的中心点或 <退出>:（继续指定圆环的中心点，则继续绘制相同内外径的圆环。用回车键、空格键或鼠标右键结束命令，如图 3-19（a）所示）

【选项说明】

（1）绘制不等内外径，则画出填充圆环，如图 3-19（a）所示。
（2）若指定内径为零，则画出实心填充圆，如图 3-19（b）所示。
（3）若指定内外径相等，则画出普通圆，如图 3-19（c）所示。
（4）用命令"FILL"可以控制圆环是否填充，命令行提示与操作如下：

命令: FILL↙
输入模式 [开(ON)/关(OFF)] <开>:

选择"开"表示填充，选择"关"表示不填充，如图 3-19（d）所示。

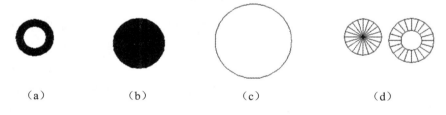

（a）　　　　　　　（b）　　　　　　　（c）　　　　　　　（d）

图 3-19　绘制圆环

3.2.4　椭圆与椭圆弧

【执行方式】

☑　命令行：ELLIPSE（快捷命令 EL）。
☑　菜单栏：选择菜单栏中的"绘图"→"椭圆"→"圆弧"命令。

☑ 工具栏：单击"绘图"工具栏中的"椭圆"按钮■或"椭圆弧"按钮■。

☑ 功能区：单击"默认"选项卡"绘图"面板中的"椭圆"下拉菜单（如图 3-20 所示）。

【操作实践——绘制洗脸盆】

绘制如图 3-21 所示的洗脸盆。

（1）单击"绘图"工具栏中的"直线"按钮■，绘制水龙头图形，绘制结果如图 3-22 所示。

（2）单击"绘图"工具栏中的"圆"按钮■，绘制两个水龙头旋钮，绘制结果如图 3-23 所示。

  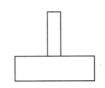

图 3-20　"椭圆"下拉菜单　　图 3-21　洗脸盆图形　　图 3-22　绘制水龙头　　图 3-23　绘制旋钮

（3）单击"绘图"工具栏中的"椭圆弧"按钮■，绘制脸盆外沿，命令行提示与操作如下：

命令: _ellipse
指定椭圆的轴端点或 [圆弧(A)/中心点(C)]:（用鼠标指定椭圆轴端点）
指定轴的另一个端点:（用鼠标指定另一端点）
指定另一条半轴长度或 [旋转(R)]:（用鼠标在屏幕上拉出另一半轴长度）

（4）单击"绘图"工具栏中的"椭圆弧"按钮■，绘制脸盆部分内沿，命令行提示与操作如下：

命令: _ellipse
指定椭圆的轴端点或 [圆弧(A)/中心点(C)]: a
指定椭圆弧的轴端点或 [中心点(C)]: C↙
指定椭圆弧的中心点:（捕捉上一步绘制的椭圆中心点）
指定轴的端点:（适当指定一点）
指定另一条半轴长度或 [旋转(R)]: R↙
指定绕长轴旋转的角度:（用鼠标指定椭圆轴端点）
指定起点角度或 [参数(P)]:（用鼠标拉出起始角度）
指定端点角度或 [参数(P)/包含角度(I)]:（用鼠标拉出终止角度）

（5）单击"绘图"工具栏中的"圆弧"按钮■，绘制脸盆内沿其他部分，最终结果如图 3-21 所示。

【选项说明】

（1）指定椭圆的轴端点：根据两个端点定义椭圆的第一条轴，第一条轴的角度确定了整个椭圆的角度。第一条轴既可定义椭圆的长轴，也可定义其短轴。椭圆按图 3-24（a）中显示的 1—2—3—4 顺序绘制。

（2）圆弧(A)：用于创建一段椭圆弧，与"单击'绘图'工具栏中的'椭圆弧'按钮■"功能相同。其中第一条轴的角度确定了椭圆弧的角度。第一条轴既可定义椭圆弧长轴，也可定义其短轴。选择该选项，系统命令行中继续提示如下：

指定椭圆弧的轴端点或 [中心点(C)]:（指定端点或输入"C"）
指定轴的另一个端点:（指定另一端点）
指定另一条半轴长度或 [旋转(R)]:（指定另一条半轴长度或输入"R"）
指定起点角度或 [参数(P)]:（指定起始角度或输入"P"）
指定端点角度或 [参数(P)/夹角(I)]:

其中各选项含义如下。

① 起点角度：指定椭圆弧端点的两种方式之一，光标与椭圆中心点连线的夹角为椭圆端点位置的角度，如图 3-24（b）所示。

② 参数(P)：指定椭圆弧端点的另一种方式，该方式同样是指定椭圆弧端点的角度，但通过以下矢量参数方程式创建椭圆弧。

$$p(u)=c+a×\cos(u)+b×\sin(u)$$

其中，c 是椭圆的中心点，a 和 b 分别是椭圆的长轴和短轴，u 为光标与椭圆中心点连线的夹角。

③ 夹角(I)：定义从起点角度开始的包含角度。

④ 中心点(C)：通过指定的中心点创建椭圆。

⑤ 旋转(R)：通过绕第一条轴旋转圆来创建椭圆。相当于将一个圆绕椭圆轴翻转一个角度后的投影视图。

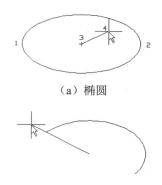

（a）椭圆

（b）椭圆弧

图 3-24　椭圆和椭圆弧

高手支招

> 椭圆命令生成的椭圆是以多义线还是以椭圆为实体，是由系统变量 PELLIPSE 决定的，当其为 1 时，生成的椭圆就是以多义线形式存在。

3.3　平 面 图 形

简单的平面图形命令包括"矩形"命令和"多边形"命令。

【预习重点】

☑　了解平面图形的种类及应用。

☑　简单练习矩形与多边形的绘制。

3.3.1　矩形

【执行方式】

☑　命令行：RECTANG（快捷命令 REC）。

☑　菜单栏：选择菜单栏中的"绘图"→"矩形"命令。

☑　工具栏：单击"绘图"工具栏中的"矩形"按钮▱。

☑　功能区：单击"默认"选项卡"绘图"面板中的"矩形"按钮▱。

【操作实践——绘制办公桌】

绘制如图 3-25 所示的办公桌。操作步骤如下。

（1）单击"绘图"工具栏中的"矩形"按钮▱，在合适的位置绘制矩形，命令行提示与操作如下：

图 3-25　办公桌

命令: RETANG
指定第一个角点或 [倒角(C)/标高(E)/圆角(F)/厚度(T)/宽度(W)]:（在适当位置指定一点）
指定另一个角点或 [面积(A)/尺寸(D)/旋转(R)]:（在适当位置指定另一点）

结果如图 3-26 所示。

（2）单击"绘图"工具栏中的"矩形"按钮▭，在合适的位置绘制一系列的矩形，结果如图 3-27 所示。

（3）单击"绘图"工具栏中的"矩形"按钮▭，在合适的位置绘制一系列的矩形，结果如图 3-28 所示。

（4）单击"绘图"工具栏中的"矩形"按钮▭，在合适的位置绘制一矩形，结果如图 3-29 所示。

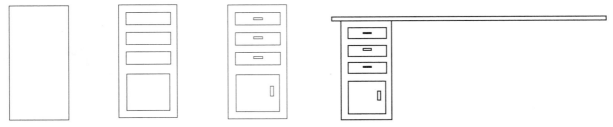

图 3-26　绘制矩形　图 3-27　绘制矩形　图 3-28　绘制矩形　　　　图 3-29　绘制矩形

（5）同样方法，利用"矩形"命令绘制右边的抽屉，完成办公桌的绘制。结果如图 3-25 所示。

【选项说明】

（1）第一个角点：通过指定两个角点确定矩形，如图 3-30（a）所示。

（2）倒角(C)：指定倒角距离，绘制带倒角的矩形，如图 3-30（b）所示。每一个角点的逆时针和顺时针方向的倒角可以相同，也可以不同，其中第一个倒角距离是指角点逆时针方向倒角距离，第二个倒角距离是指角点顺时针方向倒角距离。

（3）标高(E)：指定矩形标高（Z 坐标），即把矩形放置在标高为 Z 并与 XOY 坐标面平行的平面上，并作为后续矩形的标高值。

（4）圆角(F)：指定圆角半径，绘制带圆角的矩形，如图 3-30（c）所示。

（5）厚度(T)：指定矩形的厚度，如图 3-30（d）所示。

（6）宽度(W)：指定线宽，如图 3-30（e）所示。

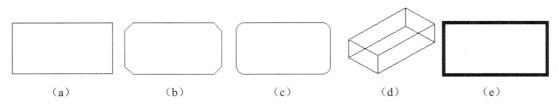

（a）　　　　　　（b）　　　　　　（c）　　　　　　（d）　　　　　　（e）

图 3-30　绘制矩形

（7）面积(A)：指定面积和长或宽创建矩形。选择该选项，系统提示如下：

输入以当前单位计算的矩形面积 <20.0000>:（输入面积值）
计算矩形标注时依据 [长度(L)/宽度(W)] <长度>:（按 Enter 键或输入"W"）
输入矩形长度 <4.0000>:（指定长度或宽度）

指定长度或宽度后，系统自动计算另一个维度，绘制出矩形。如果矩形被倒角或圆角，则长度或面积计算中也会考虑此设置。

（8）尺寸(D)：使用长和宽创建矩形，第二个指定点将矩形定位在与第一角点相关的 4 个位置之一内。

（9）旋转(R)：使所绘制的矩形旋转一定角度。选择该选项，系统提示如下：

指定旋转角度或 [拾取点(P)] <45>:（指定角度）
指定另一个角点或 [面积(A)/尺寸(D)/旋转(R)]:（指定另一个角点或选择其他选项）

结果如图 3-31 所示。

指定旋转角度后，系统按指定角度创建矩形，如图 3-32 所示。

  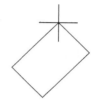

倒角距离（1,1）　圆角半径：1.0

面积：20　长度：6　面积：20　宽度：6

图 3-31　利用"面积"绘制矩形　　　　　　　图 3-32　旋转矩形

3.3.2　多边形

【执行方式】

☑　命令行：POLYGON（快捷命令 POL）。

☑　菜单栏：选择菜单栏中的"绘图"→"多边形"命令。

☑　工具栏：单击"绘图"工具栏中的"多边形"按钮🔷。

☑　功能区：单击"默认"选项卡"绘图"面板中的"多边形"按钮⬡。

【操作实践——绘制石雕摆饰】

绘制如图 3-33 所示的石雕摆饰。操作步骤如下。

（1）单击"绘图"工具栏中的"圆"按钮◯，在左边绘制圆心坐标为（230,210），圆半径为 30 的小圆；选择菜单栏中的"绘图"→"圆环"命令，绘制内径为 5，外径为 15，中心点坐标为（230,210）的圆环。

（2）单击"绘图"工具栏中的"矩形"按钮▭，绘制两角点坐标为（200,122），（420,88）的矩形。

（3）单击"绘图"工具栏中的"圆"按钮◯，采用"相切，相切，半径"方式，绘制与图 3-34 中点 1、点 2 相切，半径为 70 的大圆；单击"绘图"工具栏中的"椭圆"按钮⬭，绘制中心点坐标为（330,222），轴端点坐标为（360,222），另一半轴长度为 20 的小椭圆；单击"绘图"工具栏中的"多边形"按钮🔷，命令行提示与操作如下：

命令: polygon↙
输入侧面数 <4>: 6↙
指定正多边形的中心点或 [边(E)]: 330,165↙
输入选项 [内接于圆(I)/外切于圆(C)] <I>: I↙
指定圆的半径: 30↙

（4）单击"绘图"工具栏中的"直线"按钮╱，绘制坐标分别为（202,221），（@30<-150），（@30<-20）的折线；单击"绘图"工具栏中的"圆弧"按钮⌒，绘制起点坐标为（200,122），端点坐标为（210,188），

半径为45的圆弧。

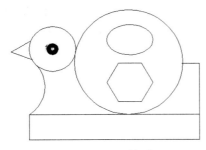 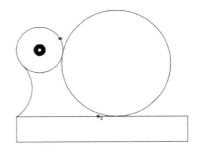

图 3-33　石雕摆饰　　　　　　　　　　　图 3-34　绘制切圆

（5）单击"绘图"工具栏中的"直线"按钮，绘制端点坐标为（420,122），（@68<90），（@22<180）的折线。结果如图3-33所示。

【选项说明】

（1）边(E)：选择该选项，则只要指定多边形的一条边，系统就会按逆时针方向创建该正多边形，如图3-35（a）所示。

（2）内接于圆(I)：选择该选项，绘制的多边形内接于圆，如图3-35（b）所示。

（3）外切于圆(C)：选择该选项，绘制的多边形外切于圆，如图3-35（c）所示。

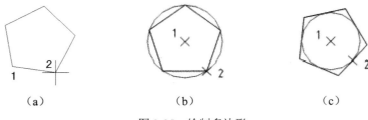

（a）　　　　　　　　　（b）　　　　　　　　　（c）

图 3-35　绘制多边形

3.4　点　命　令

点在AutoCAD中有多种不同的表示方式，用户可以根据需要进行设置，也可以设置等分点和测量点。

【预习重点】

☑　了解点类命令的应用。

☑　简单练习点命令的基本操作。

☑　练习等分点应用。

3.4.1　点

【执行方式】

☑　命令行：POINT（快捷命令PO）。

☑　菜单栏：选择菜单栏中的"绘图"→"点"命令。

☑　工具栏：单击"绘图"工具栏中的"点"按钮。

☑　　功能区：单击"默认"选项卡"绘图"面板中的"多点"按钮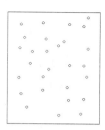。

【操作实践——绘制地毯】

绘制如图 3-36 所示的地毯。操作步骤如下。

（1）选择菜单栏中的"格式"→"点样式"命令，在弹出的"点样式"对话框中选择"O"样式，如图 3-37 所示。

（2）绘制轮廓线。

① 单击"绘图"工具栏中的"矩形"按钮<kbd>□</kbd>，绘制地毯外轮廓线。命令行提示与操作如下：

图 3-36　地毯图形

```
命令: rectang
指定第一个角点或 [倒角(C)/标高(E)/圆角(F)/厚度(T)/宽度(W)]: 100,100
指定另一个角点或 [面积(A)/尺寸(D)/旋转(R)]: @800,1000
```

② 单击"绘图"工具栏中的"点"按钮<kbd>□</kbd>，绘制地毯内装饰点。命令行提示与操作如下：

```
命令: point
当前点模式: PDMODE=33　　PDSIZE=20.0000
指定点:（在屏幕上单击）
```

绘制结果如图 3-36 所示。

【选项说明】

（1）通过菜单方法操作时（如图 3-38 所示），"单点"命令表示只输入一个点，"多点"命令表示可输入多个点。

（2）可以单击状态栏中的"对象捕捉"按钮<kbd>□</kbd>，设置点捕捉模式，帮助用户选择点。

（3）点在图形中的表示样式共有 20 种。可通过 DDPTYPE 命令或选择菜单栏中的"格式"→"点样式"命令，通过打开的"点样式"对话框来设置，如图 3-39 所示。

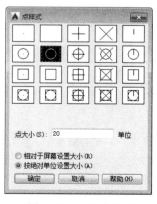

图 3-37　设置点样式

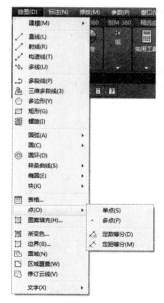

图 3-38　"点"的子菜单

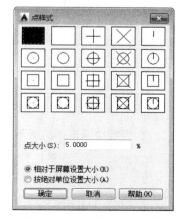

图 3-39　"点样式"对话框

3.4.2 等分点与测量点

1．等分点

【执行方式】

☑　命令行：DIVIDE（快捷命令 DIV）。
☑　菜单栏：选择菜单栏中的"绘图"→"点"→"定数等分"命令。
☑　功能区：单击"默认"选项卡"绘图"面板中的"定数等分"按钮。

【操作步骤】

命令: DIVIDE↙
选择要定数等分的对象:（选择要等分的实体）
输入线段数目或 [块(B)]:（指定实体的等分数）

【选项说明】

（1）等分数目范围为 2～32767。
（2）在等分点处，按当前点样式设置画出等分点。
（3）在第二提示行选择"块(B)"选项时，表示在等分点处插入指定的块。

2．测量点

【执行方式】

☑　命令行：MEASURE（快捷命令 ME）。
☑　菜单栏：选择菜单栏中的"绘图"→"点"→"定距等分"命令。
☑　功能区：单击"默认"选项卡"绘图"面板中的"定距等分"按钮。

【操作步骤】

命令: MEASURE↙
选择要定距等分的对象:（选择要设置测量点的实体）
指定线段长度或 [块(B)]:（指定分段长度）

【选项说明】

（1）设置的起点一般是指定线的绘制起点。
（2）在第二提示行选择"块(B)"选项时，表示在测量点处插入指定的块。
（3）在等分点处，按当前点样式设置绘制测量点。
（4）最后一个测量段的长度不一定等于指定分段长度。

3.5　名师点拨——大家都来讲绘图

1．如何解决图形中的圆不圆了的情况

圆是由 N 边形形成的，数值 N 越大，棱边越短，圆越光滑。有时图形经过缩放或 ZOOM 后，绘制的圆边显示棱边，图形会变得粗糙。在命令行中输入"RE"，重新生成模型，圆边光滑。

2．如何利用直线命令提高制图效率

（1）单击左下角状态栏中的"正交"按钮，根据正交方向提示，直接输入下一点的距离即可，可绘制

正交直线。

（2）单击左下角状态栏中的"极轴"按钮，图形可自动捕捉所需角度方向，可绘制一定角度的直线。

（3）单击左下角状态栏中的"对象捕捉"按钮，自动进行某些点的捕捉，使用对象捕捉可指定对象上的精确位置。

3．如何快速继续使用执行过的命令

在默认情况下，按空格键或 Enter 键表示重复 AutoCAD 的上一个命令，故在连续采用同一个命令操作时，只需连续按空格键或 Enter 键即可，而无须费时费力地连续执行同一个命令。

同时按下←、↑两键，在命令行中则显示上步执行的命令，松开其中一键，继续按下另外一键，显示倒数第二步执行的命令，继续按键，依此类推。反之，则按下→、↑两键。

4．如何等分几何图形

"等分点"命令只是用于直线，不能直接应用到几何图形中，如无法等分矩形，可以分解矩形，再等分矩形两条边线，适当连接等分点，即可完成矩形等分。

3.6 上 机 实 验

【练习1】绘制如图 3-40 所示的擦背床。

1．目的要求

本例图形涉及的命令主要是"圆"命令。通过本实验帮助读者灵活掌握圆的绘制方法。

2．操作提示

（1）利用"圆"命令绘制内孔。

（2）利用"矩形"命令绘制外沿。

【练习2】绘制如图 3-41 所示的椅子。

1．目的要求

本例图形涉及的命令主要是"圆"和"矩形"命令。通过本实验可以帮助读者灵活掌握圆和矩形的绘制方法。

图 3-40 擦背床

图 3-41 椅子

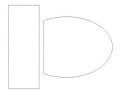

图 3-42 马桶

2．操作提示

（1）利用"直线"命令绘制基本形状。

（2）利用"圆弧"命令结合对象捕捉功能绘制一些圆弧造型。

【练习3】绘制如图 3-42 所示的马桶。

1．目的要求

本例图形涉及的命令主要是"矩形"、"直线"和"椭圆弧"命令。通过本实验可以帮助读者灵活掌握各种基本绘图命令的操作方法。

2．操作提示

（1）利用"椭圆弧"命令绘制马桶前缘。

（2）利用"直线"命令绘制马桶后缘。

（3）利用"矩形"命令绘制水箱。

3.7　模　拟　考　试

1．如图 3-43 所示图形，正五边形的内切圆半径 R=（　　）。

  A．64.348　　　　B．61.937　　　　C．72.812　　　　D．45

2．绘制直线，起点坐标为（57,79），直线长度为 173，与 X 轴正向的夹角为 71°。将线 5 等分，从起点开始的第一个等分点的坐标为（　　）。

  A．X = 113.3233　　Y = 242.5747　　　B．X = 79.7336　　Y = 145.0233

  C．X = 90.7940　　Y = 177.1448　　　D．X = 68.2647　　Y = 111.7149

3．在绘制圆时，采用"两点(2P)"选项，两点之间的距离是（　　）。

  A．最短弦长　　　B．周长　　　　　C．半径　　　　　D．直径

4．绘制如图 3-44 所示的图形。

5．绘制如图 3-45 所示的图形。其中，三角形是边长为 81 的等边 3 角形，3 个圆分别与三角形相切。

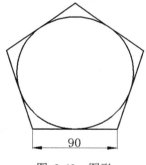
图 3-43　图形

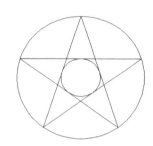
图 3-44　图形

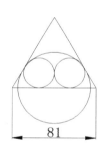
图 3-45　图形

编 辑 命 令

本章学习 AutoCAD 2015 的编辑命令，了解删除及恢复类命令、复制类命令、改变位置类命令、改变几何特性类命令、对象编辑等，为后面章节的学习奠定必要的基础知识。

4.1 选 择 对 象

【预习重点】

☑ 了解选择对象的途径。

AutoCAD 2015 提供了两种编辑图形的途径：

（1）先执行编辑命令，然后选择要编辑的对象。

（2）先选择要编辑的对象，然后执行编辑命令。

这两种途径的执行效果是相同的，但选择对象是进行编辑的前提。AutoCAD 2015 提供了多种对象选择方法，如点取方法、用选择窗口选择对象、用选择线选择对象、用对话框选择对象等。AutoCAD 2015 可以把选择的多个对象组成整体，如选择集和对象组，进行整体编辑与修改。

下面结合 SELECT 命令说明选择对象的方法。

【操作步骤】

SELECT 命令可以单独使用，也可以在执行其他编辑命令时被自动调用。此时屏幕提示：

命令: SELECT
选择对象:（等待用户以某种方式选择对象作为回答。AutoCAD 2015 提供多种选择方式，可以输入"?"查看这些选择方式）
需要点或窗口(W)/上一个(L)/窗交(C)/框(BOX)/全部(ALL)/栏选(F)/圈围(WP)/圈交(CP)/编组(G)/添加(A)/删除(R)/多个(M)/前一个(P)/放弃(U)/自动(AU)/单个(SI)/子对象/对象(O)

【选项说明】

（1）点：该选项表示直接通过点取的方式选择对象。用鼠标或键盘移动拾取框，使其框住要选取的对象，然后单击，即可选中该对象并以高亮度显示。

（2）窗口(W)：用由两个对角顶点确定的矩形窗口选取位于其范围内部的所有图形，与边界相交的对象不会被选中。在指定对角顶点时，应该按照从左向右的顺序，如图 4-1 所示。

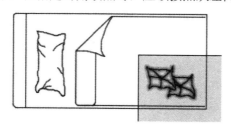 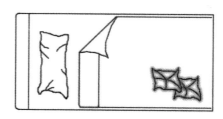

（a）图中深色覆盖部分为选择窗口　　　　　　　　（b）选择后的图形

图 4-1 "窗口"对象选择方式

（3）上一个(L)：在"选择对象:"提示下输入"L"后，按 Enter 键，系统会自动选取最后绘出的一个对象。

（4）窗交(C)：该方式与上述"窗口"方式类似，区别在于：该方式不但选中矩形窗口内部的对象，而且选中与矩形窗口边界相交的对象。选择的对象如图 4-2 所示。

（5）框(BOX)：使用时，系统根据用户在屏幕上给出的两个对角点的位置而自动引用"窗口"或"窗交"方式。若从左向右指定对角点，则为"窗口"方式；反之，则为"窗交"方式。

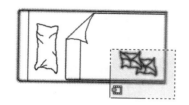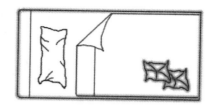

（a）图中深色覆盖部分为选择窗口　　　　　　　　（b）选择后的图形

图 4-2　"窗交"对象选择方式

（6）全部(ALL)：选取图面上的所有对象。

（7）栏选(F)：用户临时绘制一些直线，这些直线不构成封闭图形，凡是与这些直线相交的对象均被选中。绘制结果如图 4-3 所示。

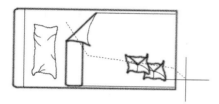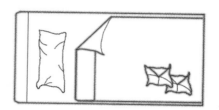

（a）图中虚线为选择栏　　　　　　　　（b）选择后的图形

图 4-3　"栏选"对象选择方式

（8）圈围(WP)：使用一个不规则的多边形来选择对象。根据提示，用户顺次输入构成多边形的所有顶点的坐标，最后按 Enter 键结束操作，系统将自动连接第一个顶点到最后一个顶点的各个顶点，形成封闭的多边形。凡是被多边形围住的对象均被选中（不包括边界）。执行结果如图 4-4 所示。

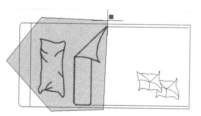

（a）图中十字线所拉出深色多边形为选择窗口　　　　　　　　（b）选择后的图形

图 4-4　"圈围"对象选择方式

（9）圈交(CP)：类似于"圈围"方式，在"选择对象:"提示后输入"CP"，后续操作与"圈围"方式相同，区别在于与多边形边界相交的对象也被选中。

🎓 高手支招

若矩形框从左向右定义，即第一个选择的对角点为左侧的对角点，矩形框内部的对象被选中，矩形框外部及与矩形框边界相交的对象不会被选中。若矩形框从右向左定义，矩形框内部及与矩形框边界相交的对象都会被选中。

4.2 删除及恢复类命令

该类命令主要用于删除图形的某部分或对已被删除的部分进行恢复，包括删除、回退、重做、清除等命令。

【预习重点】
- ☑ 了解删除图形有几种方法。
- ☑ 练习使用 3 种删除图形的方法。
- ☑ 认识恢复命令的使用方法。

4.2.1 删除命令

如果所绘制的图形不符合要求或图形绘错，则可以使用删除命令 ERASE 将其删除。

【执行方式】
- ☑ 命令行：ERASE。
- ☑ 菜单栏：选择菜单栏中的"修改"→"删除"命令。
- ☑ 快捷菜单：选择要删除的对象，在绘图区右击，从弹出的快捷菜单中选择"删除"命令。
- ☑ 工具栏：单击"修改"工具栏中的"删除"按钮。
- ☑ 功能区：单击"默认"选项卡"修改"面板中的"删除"按钮。

【操作步骤】

可以先选择对象，然后调用删除命令；也可以先调用删除命令，然后再选择对象。选择对象时，可以使用前面介绍的选择对象的方法。

当选择多个对象时，多个对象都被删除；若选择的对象属于某个对象组，则该对象组的所有对象都将被删除。

4.2.2 恢复命令

若误删除了图形，则可以使用恢复命令 OOPS 恢复误删除的对象。

【执行方式】
- ☑ 命令行：OOPS 或 U。
- ☑ 工具栏：单击"标准"工具栏中的"放弃"按钮。
- ☑ 快捷键：Ctrl+Z。

【操作步骤】

在命令行窗口的提示行中输入"OOPS"，按 Enter 键。

4.2.3 清除命令

该命令与删除命令的功能完全相同。

【执行方式】

☑ 菜单栏：选择菜单栏中的"编辑"→"删除"命令。

☑ 快捷键：Delete。

【操作步骤】

用菜单或快捷键输入上述命令后，选择要清除的对象，按 Enter 键执行清除命令。

4.3 复制类命令

本节详细介绍 AutoCAD 2015 的复制类命令。利用这些复制类命令，可以方便地编辑绘制图形。

【预习重点】

☑ 了解复制类命令有几种。

☑ 简单练习 4 种复制操作的方法。

☑ 对比使用哪种方法更简便。

4.3.1 复制命令

【执行方式】

☑ 命令行：COPY。

☑ 菜单栏：选择菜单栏中的"修改"→"复制"命令。

☑ 工具栏：单击"修改"工具栏中的"复制"按钮 。

☑ 功能区：单击"默认"选项卡"修改"面板中的"复制"按钮 （如图 4-5 所示）。

☑ 快捷菜单：选择要复制的对象，在绘图区右击，从弹出的快捷菜单中选择"复制选择"命令。

【操作实践——绘制办公桌】

本例绘制如图 4-6 所示的办公桌。操作步骤如下。

图 4-5 "修改"面板

图 4-6 办公桌图形

（1）单击"绘图"工具栏中的"矩形"按钮 ，绘制矩形，如图 4-7 所示。

（2）单击"绘图"工具栏中的"矩形"按钮 ，在合适的位置绘制一系列的矩形，绘制结果如图 4-8 所示。

（3）单击"绘图"工具栏中的"矩形"按钮 ，在合适的位置绘制一系列的小矩形，绘制结果如图 4-9 所示。

（4）单击"绘图"工具栏中的"矩形"按钮 ，在合适的位置绘制一矩形，绘制结果如图 4-10 所示。

（5）单击"修改"工具栏中的"复制"按钮 ，将办公桌左边的一系列矩形复制到右边，完成办公桌的绘制。命令行提示与操作如下：

```
命令: _copy
选择对象: 选择左边的一系列矩形
选择对象: ↙
当前设置: 复制模式 = 多个↙
指定基点或 [位移(D)/模式(O)] <位移>: 选择最外面的矩形与桌面的交点↙
指定第二个点或 [阵列(A)] <使用第一个点作为位移>: 选择放置矩形的位置↙
指定第二个点或 [阵列(A)/退出(E)/放弃(U)] <退出>: ↙
```

最终绘制结果如图 4-6 所示。

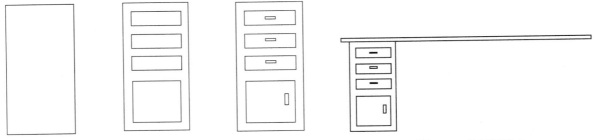

图 4-7　绘制矩形 1　　图 4-8　绘制矩形 2　　图 4-9　绘制矩形 3　　　　图 4-10　绘制矩形 4

【选项说明】

（1）指定基点：指定一个坐标点后，AutoCAD 2015 把该点作为复制对象的基点。

指定第二个点后，系统将根据这两点确定的位移矢量把选择的对象复制到第二点处。如果此时直接按 Enter 键，即选择默认的"用第一点作位移"，则第一个点被当作相对于 X、Y、Z 的位移。例如，如果指定基点为（2,3）并在下一个提示下按 Enter 键，则该对象从它当前的位置开始，在 X 方向上移动 2 个单位，在 Y 方向上移动 3 个单位。一次复制完成后，可以不断指定新的第二点，从而实现多重复制。

（2）位移(D)：直接输入位移值，表示以选择对象时的拾取点为基准，以拾取点坐标为移动方向，纵横比移动指定位移后所确定的点为基点。例如，选择对象时的拾取点坐标为（2,3），输入位移为 5，则表示以（2,3）点为基准，沿纵横比为 3:2 的方向移动 5 个单位所确定的点为基点。

（3）模式(O)：控制是否自动重复该命令。确定复制模式是单个还是多个。

（4）阵列(A)：指定在线性阵列中排列的副本数量。

4.3.2　镜像命令

镜像对象是指把选择的对象以一条镜像线为对称轴进行镜像后的对象。镜像操作完成后，可以保留原对象，也可以将其删除。

【执行方式】

- ☑　命令行：MIRROR。
- ☑　菜单栏：选择菜单栏中的"修改"→"镜像"命令。
- ☑　工具栏：单击"修改"工具栏中的"镜像"按钮。
- ☑　功能区：单击"默认"选项卡"修改"面板中的"镜像"按钮。

【操作实践——绘制办公椅】

本例绘制如图 4-11 所示的办公椅。操作步骤如下。

（1）单击"绘图"工具栏中的"圆弧"按钮，绘制 3 条圆弧，采用"三点圆弧"的绘制方式，使 3 条圆弧形状相似，右端点大约在一条竖直线上，如图 4-12 所示。

（2）单击"绘图"工具栏中的"圆弧"按钮，采用"起点/圆心/端点"的绘制方式，起点和端点分别捕捉为刚绘制圆弧的左端点，圆心适当选取，使造型尽量光滑过渡，如图 4-13 所示。

（3）单击"绘图"工具栏中的"矩形"按钮、"圆弧"按钮和"直线"按钮等绘制扶手和外沿轮廓，如图 4-14 所示。

（4）单击"修改"工具栏中的"镜像"按钮，镜像左侧图形，按图 4-14 所示捕捉图形右侧上下两端点进行镜像操作，最终绘制结果如图 4-11 所示。

   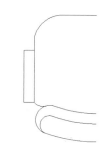

图 4-11　办公椅图形　　　图 4-12　绘制圆弧　　　图 4-13　绘制圆弧角　　　图 4-14　绘制扶手和外沿

4.3.3　偏移命令

偏移命令是指保持选择的对象的形状，在不同的位置以不同的尺寸大小新建一个对象。

【执行方式】

- ☑　命令行：OFFSET。
- ☑　菜单栏：选择菜单栏中的"修改"→"偏移"命令。
- ☑　工具栏：单击"修改"工具栏中的"偏移"按钮。
- ☑　功能区：单击"默认"选项卡"修改"面板中的"偏移"按钮。

【操作实践——绘制会议桌】

图 4-15　会议桌

本例绘制如图 4-15 所示的会议桌。操作步骤如下。

（1）绘制出一条长度为 1500 的竖直直线 1。

（2）单击"修改"工具栏中的"偏移"按钮，命令行提示与操作如下：

```
命令: OFFSET↙
当前设置: 删除源=否　图层=源　OFFSETGAPTYPE=0
指定偏移距离或 [通过(T)/删除(E)/图层(L)] <通过>: 6000↙
选择要偏移的对象，或 [退出(E)/放弃(U)] <退出>:（选择直线 1）
指定要偏移的那一侧上的点，或 [退出(E)/多个(M)/放弃(U)] <退出>:（向右指定一点）
```

（3）绘制直线 3 连接它们的中点，如图 4-16 所示。

（4）由直线 3 分别偏移 1500 绘制出直线 4、5；然后利用"圆弧"命令，依次捕捉 ABC、DEF 绘制出两条弧线，如图 4-17 所示。

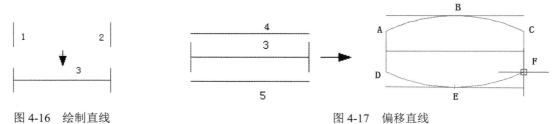

图 4-16　绘制直线　　　　　　　　图 4-17　偏移直线

（5）再利用"圆弧"命令绘制出内部的两条弧线，最后将辅助线删除，完成桌面的绘制，如图 4-18 所示。

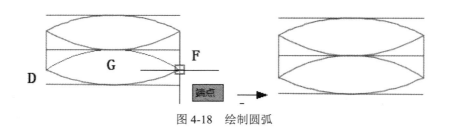

图 4-18　绘制圆弧

【选项说明】

（1）指定偏移距离：输入一个距离值，或按 Enter 键，使用当前的距离值，系统把该距离值作为偏移距离，如图 4-19 所示。

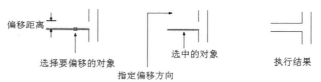

图 4-19　指定偏移对象的距离

（2）通过(T)：指定偏移对象的通过点，选择该选项后出现如下提示。

选择要偏移的对象，或 [退出(E)/放弃(U)] <退出>:（选择要偏移的对象。按 Enter 键会结束操作）
指定通过点或 [退出(E)/多个(M)/放弃(U)] <退出>:（指定偏移对象的一个通过点）

操作完毕后，系统根据指定的通过点绘出偏移对象。结果如图 4-20 所示。

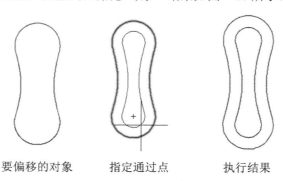

要偏移的对象　　　　指定通过点　　　　执行结果

图 4-20　指定偏移对象的通过点

（3）删除(E)：偏移后，将源对象删除。选择该选项后出现如下提示：

要在偏移后删除源对象吗？[是(Y)/否(N)] <否>:

（4）图层(L)：确定将偏移对象创建在当前图层上还是源对象所在的图层上。选择该选项后出现如下提示：

输入偏移对象的图层选项 [当前(C)/源(S)] <源>:

4.3.4　阵列命令

阵列命令是指多重复制选择对象并把这些副本按矩形或环形排列，把副本按矩形排列称为建立矩形阵列；把副本按环形排列称为建立极阵列。建立极阵列时，应该控制复制对象的次数和对象是否被旋转；建立矩形阵列时，应该控制行和列的数量以及对象副本之间的距离。

用该命令可以建立矩形阵列、极阵列（环形）和旋转的矩形阵列。

【执行方式】

- ☑　命令行：ARRAY。
- ☑　菜单栏：选择菜单栏中的"修改"→"阵列"命令。
- ☑　工具栏：单击"修改"工具栏中的"矩形阵列"按钮、"路径阵列"按钮或"环形阵列"按钮。
- ☑　功能区：单击"默认"选项卡"修改"面板中的"矩形阵列"按钮、"路径阵列"按钮或"环形阵列"按钮（如图 4-21 所示）。

【操作实践——绘制窗棂】

本例绘制如图 4-22 所示的窗棂。操作步骤如下。

（1）单击"绘图"工具栏中的"矩形"按钮，命令行提示与操作如下：

命令: _rectang
指定第一个角点或 [倒角(C)/标高(E)/圆角(F)/厚度(T)/宽度(W)]: 0,0✓
指定另一个角点或 [面积(A)/尺寸(D)/旋转(R)]: @681, 495✓

采用同样的方法绘制另外两个矩形，角点坐标分别为{（30,30），（651,465）}和{（40,50），（@57,57）}，绘制结果如图 4-23 所示。

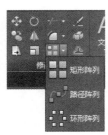

图 4-21　"修改"面板

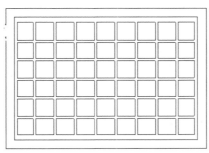

图 4-22　窗棂图形

图 4-23　绘制矩形

（2）单击"修改"工具栏中的"矩形阵列"按钮，根据命令行提示选择步骤（1）绘制的矩形为阵列对象，设置行数为 6，列数为 9，行偏移和列偏移均为 68，命令行提示与操作如下：

命令:_arrayrect
选择对象: 指定对角点: 找到 1 个
选择对象:
类型 = 矩形 关联 = 否
选择夹点以编辑阵列或 [关联(AS)/基点(B)/计数(COU)/间距(S)/列数(COL)/行数(R)/层数(L)/退出(X)] <退出>: col
输入列数或 [表达式(E)] <4>: 9
指定列数之间的距离或 [总计(T)/表达式(E)] <703.2125>: 68
选择夹点以编辑阵列或 [关联(AS)/基点(B)/计数(COU)/间距(S)/列数(COL)/行数(R)/层数(L)/退出(X)] <退出>: r
输入行数或 [表达式(E)] <3>: 6
指定行数之间的距离或 [总计(T)/表达式(E)] <549.069>:68
指定行数之间的标高增量或 [表达式(E)] <0>:
选择夹点以编辑阵列或 [关联(AS)/基点(B)/计数(COU)/间距(S)/列数(COL)/行数(R)/层数(L)/退出(X)] <退出>:

【选项说明】

（1）矩形(R)（命令行：arrayrect）：将选定对象的副本分布到行数、列数和层数的任意组合。通过夹点，调整阵列间距、列数、行数和层数；也可以分别选择各选项输入数值。

（2）极轴(PO)：在绕中心点或旋转轴的环形阵列中均匀分布对象副本。选择该选项后出现如下提示：

指定阵列的中心点或 [基点(B)/旋转轴(A)]:（选择中心点、基点或旋转轴）
选择夹点以编辑阵列或 [关联(AS)/基点(B)/项目(I)/项目间角度(A)/填充角度(F)/行(ROW)/层(L)/旋转项目(ROT)/退出(X)] <退出>:（通过夹点，调整角度，填充角度；也可以分别选择各选项输入数值）

（3）路径(PA)（命令行：arraypath）：沿路径或部分路径均匀分布选定对象的副本。选择该选项后出现如下提示：

选择路径曲线:（选择一条曲线作为阵列路径）
选择夹点以编辑阵列或 [关联(AS)/方法(M)/基点(B)/切向(T)/项目(I)/行(R)/层(L)/对齐项目(A)/Z 方向(Z)/退出(X)] <退出>:（通过夹点，调整阵列行数和层数；也可以分别选择各选项输入数值）

4.4 改变位置类命令

该类编辑命令的功能是按照指定要求改变当前图形或图形某部分的位置，主要包括移动、旋转和缩放等命令。

【预习重点】

☑ 了解改变位置类命令有几种。
☑ 练习使用移动、旋转、缩放命令的使用方法。

4.4.1 移动命令

【执行方式】

☑ 命令行：MOVE。
☑ 菜单栏：选择菜单栏中的"修改"→"移动"命令。
☑ 快捷菜单：选择要复制的对象，在绘图区右击，从弹出的快捷菜单中选择"移动"命令。
☑ 工具栏：单击"修改"工具栏中的"移动"按钮。
☑ 功能区：单击"默认"选项卡"修改"面板中的"移动"按钮。

【操作实践——绘制组合电视柜】

本例绘制如图 4-24 所示的电视柜。操作步骤如下。

（1）单击"标准"工具栏中的"打开"按钮 ，打开"图库 1\电视柜"图形，如图 4-25 所示。

（2）单击"标准"工具栏中的"打开"按钮 ，打开"图库 1\电视"图形，如图 4-26 所示。

　　图 4-24　组合电视柜图形　　　　图 4-25　电视柜图形　　　　图 4-26　电视图形

（3）选择菜单栏中的"编辑"→"全部选择"命令，选择"电视"图形。

（4）选择菜单栏中的"编辑"→"复制"命令，复制"电视"图形。

（5）选择菜单栏中的"窗口"→"电视柜"命令，打开"电视柜"图形文件。

（6）选择菜单栏中的"编辑"→"粘贴"命令，将"电视"图形放置到"电视柜"文件中。

（7）单击"修改"工具栏中的"移动"按钮 ，以电视图形外边的中点为基点，电视柜外边中点为第二点，将电视图形移动到电视柜图形上，最终绘制结果如图 4-24 所示。

4.4.2　旋转命令

【执行方式】

- ☑　命令行：ROTATE。
- ☑　菜单栏：选择菜单栏中的"修改"→"旋转"命令。
- ☑　快捷菜单：选择要旋转的对象，在绘图区右击，从弹出的快捷菜单中选择"旋转"命令。
- ☑　工具栏：单击"修改"工具栏中的"旋转"按钮 。
- ☑　功能区：单击"默认"选项卡"修改"面板中的"旋转"按钮 。

【操作实践——绘制接待台】

绘制如图 4-27 所示的接待台。操作步骤如下。

（1）单击"标准"工具栏中的"打开"按钮 ，打开前面绘制的办公椅图形，将其另存为"接待台.dwg"文件。

（2）单击"绘图"工具栏中的"矩形"按钮 和"直线"按钮 ，绘制桌面图形，如图 4-28 所示。

（3）单击"修改"工具栏中的"镜像"按钮 ，将桌面图形进行镜像处理，利用"对象追踪"功能将对称线捕捉为过矩形右下角的 45°斜线。绘制结果如图 4-29 所示。

（4）单击"绘图"工具栏中的"圆弧"按钮 ，采取"圆心/起点/端点"的方式，绘制如图 4-30 所示的圆弧。

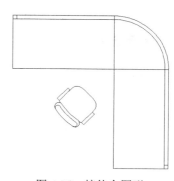

图 4-27　接待台图形

（5）单击"修改"工具栏中的"旋转"按钮 ，旋转绘制的办公椅，命令行提示与操作如下：

```
命令：_rotate
UCS 当前的正角方向： ANGDIR=逆时针　ANGBASE=0
选择对象：（选择办公椅）
选择对象：
```

指定基点：（指定椅背中点）
指定旋转角度，或 [复制(C)/参照(R)] <0>: -45

旋转结果如图 4-27 所示。

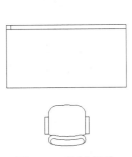

图 4-28 绘制桌面

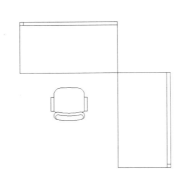

图 4-29 镜像处理

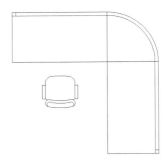

图 4-30 绘制圆弧

【选项说明】

（1）复制(C)：选择该选项，旋转对象的同时，保留原对象，如图 4-31 所示。

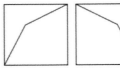

图 4-31 复制并旋转对象

（2）参照(R)：采用参照方式旋转对象时，系统提示如下。

指定参照角 <0>:（指定要参考的角度，默认值为 0）
指定新角度:（输入旋转后的角度值）

操作完毕后，对象被旋转至指定的角度位置。

高手支招

可以用拖动鼠标的方法旋转对象。选择对象并指定基点后，从基点到当前光标位置会出现一条连线，鼠标选择的对象会动态地随着该连线与水平方向的夹角变化而旋转，按 Enter 键，确认旋转操作，如图 4-32 所示。

图 4-32 拖动鼠标旋转对象

4.4.3 缩放命令

【执行方式】

☑ 命令行：SCALE。

☑ 菜单栏：选择菜单栏中的"修改"→"缩放"命令。

☑ 快捷菜单：选择要缩放的对象，在绘图区右击，从弹出的快捷菜单中选择"缩放"命令。

☑ 工具栏：单击"修改"工具栏中的"缩放"按钮 。

☑ 功能区：单击"默认"选项卡"修改"面板中的"缩放"按钮 。

【操作实践——绘制子母门】

绘制如图 4-33 所示的子母门。操作步骤如下。

（1）单击"标准"工具栏中的"打开"按钮 ，打开"图库 1\双扇平开门"图形，如图 4-34 所示。

（2）单击"修改"工具栏中的"缩放"按钮 ，缩放两侧门，命令行提示与操作如下：

命令: SCALE
选择对象: 选中左边的门
指定基点:（指定左侧门的右端点）
指定比例因子或 [复制(C)/参照(R)]<1.0000>: 0.5

最终结果如图 4-33 所示。

【选项说明】

（1）参照(R)：采用参考方向缩放对象时，系统提示如下：

指定参照长度 <1>:（指定参考长度值）
指定新的长度或 [点(P)] <1.0000>:（指定新长度值）

若新长度值大于参考长度值，则放大对象；否则，缩小对象。操作完毕后，系统以指定的基点按指定的比例因子缩放对象。如果选择"点(P)"选项，则指定两点来定义新的长度。

（2）指定比例因子：选择对象并指定基点后，从基点到当前光标位置会出现一条线段，线段的长度即为比例大小。鼠标选择的对象会动态地随着该连线长度的变化而缩放，按 Enter 键，确认缩放操作。

（3）复制(C)：选择该选项时，可以复制缩放对象，即缩放对象时，保留原对象，如图 4-35 所示。

图 4-33 子母门图形   图 4-34 双扇平开门   图 4-35 复制缩放对象

4.5 改变几何特性类命令

该类编辑命令在对指定对象进行编辑后，使编辑对象的几何特性发生改变。其包括倒角、圆角、打断、剪切、延伸、拉长和拉伸等命令。

【预习重点】

☑ 了解改变几何特性类命令有几种。

☑ 比较使用圆角、倒角命令。

☑ 比较使用剪切、延伸命令。

☑ 比较使用拉伸、拉长命令。

☑ 比较使用打断、打断于点命令。

☑ 比较分解、合并前后对象属性。

4.5.1 圆角命令

圆角是指用指定的半径决定的一段平滑的圆弧连接两个对象。系统规定可以圆角连接一对直线段、非圆弧的多段线段、样条曲线、双向无限长线、射线、圆、圆弧和椭圆；可以在任何时刻圆角连接非圆弧多段线的每个节点。

【执行方式】

☑ 命令行：FILLET。

☑ 菜单栏：选择菜单栏中的"修改"→"圆角"命令。

☑ 工具栏：单击"修改"工具栏中的"圆角"按钮 。

☑ 功能区：单击"默认"选项卡"修改"面板中的"圆角"按钮 。

【操作实践——绘制坐便器】

本例绘制如图 4-36 所示的坐便器。操作步骤如下。

图 4-36 坐便器图形

☆ 贴心小帮手

将 AutoCAD 中的捕捉工具栏激活，如图 4-37 所示，留在绘图过程中使用。

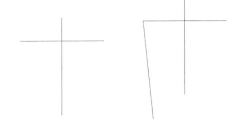

图 4-37 "对象捕捉"工具栏

（1）单击"绘图"工具栏中的"直线"按钮，在图中绘制一条长度为 50 的水平直线，重复"直线"命令，单击"对象捕捉"工具栏中的"捕捉到中点"按钮 ，单击水平直线的中点，此时水平直线的中点会出现一个黄色的小三角提示即为中点。绘制一条垂直的直线，并移动到合适的位置，作为绘图的辅助线，如图 4-38 所示。

（2）单击"绘图"工具栏中的"直线"按钮 ，单击水平直线的左端点，输入坐标点（@6,-60）绘制直线，如图 4-39 所示。

（3）单击"修改"工具栏中的"镜像"按钮 ，以垂直直线的两个端点为镜像点，将刚绘制的斜向直线镜像到另外一侧，如图 4-40 所示。

图 4-38 绘制辅助线   图 4-39 绘制直线

（4）单击"绘图"工具栏中的"圆弧"按钮 ，以斜线下端的端点为起点，如图 4-41 所示，以垂直辅助线上的一点为第二点，以右侧斜线的端点为端点，绘制弧线，如图 4-42 所示。

（5）在图中选择水平直线，然后单击"修改"工具栏中的"复制"按钮 ，选择其与垂直直线的交点为基点，然后输入坐标点（@0,-20），再次复制水平直线，输入坐标点（@0,-25），如图 4-43 所示。

（6）单击"修改"工具栏中的"偏移"按钮 ，将右侧斜向直线向左偏移 2，如图 4-44 所示。重复"偏移"命令，将圆弧和左侧直线复制到内侧，如图 4-45 所示。

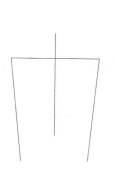  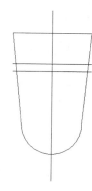

图 4-40　镜像图形　　　　图 4-41　绘制弧线　　　　图 4-42　绘制弧线　　　　图 4-43　增加辅助线

（7）单击"绘图"工具栏中的"直线"按钮，将中间的水平线与内侧斜线的交点和外侧斜线的下端点连接起来，如图 4-46 所示。

（8）单击"修改"工具栏中的"圆角"按钮，指定圆角半径均为 10，命令行提示与操作如下：

```
命令: _fillet
当前设置: 模式 = 修剪，半径 = 0.0000
选择第一个对象或 [放弃(U)/多段线(P)/半径(R)/修剪(T)/多个(M)]:
选择第二个对象，或按住 Shift 键选择对象以应用角点或 [半径(R)]: r
指定圆角半径 <0.0000>: 10
选择第二个对象，或按住 Shift 键选择对象以应用角点或 [半径(R)]:
```

（9）单击"修改"工具栏中的"偏移"按钮，将椭圆部分向内侧偏移 1，如图 4-47 所示。

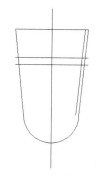 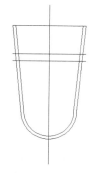 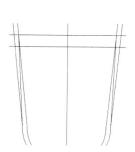 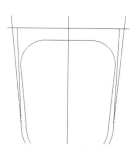

图 4-44　偏移直线　　　图 4-45　偏移其他图形　　　图 4-46　连接直线　　　图 4-47　偏移内侧椭圆

（10）在上侧添加弧线和斜向直线，再在左侧添加冲水按钮，即完成了坐便器的绘制，如图 4-36 所示。

【选项说明】

（1）多段线(P)：在一条二维多段线的两段直线段的节点处插入圆滑的弧。选择多段线后，系统会根据指定的圆弧半径把多段线各顶点用圆滑的弧线连接起来。

（2）修剪(T)：决定在圆角连接两条边时，是否修剪这两条边，如图 4-48 所示。

（3）多个(M)：可以同时对多个对象进行圆角编辑。而不必重新起用命令。

修剪方式　　　　不修剪方式

图 4-48　圆角连接

（4）按住 Shift 键并选择两条直线，可以快速创建零距离倒角或零半径圆角。

4.5.2　倒角命令

倒角是指用斜线连接两个不平行的线型对象。可以用斜线连接直线段、双向无限长线、射线和多段线。

【执行方式】

☑　命令行：CHAMFER。
☑　菜单栏：选择菜单栏中的"修改"→"倒角"命令。
☑　工具栏：单击"修改"工具栏中的"倒角"按钮。
☑　功能区：单击"默认"选项卡"修改"面板中的"倒角"按钮。

【操作实践——绘制吧台】

本例绘制如图 4-49 所示的吧台。操作步骤如下。

（1）选择菜单栏中的"格式"→"图形界限"命令，设置图幅为 297×210。

（2）单击"绘图"工具栏中的"直线"按钮，绘制一条水平直线和一条竖直直线，结果如图 4-50 所示。单击"修改"工具栏中的"偏移"按钮，将竖直直线分别向右偏移 8、4、6，将水平直线向上偏移 6，结果如图 4-51 所示。

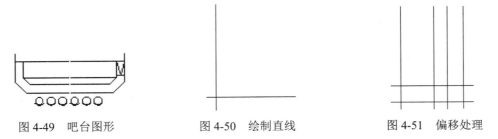

图 4-49　吧台图形　　　　　　　图 4-50　绘制直线　　　　　　　图 4-51　偏移处理

（3）单击"修改"工具栏中的"倒角"按钮，将图形进行倒角处理，命令行提示与操作如下：

命令: CHAMFER↙
（"修剪"模式）当前倒角距离 1 = 0.0000，距离 2 = 0.0000
选择第一条直线或 [放弃(U)/多段线(P)/距离(D)/角度(A)/修剪(T)/方式(E)/多个(M)]: d↙
指定第一个倒角距离 <0.0000>: 6↙
指定第二个倒角距离 <6.0000>: ↙
选择第一条直线或 [放弃(U)/多段线(P)/距离(D)/角度(A)/修剪(T)/方式(E)/多个(M)]: （选择最右侧的线）
选择第二条直线，或按住 Shift 键选择直线以应用角点或[距离(D)/角度(A)/方法(M)]: （选择最下侧的水平线）

重复"倒角"命令，将其他交线进行倒角处理，结果如图 4-52 所示。

（4）单击"修改"工具栏中的"镜像"按钮，将图形进行镜像处理，结果如图 4-53 所示。

（5）单击"绘图"工具栏中的"直线"按钮，绘制门，结果如图 4-54 所示。

（6）打开前面绘制的吧凳（见 3.2.2 节），按 Ctrl+C 快捷键进行图形复制，再回到当前绘制的图形界面，按 Ctrl+V 快捷键，将吧凳图形粘贴到当前图形适当位置，再利用"缩放"、"移动"和"旋转"等命令对吧凳图形进行适当处理，结果如图 4-55 所示。

（7）单击"修改"工具栏中的"矩形阵列"按钮，选择吧凳为阵列对象，设置阵列行数为 6，列数为 1，行间距为-6，结果如图 4-49 所示。

（8）选择菜单栏中的"文件"→"另存为"命令，保存图形。命令行提示与操作如下：

命令: SAVEAS↙　　（将绘制完成的图形以"吧台.dwg"为文件名保存在指定的路径中）

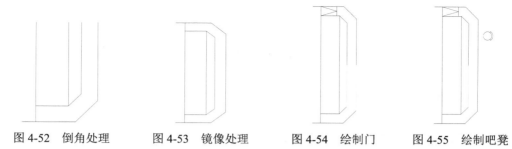

| 图 4-52　倒角处理 | 图 4-53　镜像处理 | 图 4-54　绘制门 | 图 4-55　绘制吧凳 |

【选项说明】

（1）距离(D)：选择倒角的两个斜线距离。斜线距离是指从被连接的对象与斜线的交点到被连接的两对象的可能的交点之间的距离，如图 4-56 所示。这两个斜线距离可以相同也可以不相同，若二者均为 0，则系统不绘制连接的斜线，而是把两个对象延伸至相交，并修剪超出的部分。

（2）角度(A)：选择第一条直线的斜线距离和角度。采用这种方法斜线连接对象时，需要输入两个参数：斜线与一个对象的斜线距离，以及斜线与该对象的夹角，如图 4-57 所示。

（3）多段线(P)：对多段线的各个交叉点进行倒角编辑。为了得到最好的连接效果，一般设置斜线是相等的值。系统根据指定的斜线距离把多段线的每个交叉点都作为斜线连接，连接的斜线成为多段线新添加的构成部分，如图 4-58 所示。

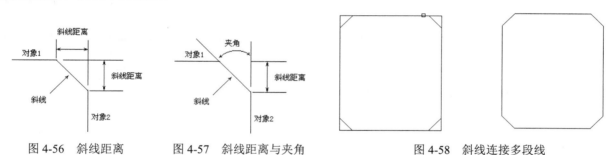

| 图 4-56　斜线距离 | 图 4-57　斜线距离与夹角 | 图 4-58　斜线连接多段线 |

（4）修剪(T)：与圆角连接命令 FILLET 相同，该选项决定连接对象后，是否剪切原对象。

（5）方式(E)：决定采用"距离"方式还是"角度"方式来倒角。

（6）多个(M)：同时对多个对象进行倒角编辑。

📖 高手支招

　　有时用户在执行圆角和倒角命令时，发现命令不执行或执行后没什么变化，那是因为系统默认圆角半径和斜线距离均为 0，如果不事先设定圆角半径或斜线距离，系统就以默认值执行命令，所以看起来没有变化。

4.5.3　修剪命令

【执行方式】

　　☑　命令行：TRIM。

- ☑ 菜单栏：选择菜单栏中的"修改"→"修剪"命令。
- ☑ 工具栏：单击"修改"工具栏中的"修剪"按钮。
- ☑ 功能区：单击"默认"选项卡"修改"面板中的"修剪"按钮。

【操作实践——绘制单人床】

本例绘制如图 4-59 所示的单人床。操作步骤如下。

（1）单击"绘图"工具栏中的"矩形"按钮，绘制角点坐标为（0,0），（@1000,2000）的矩形，如图 4-60 所示。

（2）单击"绘图"工具栏中的"直线"按钮，绘制坐标点分别为{（125,1000），（125,1900）}、{（875,1900），（875,1000）}、{（155,1000），（155,1870）}和{（845,1870），（845,1000）}的直线。

图 4-59　单人床图形　图 4-60　绘制矩形

（3）单击"绘图"工具栏中的"直线"按钮，绘制坐标点为（0,280）和（@1000,0）的直线。绘制结果如图 4-61 所示。

（4）单击"修改"工具栏中的"矩形阵列"按钮，对象为最近绘制的直线，行数为 4，列数为 1，行间距设为 30，绘制结果如图 4-62 所示。

（5）单击"修改"工具栏中的"圆角"按钮，将外轮廓线的圆角半径设为 50，内衬圆角半径为 40，绘制结果如图 4-63 所示。

（6）单击"绘图"工具栏中的"直线"按钮，绘制坐标点为（0,1500）、（@1000,200）、（@-800,-400）的直线。

（7）单击"绘图"工具栏中的"圆弧"按钮，绘制起点为（200,1300），第二点为（130,1430），圆弧端点为（0,1500）的圆弧，绘制结果如图 4-64 所示。

图 4-61　绘制直线　　　图 4-62　阵列处理　　　图 4-63　圆角处理　　　图 4-64　绘制直线与圆弧

（8）单击"修改"工具栏中的"修剪"按钮修剪多余图线，修剪结果如图 4-59 所示。

【选项说明】

（1）按 Shift 键：在选择对象时，如果按住 Shift 键，系统就自动将"修剪"命令转换成"延伸"命令，"延伸"命令将在 4.5.4 节介绍。

（2）边(E)：选择该选项时，可以选择对象的修剪方式，即延伸和不延伸。

① 延伸(E)：延伸边界进行修剪。在该方式下，如果剪切边没有与要修剪的对象相交，系统会延伸剪切边直至与要修剪的对象相交，然后再修剪，如图 4-65 所示。

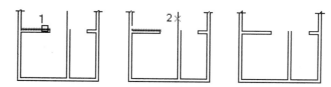

图 4-65　延伸方式修剪对象

② 不延伸(N)：不延伸边界修剪对象。只修剪与剪切边相交的对象。

（3）栏选(F)：选择该选项时，系统以栏选的方式选择被修剪对象，如图 4-66 所示。

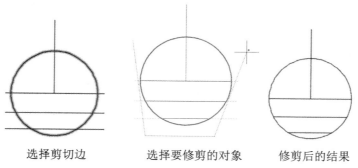

选择剪切边　　　　选择要修剪的对象　　　　修剪后的结果

图 4-66　栏选选择修剪对象

（4）窗交(C)：选择该选项时，系统以窗交的方式选择被修剪对象，如图 4-67 所示。

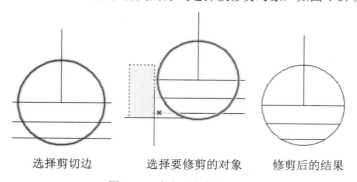

选择剪切边　　　　选择要修剪的对象　　　　修剪后的结果

图 4-67　窗交选择修剪对象

高手支招

（1）被选择的对象可以互为边界和被修剪对象，此时系统会在选择的对象中自动判断边界。

（2）在使用"修剪"命令选择修剪对象时，通常是逐个单击选择，显得效率低。如果想要比较快地实现修剪过程，可以先输入修剪命令"TR"或"TRIM"，然后按 Space 或 Enter 键，命令行中就会提示选择修剪的对象，这时可以不选择对象，继续按 Space 或 Enter 键，系统默认选择全部，这样就可以很快地完成修剪过程。

4.5.4　延伸命令

延伸命令是指延伸要延伸的对象直至另一个对象的边界线，如图 4-68 所示。

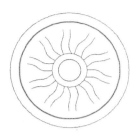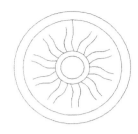

图 4-68　延伸对象

【执行方式】

- ☑　命令行：EXTEND。
- ☑　菜单栏：选择菜单栏中的"修改"→"延伸"命令。
- ☑　工具栏：单击"修改"工具栏中的"延伸"按钮▣。
- ☑　功能区：单击"默认"选项卡"修改"面板中的"延伸"按钮▣。

【操作实践——绘制沙发】

本例绘制如图 4-69 所示的沙发。操作步骤如下。

（1）单击"绘图"工具栏中的"矩形"按钮▣，绘制圆角为 10，第一角点坐标为（20,20），长度和宽度分别为 140 和 100 的矩形作为沙发的外框。

（2）单击"绘图"工具栏中的"直线"按钮▧，绘制坐标分别为（40,20）、（@0,80）、（@100,0）和（@0,-80）的连续线段，绘制结果如图 4-70 所示。

（3）单击"修改"工具栏中的"分解"按钮▧，分解外面倒圆矩形。

（4）单击"修改"工具栏中的"圆角"按钮▣，修改沙发轮廓，命令行提示与操作如下：

```
命令: _fillet
当前设置: 模式 = 修剪，半径 = 0.0000
选择第一个对象或 [放弃(U)/多段线(P)/半径(R)/修剪(T)/多个(M)]: r
指定圆角半径 <0.0000>: 6
选择第一个对象或 [放弃(U)/多段线(P)/半径(R)/修剪(T)/多个(M)]: m
选择第一个对象或 [放弃(U)/多段线(P)/半径(R)/修剪(T)/多个(M)]: 选择内部四边形左边
选择第二个对象，或按住 Shift 键选择对象以应用角点或 [半径(R)]: 选择内部四边形上边
选择第一个对象或 [放弃(U)/多段线(P)/半径(R)/修剪(T)/多个(M)]: 选择内部四边形右边
选择第二个对象，或按住 Shift 键选择对象以应用角点或 [半径(R)]: 选择内部四边形上边
选择第一个对象或 [放弃(U)/多段线(P)/半径(R)/修剪(T)/多个(M)]:
```

（5）单击"修改"工具栏中的"圆角"按钮▣，选择内部四边形左边和外部矩形下边左端为对象，进行圆角处理，绘制结果如图 4-71 所示。

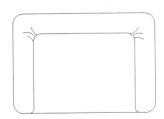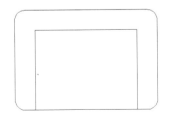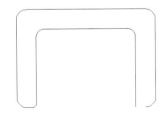

图 4-69　沙发图形　　　　图 4-70　绘制初步轮廓　　　　图 4-71　绘制圆角

（6）单击"修改"工具栏中的"延伸"按钮，延伸水平直线，命令行提示与操作如下：

```
命令: _extend
当前设置: 投影=UCS，边=无
选择边界的边...
选择对象或<全部选择>: 选择如图 4-71 所示的右下角圆弧
选择对象:
选择要延伸的对象或按住 Shift 键选择要修剪的对象或[栏选(F)/窗交(C)/投影(P)/边(E)/放弃(U)]: 选择如图 4-72 所示的左端短水平线
选择要延伸的对象或按住 Shift 键选择要修剪的对象或[栏选(F)/窗交(C)/投影(P)/边(E)/放弃(U)]:
```

（7）单击"修改"工具栏中的"圆角"按钮，选择内部四边形右边和外部矩形下边为倒圆角对象，进行圆角处理。

（8）单击"修改"工具栏中的"延伸"按钮，以矩形左下角的圆角圆弧为边界，对内部四边形右边下端进行延伸，绘制结果如图 4-72 所示。

（9）单击"绘图"工具栏中的"圆弧"按钮，绘制沙发皱纹。在沙发拐角位置绘制 6 条圆弧，最终绘制结果如图 4-69 所示。

【选项说明】

（1）如果要延伸的对象是适配样条多段线，则延伸后会在多段线的控制框上增加新节点。如果要延伸的对象是锥形的多段线，系统会修正延伸端的宽度，使多段线从起始端平滑地延伸至新的终止端。如果延伸操作导致新终止端的宽度为负值，则取宽度值为 0，如图 4-73 所示。

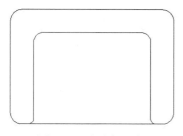

图 4-72　完成倒圆角

选择边界对象　　选择要延伸的多义线　　延伸后的结果

图 4-73　延伸对象

（2）选择对象时，如果按住 Shift 键，系统自动将"延伸"命令转换成"修剪"命令。

4.5.5　拉伸命令

拉伸命令是指拖动选择的对象，且使对象形状发生改变。拉伸对象时，应指定拉伸的基点和移置点。利用一些辅助工具如捕捉、钳夹功能及相对坐标等可以提高拉伸的精度。

【执行方式】

☑　命令行：STRETCH。
☑　菜单栏：选择菜单栏中的"修改"→"拉伸"命令。
☑　工具栏：单击"修改"工具栏中的"拉伸"按钮。
☑　功能区：单击"默认"选项卡"修改"面板中的"拉伸"按钮。

【操作实践——绘制门把手】

本例绘制如图 4-74 所示的手柄。操作步骤如下。

（1）设置图层。单击"图层"工具栏中的"图层特性管理器"按钮🔳，弹出"图层特性管理器"对话框，新建两个图层。

① 第一图层命名为"轮廓线"，线宽属性为 0.3mm，其余属性默认。

② 第二图层命名为"中心线"，颜色设为红色，线型加载为 center，其余属性默认。

（2）将"中心线"图层设置为当前图层。单击"绘图"工具栏中的"直线"按钮✐，绘制坐标分别为（150,150）和（@120,0）的直线，如图 4-75 所示。

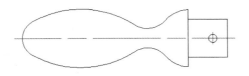

图 4-74　手柄图形　　　　　　　　　　　　　图 4-75　绘制直线

（3）将"轮廓线"图层设置为当前图层。单击"绘图"工具栏中的"圆"按钮⭕，以（160,150）为圆心，绘制半径为 10 的圆。重复"圆"命令，以（235,150）为圆心，绘制半径为 15 的圆。再绘制半径为 50 的圆与前两个圆相切，结果如图 4-76 所示。

（4）单击"绘图"工具栏中的"直线"按钮✐，绘制坐标为（250,150）、（@10<90）和（@15<180）的两条直线。重复"直线"命令，绘制坐标为（235,165）和（235,150）的直线，结果如图 4-77 所示。

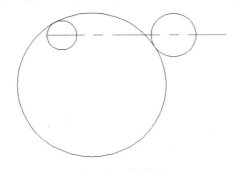
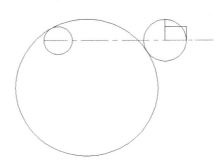

图 4-76　绘制圆　　　　　　　　　　　　　图 4-77　绘制直线

（5）单击"修改"工具栏中的"修剪"按钮🔲，进行修剪处理，结果如图 4-78 所示。

（6）单击"绘图"工具栏中的"圆"按钮⭕，绘制半径为 12 与圆弧 1 和圆弧 2 相切的圆，结果如图 4-79 所示。

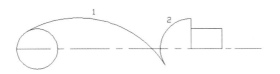
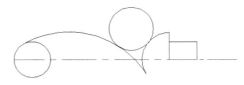

图 4-78　修剪处理　　　　　　　　　　　　　图 4-79　绘制圆

（7）单击"修改"工具栏中的"修剪"按钮🔲，将多余的圆弧进行修剪，结果如图 4-80 所示。

图 4-80　修剪处理

（8）单击"修改"工具栏中的"镜像"按钮，以水平中心线为两镜像点对图形进行镜像处理，结果如图 4-81 所示。

（9）单击"修改"工具栏中的"修剪"按钮，进行修剪处理，结果如图 4-82 所示。

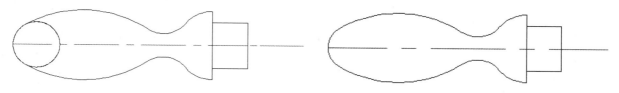

图 4-81　镜像处理　　　　　　　　　　　　　　图 4-82　修剪处理

（10）将"中心线"图层设置为当前图层。单击"绘图"工具栏中的"直线"按钮，在把手接头处中间位置绘制适当长度的竖直线段，作为销孔定位中心线，如图 4-83 所示。

（11）将"轮廓线"图层设置为当前图层。单击"绘图"工具栏中的"圆"按钮，以中心线交点为圆心绘制适当半径的圆作为销孔，如图 4-84 所示。

图 4-83　销孔中心线　　　　　　　　　　　　　　图 4-84　销孔

（12）单击"修改"工具栏中的"拉伸"按钮，向右拉伸接头长度 5，命令行提示与操作如下：

```
命令：_stretch
以交叉窗口或交叉多边形选择要拉伸的对象...
选择对象：C
指定第一个角点：（框选手柄接头部分）
指定对角点：
指定基点或 [位移(D)] <位移>：100,100
指定位移的第二个点或 <用第一个点作位移>：105,100
```

结果如图 4-74 所示。

【选项说明】

（1）必须采用"窗交(C)"方式选择拉伸对象。

（2）拉伸选择对象时，指定第一个点后，若指定第二个点，系统将根据这两点决定矢量拉伸对象。若直接按 Enter 键，系统会把第一个点作为 X 轴和 Y 轴的分量值。

高手支招

用交叉窗口选择拉伸对象时，在交叉窗口内的端点被拉伸，在外部的端点保持不动。

4.5.6　拉长命令

【执行方式】

☑　命令行：LENGTHEN。

☑ 菜单栏：选择菜单栏中的"修改"→"拉长"命令。

☑ 功能区：单击"默认"选项卡"修改"面板中的"拉长"按钮 ▦。

【操作实践——绘制挂钟】

本例绘制如图 4-85 所示的挂钟。操作步骤如下。

（1）单击"绘图"工具栏中的"圆"按钮 ◔，以（100,100）为圆心，绘制半径为 20 的圆形作为挂钟的外轮廓线，如图 4-86 所示。

（2）单击"绘图"工具栏中的"直线"按钮 ◪，绘制 3 条直线作为挂钟的指针，如图 4-87 所示。

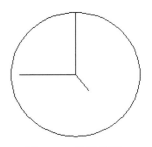 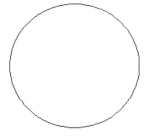 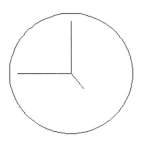

图 4-85　挂钟图形　　　　　图 4-86　绘制圆形　　　　　图 4-87　绘制指针

（3）选择菜单栏中的"修改"→"拉长"命令，将秒针拉长至圆的边，命令行提示与操作如下：

命令: LENGTHEN↙

选择要测量的对象或 [增量(DE)/百分比(P)/总计(T)/动态(DY)] <总计(T)>: de↙

输入长度增量或 [角度(A)] <0.0000>: 指定第二点↙

选择要修改的对象或 [放弃(U)]:（选择圆边）

选择要修改的对象或 [放弃(U)]:（选择秒表）

最终结果如图 4-85 所示。

【选项说明】

（1）增量(DE)：用指定增加量的方法改变对象的长度或角度。

（2）百分比(P)：用指定要修改对象的长度占总长度的百分比的方法改变圆弧或直线段的长度。

（3）总计(T)：用指定新的总长度或总角度值的方法来改变对象的长度或角度。

（4）动态(DY)：在该种模式下，可以使用拖动鼠标的方法动态地改变对象的长度或角度。

4.5.7　打断命令

【执行方式】

☑ 命令行：BREAK。

☑ 菜单栏：选择菜单栏中的"修改"→"打断"命令。

☑ 工具栏：单击"修改"工具栏中的"打断"按钮 ▭。

☑ 功能区：单击"默认"选项卡"修改"面板中的"打断"按钮 ▭。

【操作步骤】

在命令行中执行以下操作：

命令: BREAK↙
选择对象:（选择要打断的对象）
指定第二个打断点或 [第一点(F)]:（指定第二个断开点或输入"F"）

【选项说明】

如果选择"第一点(F)"选项，系统将丢弃前面的第一个选择点，重新提示用户指定两个打断点。

4.5.8 打断于点命令

打断于点命令是指在对象上指定一点，从而把对象在此点拆分成两部分。该命令与打断命令类似。

【执行方式】

☑ 工具栏：单击"修改"工具栏中的"打断于点"按钮█。
☑ 功能区：单击"默认"选项卡"修改"面板中的"打断于点"按钮█。

【操作步骤】

执行上述操作后，命令行提示与操作如下：

选择对象:（选择要打断的对象）
指定第二个打断点或 [第一点(F)]: _f（系统自动执行"第一点(F)"选项）
指定第一个打断点:（选择打断点）
指定第二个打断点: @（系统自动忽略此提示）

4.5.9 分解命令

【执行方式】

☑ 命令行：EXPLODE。
☑ 菜单栏：选择菜单栏中的"修改"→"分解"命令。
☑ 工具栏：单击"修改"工具栏中的"分解"按钮█。
☑ 功能区：单击"默认"选项卡"修改"面板中的"分解"按钮█。

【操作步骤】

打开随书光盘"源文件"文件夹下相应的源文件，命令行提示与操作如下：

命令: EXPLODE↙
选择对象:（选择要分解的对象）

选择一个对象后，该对象会被分解。系统继续提示该行信息，允许分解多个对象。

4.5.10 合并命令

利用合并命令可以将直线、圆弧、椭圆弧和样条曲线等独立的对象合并为一个对象。

【执行方式】

☑ 命令行：JOIN。
☑ 菜单栏：选择菜单栏中的"修改"→"合并"命令。
☑ 工具栏：单击"修改"工具栏中的"合并"按钮█。
☑ 功能区：单击"默认"选项卡"修改"面板中的"合并"按钮█。

【操作步骤】

在命令行中执行以下操作：

命令: JOIN↙
选择源对象或要一次合并的多个对象：（选择一个对象）
找到 1 个
选择要合并的对象：（选择另一个对象）
找到 1 个，总计 2 个
选择要合并的对象：↙
2 条直线已合并为 1 条直线

4.6 对 象 编 辑

在对图形进行编辑时，还可以对图形对象本身的某些特性进行编辑，从而方便地进行图形绘制。

【预习重点】

☑ 了解编辑对象的方法有几种。
☑ 观察几种编辑方法结果的差异。
☑ 对比几种方法的适用对象。

4.6.1 钳夹功能

要使用钳夹功能编辑对象，必须先打开钳夹功能。

【执行方式】

☑ 菜单栏：选择菜单栏中的"工具"→"选项"命令。

【操作实践——绘制吧椅】

本例绘制如图 4-88 所示的吧椅。操作步骤如下。

（1）单击"绘图"工具栏中的"直线"按钮✐、"圆"按钮⬤ 和"圆弧"按钮⌒，绘制初步图形，其中圆弧和圆同心，左右对称，如图 4-89 所示。

（2）单击"修改"工具栏中的"偏移"按钮⬄，偏移刚绘制的圆弧，如图 4-90 所示。

（3）单击"绘图"工具栏中的"圆弧"按钮⌒，绘制扶手端部，采用"起点/圆心/端点"的方式，使造型光滑过渡，如图 4-91 所示。

图 4-88 吧椅图形   图 4-89 初步图形   图 4-90 偏移圆弧   图 4-91 绘制圆弧

（4）在绘制扶手端部圆弧的过程中，由于采用的是粗略的绘制方法，放大局部后，可能会发现图线不闭合。这时可双击鼠标，选择对象图线，出现钳夹编辑点后，移动相应编辑点捕捉到需要闭合连接的相临图线端点，如图 4-92 所示。

（5）采用相同的方法绘制扶手另一端的圆弧造型，结果如图 4-88 所示。

【选项说明】

执行上述命令，弹出"选项"对话框，打开"选择集"选项卡，如图 4-93 所示。在"夹点"选项组中选中"显示夹点"复选框。在该选项卡中，还可以设置代表夹点的小方格的尺寸和颜色。

图 4-92　钳夹编辑

（1）利用钳夹功能可以快速方便地编辑对象。AutoCAD 在图形对象上定义了一些特殊点，称为夹点，利用夹点可以灵活地控制对象，如图 4-94 所示。

（2）也可以通过 GRIPS 系统变量来控制是否打开钳夹功能，1 代表打开，0 代表关闭。

（3）打开钳夹功能后，应该在编辑对象之前先选择对象。

夹点表示对象的控制位置。使用夹点编辑对象，需要选择一个夹点作为基点，称为基准夹点。

（4）选择一种编辑操作：镜像、移动、旋转、拉伸和缩放。可以用 Space 键、Enter 键或键盘上的快捷键循环选择这些功能，如图 4-95 所示。

图 4-94　显示夹点

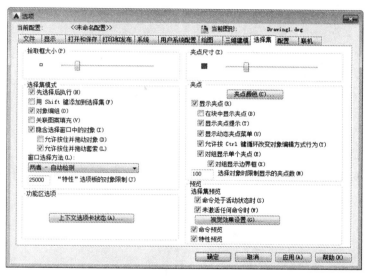

图 4-93　"选择集"选项卡

图 4-95　快捷菜单

4.6.2　修改对象属性

【执行方式】

☑　命令行：DDMODIFY 或 PROPERTIES。

☑　菜单栏：选择菜单栏中的"修改"→"特性"命令或选择菜单栏中的"工具"→"选项板"→"特性"命令。

☑　工具栏：单击"标准"工具栏中的"特性"按钮圖。

☑　快捷键：Ctrl+1。

☑　功能区：单击"视图"选项卡"选项板"面板中的"特性"按钮圖（如图 4-96 所示），或单击"默认"选项卡"特性"面板中的"对话框启动器"按钮◢。

图 4-96　"选项板"面板

【操作步骤】

执行上述操作后，AutoCAD 打开"特性"对话框，如图 4-97 所示。在该对话框中可以方便地设置或修改对象的各种属性。不同的对象属性种类和值不同，修改属性值，则对象改变为新的属性。

4.6.3　特性匹配

利用特性匹配功能可以将目标对象的属性与源对象的属性进行匹配，使目标对象的属性与源对象属性相同。利用特性匹配功能可以方便快捷地修改对象属性，并保持不同对象的属性相同。

【执行方式】

- ☑　命令行：MATCHPROP。
- ☑　菜单栏：选择菜单栏中的"修改"→"特性匹配"命令。
- ☑　工具栏：单击"标准"工具栏中的"特性匹配"按钮。
- ☑　功能区：单击"默认"选项卡"特性"面板中的"特性匹配"按钮。

【操作步骤】

命令: MATCHPROP↙
选择源对象:（选择源对象）
选择目标对象或[设置(S)]:（选择目标对象）

如图 4-98（a）所示为两个属性不同的对象，以右边的圆为源对象，对左边的矩形进行特性匹配，结果如图 4-98（b）所示。

图 4-97　"特性"对话框

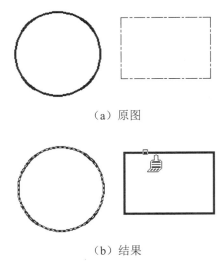

（a）原图

（b）结果

图 4-98　特性匹配

4.7 综 合 演 练

本节通过两个不同类型的实例，体验二维编辑命令的绘制技巧。同时还可以利用不同的命令、方法，练习绘制转角沙发和石栏杆。

4.7.1 转角沙发

本实例绘制的转角沙发如图 4-99 所示。操作步骤如下。

⭐ **贴心小帮手**

> 由图 4-99 可知，转角沙发是由两个三人沙发和一个转角组成，可以通过矩形、定数等分、分解、偏移、复制、旋转，以及移动命令来绘制。

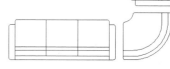

图 4-99 转角沙发图形

（1）单击"图层"工具栏中的"图层"按钮📑，设置两个图层："1"图层，颜色设为蓝色，其余属性默认；"2"图层，颜色设为绿色，其余属性默认。

（2）单击"图层"工具栏中的"图层"按钮📑，系统打开"图层特性管理器"对话框，在其中进行图层设置，如图 4-100 所示。

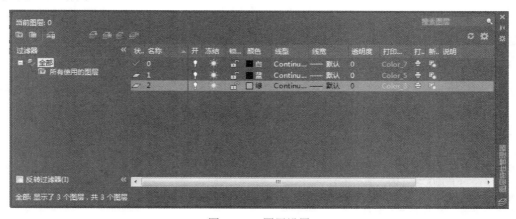

图 4-100 图层设置

（3）单击"绘图"工具栏中的"矩形"按钮▢，绘制适当尺寸的 3 个矩形，如图 4-101 所示。

（4）单击"修改"工具栏中的"分解"按钮📇，分解步骤（3）绘制的 3 个矩形，命令行提示与操作如下：

命令：EXPLODE ↙
选择对象：（选择 3 个矩形）

（5）在菜单栏中选择"绘图"→"点"→"定数等分"命令，将中间矩形上部线段等分为 3 部分。命令行提示与操作如下：

```
命令: DIVIDE↙
选择要定数等分的对象:（选择中间矩形上部线段）
输入线段数目或 [块(B)]:3↙
```

（6）在"图层"工具栏的"图层"列表中选择"2"，转换到图层 2。

（7）单击"修改"工具栏中的"偏移"按钮 ，将中间矩形下部线段向上偏移 3 次，取适当的偏移值。

（8）打开状态栏上的"对象捕捉"开关和"正交"开关，捕捉中间矩形上部线段的等分点，向下绘制两条线段，下端点为第一次偏移的线段上的垂足，结果如图 4-102 所示。

图 4-101   绘制矩形

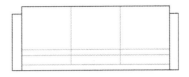
图 4-102   绘制直线

（9）转换到图层 1，单击"绘图"工具栏中的"直线"按钮 和"圆弧"按钮 ，绘制沙发转角部分，如图 4-103 所示。

（10）单击"修改"工具栏中的"偏移"按钮 ，将图 4-104 中下部圆弧向上偏移两次，取适当的偏移值。

（11）选择偏移后的圆弧，在"图层"工具栏的"图层"列表中选择"1"，将这两条圆弧转换到图层 2，如图 4-104 所示。

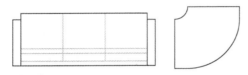
图 4-103   绘制多线段

图 4-104   偏移多线段

（12）圆角处理。单击"修改"工具栏中的"圆角"按钮 ，对沙发进行倒圆角操作，命令行提示与操作如下：

```
命令: FILLET↙
当前设置: 模式 = 修剪，半径 = 0.0000
选择第一个对象或 [多段线(P)/半径(R)/修剪(T)/多个(U)]: R↙
指定圆角半径 <0.0000>:（输入适当值）
选择第一个对象或 [多段线(P)/半径(R)/修剪(T)/多个(U)]:（选择第一个对象）
选择第二个对象:（选择第二个对象）
```

对各个转角处倒圆角后的效果如图 4-105 所示。

（13）单击"修改"工具栏中的"复制"按钮 ，复制左边沙发到右上角，如图 4-106 所示。

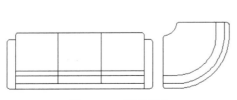
图 4-105   倒角操作

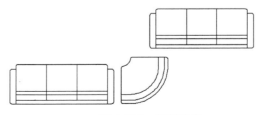
图 4-106   复制沙发

（14）单击"修改"工具栏中的"旋转"按钮 和"移动"按钮 ，旋转并移动复制后的沙发，最终效果如图 4-99 所示。

4.7.2　石栏杆

本实例绘制的石栏杆如图 4-107 所示。操作步骤如下。

图 4-107　石栏杆图形

🌟 **贴心小帮手**

由图 4-107 可知，石栏杆是一个对称图形，可以通过矩形、直线、镜像、复制、修剪、偏移，以及图案填充命令来绘制。

（1）绘制矩形。单击"绘图"工具栏中的"矩形"按钮 ，绘制适当尺寸的 5 个矩形，注意上下两个嵌套的矩形的宽度大约相等，如图 4-108 所示。

（2）偏移处理。单击"修改"工具栏中的"偏移"按钮 ，选择嵌套在内的两个矩形，适当设置偏移距离，偏移方向为矩形内侧。绘制结果如图 4-109 所示。

（3）绘制直线。单击"绘图"工具栏中的"直线"按钮 ，连接中间小矩形的 4 个角点与上下两个矩形的对应角点，绘制结果如图 4-110 所示。

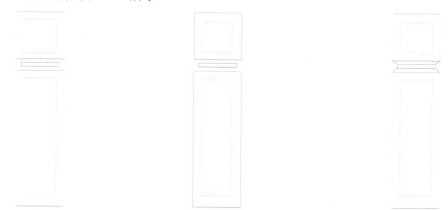

图 4-108　绘制矩形　　　　　图 4-109　偏移处理　　　　　图 4-110　绘制直线

（4）绘制直线。单击"绘图"工具栏中的"直线"按钮 ，绘制 3 条直线，如图 4-111 所示。

（5）绘制圆弧。单击"绘图"工具栏中的"圆弧"按钮 ，绘制适当大小的圆弧，绘制结果如图 4-112 所示。

（6）复制直线。单击"修改"工具栏中的"复制"按钮，复制右上水平直线至向上适当距离，结果如图 4-113 所示。

图 4-111　绘制 3 条直线　　　　　图 4-112　绘制圆弧　　　　　图 4-113　复制直线

（7）修剪直线。单击"修改"工具栏中的"修剪"按钮，将圆弧右边的直线段修剪掉，结果如图 4-114 所示。

（8）图案填充。单击"绘图"工具栏中的"图案填充"按钮，选择填充材料为 AR-SAND。填充比例为 5，按如图 4-115 所示区域进行填充。

图 4-114　修剪直线　　　　　　　　图 4-115　填充图形

（9）镜像处理。单击"修改"工具栏中的"镜像"按钮，以最右端两直线的端点连线的直线为轴，对所有图形进行镜像处理，绘制结果如图 4-107 所示。

4.8　名师点拨——绘图学一学

1. 怎样把多条直线合并为一条
☑　方法 1：在命令行中输入"GROUP"命令，选择直线。
☑　方法 2：执行"合并"命令，选择直线。
☑　方法 3：在命令行中输入"PEDIT"命令，选择直线。
☑　方法 4：执行"创建块"命令，选择直线。

2. 对圆进行打断操作时的方向问题
AutoCAD 会沿逆时针方向将圆上从第一断点到第二断点之间的那段圆弧删除。

3．旋转命令的操作技巧

可以用拖动鼠标的方法旋转对象。选择对象并指定基点后，从基点到当前光标位置会出现一条连线，移动鼠标选择的对象会动态地随着该连线与水平方向的夹角的变化而旋转，按 Enter 键会确认旋转操作。

4．镜像命令的操作技巧

镜像对创建对称的图样非常有用，利用该命令可以快速地绘制半个对象，然后将其镜像，而不必绘制整个对象。

默认情况下，镜像文字、属性及属性定义时，它们在镜像后所得图像中不会反转或倒置。文字的对齐和对正方式在镜像图样前后保持一致。如果制图时确实需要反转文字，可将 MIRRTEXT 系统变量设置为 1，默认值为 0。

5．偏移命令的作用是什么

在 AutoCAD 中，可以使用"偏移"命令，对指定的直线、圆弧、圆等对象作定距离偏移复制。在实际应用中，常利用"偏移"命令的特性创建平行线或等距离分布图。

4.9　上机实验

【练习 1】绘制如图 4-116 所示的床头柜图形。

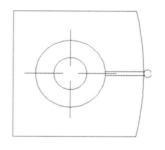

图 4-116　床头柜图形

1．目的要求

本练习绘制的图形比较简单，在绘制的过程中，除了要用到"直线"、"圆"和"圆弧"等基本绘图命令外，还要用到"偏移"、"阵列"和"修剪"等编辑命令。本练习的目的是通过上机实验，帮助读者掌握"偏移"和"修剪"等编辑命令的用法。

2．操作提示

（1）绘制矩形。
（2）绘制右侧圆弧。
（3）绘制台灯同心圆。
（4）绘制直线并阵列图形。
（5）修剪图形。
（6）保存图形。

【练习 2】绘制如图 4-117 所示的电视机图形。

1．目的要求

本练习绘制的图形是一个常见的图形——电视机。可利用"偏移"、"分解"、"圆角"和"修剪"命令进行绘制，通过本练习，读者将熟悉编辑命令的操作技巧。

2．操作提示

（1）绘制电视轮廓。

（2）分解矩形。

（3）偏移边线。

（4）修剪边线。

（5）倒圆角操作。

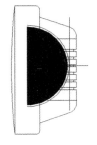

图 4-117　电视机图形

【练习 3】绘制如图 4-118 所示的卡座一角。

1．目的要求

本练习绘制的图形是一个简单的卡座布置图。利用平面绘图命令绘制沙发、茶几与太阳伞等，最后利用"旋转"和"移动"命令布置图形，通过本练习，读者将熟悉编辑命令的操作技巧。

2．操作提示

（1）绘制沙发。

（2）绘制方茶几。

（3）绘制圆茶几。

（4）绘制太阳伞。

（5）布置图形。

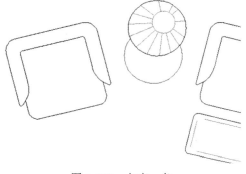

图 4-118　卡座一角

4.10　模　拟　考　试

1．有一根直线原来在 0 层，颜色为 bylayer，如果通过偏移（　　　）。

    A．该直线一定会仍在 0 层上，颜色不变　　　 B．该直线一定会在其他层上，颜色不变

    C．该直线可能在其他层上，颜色与所在层一致　 D．偏移只是相当于复制

2．如果误删除了某个图形对象，接着又绘制了一些图形对象，现在想恢复被误删除的图形，该如何做？

（　　　）

    A．单击放弃（Undo）　　　　　　　　　　 B．通过输入命令 U

    C．通过输入命令 OOPS　　　　　　　　　　 D．按 Ctrl+Z 快捷键

3．将圆心在（30,30）处的圆移动，移动中指定圆心的第二个点时，在动态文本框中输入"10,20"，其结果是（　　　）。

    A．圆心坐标为（10,20）　　　　　　　　　 B．圆心坐标为（30,30）

    C．圆心坐标为（40,50）　　　　　　　　　 D．圆心坐标为（20,10）

4．无法采用打断于点的对象是（　　　　）。

    A．直线　　　　　　　B．开放的多段线　　　　C．圆弧　　　　　D．圆

5．对一个多段线对象中的所有角点进行圆角，可以使用圆角命令中的（　　　）命令选项。

    A．多段线(P)　　　　B．修剪(T)　　　　　　C．多个(U)　　　　D．半径(R)

6．已有一个画好的圆，绘制一组同心圆可以用（　　　）命令来实现。

    A．STRETCH 伸展　　B．OFFSET 偏移　　　C．EXTEND 延伸　　D．MOVE 移动

7．关于偏移，下面说明错误的是（　　　）。

    A．偏移值为 30

    B．偏移值为−30

    C．偏移圆弧时，既可以创建更大的圆弧，也可以创建更小的圆弧

    D．可以偏移的对象类型有样条曲线

8．如果对图 4-119 中的正方形沿两个点打断，打断之后的长度为（　　　）。

    A．150　　　　　　　B．100

    C．150 或 50　　　　D．随机

9．关于分解命令（Explode）的描述正确的是（　　　）。

    A．对象分解后颜色、线型和线宽不会改变

    B．图案分解后图案与边界的关联性仍然存在

    C．多行文字分解后将变为单行文字

    D．构造线分解后可得到两条射线

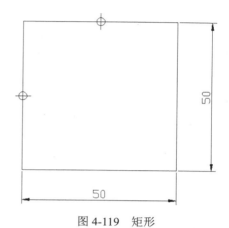

图 4-119　矩形

10．绘制如图 4-120 所示图形 1。

11．绘制如图 4-121 所示图形 2。

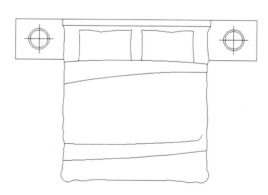

图 4-120　图形 1　　　　　　　　　　　图 4-121　图形 2

第5章

复杂二维绘制与编辑命令

复杂二维绘图和编辑命令是指一些复合的绘图及其对应的编辑命令，如多段线、样条曲线、多线、图案填充等。

本章详细讲述 AutoCAD 提供的这些命令，帮助读者准确、简捷地完成复杂二维图形的绘制。

5.1　图　案　填　充

当用户需要用一个重复的图案（pattern）填充一个区域时，可以使用 BHATCH 命令，创建一个相关联的填充阴影对象，即所谓的图案填充。

【预习重点】

- ☑　观察图案填充结果。
- ☑　了解填充样例对应的含义。
- ☑　确定边界选择要求。
- ☑　了解对话框中参数的含义。

5.1.1　基本概念

1．图案边界

当进行图案填充时，首先要确定填充图案的边界。定义边界的对象只能是直线、双向射线、单向射线、多义线、样条曲线、圆弧、圆、椭圆、椭圆弧、面域等对象或用这些对象定义的块，而且作为边界的对象在当前图层上必须全部可见。

2．孤岛

在进行图案填充时，我们把位于总填充区域内的封闭区称为孤岛，如图 5-1 所示。在使用 BHATCH 命令填充时，AutoCAD 系统允许用户以拾取点的方式确定填充边界，即在希望填充的区域内任意拾取一点，系统会自动确定出填充边界，同时也确定该边界内的岛。如果用户以选择对象的方式确定填充边界，则必须确切地选取这些岛，有关知识将在 5.1.2 节中介绍。

3．填充方式

在进行图案填充时，需要控制填充的范围，AutoCAD 系统为用户设置了以下 3 种填充方式，以实现对填充范围的控制。

（1）普通方式。如图 5-2（a）所示，该方式从边界开始，从每条填充线或每个填充符号的两端向里填充，遇到内部对象与之相交时，填充线或符号断开，直到遇到下一次相交时再继续填充。采用这种填充方式时，要避免剖面线或符号与内部对象的相交次数为奇数，该方式为系统内部的默认方式。

（2）最外层方式。如图 5-2（b）所示，该方式从边界向里填充，只要在边界内部与对象相交，剖面符号就会断开，而不再继续填充。

（3）忽略方式。如图 5-2（c）所示，该方式忽略边界内的对象，所有内部结构都被剖面符号覆盖。

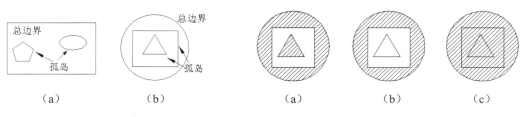

| （a） | （b） | （a） | （b） | （c） |

图 5-1　孤岛　　　　　　　　　　　　　　　　　图 5-2　填充方式

5.1.2 添加图案填充

【执行方式】

☑ 命令行：BHATCH（快捷命令 BH）。
☑ 菜单栏：选择菜单栏中的"绘图"→"图案填充"命令。
☑ 工具栏：单击"绘图"工具栏中的"图案填充"按钮▥。
☑ 功能区：单击"默认"选项卡"绘图"面板中的"图案填充"按钮▥。

【操作步骤】

执行上述命令后，系统打开如图 5-3 所示的"图案填充创建"选项卡。

图 5-3 "图案填充创建"选项卡

【选项说明】

1."边界"面板

（1）拾取点：通过选择由一个或多个对象形成的封闭区域内的点，确定图案填充边界（如图 5-4 所示）。指定内部点时，可以随时在绘图区域中单击鼠标右键以显示包含多个选项的快捷菜单。

选择一点   填充区域   填充结果

图 5-4 边界确定

（2）选择边界对象：指定基于选定对象的图案填充边界。使用该选项时，不会自动检测内部对象，必须选择选定边界内的对象，以按照当前孤岛检测样式填充这些对象（如图 5-5 所示）。

原始图形   选取边界对象   填充结果

图 5-5 选取边界对象

（3）删除边界对象：从边界定义中删除之前添加的任何对象（如图 5-6 所示）。

 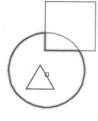 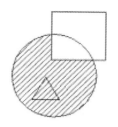

　　　选取边界对象　　　　　　删除边界　　　　　　填充结果

图 5-6　删除"岛"后的边界

　　（4）重新创建边界：围绕选定的图案填充或填充对象创建多段线或面域，并使其与图案填充对象相关联（可选）。

　　（5）显示边界对象：选择构成选定关联图案填充对象的边界的对象，使用显示的夹点可修改图案填充边界。

　　（6）保留边界对象：指定如何处理图案填充边界对象。包括以下几个选项。

　　① 不保留边界。（仅在图案填充创建期间可用）不创建独立的图案填充边界对象。

　　② 保留边界-多段线。（仅在图案填充创建期间可用）创建封闭图案填充对象的多段线。

　　③ 保留边界-面域。（仅在图案填充创建期间可用）创建封闭图案填充对象的面域对象。

　　（7）选择新边界集：指定对象的有限集（称为边界集），以便通过创建图案填充时的拾取点进行计算。

2."图案"面板

显示所有预定义和自定义图案的预览图像。

3."特性"面板

　　（1）图案填充类型：指定是使用纯色、渐变色、图案还是用户定义的填充。

　　（2）图案填充颜色：替代实体填充和填充图案的当前颜色。

　　（3）背景色：指定填充图案背景的颜色。

　　（4）图案填充透明度：设定新图案填充或填充的透明度，替代当前对象的透明度。

　　（5）图案填充角度：指定图案填充或填充的角度。

　　（6）填充图案比例：放大或缩小预定义或自定义填充图案。

　　（7）相对图纸空间：（仅在布局中可用）相对于图纸空间单位缩放填充图案。使用该选项，可以很容易地做到以适合于布局的比例显示填充图案。

　　（8）双向：（仅当"图案填充类型"设定为"用户定义"时可用）将绘制第二组直线，与原始直线成90°角，从而构成交叉线。

　　（9）ISO 笔宽：（仅对于预定义的 ISO 图案可用）基于选定的笔宽缩放 ISO 图案。

4."原点"面板

　　（1）设定原点：直接指定新的图案填充原点。

　　（2）左下：将图案填充原点设定在图案填充边界矩形范围的左下角。

　　（3）右下：将图案填充原点设定在图案填充边界矩形范围的右下角。

　　（4）左上：将图案填充原点设定在图案填充边界矩形范围的左上角。

　　（5）右上：将图案填充原点设定在图案填充边界矩形范围的右上角。

　　（6）中心：将图案填充原点设定在图案填充边界矩形范围的中心。

（7）使用当前原点：将图案填充原点设定在 HPORIGIN 系统变量中存储的默认位置。

（8）存储为默认原点：将新图案填充原点的值存储在 HPORIGIN 系统变量中。

5．"选项"面板

（1）关联：指定图案填充或填充为关联图案填充。关联的图案填充或填充在用户修改其边界对象时将会更新。

（2）注释性：指定图案填充为注释性。此特性会自动完成缩放注释过程，从而使注释能够以正确的大小在图纸上打印或显示。

（3）特性匹配。

① 使用当前原点：使用选定图案填充对象（除图案填充原点外）设定图案填充的特性。

② 使用源图案填充的原点：使用选定图案填充对象（包括图案填充原点）设定图案填充的特性。

（4）允许的间隙：设定将对象用作图案填充边界时可以忽略的最大间隙。默认值为 0，此值指定对象必须封闭区域而没有间隙。

（5）创建独立的图案填充：控制当指定了几个单独的闭合边界时，是创建单个图案填充对象，还是创建多个图案填充对象。

（6）孤岛检测。

① 普通孤岛检测：从外部边界向内填充。如果遇到内部孤岛，填充将关闭，直到遇到孤岛中的另一个孤岛。

② 外部孤岛检测：从外部边界向内填充。该选项仅填充指定的区域，不会影响内部孤岛。

③ 忽略孤岛检测：忽略所有内部的对象，填充图案时将通过这些对象。

（7）绘图次序：为图案填充或填充指定绘图次序。选项包括不更改、后置、前置、置于边界之后和置于边界之前。

6．"关闭"面板

关闭"图案填充创建"：退出 HATCH 并关闭上下文选项卡。也可以按 Enter 键或 Esc 键退出 HATCH。

5.1.3 渐变色的操作

【执行方式】

☑   命令行：GRADIENT。

☑   菜单栏：选择菜单栏中的"绘图"→"渐变色"命令。

☑   工具栏：单击"绘图"工具栏中的"渐变色"按钮 。

☑   功能区：单击"默认"选项卡"绘图"面板中的"渐变色"按钮 。

【操作步骤】

执行上述命令后系统打开如图 5-7 所示的"图案填充创建"选项卡，各面板中的按钮含义与图案填充的类似，这里不再赘述。

图 5-7　"图案填充创建"选项卡

5.1.4 边界的操作

【执行方式】

☑ 命令行：BOUNDARY。

☑ 功能区：单击"默认"选项卡"绘图"面板中的"边界"按钮□。

【操作步骤】

执行上述命令后系统打开如图 5-8 所示的"边界创建"对话框。

【选项说明】

（1）拾取点：根据围绕指定点构成封闭区域的现有对象来确定边界。

（2）孤岛检测：控制 BOUNDARY 命令是否检测内部闭合边界，该边界称为孤岛。

（3）对象类型：控制新边界对象的类型。BOUNDARY 将边界作为面域或多段线对象创建。

（4）边界集：定义通过指定点定义边界时，BOUNDARY 要分析的对象集。

图 5-8　"边界创建"对话框

5.1.5 编辑图案填充

利用 HATCHEDIT 命令可以编辑已经填充的图案。

【执行方式】

☑ 命令行：HATCHEDIT（快捷命令 HE）。

☑ 菜单栏：选择菜单栏中的"修改"→"对象"→"图案填充"命令。

☑ 工具栏：单击"修改 II"工具栏中的"编辑图案填充"按钮□。

☑ 功能区：单击"默认"选项卡"修改"面板中的"编辑图案填充"按钮□。

☑ 快捷菜单：选中填充的图案右击，在弹出的快捷菜单中选择"图案填充编辑"命令（如图 5-9 所示）。

☑ 快捷方法：直接选择填充的图案，打开"图案填充编辑器"选项卡（如图 5-10 所示）。

图 5-9　快捷菜单

图 5-10　"图案填充编辑器"选项卡

【操作实践——绘制客厅沙发茶几组合】

绘制如图 5-11 所示的客厅沙发茶几组合。操作步骤如下。

（1）利用"直线"命令，绘制其中的单个沙发面的 4 边，如图 5-12 所示。

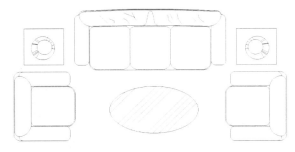

图 5-11　沙发茶几组合　　　　　　　　　　　图 5-12　绘制沙发面的 4 边

使用 LINE 命令绘制沙发面的 4 边，尺寸适当选取，注意其相对位置和长度的关系。

（2）利用"圆弧"命令，将沙发面 4 边连接起来，得到完整的沙发面，如图 5-13 所示。

（3）利用"直线"命令，绘制侧面扶手轮廓，如图 5-14 所示。

（4）利用"圆弧"命令，绘制侧面扶手的弧边线，如图 5-15 所示。

图 5-13　连接边角　　　　　图 5-14　绘制扶手轮廓　　　　图 5-15　绘制扶手的弧边线

（5）利用"镜像"命令，镜像绘制另外一个侧面的扶手轮廓，如图 5-16 所示。

以中间的轴线作为镜像线，镜像另一侧的扶手轮廓。

（6）利用"圆弧"命令和"镜像"命令，绘制沙发背部扶手轮廓，如图 5-17 所示。

（7）利用"圆弧"命令、"直线"命令和"镜像"命令，完善沙发背部扶手，如图 5-18 所示。

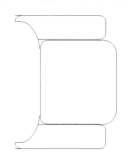

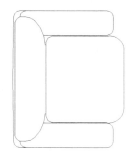

图 5-16　创建另外一侧扶手　　　　图 5-17　创建背部扶手　　　　图 5-18　完善背部扶手

（8）利用"偏移"命令，对沙发面进行修改，使其更为形象，如图 5-19 所示。

（9）利用"点"命令，在沙发座面上绘制点，细化沙发面，如图 5-20 所示。

命令: POINT（输入画点命令）

当前点模式: PDMODE=99　PDSIZE=25.0000（系统变量的 PDMODE、PDSIZE 设置数值）

指定点:（使用鼠标在屏幕上直接指定点的位置，或直接输入点的坐标）

（10）利用"镜像"命令在沙发面下方绘制点，进一步完善沙发面造型，使其更为形象，如图 5-21 所示。

 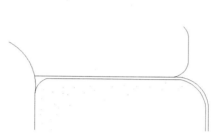 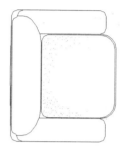

图 5-19　修改沙发面　　　　　图 5-20　细化沙发面　　　　图 5-21　完善沙发面造型

（11）利用"直线"、"偏移"和"圆角"命令，绘制三人座的沙发面造型，如图 5-22 所示。

📢 **提示**

先绘制沙发面造型。

（12）利用"直线"命令、"圆弧"命令，绘制三人座沙发扶手造型，如图 5-23 所示。

（13）利用"圆弧"命令和"直线"命令绘制三人座沙发背部造型，如图 5-24 所示。

  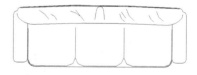

图 5-22　绘制三人座的沙发面　　　图 5-23　绘制三人座沙发扶手　　　图 5-24　绘制三人座沙发背部造型

（14）利用"点"命令，对三人座沙发面造型进行细化，如图 5-25 所示。

（15）调整两个沙发造型的位置。命令行提示与操作如下:

命令: MOVE （"移动"命令）

选择对象: 找到 1 个

选择对象: 找到 105 个，总计 106 个

选择对象:（按 Enter 键）

指定基点或 [位移(D)] <位移>:（指定移动基点位置）

指定第二个点或<使用第一个点作为位移>:（指定移动位置）

结果如图 5-26 所示。

（16）利用"镜像"命令，对单个沙发进行镜像，得到沙发组造型，如图 5-27 所示。

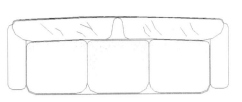
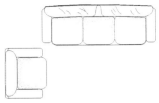
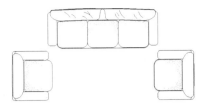

图 5-25　细化三人座的沙发面　　图 5-26　调整两个沙发的位置　　图 5-27　沙发组

（17）利用"椭圆"命令，绘制一个椭圆形，绘制椭圆形茶几造型，如图 5-28 所示。

📢 **提示**

> 可以绘制其他形式的茶几造型。

（18）利用"图案填充"命令，设置"图案填充图案"为 ANSI34，"填充图案比例"为 50，对茶几填充图案，如图 5-29 所示。

（19）利用"多边形"命令，绘制沙发之间的一个正方形桌面，如图 5-30 所示。

图 5-28　椭圆形茶几造型　　　　图 5-29　填充茶几图案　　　　图 5-30　绘制桌面

📢 **提示**

> 先绘制一个正方形作为桌面。

（20）利用"圆"命令，绘制两个大小和圆心位置都不同的圆形，如图 5-31 所示。

（21）利用"直线"命令，在两个圆之间绘制随机斜线，形成灯罩效果，如图 5-32 所示。

（22）利用"镜像"命令，在三人座沙发另一侧绘制一个桌面灯，从而得到两个沙发桌面灯，完成客厅沙发茶几图的绘制。最终效果如图 5-11 所示。

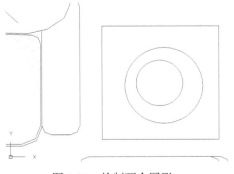
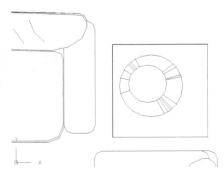

图 5-31　绘制两个圆形　　　　　　　　　图 5-32　创建灯罩

5.2　多　段　线

多段线是一种由线段和圆弧组合而成的不同线宽的多线，这种线由于其组合形式的多样和线宽的不同，弥补了直线或圆弧功能的不足，适合绘制各种复杂的图形轮廓，因而得到了广泛的应用。

【预习重点】

- ☑　比较多段线与直线、圆弧组合体的差异。
- ☑　了解多段线命令行选项的含义。
- ☑　了解如何编辑多段线。

5.2.1　绘制多段线

【执行方式】

- ☑　命令行：PLINE（缩写名：PL）。
- ☑　菜单栏：选择菜单栏中的"绘图"→"多段线"命令。
- ☑　工具栏：单击"绘图"工具栏中的"多段线"按钮 。
- ☑　功能区：单击"默认"选项卡"绘图"面板中的"多段线"按钮 。

【操作步骤】

```
命令: PLINE↙
指定起点:（指定多段线的起点）
当前线宽为 0.0000
指定下一个点或 [圆弧(A)/半宽(H)/长度(L)/放弃(U)/宽度(W)]:（指定多段线的下一点）
```

【选项说明】

（1）圆弧(A)：使 PLINE 命令由绘制直线方式变为绘制圆弧方式，并给出绘制圆弧的提示：

```
指定圆弧的端点或[角度(A)/圆心(CE)/闭合(CL)/方向(D)/半宽(H)/直线(L)/半径(R)/第二个点(S)/放弃(U)/宽度(W)]:
```

其中，"闭合(CL)"选项是指系统从当前点到多段线的起点以当前宽度画一条直线，构成封闭的多段线，并结束 PLINE 命令的执行。

（2）半宽(H)：用来确定多段线的半宽度。

（3）长度(L)：确定多段线的长度。

（4）放弃(U)：可以删除多段线中刚画出的直线段（或圆弧段）。

（5）宽度(W)：确定多段线的宽度，操作方法与"半宽"选项类似。

🎓 高手支招

> 执行"多段线"命令时，如坐标输入错误，不必退出命令，重新绘制，按下面命令行输入：
>
> 指定下一点或 [圆弧(A)/闭合(C)/半宽(H)/长度(L)/放弃(U)/宽度(W)]: 0,600（操作出错，但已按 Enter 键，出现下一行命令）
>
> 指定下一点或 [圆弧(A)/闭合(C)/半宽(H)/长度(L)/放弃(U)/宽度(W)]: u（放弃，表示上步操作出错）
>
> 指定下一点或 [圆弧(A)/闭合(C)/半宽(H)/长度(L)/放弃(U)/宽度(W)]: @0,600（输入正确坐标，继续进行下步操作）

5.2.2　编辑多段线

【执行方式】

☑　命令行：PEDIT（缩写名：PE）。

☑　菜单栏：选择菜单栏中的"修改"→"对象"→"多段线"命令。

☑　工具栏：单击"修改 II"工具栏中的"编辑多段线"按钮。

☑　快捷菜单：选择要编辑的多线段，在绘图区右击，从弹出的快捷菜单中选择"多段线编辑"命令。

☑　功能区：单击"默认"选项卡"修改"面板中的"编辑多段线"按钮。

【操作实践——绘制圈椅】

绘制如图 5-33 所示的圈椅。操作步骤如下。

（1）单击"修改"工具栏中的"多段线"按钮，绘制外部轮廓。命令行提示与操作如下：

```
命令: _pline
指定起点:（适当指定一点）
当前线宽为 0.0000
指定下一个点或 [圆弧(A)/半宽(H)/长度(L)/放弃(U)/宽度(W)]: @0, 600
指定下一点或 [圆弧(A)/闭合(C)/半宽(H)/长度(L)/放弃(U)/宽度(W)]: @150, 0
指定下一点或 [圆弧(A)/闭合(C)/半宽(H)/长度(L)/放弃(U)/宽度(W)]: @0, 600
指定下一点或 [圆弧(A)/闭合(C)/半宽(H)/长度(L)/放弃(U)/宽度(W)]: a
指定圆弧的端点(按住 Ctrl 键以切换方向)或[角度(A)/圆心(CE)/闭合(CL)/方向(D)/半宽(H)/直线(L)/半径(R)/第二个点(S)/放弃(U)/宽度(W)]: r
指定圆弧的半径: 750
指定圆弧的端点(按住 Ctrl 键以切换方向)或 [角度(A)]: a
指定夹角: 180
指定圆弧的弦方向(按住 Ctrl 键以切换方向)<90>: 180
指定圆弧的端点(按住 Ctrl 键以切换方向)或[角度(A)/圆心(CE)/闭合(CL)/方向(D)/半宽(H)/直线(L)/半径(R)/第二个点(S)/放弃(U)/宽度(W)]: l
指定下一点或 [圆弧(A)/闭合(C)/半宽(H)/长度(L)/放弃(U)/宽度(W)]: @0, 600
指定下一点或 [圆弧(A)/闭合(C)/半宽(H)/长度(L)/放弃(U)/宽度(W)]: @150, 0
指定下一点或 [圆弧(A)/闭合(C)/半宽(H)/长度(L)/放弃(U)/宽度(W)]: @0, 600
指定下一点或 [圆弧(A)/闭合(C)/半宽(H)/长度(L)/放弃(U)/宽度(W)]:
```

绘制结果如图 5-34 所示。

（2）单击"绘图"工具栏中的"圆弧"按钮，单击状态栏上的"对象捕捉"按钮，绘制内圈。命令行提示与操作如下：

```
命令: _arc
指定圆弧的起点或 [圆心(C)]:（捕捉图 5-34 中左边竖线上起点）
指定圆弧的第二个点或 [圆心(C)/端点(E)]: e
指定圆弧的端点:（捕捉图 5-34 中右边竖线上端点）
指定圆弧的中心点(按住 Ctrl 键以切换方向)或 [角度(A)/方向(D)/半径(R)]: d
指定圆弧起点的相切方向(按住 Ctrl 键以切换方向): 90
```

绘制结果如图 5-35 所示。

图 5-33　圈椅　　　　　　　图 5-34　绘制外部轮廓　　　　　图 5-35　绘制内圈

（3）选择菜单栏中的"修改"→"对象"→"多段线"命令，合并多段线与圆弧，命令行提示与操作如下：

```
命令: PEDIT
选择多段线或 [多条(M)]:
输入选项 [闭合(C)/合并(J)/宽度(W)/编辑顶点(E)/拟合(F)/样条曲线(S)/非曲线化(D)/线型生成(L)/反转(R)/放弃
(U)]:j
选择对象:
选择对象:
输入选项 [打开(O)/合并(J)/宽度(W)/编辑顶点(E)/拟合(F)/样条曲线(S)/非曲线化(D)/线型生成(L)/反转(R)/放弃(U)]:
```

注意　系统将圆弧和原来的多段线合并成一个新的多段线，选择该多段线，可以看出所有线条都被选中，说明已经合并为一体了，如图 5-36 所示。

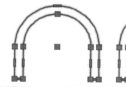

图 5-36　对比多段线合并前后

（4）单击状态栏上的"对象捕捉"按钮▦，单击"绘图"工具栏中的"圆弧"按钮▨，绘制椅垫。命令行提示与操作如下：

```
命令: _arc
指定圆弧的起点或 [圆心(C)]:（捕捉多段线左边竖线上适当一点）
指定圆弧的第二个点或 [圆心(C)/端点(E)]:（向右上方适当指定一点）
指定圆弧的端点:（捕捉多段线右边竖线上适当一点，与左边点位置大约平齐）
```

绘制结果如图 5-37 所示。

（5）单击"绘图"工具栏中的"直线"按钮▨，捕捉适当的点为端点，绘制一条水平线，最终结果如图 5-33 所示。

【选项说明】

"编辑多段线"命令的选项中允许用户进行移动、插入顶点和修改任意两点间的线的线宽等操作，具体含义如下。

（1）合并(J)：以选中的多段线为主体，合并其他直线段、圆弧或多段线，使其成为一条多段线。能合并的条件是各段线的端点首尾相连，如图 5-38 所示。

图 5-37　绘制椅垫

（2）宽度(W)：修改整条多段线的线宽，使其具有同一线宽，如图 5-39 所示。

图 5-38　合并多段线　　　　　　　　　　　图 5-39　修改整条多段线的线宽

（3）编辑顶点(E)：选择该选项后，在多段线起点处出现一个斜的十字叉"×"，它为当前顶点的标记，并在命令行出现进行后续操作的提示：

[下一个(N)/上一个(P)/打断(B)/插入(I)/移动(M)/重生成(R)/拉直(S)/切向(T)/宽度(W)/退出(X)] <N>:

这些选项允许用户进行移动、插入顶点和修改任意两点间的线宽等操作。

（4）拟合(F)：从指定的多段线生成由光滑圆弧连接而成的圆弧拟合曲线，该曲线经过多段线的各顶点，如图 5-40 所示。

（5）样条曲线(S)：以指定的多段线的各顶点作为控制点生成 B 样条曲线，如图 5-41 所示。

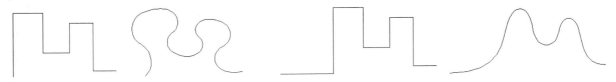

图 5-40　生成圆弧拟合曲线　　　　　　　　图 5-41　生成 B 样条曲线

（6）非曲线化(D)：用直线代替指定的多段线中的圆弧。对于选择"拟合(F)"选项或"样条曲线(S)"选项后生成的圆弧拟合曲线或样条曲线，删去其生成曲线时新插入的顶点，则恢复成由直线段组成的多段线，如图 5-42 所示。

（7）线型生成(L)：当多段线的线型为点划线时，控制多段线的线型生成方式开关。选择该选项，系统提示：

输入多段线线型生成选项 [开(ON)/关(OFF)] <关>:

选择 ON 时，将在每个顶点处允许以短划开始或结束生成线型；选择 OFF 时，将在每个顶点处允许以长划开始或结束生成线型。"线型生成"不能用于包含带变宽的线段的多段线，如图 5-43 所示。

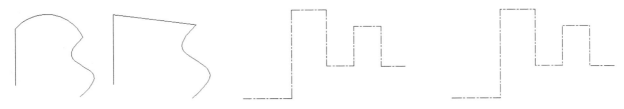

图 5-42　生成直线　　　　　　　　　　图 5-43　控制多段线的线型（线型为点划线时）

5.3　样条曲线

AutoCAD 使用一种称为非一致有理 B 样条（NURBS）曲线的特殊样条曲线类型。NURBS 曲线在控制点之间产生一条光滑的样条曲线，如图 5-44 所示。样条曲线可用于创建形状不规则的曲线，例如，为地理信息系统（GIS）应用或汽车设计绘制轮廓线。

【预习重点】

☑　观察绘制的样条曲线。
☑　了解样条曲线命令行中选项的含义。
☑　对比观察利用夹点编辑与编辑样条曲线命令调整曲线轮廓的区别。
☑　练习样条曲线的应用。

5.3.1　绘制样条曲线

【执行方式】

☑　命令行：SPLINE。
☑　菜单栏：选择菜单栏中的"绘图"→"样条曲线"命令。
☑　工具栏：单击"绘图"工具栏中的"样条曲线"按钮～。
☑　功能区：单击"默认"选项卡"绘图"面板中的"样条曲线拟合"按钮～或"样条曲线控制点"按钮～（如图 5-45 所示）。

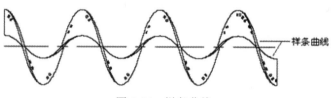

图 5-44　样条曲线

图 5-45　"绘图"面板

【操作步骤】

命令: SPLINE✓
当前设置: 方式=拟合　　节点=弦
指定第一个点或 [方式(M)/节点(K)/对象(O)]:（指定一点或选择"对象(O)"选项）
输入下一个点或 [起点切向(T)/公差(L)]:
输入下一个点或 [端点相切(T)/公差(L)/放弃(U)]:
输入下一个点或 [端点相切(T)/公差(L)/放弃(U)/闭合(C)]:

【选项说明】

（1）对象(O)：将二维或三维的二次或三次样条曲线的拟合多段线转换为等价的样条曲线，然后（根据 DelOBJ 系统变量的设置）删除该拟合多段线。

（2）闭合(C)：将最后一点定义为与第一点一致，并使它在连接处与样条曲线相切，这样可以闭合样条曲线。选择该选项，系统继续提示：

指定切向:（指定点或按 Enter 键）

用户可以指定一点来定义切向矢量，或者通过使用"切点"和"垂足"对象来捕捉模式使样条曲线与现有对象相切或垂直。

（3）公差(L)：使用新的公差值将样条曲线重新拟合至现有的拟合点。

（4）起点切向(T)：定义样条曲线的第一点和最后一点的切向。

如果在样条曲线的两端都指定切向，可以通过输入一个点或者使用"切点"和"垂足"对象来捕捉模式使样条曲线与已有的对象相切或垂直。如果按 Enter 键，AutoCAD 将计算默认切向。

5.3.2 编辑样条曲线

【执行方式】

☑ 命令行：SPLINEDIT。

☑ 菜单栏：选择菜单栏中的"修改"→"对象"→"样条曲线"命令。

☑ 快捷菜单：选中要编辑的样条曲线，在绘图区右击，从弹出的快捷菜单中选择"编辑样条曲线"命令。

☑ 工具栏：单击"修改 II"工具栏中的"编辑样条曲线"按钮。

☑ 功能区：单击"默认"选项卡"修改"面板中的"编辑样条曲线"按钮。

【操作实践——绘制单人床】

本例绘制的单人床如图 5-46 所示。操作步骤如下。

（1）单人床的绘制方法比较简单，首先选择菜单栏中的"绘图"→"矩形"命令，或者单击"绘图"工具栏中的"矩形"按钮，绘制矩形，长边为 300，短边为 150，如图 5-47 所示。

（2）绘制完成的轮廓后，选择菜单栏中的"绘图"→"直线"命令，或者单击"绘图"工具栏中的"直线"按钮，在床左侧绘制一条垂直的直线，如图 5-48 所示为床头的平面图。

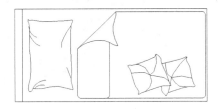

图 5-46　单人床

图 5-47　床轮廓

图 5-48　绘制床头

（3）再在空白位置绘制一个长为 200，宽为 140 的矩形，并利用"移动"命令移动到床的右侧，注意两边的间距要尽量相等，右侧距床轮廓的边缘稍稍近一些，如图 5-49 所示。此矩形即为被子的轮廓。

（4）在被子左顶端绘制一水平方向为 30，垂直方向为 140 的矩形，如图 5-50 所示，并利用"倒圆角"命令修改矩形的角部，如图 5-51 所示。

图 5-49　绘制被子轮廓

图 5-50　绘制矩形

图 5-51　修改倒角

（5）在被子轮廓的左上角，绘制一条 45° 的斜线，选择菜单栏中的"绘图"→"直线"命令，或者单击"绘图"工具栏中的"直线"按钮，绘制一条水平直线，然后选择菜单栏中的"修改"→"旋转"命令，或者单击"修改"工具栏中的"旋转"按钮，选择线段一端为旋转基点，在角度提示行后面输入"45"，按 Enter 键，旋转直线，如图 5-52 所示，再将其移动到适当的位置，选择菜单栏中的"修改"→"修剪"命令，或者单击"修改"工具栏中的"修剪"按钮，利用"修剪"命令将多余线段删除，得到图 5-53 的模式。删除直线左上侧的多余部分，如图 5-54 所示。

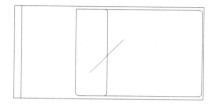 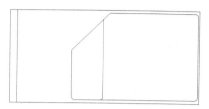

图 5-52　绘制 45° 直线　　　　图 5-53　移动并删除直线　　　　图 5-54　删除多余线段

（6）选择菜单栏中的"绘图"→"样条曲线"命令，或者单击"绘图"工具栏中的"样条曲线"按钮，该命令为绘制曲线的工具，方便简捷。首先单击刚刚绘制的 45° 斜线的端点，如图 5-55 所示，依次单击点 A，B，C，按 Enter 键或空格键确认，然后单击 D 点，设置起点的切线方向，设置端点的切线方向，绘制完成后如图 5-55 所示。

（7）同理，另外一侧的样条曲线如图 5-56 所示。首先依次单击点 A，B，C，然后按 Enter 键，以 D 点为起点切线方向，E 点为终点切线方向。

绘制样条曲线 1 的命令行如下：

```
命令: _spline
当前设置: 方式=拟合    节点=弦
指定第一个点或 [方式(M)/节点(K)/对象(O)]:
输入下一个点或 [起点切向(T)/公差(L)]:
输入下一个点或 [端点相切(T)/公差(L)/放弃(U)]:
输入下一个点或 [端点相切(T)/公差(L)/放弃(U)/闭合(C)]:
指定起点切向: （选择点 D）
指定端点切向: （选择点 E）
```

此为被子的掀开角，绘制完成后删除角内的多余直线，如图 5-57 所示。

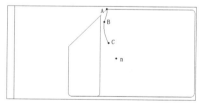 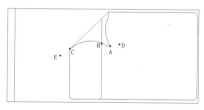 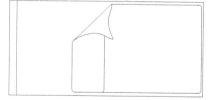

图 5-55　绘制样条曲线 1　　　　图 5-56　绘制样条曲线 2　　　　图 5-57　绘制掀起角

（8）用同样的方法，绘制枕头和垫子的图形，如图 5-46 所示，绘制完成后保存为单人床模块。

【选项说明】

（1）拟合数据(F)：编辑近似数据。选择该选项后，创建该样条曲线时指定的各点将以小方格的形式显示出来。

（2）转换为多段线(P)：将样条曲线转换为多段线。精度值决定结果多段线与源样条曲线拟合的精确程度。有效值为介于 0～99 之间的任意整数。

（3）编辑顶点(E)：精密调整样条曲线定义。

（4）反转(R)：翻转样条曲线的方向。该项操作主要用于应用程序。

5.4　多　　线

多线是一种复合线，由连续的直线段复合组成。多线的一个突出优点是能够提高绘图效率，保证图线之间的统一性。

【预习重点】

☑　观察绘制的多线。

☑　了解多线的不同样式。

☑　观察如何编辑多线。

5.4.1　绘制多线

【执行方式】

☑　命令行：MLINE。

☑　菜单栏：选择菜单栏中的"绘图"→"多线"命令。

【操作步骤】

```
命令: MLINE↙
当前设置: 对正 = 上，比例 = 20.00，样式 = STANDARD
指定起点或 [对正(J)/比例(S)/样式(ST)]:（指定起点）
指定下一点:（给定下一点）
指定下一点或 [放弃(U)]:（继续给定下一点绘制线段。输入"U"，则放弃前一段的绘制；单击鼠标右键或按 Enter
键，结束命令）
指定下一点或 [闭合(C)/放弃(U)]:（继续给定下一点绘制线段。输入"C"，则闭合线段，结束命令）
```

【选项说明】

（1）对正(J)：用于给定绘制多线的基准。共有 "上"、"无"和"下"3 种对正类型。其中，"上(T)"表示以多线上侧的线为基准，依此类推。

（2）比例(S)：选择该选项，要求用户设置平行线的间距。输入值为零时，平行线重合；值为负时，多线的排列倒置。

（3）样式(ST)：用于设置当前使用的多线样式。

5.4.2　定义多线样式

【执行方式】

☑　命令行：MLSTYLE。

☑　菜单栏：选择菜单栏中的"格式"→"多线样式"命令。

【操作实践——绘制西式沙发】

绘制如图 5-58 所示的西式沙发。操作步骤如下。

1. 绘制沙发扶手及靠背的转角

（1）单击"绘图"工具栏中的"矩形"按钮，绘制一个矩形，矩形的长边为 100，短边为 40，如图 5-59 所示。

（2）单击"绘图"工具栏中的"圆"按钮，在矩形上侧的两个角处，绘制直径为 8 的圆。单击"修改"工具栏中的"复制"按钮，以矩形角点为参考点，将圆复制到另外一个角点处，如图 5-60 所示。

（3）选择菜单栏中的"格式"→"多线样式"命令，打开"多线样式"对话框，如图 5-61 所示。单击"新建"按钮，弹出"创建新的多线样式"对话框，如图 5-62 所示，输入新样式名"mline1"，单击"继续"按钮，打开"新建多线样式"对话框，设置图元参数，如图 5-63 所示，完成设置后单击"确定"按钮，返回"多线样式"对话框，选择新建的多线样式，单击"置为当前"按钮，如图 5-64 所示，单击"确定"按钮，退出对话框。

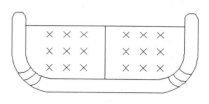

图 5-58　西式沙发

图 5-59　绘制矩形

图 5-60　绘制圆

图 5-61　"多线样式"对话框

图 5-62　"创建新的多线样式"对话框

图 5-63　设置多线样式

（4）选择菜单栏中的"绘图"→"多线"命令，绘制沙发的靠背。在命令行中显示多线样式为"mline1"，然后输入"J"，设置对正方式为"无"，输入"S"，将比例设置为 1，以图 5-65 中的左圆心为起点，沿矩形边界绘制多线，命令行提示与操作如下：

```
命令: mline
当前设置: 对正 = 上，比例 = 20.00，样式 = STANDARD
指定起点或 [对正(J)/比例(S)/样式(ST)]: st✓ （设置当前多线样式）
输入多线样式名或 [?]: mline1✓ （选择样式 mline1）
当前设置: 对正 = 上，比例 = 20.00，样式 = MLINE1
指定起点或 [对正(J)/比例(S)/样式(ST)]: j✓ （设置对正方式）
输入对正类型 [上(T)/无(Z)/下(B)] <上>: z✓ （设置对正方式为无）
当前设置: 对正 = 无，比例 = 20.00，样式 = MLINE1
指定起点或 [对正(J)/比例(S)/样式(ST)]: s✓
输入多线比例 <20.00>: 1✓ （设定多线比例为 1）
当前设置: 对正 = 无，比例 = 1.00，样式 = MLINE1
指定起点或 [对正(J)/比例(S)/样式(ST)]: （单击圆心）
指定下一点: （单击矩形角点）
指定下一点或 [放弃(U)]:
指定下一点或 [闭合(C)/放弃(U)]: （单击另外一侧圆心）
指定下一点或 [闭合(C)/放弃(U)]: ✓
```

（5）单击"修改"工具栏中的"分解"按钮 ，选择刚刚绘制的多线和矩形，分解图形。

（6）单击"修改"工具栏中的"删除"按钮 ，删除多线中间的矩形轮廓线，如图 5-66 所示。

图 5-64　设置多线样式

图 5-65　绘制多线

图 5-66　删除直线

（7）单击"修改"工具栏中的"移动"按钮 ，然后按空格键或 Enter 键，再选择直线的左端点，将其移动到圆的下端点，如图 5-67 所示。

（8）单击"修改"工具栏中的"修剪"按钮 ，剪切多余线条，效果如图 5-68 所示。

2．细化沙发扶手及靠背的转角

（1）单击"绘图"工具栏中的"圆角"按钮 ，设置内侧倒角半径为 16，如图 5-69 所示。外侧倒角半径为 24，修改后如图 5-70 所示。

图 5-67   移动直线   图 5-68   删除多余线   图 5-69   修改内侧倒角

（2）单击"绘图"工具栏中的"直线"按钮，利用"捕捉"命令，捕捉中点，在沙发中心绘制一条垂直的直线，如图 5-71 所示。

（3）单击"绘图"工具栏中的"圆弧"按钮，在沙发扶手的拐角处绘制 3 条弧线。

（4）单击"修改"工具栏中的"镜像"按钮，向右侧镜像左侧圆弧，结果如图 5-72 所示。

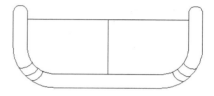

图 5-70   修改外侧倒角   图 5-71   绘制中线   图 5-72   绘制沙发转角

注意   在绘制转角处的纹路时，弧线上的点不易捕捉，这时需要利用 AutoCAD 的"延伸捕捉"功能。此时要确保绘图窗口下部状态栏上的"对象捕捉"功能处于激活状态，其状态可以用鼠标单击进行切换。然后选择"绘制弧线"命令，将鼠标停留在沙发转角弧线的起点，如图 5-73 所示。此时在起点会出现黄色的方块，沿弧线缓慢移动鼠标，可以看到一个小型的十字随鼠标移动，且十字中心与弧线起点由虚线相连，如图 5-74 所示。移动到合适的位置后，再单击鼠标即可绘制。

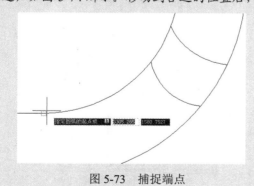
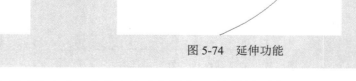

图 5-73   捕捉端点   图 5-74   延伸功能

（5）选择菜单栏中的"格式"→"点样式"命令，在弹出的"点样式"对话框中选择"×"形图案，同时设置点大小为 3，如图 5-75 所示。

（6）单击"绘图"工具栏中的"点"按钮，在沙发左侧空白处单击，绘制点，结果如图 5-76 所示。

（7）单击"修改"工具栏中的"矩形阵列"按钮，设置行数、列数均为 3，然后将"行间距"设置为−10，"列间距"设置为 10。将刚刚绘制的"×"形图进行阵列，结果如图 5-77 所示。

（8）单击"修改"工具栏中的"镜像"按钮，将左侧的花纹复制到右侧，如图 5-58 所示。

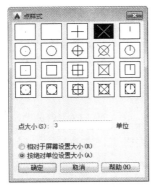
图 5-75 选择"点"样式

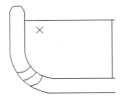
图 5-76 绘制点

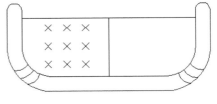
图 5-77 阵列点

5.4.3 编辑多线

【执行方式】

☑ 命令行：MLEDIT。

☑ 菜单栏：选择菜单栏中的"修改"→"对象→"多线"命令。

执行该命令后，弹出"多线编辑工具"对话框，如图 5-78 所示。

【操作实践——绘制别墅墙体】

绘制如图 5-79 所示的别墅墙体。操作步骤如下。

图 5-78 "多线编辑工具"对话框

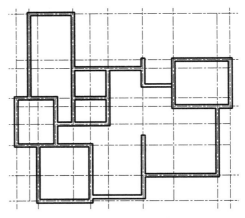
图 5-79 绘制墙体

1．定义多线样式

在使用"多线"命令绘制墙线前，应首先对多线样式进行设置。

（1）选择菜单栏中的"格式"→"多线样式"命令，弹出"多线样式"对话框，如图 5-80 所示。

（2）单击"新建"按钮，在弹出的对话框中输入新样式名"240 墙"，如图 5-81 所示。

（3）单击"继续"按钮，弹出"新建多线样式：240 墙"对话框，如图 5-82 所示。在该对话框中设置如下多线样式：将图元偏移量的首行设为 120，第二行设为-120。

图 5-80　"多线样式"对话框　　　　　　　　　　图 5-81　命名多线样式

（4）单击"确定"按钮，返回"多线样式"对话框，在"样式"列表栏中选择"240 墙"多线样式，并将其置为当前，如图 5-83 所示。

图 5-82　设置多线样式　　　　　　　　　　图 5-83　将多线样式"240 墙"置为当前

2．绘制墙线

（1）在"图层"下拉列表中选择"墙线"图层，将其设置为当前图层。

（2）选择菜单栏中的"绘图"→"多线"命令，绘制墙线，绘制结果如图 5-84 所示。命令行提示与操作如下：

```
命令: _mline
当前设置: 对正 = 上，比例 = 20.00，样式 = 240 墙
指定起点或 [对正(J)/比例(S)/样式(ST)]: J ✓（在命令行输入"J"，重新设置多线的对正方式）
输入对正类型 [上(T)/无(Z)/下(B)] <上>: Z ✓（在命令行输入"Z"，选择"无"为当前对正方式）
当前设置: 对正 = 无，比例 = 20.00，样式 = 240 墙
指定起点或 [对正(J)/比例(S)/样式(ST)]: S ✓（在命令行输入"S"，重新设置多线比例）
输入多线比例 <20.00>: 1 ✓（在命令行输入"1"，作为当前多线比例）
当前设置: 对正 = 无，比例 = 1.00，样式 = 240 墙
```

指定起点或 [对正(J)/比例(S)/样式(ST)]:（捕捉左上部墙体轴线交点作为起点）

指定下一点（依次捕捉墙体轴线交点，绘制墙线）

指定下一点或 [放弃(U)]: ∠（绘制完成后，按 Enter 键结束命令 ）

3. 编辑和修整墙线

选择菜单栏中的"修改"→"对象"→"多线"命令，弹出"多线编辑工具"对话框，如图 5-85 所示。该对话框中提供了 12 种多线编辑工具，可根据不同的多线交叉方式选择相应的工具进行编辑。

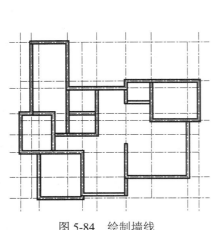

图 5-84　绘制墙线　　　　　　　图 5-85　"多线编辑工具"对话框

少数较复杂的墙线结合处无法找到相应的多线编辑工具进行编辑，因此可以单击"修改"工具栏中的"分解"按钮，将多线分解，然后单击"修改"工具栏中的"修剪"按钮，对该结合处的线条进行修整。另外，一些内部墙体并不在主要轴线上，可以通过添加辅助轴线，并单击"修改"工具栏中的"修剪"按钮或"延伸"按钮，进行绘制和修整。

☆ 贴心小帮手

在建筑平面图中，墙体用双线表示，一般采用轴线定位的方式，以轴线为中心，具有很强的对称关系，因此绘制墙线通常有 3 种方法。

（1）单击"修改"工具栏中的"偏移"按钮，直接偏移轴线，将轴线向两侧偏移一定距离，得到双线，然后将所得双线转移至墙线图层。

（2）选择菜单栏中的"绘图"→"多线"命令，直接绘制墙线。

（3）当墙体要求填充成实体颜色时，也可以单击"绘图"工具栏中的"多段线"按钮进行绘制，将线宽设置为墙厚即可。

5.5　名师点拨——灵活应用复杂绘图命令

1. 如何画曲线

在绘制图样时，经常遇到画截交线、相贯线及其他曲线的问题。手工绘制很麻烦，要找特殊点和一定数量一般点，且连出的曲线误差大。

方法一：用"多段线"或 3Dpoly 命令画 2D、3D 图形上通过特殊点的折线，经 Pedit（编辑多段线）命令中"拟合"选项或"样条曲线"选项，可变成光滑的平面、空间曲线。

方法二：用 Solids 命令创建三维基本实体（长方体、圆柱、圆锥、球等），再经"布尔"组合运算：交、并、差和干涉等获得各种复杂实体，然后利用菜单栏中的"视图"→"三维视图"→"视点"命令，选择不同视点来产生标准视图，得到曲线的不同视图投影。

2．填充无效时怎么办

有的时候填充时会填充不出来。可以从下面两个选项检查。

（1）系统变量。

（2）选择菜单栏中的"工具"→"选项"命令，弹出"选项"对话框，选择"显示"选项卡，在右侧"显示性能"选项组中选中"应用实体填充"复选框。

5.6　上 机 实 验

【练习 1】绘制如图 5-86 所示的小房子。

1．目的要求

本例图形涉及的命令主要是"直线"、"矩形"、"多段线"、"圆环"、"多行文字"和"图案填充"。通过本实例帮助读者灵活掌握圆的绘制方法。

2．操作提示

（1）利用"直线"、"矩形"、"多段线"和"圆环"命令绘制小房子模型。

（2）利用"图案填充"和"多行文字"命令绘制装饰房子的材料和挂匾。

图 5-86　小房子

【练习 2】绘制如图 5-87 所示的鼠标。

1．目的要求

本例图形涉及的命令主要是"直线"和"多段线"。通过本实例帮助读者灵活掌握圆和矩形的绘制方法。

2．操作提示

（1）利用"多段线"命令绘制鼠标基本形状。
（2）利用"直线"命令绘制鼠标的两个键。

【练习 3】绘制如图 5-88 所示的马桶。

1．目的要求

本例图形涉及的命令主要是"多线"。通过本实例帮助读者灵活掌握各种基本绘图命令的操作方法。

2．操作提示

（1）利用"定义多线"命令定义墙体多线。
（2）利用"多线"命令绘制墙体。

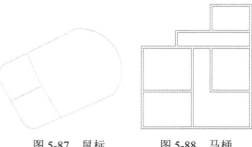

图 5-87　鼠标　　　　图 5-88　马桶

（3）利用"编辑多线"命令修剪绘制的墙体。

【练习4】 绘制如图 5-89 所示的壁灯。

1. 目的要求

本例图形涉及的命令主要是"矩形"、"直线"、"样条曲线"和"多段线"。通过本实例帮助读者灵活掌握"样条曲线"和"多段线"命令的操作方法。

2. 操作提示

（1）利用"矩形"和"直线"命令绘制灯座。
（2）利用"多段线"命令绘制灯罩。
（3）利用"样条曲线"命令绘制装饰物。
（4）利用"多段线"命令绘制月亮装饰。

图 5-89　壁灯

5.7　模　拟　考　试

1. 同时填充多个区域，如果修改一个区域的填充图案而不影响其他区域，则（　　）。
  A．将图案分解
  B．在创建图案填充时选择"关联"
  C．删除图案，重新对该区域进行填充
  D．在创建图案填充时选择"创建独立的图案填充"

2. 若需要编辑已知多段线，使用"多段线"命令的（　　）选项可以创建宽度不等的对象。
  A．样条(S)　　　　B．锥形(T)　　　　C．宽度(W)　　　　D．编辑顶点(E)

3. 根据图案填充创建边界时，边界类型不可能是以下（　　）选项。
  A．多段线　　　　B．样条曲线　　　　C．三维多段线　　　　D．螺旋线

4. 可以有宽度的线有（　　）。
  A．构造线　　　　B．多段线　　　　C．直线　　　　D．样条曲线

5. 绘制如图 5-90 所示图形 1。

6. 绘制如图 5-91 所示图形 2。

图 5-90　图形 1

图 5-91　图形 2

文字与标注

    文字与尺寸标注是图形中很重要的一部分内容，进行各种设计时，通常不仅要绘出图形，还要在图形中标注尺寸与添加文字注释，如技术要求、注释说明等，对图形对象加以解释。AutoCAD 提供了多种写入文字的方法，本章将介绍文本的注释和编辑功能。图表在AutoCAD 图形中也有大量的应用，如明细表、参数表和标题栏等，对此本章也有相关介绍。

6.1 文 本 样 式

所有 AutoCAD 图形中的文字都有与其相对应的文本样式。当输入文字对象时，AutoCAD 使用当前设置的文本样式。文本样式是用来控制文字基本形状的一组设置。

【预习重点】

- ☑ 打开"文本样式"对话框。
- ☑ 设置新样式参数。

【执行方式】

- ☑ 命令行：STYLE（快捷命令 ST）或 DDSTYLE。
- ☑ 菜单栏：选择菜单栏中的"格式"→"文字样式"命令。
- ☑ 工具栏：单击"文字"工具栏中的"文字样式"按钮 。
- ☑ 功能区：单击"默认"选项卡"注释"面板中的"文字样式"按钮 A（如图 6-1 所示）或单击"注释"选项卡"文字"面板上的"文字样式"下拉菜单中的"管理文字样式"按钮（如图 6-2 所示）或单击"注释"选项卡"文字"面板中的"对话框启动器"按钮 。

图 6-1 "注释"面板　　　　　图 6-2 "文字"面板

【操作步骤】

执行上述操作后，系统打开"文字样式"对话框，如图 6-3 所示。

【选项说明】

（1）"样式"列表框：列出所有已设定的文字样式名或对已有样式名进行相关操作。单击"新建"按钮，系统打开如图 6-4 所示的"新建文字样式"对话框。在该对话框中可以为新建的文字样式输入名称。从"样式"列表框中选中要改名的文本样式右击，在弹出的快捷菜单中选择"重命名"命令，如图 6-5 所示，可以为所选文本样式输入新的名称。

（2）"字体"选项组：用于确定字体样

图 6-3 "文字样式"对话框

式。文字的字体确定字符的形状，在 AutoCAD 中，除了它固有的 SHX 形状字体文件外，还可以使用 TrueType

字体（如宋体、楷体、italley 等）。一种字体可以设置不同的效果，从而被多种文本样式使用，如图 6-6 所示就是同一种字体（宋体）的不同样式。

机械设计基础机械设计
机械设计基础机械设计
机械设计基础机械设计
机 械 设 计 基 础
机械设计基础机械设计

图 6-4　"新建文字样式"对话框　　　图 6-5　快捷菜单　　　　图 6-6　同一字体的不同样式

（3）"大小"选项组：用于确定文本样式使用的字体文件、字体风格及字高。"高度"文本框用来设置创建文字时的固定字高，在用 TEXT 命令输入文字时，AutoCAD 不再提示输入字高参数。如果在此文本框中设置字高为 0，系统会在每一次创建文字时提示输入字高，所以，如果不想固定字高，就可以把"高度"文本框中的数值设置为 0。

（4）"效果"选项组。

① "颠倒"复选框：选中该复选框，表示将文本文字倒置标注，如图 6-7（a）所示。

② "反向"复选框：确定是否将文本文字反向标注，如图 6-7（b）所示的标注效果。

③ "垂直"复选框：确定文本是水平标注还是垂直标注。选中该复选框时为垂直标注，否则为水平标注，垂直标注如图 6-8 所示。

④ "宽度因子"文本框：设置宽度系数，确定文本字符的宽高比。当比例系数为 1 时，表示将按字体文件中定义的宽高比标注文字。当此系数小于 1 时，字会变窄，反之变宽。如图 6-6 所示，是在不同比例系数下标注的文本文字。

ABCDEFGHIJKLMN

ꓯBCDEFGHIJKLMN

（a）

ABCDEFGHIJKLMN

ꓠꟽ⅃KꞀIHGꟻƎDϽBA

（b）

abcd
a
b
c
d

图 6-7　文字倒置标注与　　图 6-8　垂直标注文字
　　　　反向标注

⑤ "倾斜角度"文本框：用于确定文字的倾斜角度。角度为 0 时不倾斜，为正数时向右倾斜，为负数时向左倾斜，效果如图 6-6 所示。

（5）"应用"按钮：确认对文字样式的设置。当创建新的文字样式或对现有文字样式的某些特征进行修改后，都需要单击该按钮，系统才会确认所做的改动。

6.2　文本的标注

在绘制图形的过程中，文字传递了很多设计信息，它可能是一个很复杂的说明，也可能是一个简短的文字信息。当需要文字标注的文本不太长时，可以利用 TEXT 命令创建单行文本；当需要标注很长、很复杂的文字信息时，可以利用 MTEXT 命令创建多行文本。

【预习重点】

☑ 对比单行与多行文字的区别。
☑ 练习多行文字的应用。

6.2.1 单行文本标注

【执行方式】

☑ 命令行：TEXT。
☑ 菜单栏：选择菜单栏中的"绘图"→"文字"→"单行文字"命令。
☑ 工具栏：单击"文字"工具栏中的"单行文字"按钮 A。
☑ 功能区：单击"默认"选项卡"注释"面板中的"单行文字"按钮 A 或单击"注释"选项卡"文字"面板中的"单行文字"按钮 A。

【操作步骤】

命令: TEXT↙
当前文字样式: "Standard" 文字高度: 2.5000 注释性: 否 对正: 左
指定文字的起点或 [对正(J)/样式(S)]:

【选项说明】

（1）指定文字的起点：在此提示下直接在绘图区选择一点作为输入文本的起始点，执行上述命令后，即可在指定位置输入文本文字，输入后按 Enter 键，文本文字另起一行，可继续输入文字，待全部输入完后按两次 Enter 键，退出 TEXT 命令。可见，TEXT 命令也可创建多行文本，只是这种多行文本每一行是一个对象，不能对多行文本同时进行操作。

注意 只有当前文本样式中设置的字符高度为 0，在使用 TEXT 命令时，系统才出现要求用户确定字符高度的提示。AutoCAD 允许将文本行倾斜排列，如图 6-9 所示为倾斜角度分别是 0°、45°和-45°时的排列效果。在"指定文字的旋转角度 <0>"提示下输入文本行的倾斜角度或在绘图区拉出一条直线来指定倾斜角度。

图 6-9 文本行倾斜排列的效果

（2）对正(J)：在"指定文字的起点或[对正(J)/样式(S)]"提示下输入"J"，用来确定文本的对齐方式，对齐方式决定文本的哪部分与所选插入点对齐。执行该选项，AutoCAD 提示：

输入选项 [左(L)/居中(C)/右(R)/对齐(A)/中间(M)/布满(F)/左上(TL)/中上(TC)/右上(TR)/左中(ML)/正中(MC)/右中(MR)/左下(BL)/中下(BC)/右下(BR)]:

在此提示下选择一个选项作为文本的对齐方式。当文本文字水平排列时，AutoCAD 为标注文本的文字定义了如图 6-10 所示的顶线、中线、基线和底线，各种对齐方式如图 6-11 所示，图中大写字母对应上述提示中各命令。

图 6-10 文本行的底线、基线、中线和顶线

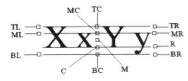

图 6-11 文本的对齐方式

选择"对齐(A)"选项，要求用户指定文本行基线的起始点与终止点的位置，AutoCAD 提示：

指定文字基线的第一个端点：（指定文本行基线的起点位置）
指定文字基线的第二个端点：（指定文本行基线的终点位置）
输入文字：（输入一行文本后按 Enter 键）
输入文字：（继续输入文本或直接按 Enter 键结束命令）

输入的文本文字均匀地分布在指定的两点之间，如果两点间的连线不水平，则文本行倾斜放置，倾斜角度由两点间的连线与 X 轴夹角确定；字高、字宽根据两点间的距离、字符的多少以及文本样式中设置的宽度系数自动确定。指定了两点之后，每行输入的字符越多，字宽和字高越小。

其他选项与"对齐"类似，此处不再赘述。

实际绘图时，有时需要标注一些特殊字符，例如直径符号、上划线或下划线、温度符号等，由于这些符号不能直接从键盘上输入，AutoCAD 提供了一些控制码，用来实现这些要求。控制码用两个百分号（%%）加一个字符构成，常用的控制码及功能如表 6-1 所示。

表 6-1　AutoCAD 常用控制码

控　制　码	标注的特殊字符	控　制　码	标注的特殊字符
%%O	上划线	\u+0278	电相位
%%U	下划线	\u+E101	流线
%%D	"度"符号（°）	\u+2261	标识
%%P	正负符号（±）	\u+E102	界碑线
%%C	直径符号（Φ）	\u+2260	不相等（≠）
%%%	百分号（%）	\u+2126	欧姆（Ω）
\u+2248	约等于（≈）	\u+03A9	欧米加（Ω）
\u+2220	角度（∠）	\u+214A	低界线
\u+E100	边界线	\u+2082	下标 2
\u+2104	中心线	\u+00B2	上标 2
\u+0394	差值		

其中，%%O 和%%U 分别是上划线和下划线的开关，第一次出现此符号开始画上划线和下划线，第二次出现此符号，上划线和下划线终止。例如输入"I want to %%U go to Beijing%%U．"，则得到如图 6-12（a）所示的文本行，输入"50%%D+%%C75%%P12"，则得到如图 6-12（b）所示的文本行。

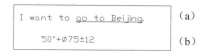

I want to go to Beijing.　　（a）

50°+Φ75±12　　（b）

图 6-12　文本行

🎓 高手支招

用 TEXT 命令创建文本时，在命令行输入的文字同时显示在绘图区，而且在创建过程中可以随时改变文本的位置，只要移动光标到新的位置单击，则当前行结束，随后输入的文字在新的文本位置出现，用这种方法可以把多行文本标注到绘图区的不同位置。

6.2.2 多行文本标注

【执行方式】

☑ 命令行：MTEXT（快捷命令 T 或 MT）。

☑ 菜单栏：选择菜单栏中的"绘图"→"文字"→"多行文字"命令。

☑ 工具栏：单击"绘图"工具栏中的"多行文字"按钮 **A** 或单击"文字"工具栏中的"多行文字"按钮 **A**。

☑ 功能区：单击"默认"选项卡"注释"面板中的"多行文字"按钮 **A** 或单击"注释"选项卡"文字"面板中的"多行文字"按钮 **A**。

【操作实践——标注居室平面图文字】

标注如图 6-13 所示的居室平面图相关文字。操作步骤如下。

（1）单击"标准"工具栏中的"打开"按钮 📷，打开随书光盘中的"源文件\第 6 章\居室平面图"，如图 6-14 所示。

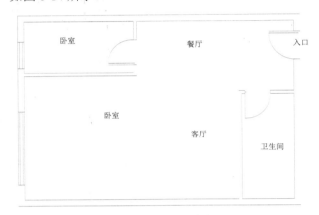

图 6-13　居室文字标注　　　　　　　　　　　　图 6-14　居室平面图

（2）选择菜单栏中的"文件"→"另存为"命令，输入文件名称"标注居室平面图文字"。

贴心小帮手

> 默认的文字样式为 Stantard，在具体绘图时可以不用它，而是根据图面的要求新建文字样式。鉴于本例比较简单，现新建两个文字样式：一个取名为"工程字"，用于图面上的文字说明；另一个为"尺寸文字"，主要用于尺寸标注中的文字。将两种文字分开有利于文字的修改和管理。

（3）新建"工程字"文字样式。单击"样式"工具栏中的"文字样式"按钮 **A**，弹出"文字样式"对话框，设置其中的参数，如图 6-15 和图 6-16 所示。

（4）建立图层。将"文字"图层置为当前图层，参数如图 6-17 所示。

（5）多行文字标注。单击"绘图"工具栏中的"多行文字"按钮 **A**，用鼠标在房间中部拉出一个矩形框，弹出文字输入窗口，将文字样式设为"工程字"，字高 175，在文本框中输入"卧室"，单击"确定"按钮，如图 6-18 所示。

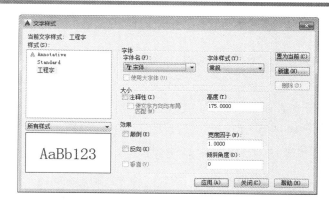

图 6-15　新建"工程字"样式

图 6-16　"工程字"样式设置

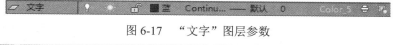

图 6-17　"文字"图层参数

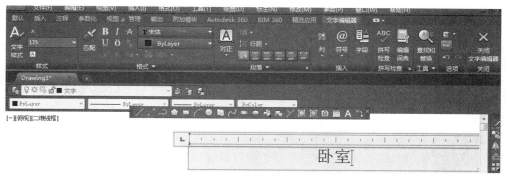

图 6-18　输入文字示意图

（6）单行文字标注。若采用单行文字标注，则选择菜单栏中的"绘图"→"文字"→"单行文字"命令，当命令行提示"指定文字的起点或[对正(J)/样式(S)]:"时，用鼠标在客厅位置单击文字起点，按命令行提示进行操作：

```
命令: _text ↙
当前文字样式: "工程字"   文字高度: 2.5000   注释性: 否   对正: 左
指定文字的起点或 [对正(J)/样式(S)]:（用鼠标在客厅位置单击文字起点）
指定高度 <0>: 175 ↙
指定文字的旋转角度 <0. 0>: ↙（然后，在屏幕上显示的文本框中输入"客厅"）
```

（7）完成文字标注。同理，采用"单行或多行文字"完成其他文字标注，也可以复制已标注的文字到其他位置，然后双击打开进行修改。结果如图 6-13 所示。

【选项说明】

（1）指定对角点：在绘图区选择两个点作为矩形框的两个角点，AutoCAD 以这两个点为对角点构成一个矩形区域，其宽度作为将来要标注的多行文本的宽度，第一个点作为第一行文本顶线的起点。响应后 AutoCAD 打开"文字编辑器"选项卡和多行文字编辑器，可利用此编辑器输入多行文本文字并对其格式进行设置。关于该对话框中各项的含义及编辑器功能，稍后再详细介绍。

（2）对正(J)：用于确定所标注文本的对齐方式。选择该选项，AutoCAD 提示：

输入对正方式 [左上(TL)/中上(TC)/右上(TR)/左中(ML)/正中(MC)/右中(MR)/左下(BL)/中下(BC)/右下(BR)] <左上(TL)>:

这些对齐方式与 TEXT 命令中的各对齐方式相同。选择一种对齐方式后按 Enter 键,系统回到上一级提示。

（3）行距(L)：用于确定多行文本的行间距。这里所说的行间距是指相邻两文本行基线之间的垂直距离。选择该选项,AutoCAD 提示：

输入行距类型 [至少(A)/精确(E)] <至少(A)>:

在此提示下有"至少"和"精确"两种方式确定行间距。
① 在"至少"方式下,系统根据每行文本中最大的字符自动调整行间距。
② 在"精确"方式下,系统为多行文本赋予一个固定的行间距,可以直接输入一个确切的间距值,也可以输入"nx"的形式。
其中 n 是一个具体数,表示行间距设置为单行文本高度的 n 倍,而单行文本高度是本行文本字符高度的 1.66 倍。

（4）旋转(R)：用于确定文本行的倾斜角度。选择该选项,AutoCAD 提示：

指定旋转角度 <0>:（输入倾斜角度）

输入角度值后按 Enter 键,系统返回到"指定对角点或[高度(H)/对正(J)/行距(L)/旋转(R)/样式(S)/宽度(W)/栏(C)]:"的提示。

（5）样式(S)：用于确定当前的文本文字样式。

（6）宽度(W)：用于指定多行文本的宽度。可在绘图区选择一点,与前面确定的第一个角点组成一个矩形框的宽作为多行文本的宽度；也可以输入一个数值,精确设置多行文本的宽度。

📖 高手支招

在创建多行文本时,只要指定文本行的起始点和宽度后,AutoCAD 就会打开"文字编辑器"选项卡和多行文字编辑器,如图 6-19 和图 6-20 所示。该编辑器与 Microsoft Word 编辑器界面相似,事实上该编辑器与 Word 编辑器在某些功能上趋于一致。这样既增强了多行文字的编辑功能,又能使用户更熟悉和方便地使用。

图 6-19　"文字编辑器"选项卡

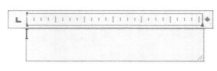

图 6-20　多行文字编辑器

（7）栏(C)：根据栏宽、栏间距宽度和栏高组成矩形框。

（8）"文字编辑器"选项卡：用来控制文本文字的显示特性。可以在输入文本文字前设置文本的特性,也可以改变已输入的文本文字特性。要改变已有文本文字显示特性,首先应选择要修改的文本,选择文本的方式有以下 3 种。

① 将光标定位到文本文字开始处，按住鼠标左键，拖到文本末尾。

② 双击某个文字，则该文字被选中。

③ 3 次单击鼠标，则选中全部内容。

下面介绍选项卡中部分选项的功能。

① "文字高度"下拉列表框：用于确定文本的字符高度，可在文本编辑器中设置输入新的字符高度，也可从此下拉列表框中选择已设定过的高度值。

② "加粗" **B** 和"斜体" **I** 按钮：用于设置加粗或斜体效果，但这两个按钮只对 TrueType 字体有效，如图 6-21 所示。

③ "删除线"按钮 **A**：用于在文字上添加水平删除线，如图 6-21 所示。

④ "下划线" **U** 和"上划线" **O** 按钮：用于设置或取消文字的上下划线，如图 6-21 所示。

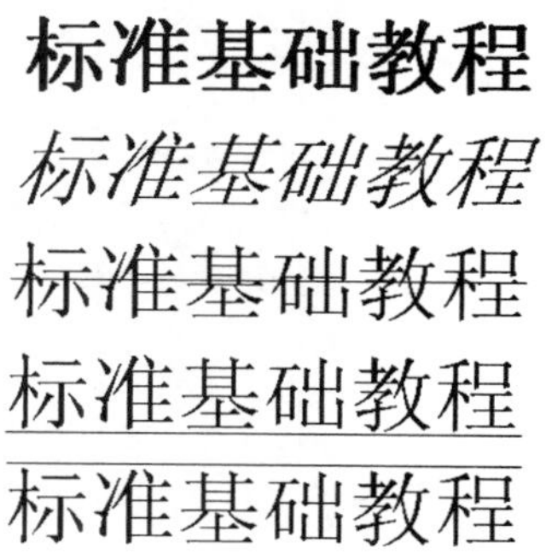

⑤ "堆叠"按钮 **b**：为层叠或非层叠文本按钮，用于层叠所选的文本文字，也就是创建分数形式。当文本中某处出现"/"、"^"或"#" 3 种层叠符号之一时，选中需层叠的文字，才可层叠文本。二者缺一不可。则符号左边的文字作为分子，右边的文字作为分母进行层叠。

AutoCAD 提供了 3 种分数形式。

☑ 如选中"abcd/efgh"后单击该按钮，得到如图 6-22（a）所示的分数形式。

☑ 如果选中"abcd^efgh"后单击该按钮，则得到如图 6-22（b）所示的形式，此形式多用于标注极限偏差。

☑ 如果选中"abcd # efgh"后单击该按钮，则创建斜排的分数形式，如图 6-22（c）所示。

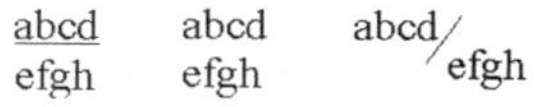

如果选中已经层叠的文本对象后单击该按钮，则恢复到非层叠形式。

⑥ "倾斜角度"（**0**）文本框：用于设置文字的倾斜角度。

图 6-21　文本样式

图 6-22　文本层叠

举一反三

倾斜角度与斜体效果是两个不同的概念，前者可以设置任意倾斜角度，后者是在任意倾斜角度的基础上设置斜体效果，如图 6-23 所示。第一行倾斜角度为 0°，非斜体效果；第二行倾斜角度为 12°，非斜体效果；第三行倾斜角度为 12°，斜体效果。

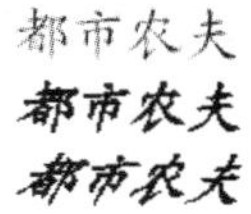

图 6-23　倾斜角度与斜体效果

⑦ "符号"按钮 **@**：用于输入各种符号。单击该按钮，系统打开符号列表，如图 6-24 所示，可以从中选择符号输入到文本中。

⑧ "插入字段"按钮：用于插入一些常用或预设字段。单击该按钮，系统打开"字段"对话框，如图 6-25 所示，用户可从中选择字段，插入到标注文本中。

⑨ "追踪"下拉列表框 **a·b**：用于增大或减小选定字符之间的空间。1.0 表示设置常规间距，设置大于 1.0 表示增大间距，设置小于 1.0 表示减小间距。

⑩ "宽度因子"下拉列表框 **o**：用于扩展或收缩选定字符。1.0 表示设置代表此字体中字母的常规宽度，可以增大该宽度或减小该宽度。

图 6-24　符号列表

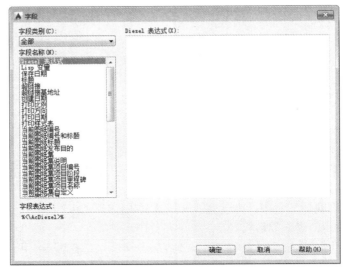

图 6-25　"字段"对话框

⑪ "上标"按钮：将选定文字转换为上标，即在输入线的上方设置稍小的文字。

⑫ "下标"按钮：将选定文字转换为下标，即在输入线的下方设置稍小的文字。

⑬ "清除格式"下拉列表：删除选定字符的字符格式，或删除选定段落的段落格式，或删除选定段落中的所有格式。

☑ 关闭：如果选择该选项，将从应用了列表格式的选定文字中删除字母、数字和项目符号。不更改缩进状态。

☑ 以数字标记：应用将带有句点的数字用于列表中的项的列表格式。

☑ 以字母标记：应用将带有句点的字母用于列表中的项的列表格式。如果列表含有的项多于字母中含有的字母，可以使用双字母继续序列。

☑ 以项目符号标记：应用将项目符号用于列表中的项的列表格式。

☑ 启动：在列表格式中启动新的字母或数字序列。如果选定的项位于列表中间，则选定项下面的未选中的项也将成为新列表的一部分。

☑ 继续：将选定的段落添加到上面最后一个列表然后继续序列。如果选择了列表项而非段落，选定项下面的未选中的项将继续序列。

☑ 允许自动项目符号和编号：在输入时应用列表格式。以下字符可以用作字母和数字后的标点并不能用作项目符号：句点（.）、逗号（,）、右括号（)）、右尖括号（>）、右方括号（]）和右花括号（}）。

☑ 允许项目符号和列表：如果选择该选项，列表格式将应用到外观类似列表的多行文字对象中的所有纯文本。

➢ 拼写检查：确定输入时拼写检查处于打开还是关闭状态。

➢ 编辑词典：显示"词典"对话框，从中可添加或删除在拼写检查过程中使用的自定义词典。

➢ 标尺：在编辑器顶部显示标尺。拖动标尺末尾的箭头可更改文字对象的宽度。列模式处于活动状态时，还显示高度和列夹点。

⑭ 段落：为段落和段落的第一行设置缩进。指定制表位和缩进，控制段落对齐方式、段落间距和段落行距，如图 6-26 所示。

⑮ 输入文字：选择该选项，系统打开"选择文件"对话框，如图 6-27 所示。选择任意 ASCII 或 RTF 格式的文件。输入的文字保留原始字符格式和样式特性，但可以在多行文字编辑器中编辑和格式化输入的文字。选择要输入的文本文件后，可以替换选定的文字或全部文字，或在文字边界内将插入的文字附加到选定的文字中。输入文字的文件必须小于 32KB。

图 6-26 "段落"对话框

图 6-27 "选择文件"对话框

⑯ 编辑器设置：显示"文字格式"工具栏的选项列表。有关详细信息请参见编辑器设置。

🎓 高手支招

多行文字是由任意数目的文字行或段落组成的，布满指定的宽度，还可以沿垂直方向无限延伸。多行文字中，无论行数是多少，单个编辑任务中创建的每个段落集将构成单个对象；用户可对其进行移动、旋转、删除、复制、镜像或缩放操作。

6.3 文本的编辑

AutoCAD 2015 提供了"文字样式"编辑器，通过这个编辑器可以方便直观地设置需要的文本样式，或是对已有样式进行修改。

【预习重点】

☑ 了解文本编辑适用范围。

☑ 利用不同方法打开文本编辑器。

☑ 了解编辑器中不同参数的含义。

【执行方式】

☑ 命令行：DDEDIT（快捷命令 ED）。

☑ 菜单栏：选择菜单栏中的"修改"→"对象"→"文字"→"编辑"命令。

☑　工具栏：单击"文字"工具栏中的"编辑"按钮。

【操作步骤】

选择相应的菜单项，或在命令行输入"DDEDIT"命令后按 Enter 键，AutoCAD 提示：

命令: DDEDIT↙
选择注释对象或 [放弃(U)]:

【选项说明】

要求选择想要修改的文本，同时光标变为拾取框。用拾取框选择对象时：

（1）如果选择的文本是用 TEXT 命令创建的单行文本，则深显该文本，可对其进行修改。

（2）如果选择的文本是用 MTEXT 命令创建的多行文本，选择对象后则打开"文字编辑器"选项卡和多行文字编辑器，可根据前面的介绍对各项设置或对内容进行修改。

6.4　表　　格

在以前的 AutoCAD 版本中，要绘制表格必须采用绘制图线或结合偏移、复制等编辑命令来完成，这样的操作过程繁琐而复杂，不利于提高绘图效率。自从 AutoCAD 2015 新增加了"表格"绘图功能，创建表格就变得非常容易，用户可以直接插入设置好样式的表格。同时随着版本的不断升级，表格功能也在精益求精、日趋完善。

【预习重点】

☑　练习如何定义表格样式。

☑　观察"插入表格"对话框中选项卡的设置。

☑　练习插入表格文字。

6.4.1　定义表格样式

和文字样式一样，所有 AutoCAD 图形中的表格都有与其相对应的表格样式。当插入表格对象时，系统使用当前设置的表格样式。表格样式是用来控制表格基本形状和间距的一组设置。模板文件 ACAD.DWT 和 ACADISO.DWT 中定义了名为 Standard 的默认表格样式。

【执行方式】

☑　命令行：TABLESTYLE。

☑　菜单栏：选择菜单栏中的"格式"→"表格样式"命令。

☑　工具栏：单击"样式"工具栏中的"表格样式管理器"按钮。

☑　功能区：单击"默认"选项卡"注释"面板中的"表格样式"按钮（如图 6-28 所示）或单击"注释"选项卡"表格"面板上的"表格样式"下拉菜单中的"管理表格样式"按钮（如图 6-29 所示）或单击"注释"选项卡"表格"面板中的"对

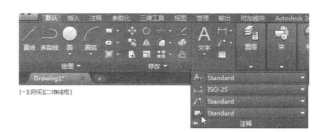

图 6-28　"注释"面板

话框启动器"按钮 ↵。

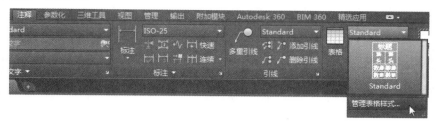

图 6-29　"表格"面板

【操作步骤】

执行上述操作后，系统打开"表格样式"对话框，如图 6-30 所示。

【选项说明】

（1）"新建"按钮：单击该按钮，系统打开"创建新的表格样式"对话框，如图 6-31 所示。输入新的表格样式名后，单击"继续"按钮，系统打开"新建表格样式"对话框，如图 6-32 所示，从中可以定义新的表格样式。

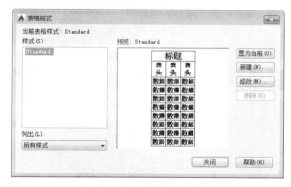

图 6-30　"表格样式"对话框

图 6-31　"创建新的表格样式"对话框

"新建表格样式"对话框的"单元样式"下拉列表框中有 3 个重要的选项："数据"、"表头"和"标题"，分别控制表格中数据、列标题和总标题的有关参数，如图 6-33 所示。在"新建表格样式"对话框中有 3 个重要的选项卡，分别介绍如下。

① "常规"选项卡：用于控制数据栏格与标题栏格的上下位置关系。

② "文字"选项卡：用于设置文字属性，选择该选项卡，在"文字样式"下拉列表框中可以选择已定义的文字样式并应用于数据文字，也可以单击右侧的 按钮重新定义文字样式。其中"文字高度"、"文字颜色"和"文字角度"各选项设定的相应参数格式可供用户选择。

③ "边框"选项卡：用于设置表格的边框属性下面的边框线按钮控制数据边框线的各种形式，如绘制所有数据边框线、只绘制数据边框外部边框线、只绘制数据边框内部边框线、无边框线、只绘制底部边框线等。选项卡中的"线宽"、"线型"和"颜色"下拉列表框则控制边框线的线宽、线型和颜色；选项卡中的"间距"文本框用于控制单元边界和内容之间的间距。

如图 6-34 所示，数据文字样式为 standard，文字高度为 4.5，文字颜色为"红色"，对齐方式为"右下"；标题文字样式为 standard，文字高度为 6，文字颜色为"蓝色"，对齐方式为"正中"，表格方向为"上"，水平单元边距和垂直单元边距都为 1.5 的表格样式。

（2）"修改"按钮：用于对当前表格样式进行修改，方式与新建表格样式相同。

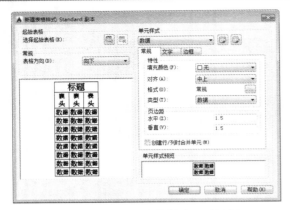

图 6-32 "新建表格样式"对话框   图 6-33 表格样式   图 6-34 表格示例

6.4.2 创建表格

在设置好表格样式后，用户可以利用 TABLE 命令创建表格。

【执行方式】

- ☑ 命令行：TABLE。
- ☑ 菜单栏：选择菜单栏中的"绘图"→"表格"命令。
- ☑ 工具栏：单击"绘图"工具栏中的"表格"按钮 🔲。
- ☑ 功能区：单击"默认"选项卡"注释"面板中的"表格"按钮 🔲 或单击"注释"选项卡"表格"面板中的"表格"按钮 🔲。

【操作步骤】

执行上述操作后，系统打开"插入表格"对话框，如图 6-35 所示。

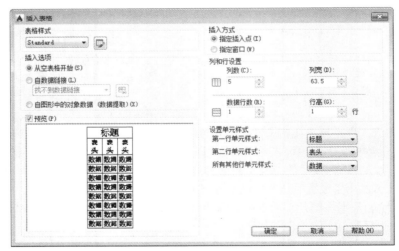

图 6-35 "插入表格"对话框

【选项说明】

（1）"表格样式"选项组：可以在"表格样式"下拉列表框中选择一种表格样式，也可以通过单击后面的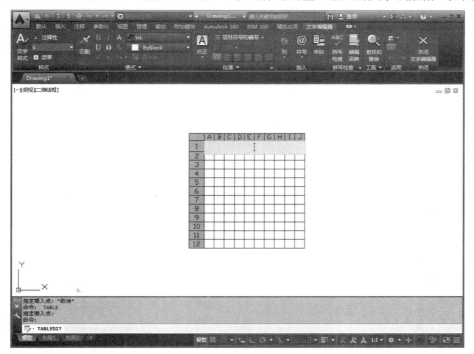按钮来新建或修改表格样式。

（2）"插入选项"选项组：指定插入表格的方式。

① "从空表格开始"单选按钮：创建可以手动填充数据的空表格。

② "自数据链接"单选按钮：通过启动数据连接管理器来创建表格。

③ "自图形中的对象数据"单选按钮：通过启动"数据提取"向导来创建表格。

（3）"插入方式"选项组。

① "指定插入点"单选按钮：指定表格的左上角的位置。可以使用定点设备，也可以在命令行中输入坐标值。如果表格样式将表格的方向设置为由下而上读取，则插入点位于表格的左下角。

② "指定窗口"单选按钮：指定表的大小和位置。可以使用定点设备，也可以在命令行中输入坐标值。选中该单选按钮时，行数、列数、列宽和行高取决于窗口的大小以及列和行设置。

（4）"列和行设置"选项组：指定列和数据行的数目以及列宽与行高。

（5）"设置单元样式"选项组：指定"第一行单元样式"、"第二行单元样式"和"所有其他行单元样式"分别为标题、表头或者数据样式。

高手支招

在"插入方式"选项组中选中"指定窗口"单选按钮后，列与行设置的两个参数中只能指定一个，另外一个由指定窗口的大小自动等分来确定。

在"插入表格"对话框中进行相应设置后，单击"确定"按钮，系统在指定的插入点或窗口自动插入一个空表格，并显示"文字编辑器"选项卡，用户可以逐行逐列输入相应的文字或数据，如图 6-36 所示。

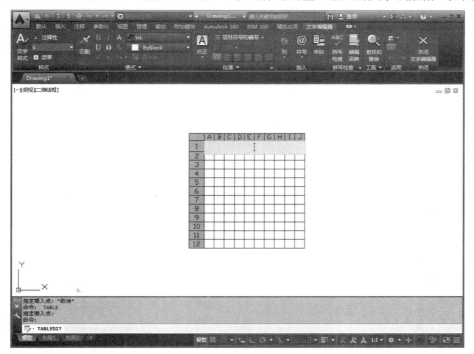

图 6-36　多行文字编辑器

在插入后的表格中选择某一个单元格，单击后出现钳夹点，通过移动钳夹点可以改变单元格的大小，如图 6-37 所示。

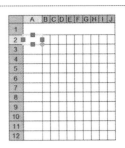

图 6-37 改变单元格大小

6.4.3 表格文字编辑

【执行方式】

☑ 命令行：TABLEDIT。

☑ 快捷菜单：选择表和一个或多个单元后右击，在弹出的快捷菜单中选择"编辑文字"命令。

☑ 定点设备：在表单元内双击。

【操作实践——绘制建筑 A2 样板图】

绘制如图 6-38 所示的 A2 图框。操作步骤如下。

（1）设置单位和图形边界。

① 打开 AutoCAD 程序，则系统自动建立新图形文件。

② 选择菜单栏中的"格式"→"单位"命令，系统打开"图形单位"对话框，如图 6-39 所示。设置"长度"的"类型"为"小数"，"精度"为 0；"角度"的"类型"为"十进制度数"，"精度"为 0，系统默认逆时针方向为正，单击"确定"按钮。

图 6-38 A2 图框

图 6-39 "图形单位"对话框

③ 设置图形边界。国标对图纸的幅面大小作了严格规定，在这里，不妨按国标 A3 图纸幅面设置图形

边界。A2 图纸的幅面为 594mm×420mm，选择菜单栏中的"格式"→"图层界限"命令，命令行提示与操作如下：

命令: LIMITS↙
重新设置模型空间界限：
指定左下角点或 [开(ON)/关(OFF)] <0.0000,0.0000>：↙
指定右上角点 <12.0000,9.0000>：594,420↙

（2）设置文本样式。选择菜单栏中的"格式"→"文字样式"命令，打开"文字样式"对话框，如图 6-40 所示，单击"新建"按钮，打开"新建文字样式"对话框，如图 6-41 所示，将字体和高度分别进行设置。

（3）绘制图框。单击"绘图"工具栏中的"多段线"按钮，将线宽设置为 100，绘制长为 56000，宽为 40000 的矩形，如图 6-42 所示。

图 6-41　"新建文字样式"对话框

图 6-40　"文字样式"对话框

图 6-42　绘制矩形

高手支招

国家标准规定 A2 图纸的幅面大小是 594×420，这里留出了带装订边的图框到图纸边界的距离。

（4）单击"修改"工具栏中的"偏移"按钮，将右侧竖直直线向左偏移，偏移距离为 6000，如图 6-43 所示。

（5）单击"修改"工具栏中的"偏移"按钮，将上侧水平直线向下偏移，偏移距离为 9950、10050、800、800、800、800、800、800、800、800、800、800、800、2000、2000、4000、800、800、800 和 800，然后单击"绘图"工具栏中的"直线"按钮和"修改"工具栏中的"分解"按钮，绘制竖直直线，并将部分多段线分解，如图 6-44 所示。

（6）单击"绘图"工具栏中的"多行文字"按钮，在合适的位置处绘制文字，如图 6-45 所示。

（7）绘制会签栏。单击"绘图"工具栏中的"多段线"按钮，绘制长为 7500，宽为 2100 的矩形，如图 6-46 所示。

（8）单击"修改"工具栏中的"偏移"按钮，将左侧竖直直线向右偏移 1875、1875、1875 和 1875，将上侧水平直线向下偏移，偏移距离为 700、700 和 700，单击"修改"工具栏中的"分解"按钮，将偏移的多段线分解，如图 6-47 所示。

图 6-43　偏移竖直直线

图 6-44　偏移直线

图 6-45　绘制文字

图 6-46　绘制多段线

图 6-47　偏移直线

（9）单击"绘图"工具栏中的"多行文字"按钮**A**，在表内输入文字，如图 6-48 所示。

（10）单击"绘图"工具栏中的"创建块"按钮，打开"块定义"对话框，将会签栏创建为块，如图 6-49 所示。

（11）单击"绘图"工具栏中的"插入块"按钮，打开"插入"对话框，如图 6-50 所示，将角度设置为 90°，并将其插入到图中合适的位置，如图 6-51 所示。

建　筑	电　气
结　构	采暖通风
给排水	总　图

图 6-48　输入文字

图 6-49　创建块

图 6-50　"插入"对话框

（12）单击"绘图"工具栏中的"矩形"按钮，在外侧绘制一个矩形。

（13）在命令行中输入"WBLOCK"命令，打开"写块"对话框，将 A2 图框保存为块，以便以后调用，如图 6-52 所示。

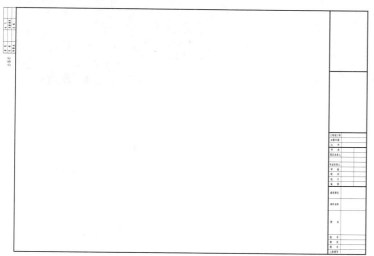

图 6-51　插入会签栏　　　　　　　　　　　图 6-52　保存块

6.5　尺　寸　标　注

组成尺寸标注的尺寸线、尺寸界线、尺寸文本和尺寸箭头可以采用多种形式，尺寸标注以什么形态出现，取决于当前所采用的尺寸标注样式。标注样式决定尺寸标注的形式，包括尺寸线、尺寸界线、尺寸箭头和中心标记的形式、尺寸文本的位置、特性等。在 AutoCAD 2015 中用户可以利用"标注样式管理器"对话框方便地设置自己需要的尺寸标注样式。

【预习重点】

☑　　了解如何设置尺寸样式。

☑　　了解设置尺寸样式参数。

6.5.1　尺寸样式

在进行尺寸标注之前，要建立尺寸标注的样式。如果用户不建立尺寸样式而直接进行标注，系统使用默认的名称为 Standard 的样式。用户如果认为使用的标注样式有某些设置不合适，也可以修改标注样式。

【执行方式】

☑　　命令行：DIMSTYLE（快捷命令 D）。

☑　　菜单栏：选择菜单栏中的"格式"→"标注样式"命令或"标注"→"标注样式"命令。

☑　　工具栏：单击"标注"工具栏中的"标注样式"按钮 。

☑　　功能区：单击"默认"选项卡"注释"面板中的"标注样式"按钮 （如图 6-53 所示）或单击"注释"选项卡"标注"面板上的"标注样式"下拉菜单中的"管理标注样式"按钮（如图 6-54 所示）或单击"注释"选项卡"标注"面板中的"对话框启动器"按钮 。

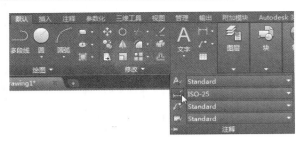

图 6-53　"注释"面板

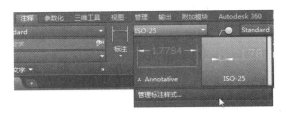

图 6-54　"标注"面板

【操作步骤】

执行上述操作之一后，弹出"标注样式管理器"对话框，如图 6-55 所示。利用该对话框可方便直观地设置和浏览尺寸标注样式，包括建立新的标注样式、修改已存在的样式、设置当前尺寸标注样式、重命名样式以及删除一个已存在的样式等。

【选项说明】

（1）"置为当前"按钮：单击该按钮，把在"样式"列表框中选中的样式设置为当前样式。

（2）"新建"按钮：定义一个新的尺寸标注样式。单击该按钮，弹出"创建新标注样式"对话框，如图 6-56 所示，利用该对话框可创建一个新的尺寸标注样式。

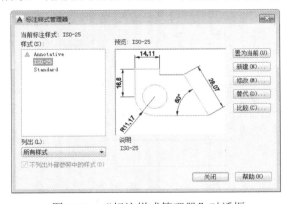

图 6-55　"标注样式管理器"对话框

图 6-56　"创建新标注样式"对话框

（3）"修改"按钮：修改一个已存在的尺寸标注样式。单击该按钮，弹出"修改标注样式"对话框，该对话框中的各选项与"创建新标注样式"对话框中完全相同，用户可以对已有标注样式进行修改。

（4）"替代"按钮：设置临时覆盖尺寸标注样式。单击该按钮，弹出"新建标注样式"对话框，如图 6-57 所示。用户可改变选项的设置覆盖原来的设置，但这种修改只对指定的尺寸标注起作用，而不影响当前尺寸变量的设置。

（5）"比较"按钮：比较两个尺寸标注样式在参数上的区别，或浏览一个尺寸标注样式的参数设置。单击该按钮，弹出"比较标注样式"对话框，如图 6-58 所示。可以把比较结果复制到剪贴板上，然后再粘贴到其他的 Windows 应用软件上。

下面对图 6-57 所示的"新建标注样式"对话框中的主要选项卡进行简要说明。

1．"线"选项卡

在"新建标注样式"对话框中，第一个选项卡就是"线"选项卡。该选项卡用于设置尺寸线、尺寸界线的形式和特性。现对该选项卡中的各选项分别说明如下。

图 6-57 "新建标注样式"对话框

图 6-58 "比较标注样式"对话框

（1）"尺寸线"选项组：用于设置尺寸线的特性，其中各选项的含义如下。

① "颜色"（"线型"和"线宽"）下拉列表框：用于设置尺寸线的颜色（线型、线宽）。

② "超出标记"微调框：当尺寸箭头设置为短斜线、短波浪线等，或尺寸线上无箭头时，可利用该微调框设置尺寸线超出尺寸界线的距离。

③ "基线间距"微调框：设置以基线方式标注尺寸时，相邻两尺寸线之间的距离。

④ "隐藏"复选框组：确定是否隐藏尺寸线及相应的箭头。选中"尺寸线 1（2）"复选框，表示隐藏第一（二）段尺寸线。

（2）"尺寸界线"选项组：用于确定尺寸界线的形式，其中各选项的含义如下。

① "颜色"（"线宽"）下拉列表框：用于设置尺寸界线的颜色（线宽）。

② "尺寸界线 1（2）的线型"下拉列表框：用于设置第一条尺寸界线的线型（DIMLTEX1 系统变量）。

③ "超出尺寸线"微调框：用于确定尺寸界线超出尺寸线的距离。

④ "起点偏移量"微调框：用于确定尺寸界线的实际起始点相对于指定尺寸界线起始点的偏移量。

⑤ "隐藏"复选框组：确定是否隐藏尺寸界线。

⑥ "固定长度的尺寸界线"复选框：选中该复选框，系统以固定长度的尺寸界线标注尺寸，可以在其下面的"长度"文本框中输入长度值。

（3）尺寸样式显示框：在"新建标注样式"对话框的右上方，有一个尺寸样式显示框，该显示框以样例的形式显示用户设置的尺寸样式。

2. "符号和箭头"选项卡

在"新建标注样式"对话框中，第二个选项卡是"符号和箭头"选项卡，如图 6-59 所示。该选项卡用于设置箭头、圆心标记、弧长符号和半径标注折弯的形式和特性，现对该选项卡中的各选项分别说明如下。

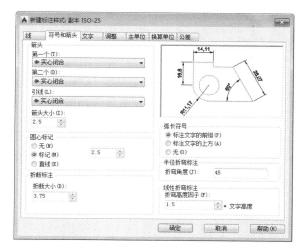

图 6-59 "符号和箭头"选项卡

（1）"箭头"选项组：用于设置尺寸箭头的形式。AutoCAD 提供了多种箭头形状，列在"第一个"和"第二个"下拉列表框中。另外，还允许采用用户自定义的箭头形状。两个尺寸箭头可以采用相同的形式，也可采用不同的形式。

① "第一（二）个"下拉列表框：用于设置第一（二）个尺寸箭头的形式。单击此下拉列表框，打开各种箭头形式，其中列出了各类箭头的形状即名称。一旦选择了第一个箭头的类型，第二个箭头则自动与其匹配，要想第二个箭头取不同的形状，可在"第二个"下拉列表框中设定。

如果在列表框中选择了"用户箭头"选项，则打开如图 6-60 所示的"选择自定义箭头块"对话框，可以事先把自定义的箭头存成一个图块，在该对话框中输入该图块名即可。

② "引线"下拉列表框：确定引线箭头的形式，与"第一个"设置类似。

③ "箭头大小"微调框：用于设置尺寸箭头的大小。

（2）"圆心标记"选项组：用于设置半径标注、直径标注和中心标注中的中心标记和中心线形式。其中各项含义如下。

① "无"单选按钮：选中该单选按钮，既不产生中心标记，也不产生中心线。

② "标记"单选按钮：选中该单选按钮，中心标记为一个点记号。

③ "直线"单选按钮：选中该单选按钮，中心标记采用中心线的形式。

④ "大小"微调框：用于设置中心标记和中心线的大小和粗细。

（3）"折断标注"选项组：用于控制折断标注的间距宽度。

（4）"弧长符号"选项组：用于控制弧长标注中圆弧符号的显示，对其中的 3 个单选按钮含义介绍如下。

① "标注文字的前缀"单选按钮：选中该单选按钮，将弧长符号放在标注文字的左侧，如图 6-61（a）所示。

② "标注文字的上方"单选按钮：选中该单选按钮，将弧长符号放在标注文字的上方，如图 6-61（b）所示。

③ "无"单选按钮：选中该单选按钮，不显示弧长符号，如图 6-61（c）所示。

图 6-60 "选择自定义箭头块"对话框

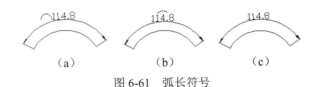

图 6-61 弧长符号

（5）"半径折弯标注"选项组：用于控制折弯（Z 字形）半径标注的显示。折弯半径标注通常在中心点位于页面外部时创建。在"折弯角度"文本框中可以输入连接半径标注的尺寸界线和尺寸线的横向直线角度，如图 6-62 所示。

（6）"线性折弯标注"选项组：用于控制折弯线性标注的显示。当标注不能精确表示实际尺寸时，常将折弯线添加到线性标注中。通常，实际尺寸比所需值小。

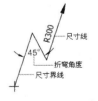

图 6-62 折弯角度

3. "文字"选项卡

在"新建标注样式"对话框中，第 3 个选项卡是"文字"选项卡，如图 6-63 所示。该选项卡用于设置尺寸文本文字的形式、布置、对齐方式等，现对该选项卡中的各选项分别说明如下。

（1）"文字外观"选项组。

① "文字样式"下拉列表框：用于选择当前尺寸文本采用的文字样式。

② "文字颜色"下拉列表框：用于设置尺寸文本的颜色。

③ "填充颜色"下拉列表框：用于设置标注中文字背景的颜色。

④ "文字高度"微调框：用于设置尺寸文本的字高。如果选用的文本样式中已设置了具体的字高（不是 0），则此处的设置无效；如果文本样式中设置的字高为 0，才以此处设置为准。

⑤ "分数高度比例"微调框：用于确定尺寸文本的比例系数。

⑥ "绘制文字边框"复选框：选中该复选框，AutoCAD 在尺寸文本的周围加上边框。

（2）"文字位置"选项组。

① "垂直"下拉列表框：用于确定尺寸文本相对于尺寸线在垂直方向的对齐方式，如图 6-64 所示。

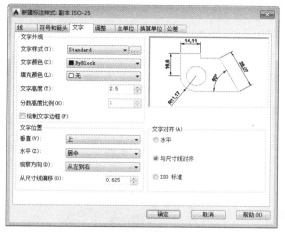

图 6-63　"文字"选项卡

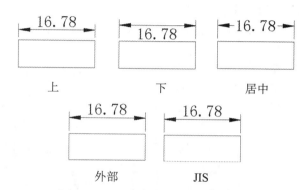

图 6-64　尺寸文本在垂直方向的放置

② "水平"下拉列表框：用于确定尺寸文本相对于尺寸线和尺寸界线在水平方向的对齐方式。单击该下拉列表框，可从中选择的对齐方式有 5 种：居中、第一条尺寸界线、第二条尺寸界线、第一条尺寸界线上方和第二条尺寸界线上方，如图 6-65 所示。

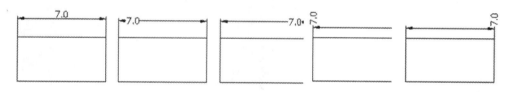

图 6-65　尺寸文本在水平方向的放置

③ "观察方向"下拉列表框：用于控制标注文字的观察方向（可用 DIMTXTDIRECTION 系统变量设置）。

④ "从尺寸线偏移"微调框：当尺寸文本放在断开的尺寸线中间时，该微调框用来设置尺寸文本与尺寸线之间的距离。

（3）"文字对齐"选项组：用于控制尺寸文本的排列方向。

① "水平"单选按钮：选中该单选按钮，尺寸文本沿水平方向放置。不论标注什么方向的尺寸，尺寸文本总保持水平。

② "与尺寸线对齐"单选按钮：选中该单选按钮，尺寸文本沿尺寸线方向放置。

③ "ISO 标准"单选按钮：选中该单选按钮，当尺寸文本在尺寸界线之间时，沿尺寸线方向放置；在尺寸界线之外时，沿水平方向放置。

6.5.2 标注尺寸

正确地进行尺寸标注是设计绘图工作中非常重要的一个环节，AutoCAD 2015 提供了方便快捷的尺寸标注方法，可通过执行命令实现，也可利用菜单或工具按钮来实现。本节将重点介绍如何对各种类型的尺寸进行标注。

【预习重点】

☑　了解尺寸标注类型。

☑　练习不同类型尺寸标注应用。

1．线性标注

【执行方式】

☑　命令行：DIMLINEAR（缩写名 DIMLIN）。

☑　菜单栏：选择菜单栏中的"标注"→"线性"命令。

☑　工具栏：单击"标注"工具栏中的"线性"按钮 。

☑　快捷命令：DLI。

☑　功能区：单击"默认"选项卡"注释"面板中的"线性"按钮 （如图 6-66 所示）或单击"注释"选项卡"标注"面板中的"线性"按钮 （如图 6-67 所示）。

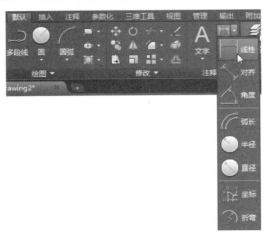

图 6-66　"注释"面板　　　　　　　图 6-67　"标注"面板

【操作步骤】

命令: DIMLINEAR
指定第一个尺寸界线原点或 <选择对象>:

在此提示下有两种选择，直接按 Enter 键选择要标注的对象或确定尺寸界线的起始点，按 Enter 键并选择要标注的对象或指定两条尺寸界线的起始点后，命令行提示如下：

指定尺寸线位置或 [多行文字(M)/文字(T)/角度(A)/水平(H)/垂直(V)/旋转(R)]

【选项说明】

（1）指定尺寸线位置：用于确定尺寸线的位置。用户可移动鼠标选择合适的尺寸线位置，然后按 Enter

键或单击，AutoCAD 则自动测量要标注线段的长度并标注出相应的尺寸。

（2）多行文字(M)：用多行文本编辑器确定尺寸文本。

（3）文字(T)：用于在命令行提示下输入或编辑尺寸文本。选择该选项后，命令行提示如下：

输入标注文字 <默认值>:

其中的默认值是 AutoCAD 自动测量得到的被标注线段的长度，直接按 Enter 键即可采用此长度值，也可输入其他数值代替默认值。当尺寸文本中包含默认值时，可使用尖括号"<>"表示默认值。

（4）角度(A)：用于确定尺寸文本的倾斜角度。

（5）水平(H)：水平标注尺寸，不论标注什么方向的线段，尺寸线总保持水平放置。

（6）垂直(V)：垂直标注尺寸，不论标注什么方向的线段，尺寸线总保持垂直放置。

（7）旋转(R)：输入尺寸线旋转的角度值，旋转标注尺寸。

2．对齐标注

【执行方式】

- ☑　命令行：DIMALIGNED（快捷命令 DAL）。
- ☑　菜单栏：选择菜单栏中的"标注"→"对齐"命令。
- ☑　工具栏：单击"标注"工具栏中的"对齐"按钮。
- ☑　功能区：单击"默认"选项卡"注释"面板中的"对齐"按钮或单击"注释"选项卡"标注"面板中的"对齐"按钮。

【操作步骤】

命令: DIMALIGNED↙
指定第一个尺寸界线原点或<选择对象>:

【选项说明】

这种命令标注的尺寸线与所标注轮廓线平行，标注起始点到终点之间的距离尺寸。

3．基线标注

基线标注用于产生一系列基于同一尺寸界线的尺寸标注，适用于长度尺寸、角度和坐标标注。在使用基线标注方式之前，应该先标注出一个相关的尺寸作为基线标准。

【执行方式】

- ☑　命令行：DIMBASELINE（快捷命令 DBA）。
- ☑　菜单栏：选择菜单栏中的"标注"→"基线"命令。
- ☑　工具栏：单击"标注"工具栏中的"基线"按钮。
- ☑　功能区：单击"注释"选项卡"标注"面板中的"基线"按钮。

【操作步骤】

命令: DIMBASELINE↙
指定第二条尺寸界线原点或 [放弃(U)/选择(S)] <选择>:

【选项说明】

（1）指定第二条尺寸界线原点：直接确定另一个尺寸的第二条尺寸界线的起点，AutoCAD 以上次标注的尺寸为基准标注，标注出相应尺寸。

（2）选择(S)：在上述提示下直接按 Enter 键，AutoCAD 提示：

选择基准标注：（选取作为基准的尺寸标注）

高手支招

线性标注有水平、垂直或对齐放置。使用对齐标注时，尺寸线将平行于两尺寸界线原点之间的直线（想象或实际）。基线（或平行）和连续（或链）标注是一系列基于线性标注的连续标注，连续标注是首尾相连的多个标注。在创建基线或连续标注之前，必须创建线性、对齐或角度标注。可从当前任务最近创建的标注中以增量方式创建基线标注。

4．连续标注

连续标注又叫尺寸链标注，用于产生一系列连续的尺寸标注，后一个尺寸标注均把前一个标注的第二条尺寸界线作为它的第一条尺寸界线。适用于长度型尺寸、角度型和坐标标注。在使用连续标注方式之前，应该先标注出一个相关的尺寸。

【执行方式】

- ☑ 命令行：DIMCONTINUE（快捷命令 DCO）。
- ☑ 菜单栏：选择菜单栏中的"标注"→"连续"命令。
- ☑ 工具栏：单击"标注"工具栏中的"连续"按钮。
- ☑ 功能区：单击"注释"选项卡"标注"面板中的"连续"按钮。

【操作步骤】

命令: _dimcontinue
指定第二条尺寸界线原点或 [放弃(U)/选择(S)] <选择>:

此提示下的各选项与基线标注中完全相同，此处不再赘述。

高手支招

AutoCAD 允许用户利用基线标注方式和连续标注方式进行角度标注，如图 6-68 所示。

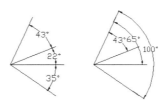

图 6-68　连续型和基线型角度标注

5．引线标注

利用 QLEADER 命令可快速生成指引线及注释，而且可以通过命令行优化对话框进行用户自定义，由此可以消除不必要的命令行提示，取得最高的工作效率。

【执行方式】

- ☑ 命令行：QLEADER。

【操作步骤】

命令: QLEADER↙
指定第一个引线点或 [设置(S)] <设置>:

【选项说明】

（1）指定第一个引线点：在上面的提示下确定一点作为指引线的第一点。AutoCAD 提示：

指定下一点:（输入指引线的第二点）
指定下一点:（输入指引线的第三点）

AutoCAD 提示用户输入的点的数目由"引线设置"对话框（见图 6-69）确定。输入完指引线的点后 AutoCAD 提示：

指定文字宽度 <0.0000>:（输入多行文本的宽度）
输入注释文字的第一行 <多行文字(M)>:

此时，有两种命令输入选择，含义如下。

① 输入注释文字的第一行：在命令行输入第一行文本。

② <多行文字(M)>：打开多行文字编辑器，输入编辑多行文字。

直接按 Enter 键，结束 QLEADER 命令并把多行文本标注在指引线的末端附近。

（2）设置(S)：直接按 Enter 键或输入"S"，打开如图 6-69 所示的"引线设置"对话框，允许对引线标注进行设置。该对话框包含"注释"、"引线和箭头"和"附着"3 个选项卡，下面分别进行介绍。

① "注释"选项卡（如图 6-69 所示）：用于设置引线标注中注释文本的类型、多行文本的格式并确定注释文本是否多次使用。

② "引线和箭头"选项卡（如图 6-70 所示）：用来设置引线标注中指引线和箭头的形式。其中"点数"选项组设置执行 QLEADER 命令时 AutoCAD 提示用户输入的点的数目。例如，设置点数为 3，执行 QLEADER 命令时当用户在提示下指定 3 个点后，AutoCAD 自动提示用户输入注释文本。注意设置的点数要比用户希望的指引线的段数多 1。可利用微调框进行设置，如果选中"无限制"复选框，AutoCAD 会一直提示用户输入点直到连续按 Enter 键两次为止。"角度约束"选项组设置第一段和第二段指引线的角度约束。

图 6-69 "引线设置"对话框的"注释"选项卡

图 6-70 "引线设置"对话框的"引线和箭头"选项卡

③ "附着"选项卡（如图 6-71 所示）：设置注释文本和指引线的相对位置。如果最后一段指引线指向右边，系统自动把注释文本放在右侧；反之放在左侧。利用该选项卡左侧和右侧的单选按钮分别设置位于左侧和右侧的注释文本与最后一段指引线的相对位置，二者可相同也可不相同。

图 6-71 "引线设置"对话框的"附着"选项卡

6.6 综合演练——标注别墅平面图尺寸

在别墅的首层平面图中,标注主要包括 4 部分,即轴线编号、平面标高、尺寸标注和文字标注,如图 6-72 所示。

打开随书光盘中的"图库 1/别墅平面图",如图 6-73 所示。

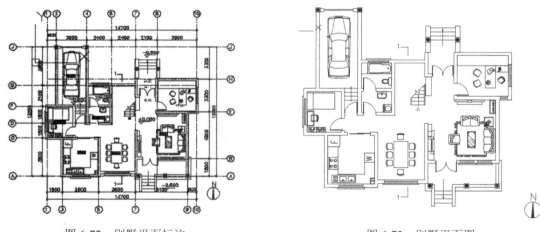

图 6-72 别墅平面标注   图 6-73 别墅平面图

选择菜单栏中的"文件"→"另存为"命令,保存图形,将图形以"标注别墅平面图尺寸.dwg"为文件名保存在指定的路径中。

6.6.1 轴线编号

在平面形状较简单或对称的房屋中,平面图的轴线编号一般标注在图形的下方及左侧。对于较复杂或不对称的房屋,图形上方和右侧也可以标注。在本例中,由于平面形状不对称,因此需要在上、下、左、右 4 个方向均标注轴线编号。

具体绘制方法如下:

(1)单击"图层"工具栏中的"图层特性管理器"按钮📑,打开"图层特性管理器"对话框,打开"标注"图层，使其保持可见。打开"轴线"图层，创建"轴线编号"图层，其他属性默认，并将其设置为当前图层。

（2）单击"绘图"工具栏中的"直线"按钮▨，以轴线端点为绘制直线的起点，竖直向下绘制长为 3000 的短直线，完成第一条轴线延长线的绘制。

（3）单击"绘图"工具栏中的"圆"按钮▨，以已绘的轴线延长线端点作为圆心，绘制半径为 350mm 的圆。然后，单击"修改"工具栏中的"移动"按钮▨，向下移动所绘圆，移动距离为 350mm，如图 6-74 所示。

（4）重复上述步骤，完成其他轴线延长线及编号圆的绘制。

（5）单击"绘图"工具栏中的"多行文字"按钮▨，设置文字"样式"为"宋体"，文字高度为 300；在每个轴线端点处的圆内输入相应的轴线编号，如图 6-75 所示。

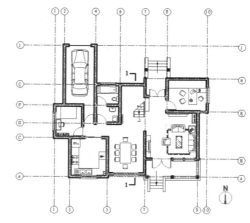

图 6-74　绘制第一条轴线的延长线及编号圆　　　　图 6-75　添加轴线编号

注意　平面图上水平方向的轴线编号用阿拉伯数字，从左向右依次编写；垂直方向的编号，用大写英文字母自下而上顺次编写。I、O 及 Z 3 个字母不得作轴线编号，以免与数字 1、0 及 2 混淆。

如果两条相邻轴线间距较小而导致它们的编号有重叠时，可以通过"移动"命令将这两条轴线的编号分别向两侧移动少许距离。

6.6.2　平面标高

建筑物中的某一部分与所确定的标准基点的高度差称为该部位的标高，在图样中通常用标高符号结合数字来表示。建筑制图标准规定，标高符号应以直角等腰三角形表示，如图 6-76 所示。

具体绘制方法如下：

（1）在"图层"下拉列表中选择"标注"图层，将其设置为当前图层。

（2）单击"绘图"工具栏中的"正多边形"按钮▨，绘制边长为 350mm 的正方形。

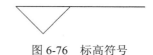

图 6-76　标高符号

（3）单击"修改"工具栏中的"旋转"按钮▨，将正方形旋转 45°；然后单击"绘图"工具栏中的"直线"按钮▨，连接正方形左右两个端点，绘制水平对角线。

（4）单击水平对角线，将十字光标移动其右端点处单击，将夹持点激活（此时，夹持点成红色），然后鼠标向右移动，在命令行中输入"600"后，按 Enter 键，完成绘制。单击"修改"工具栏中的"修剪"按钮 ，对多余线段进行修剪。

（5）单击"绘图"工具栏中的"创建块"按钮 ，将标高符号定义为图块。

（6）单击"绘图"工具栏中的"插入块"按钮 ，将已创建的图块插入到平面图中需要标高的位置。

（7）单击"绘图"工具栏中的"多行文字"按钮 ，设置字体为"宋体"、文字高度为300，在标高符号的长直线上方添加具体的标注数值。

如图 6-77 所示为台阶处室外地面标高。

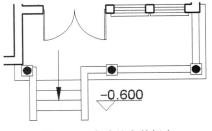

图 6-77　台阶处室外标高

注意　一般来说，在平面图上绘制的标高反映的是相对标高，而不是绝对标高。绝对标高指的是以我国青岛市附近的黄海海平面作为零点面测定的高度尺寸。

通常情况下，室内标高要高于室外标高，主要使用房间标高要高于卫生间、阳台标高。在绘图中，常见的是将建筑首层室内地面的高度设为零点，标作±0.000；低于此高度的建筑部位标高值为负值，在标高数字前加"-"号；高于此高度的部位标高值为正值，标高数字前不加任何符号。

6.6.3　尺寸标注

本例中采用的尺寸标注分两道，一道为各轴线之间的距离，另一道为平面总长度或总宽度。

具体绘制方法如下：

（1）在"图层"下拉列表中选择"标注"图层，将其设置为当前图层。

（2）设置标注样式。选择菜单栏中的"格式"→"标注样式"命令，打开"标注样式管理器"对话框，如图 6-78 所示；单击"新建"按钮，打开"创建新标注样式"对话框，在"新样式名"文本框中输入"平面标注"，如图 6-79 所示。

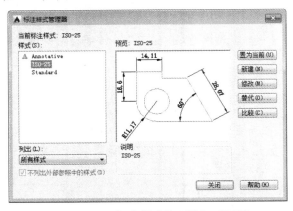

图 6-78　"标注样式管理器"对话框

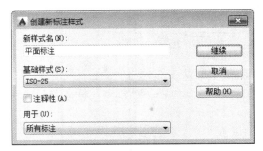

图 6-79　"创建新标注样式"对话框

（3）单击"继续"按钮，打开"新建标注样式：平面标注"对话框，进行以下设置。

① 选择"线"选项卡，在"基线间距"文本框中输入"200"，在"超出尺寸线"文本框中输入"200"，在"起点偏移量"文本框中输入"300"，如图 6-80 所示。

② 选择"符号和箭头"选项卡，在"箭头"选项组的"第一个"和"第二个"下拉列表中均选择"建筑标记"，在"引线"下拉列表中选择"实心闭合"，在"箭头大小"文本框中输入"250"，如图 6-81 所示。

图 6-80 "线"选项卡

图 6-81 "符号和箭头"选项卡

③ 选择"文字"选项卡，在"文字外观"选项组的"文字高度"文本框中输入"300"，如图 6-82 所示。

④ 选择"主单位"选项卡，在"精度"选项组的下拉列表中选择 0，其他选项默认，如图 6-83 所示。

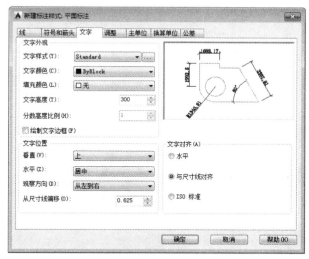

图 6-82 "文字"选项卡

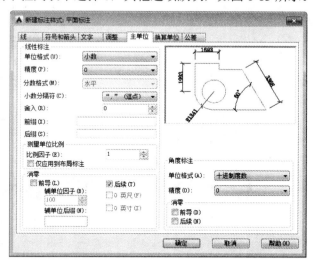

图 6-83 "主单位"选项卡

⑤ 单击"确定"按钮，回到"标注样式管理器"对话框。在"样式"列表中激活"平面标注"标注样式，单击"置为当前"按钮，单击"关闭"按钮，完成标注样式的设置。

（4）单击"标注"工具栏中的"线性"按钮🔲和"连续"按钮🔲，标注相邻两轴线之间的距离。

（5）单击"标注"工具栏中的"线性"按钮🔲，在已绘制的尺寸标注的外侧，对建筑平面横向和纵向的总长度进行尺寸标注。

（6）完成尺寸标注后，单击"图层"工具栏中的"图层特性管理器"按钮🖳，打开"图层特性管理器"
对话框，关闭"轴线"图层，如图 6-84 所示。

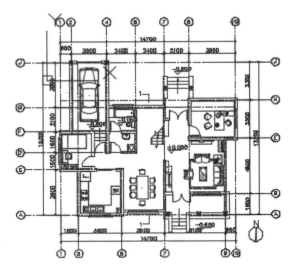

图 6-84　添加尺寸标注

6.6.4　文字标注

在平面图中，各房间的功能用途可以用文字进行标识。下面以首层平面中的厨房为例，介绍文字标注
的具体方法。

（1）在"图层"下拉列表中选择"文字"图层，将其设置为当前图层。

（2）单击"绘图"工具栏中的"多行文字"按钮🅰，在平面图中指定文字插入位置后，弹出的"多行
文字编辑器"对话框如图 6-85 所示；在该对话框中设置文字样式为 Standard，字体为"宋体"，文字高度
为 300。

图 6-85　"多行文字编辑器"对话框

（3）在"文字格式"对话框中输入文字"厨房"，并拖动"宽度控制"滑块来调整文本框的宽度，然
后单击"确定"按钮，完成该处的文字标注。

文字标注结果如图 6-86 所示。

图 6-86　标注厨房文字

6.7　名师点拨——完善绘图

1．尺寸标注后，图形中有时出现一些小的白点，却无法删除，为什么

AutoCAD 在标注尺寸时，自动生成一 DEFPOINTS 层，保存有关标注点的位置等信息，该层一般是冻结的。由于某种原因，这些点有时会显示出来。要删掉可先将 DEFPOINTS 层解冻后再删除。但要注意，如果删除了与尺寸标注还有关联的点，将同时删除对应的尺寸标注。

2．标注时使标注离图有一定的距离

执行 DIMEXO 命令，再输入数字调整距离。

3．中、西文字高不等怎么办

在使用 AutoCAD 时中、西文字高不等，影响图面质量和美观，若分成几段文字编辑又比较麻烦。通过对 AutoCAD 字体文件的修改，使中、西文字体协调、扩展了字体功能，并提供了对于道路、桥梁、建筑等专业有用的特殊字符，提供了上下标文字及部分希腊字母的输入。此问题可通过选用大字体，调整字体组合来得到，如 gbenor.shx 与 gbcbig.shx 组合，即可得到中英文字一样高的文本，其他组合，读者可根据各专业需要，自行调整字体组合。

4．AutoCAD 表格制作的方法是什么

AutoCAD 尽管有强大的图形功能，但表格处理功能相对较弱，而在实际工作中，往往需要在 AutoCAD 中制作各种表格，如工程数量表等，如何高效制作表格，是一个很实用的问题。

在 AutoCAD 环境下用手工画线方法绘制表格，然后，再在表格中填写文字，不但效率低下，而且很难精确控制文字的书写位置，文字排版也成问题。尽管 AutoCAD 支持对象链接与嵌入，可以插入 Word 或 Excel 表格，但一方面修改起来不是很方便，一点小小的修改就要进入 Word 或 Excel，修改完成后，又要退回到 AutoCAD；另一方面，一些特殊符号如一级钢筋符号以及二级钢筋符号等，在 Word 或 Excel 中很难输入，那么有没有两全其美的方法呢，经过探索，可以这样较好地解决：先在 Excel 中制完表格，复制到剪贴板，然后再在 AutoCAD 环境下选择编辑菜单中的选择性粘贴，确定以后，表格即转换成 AutoCAD 实体，用 Explode 炸开，即可编辑其中的线条及文字，非常方便。

6.8　上机实验

【练习1】绘制如图 6-87 所示的石壁图形。

1．目的要求

本练习绘制并标注石壁图形，在绘制的过程中，除主要用到"直线""圆"等基本绘图命令外，还要用到"偏移"、"矩形阵列"、"修剪"和"尺寸标注"等编辑命令。

2．操作提示

（1）绘制外侧石壁轮廓。

（2）向内偏移 50。

（3）绘制同心圆花纹。

（4）阵列图形。

（5）修剪图形。

（6）给图形标注尺寸。

（7）保存图形。

【练习2】绘制如图 6-88 所示的电梯厅图形。

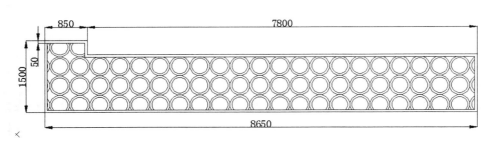

图 6-87　石壁图形　　　　　　　　　　　　　图 6-88　电梯厅图形

1．目的要求

本实例设计的图形是电梯厅平面图。利用"圆弧"、"偏移"、"圆"和"修剪"等命令，绘制图形，最后，设置字体样式并利用"多行文字"标注图形。通过本练习，使读者体会到文字标注在图形绘制中的应用。

2．操作提示

（1）绘制矩形。

（2）偏移矩形。

（3）绘制并偏移圆弧与圆。

（4）修剪并填充图形。

（5）添加文字标注。

6.9　模拟考试

1. 尺寸公差中的上下偏差可以在线性标注的（　　）选项中堆叠起来。

  A．多行文字   B．文字   C．角度   D．水平

2. 在表格中不能插入（　　）。

  A．块   B．字段   C．公式   D．点

3. 在设置文字样式时，设置了文字的高度，其效果是（　　）。

  A．在输入单行文字时，可以改变文字高度

  B．输入单行文字时，不可以改变文字高度

  C．在输入多行文字时，不能改变文字高度

  D．都能改变文字高度

4. 在正常输入汉字时却显示"?"，是什么原因？（　　）

  A．因为文字样式没有设定好   B．输入错误

  C．堆叠字符   D．字高太高

5. 在插入字段的过程中，如果显示####，则表示该字段（　　）。

  A．没有值   B．无效

  C．字段太长，溢出   D．字段需要更新

6. 以下（　　）不是表格的单元格式数据类型。

  A．百分比   B．时间   C．货币   D．点

7. 将尺寸标注对象如尺寸线、尺寸界线、箭头和文字作为单一的对象，必须将（　　）尺寸标注变量设置为ON。

  A．DIMASZ   B．DIMASO   C．DIMON   D．DIMEXO

8. 试用 MTEXT 命令输入如图 6-89 所示的文字标注。

9. 绘制如图 6-90 所示的说明。

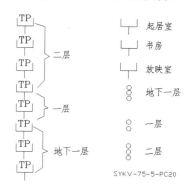

SYKV-75-5-PC20

图 6-89　添加文字标注

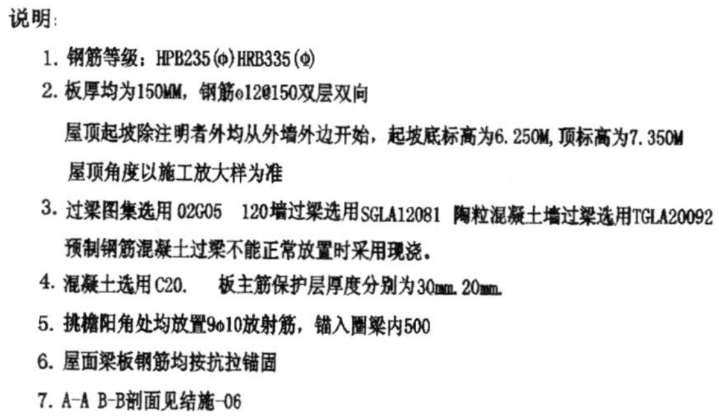

说明：

 1. 钢筋等级：HPB235(φ) HRB335(φ)

 2. 板厚均为150MM，钢筋ο12@150双层双向

  屋顶起坡除注明者外均从外墙外边开始，起坡底标高为6.250M，顶标高为7.350M

  屋顶角度以施工放大样为准

 3. 过梁图集选用 02G05　120墙过梁选用SGLA12081 陶粒混凝土墙过梁选用TGLA20092

  预制钢筋混凝土过梁不能正常放置时采用现浇.

 4. 混凝土选用C20.　板主筋保护层厚度分别为30mm、20mm.

 5. 挑檐阳角处均放置9ο10放射筋，锚入圈梁内500

 6. 屋面梁板钢筋均按抗拉锚固

 7. A-A B-B剖面见结施-06

图 6-90　标注文字

第 7 章

辅 助 工 具

在绘图设计过程中，经常会遇到一些重复出现的图形（例如，建筑设计中的桌椅、门窗等），如果每次都重新绘制这些图形，不仅会造成大量的重复工作，而且存储这些图形及其信息也会占据相当大的磁盘空间。AutoCAD 图块与设计中心，提出了模块化绘图的方法，这样不仅避免了大量的重复工作，提高了绘图速度和工作效率，而且还可以大大节省磁盘空间。本章主要介绍图块和设计中心功能，主要内容包括查询工具、图块及其属性、设计中心与工具选项板、出图等知识。

7.1　查询工具

为方便用户及时了解图形信息，AutoCAD 提供了很多查询工具，本节进行简要介绍。在绘制图形或阅读图形的过程中，有时需要即时查询图形对象的相关数据，如对象之间的距离、建筑平面图室内面积等。

【预习重点】

☑　打开查询菜单。

☑　练习查询距离命令。

☑　练习其余查询命令。

7.1.1　查询距离

【执行方式】

☑　命令行：DIST。

☑　菜单栏：选择菜单栏中的"工具"→"查询"→"距离"命令。

☑　工具栏：单击"查询"工具栏中的"距离"按钮 。

☑　功能区：单击"默认"选项卡"实用工具"面板上"测量"下拉菜单中的"距离"按钮 （如图 7-1 所示）。

图 7-1　"测量"下拉菜单

【操作步骤】

命令: MEASUREGEOM
输入选项 [距离(D)/半径(R)/角度(A)/面积(AR)/体积(V)] <距离>: 距离
指定第一点: 指定点
指定第二点或 [多个点(M)]: 指定第二点或输入 m 表示多个点
距离 = 1.2964, XY 平面中的倾角 = 0,　与 XY 平面的夹角 = 0
X 增量 = 1.2964,　Y 增量 = 0.0000,　Z 增量 = 0.0000
输入选项 [距离(D)/半径(R)/角度(A)/面积(AR)/体积(V)/退出(X)] <距离>: 退出

【选项说明】

（1）距离：两点之间的三维距离。

（2）XY 平面中的倾角：两点之间连线在 XY 平面上的投影与 X 轴的夹角。

（3）与 XY 平面的夹角：两点之间连线与 XY 平面的夹角。

（4）X 增量：第 2 点 X 坐标相对于第 1 点 X 坐标的增量。

（5）Y 增量：第 2 点 Y 坐标相对于第 1 点 Y 坐标的增量。

（6）Z 增量：第 2 点 Z 坐标相对于第 1 点 Z 坐标
的增量。

7.1.2　查询对象状态

【执行方式】

☑　　命令行：STATUS。

☑　　菜单栏：选择菜单栏中的"工具"→"查询"→
"状态"命令。

【操作步骤】

执行上述命令后，系统自动切换到文本显示窗口，
显示当前文件的状态，包括文件中的各种参数状态以及
文件所在磁盘的使用状态，如图 7-2 所示。

列表显示、点坐标、时间、系统变量等查询工具与
查询对象状态方法及功能相似，这里不再赘述。

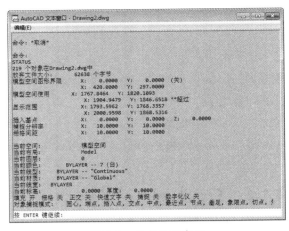

图 7-2　文本显示窗口

7.2　图块及其属性

把一组图形对象组合成图块加以保存，需要时可以把图块作为一个整体以任意比例和旋转角度插入到图
中任意位置，这样不仅避免了大量的重复工作，提高绘图速度和工作效率，而且可大大节省磁盘空间。

【预习重点】

☑　　了解图块定义。

☑　　练习图块应用操作。

7.2.1　图块操作

1. 图块定义

【执行方式】

☑　　命令行：BLOCK（快捷命令 B）。

☑　　菜单栏：选择菜单栏中的"绘图"→"块"→"创建"命令。

☑　　工具栏：单击"绘图"工具栏中的"创建块"按钮。

☑　　功能区：单击"插入"选项卡"定义块"面板中的"创建块"按钮。

【操作步骤】

执行上述操作后，系统打开"块定义"对话框，利用该对话框可定义图块并为之命名。

2. 图块保存

【执行方式】

☑　　命令行：WBLOCK（快捷命令 W）。

【操作实践——定义组合沙发图块】

本实例定义一个组合沙发图块，如图 7-3 所示。操作步骤如下。

（1）打开随书光盘中的"图库 1\建筑基本图元.dwg"文件。

（2）单击"绘图"工具栏中的"块定义"按钮，弹出"块定义"对话框。

（3）单击"对象"选项组中的"选择对象"按钮，框选组合沙发，右击，回到对话框。

（4）单击"拾取点"按钮，用鼠标捕捉沙发靠背中点作为基点，右击，返回。

（5）在"名称"文本框中输入"组合沙发"，然后单击"确定"按钮完成，如图 7-4 所示。

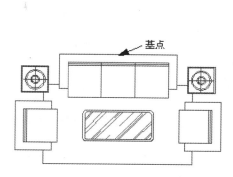

图 7-3　组合沙发图块

图 7-4　"块定义"对话框

创建块后，松散的沙发图形就成为一个单独的对象。此时，该图块存在于"建筑基本图元.dwg"文件中，随文件的保存而保存。

读者可以尝试将其他图形创建块。

3．图块插入

【执行方式】

☑　命令行：INSERT（快捷命令 I）。

☑　菜单栏：选择菜单栏中的"插入"→"块"命令。

☑　工具栏：单击"插入"工具栏中的"插入块"按钮或"绘图"工具栏中的"插入块"按钮。

☑　功能区：单击"插入"选项卡"块"面板中的"插入"按钮。

7.2.2　图块的属性

图块除了包含图形对象以外，还可以具有非图形信息。例如，把一个椅子的图形定义为图块后，还可把椅子的号码、材料、重量、价格以及说明等文本信息一并加入到图块当中。图块的这些非图形信息，叫做图块的属性，它是图块的组成部分，与图形对象一起构成一个整体，在插入图块时 AutoCAD 把图形对象连同属性一起插入到图形中。

1．定义图块属性

【执行方式】

☑　命令行：ATTDEF（快捷命令 ATT）。

☑　菜单栏：选择菜单栏中的"绘图"→"块"→"定义属性"命令。

☑　功能区：单击"插入"选项卡"块定义"面板中的"定义属性"按钮。

【操作步骤】

执行上述操作后，打开"属性定义"对话框，如图 7-5 所示。

【选项说明】

（1）"模式"选项组：用于确定属性的模式。

① "不可见"复选框：选中该复选框，属性为不可见显示
方式，即插入图块并输入属性值后，属性值在图中并不显示出
来。

② "固定"复选框：选中该复选框，属性值为常量，即属
性值在属性定义时给定，在插入图块时系统不再提示输入属性
值。

图 7-5　"属性定义"对话框

③ "验证"复选框：选中该复选框，当插入图块时，系统
重新显示属性值，提示用户验证该值是否正确。

④ "预设"复选框：选中该复选框，当插入图块时，系统自动把预先设置好的默认值赋予属性，而不
再提示输入属性值。

⑤ "锁定位置"复选框：锁定块参照中属性的位置。解锁后，属性可以相对于使用夹点编辑块的其他
部分移动，并且可以调整多行文字属性的大小。

⑥ "多行"复选框：选中该复选框，可以指定属性值包含多行文字，可以指定属性的边界宽度。

（2）"属性"选项组：用于设置属性值。在每个文本框中，AutoCAD 允许输入不超过 256 个字符。

① "标记"文本框：输入属性标签。属性标签可由除空格和感叹号以外的所有字符组成，系统自动把
小写字母改为大写字母。

② "提示"文本框：输入属性提示。属性提示是插入图块时系统要求输入属性值的提示，如果不在该
文本框中输入文字，则以属性标签作为提示。如果在"模式"选项组中选中"固定"复选框，即设置属性
为常量，则不需设置属性提示。

③ "默认"文本框：设置默认的属性值。可把使用次数较多的属性值作为默认值，也可不设默认值。

（3）"插入点"选项组：用于确定属性文本的位置。可以在插入时由用户在图形中确定属性文本的位
置，也可在 X、Y、Z 文本框中直接输入属性文本的位置坐标。

（4）"文字设置"选项组：用于设置属性文本的对齐方式、文本样式、字高和倾斜角度。

（5）"在上一个属性定义下对齐"复选框：选中该复选框表示把属性标签直接放在前一个属性的下面，
而且该属性继承前一个属性的文本样式、字高和倾斜角度等特性。

2．修改属性定义

在定义图块之前，可以对属性的定义加以修改，不仅可以修改属性标签，还可以修改属性提示和属性
默认值。

【执行方式】

☑　命令行：DDEDIT（快捷命令 ED）。

☑　菜单栏：选择菜单栏中的"修改"→"对象"→"文
字"→"编辑"命令。

【操作步骤】

执行上述操作后，选择定义的图块，打开"编辑属性定义"
对话框，如图 7-6 所示。该对话框表示要修改属性的"标记"、
"提示"及"默认"选项，可在各文本框中对各项进行修改。

图 7-6　"编辑属性定义"对话框

3．图块属性编辑

当属性被定义到图块中，甚至图块被插入到图形中之后，用户还可以对图块属性进行编辑。利用 ATTEDIT 命令可以通过对话框对指定图块的属性值进行修改，利用 ATTEDIT 命令不仅可以修改属性值，而且可以对属性的位置、文本等其他设置进行编辑。

【执行方式】

- ☑ 命令行：ATTEDIT（快捷命令 ATE）。
- ☑ 菜单栏：选择菜单栏中的"修改"→"对象"→"属性"→"单个"命令。
- ☑ 工具栏：单击"修改 II"工具栏中的"编辑属性"按钮 ✔。

【操作实践——制作餐桌图块】

本实例制作一个餐桌图块，如图 7-7 所示。操作步骤如下。

（1）打开随书光盘中的"图库 1\餐桌.dwg"文件。

（2）选中餐桌全部图形，将其转换到"0"图层，并将"0"层设置为当前图层。

（3）在命令行输入"WBLOCK"命令，弹出"写块"对话框，单击"选择对象"按钮，框选餐桌，右击回到对话框。

（4）单击"拾取点"按钮，用鼠标捕捉餐桌中部弧线中点作为基点，右击返回。

（5）在"目标"选项组下指定文件名及路径，单击"确定"按钮完成，如图 7-8 所示。

于是，在指定的文件夹中就生成了图块文件"餐桌.dwg"。

【选项说明】

按照上述执行方式执行，系统打开"编辑属性"对话框，如图 7-9 所示，对话框中显示出所选图块中包含的前 8 个属性的值，用户可对这些属性值进行修改。如果该图块中还有其他的属性，可单击"上一个"和"下一个"按钮对它们进行观察和修改。

当用户通过双击创建的图块，系统打开"增强属性编辑器"对话框，如图 7-10 所示。在该对话框中不仅可以编辑属性值，还可以编辑属性的文字选项和图层、线型、颜色等特性值。

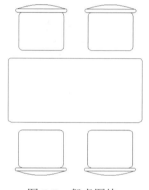

图 7-7　餐桌图块

图 7-8　"写块"对话框

图 7-9　"编辑属性"对话框

图 7-10　"增强属性编辑器"对话框

另外，还可以通过"块属性管理器"对话框来编辑属性。选择菜单栏中的"修改"→"对象"→"属性"→"块属性管理器"命令，系统打开"块属性管理器"对话框，如图 7-11 所示。单击"编辑"按钮，系统打开"编辑属性"对话框，如图 7-12 所示，可以通过该对话框编辑属性。

图 7-11　"块属性管理器"对话框

图 7-12　"编辑属性"对话框

7.3　设计中心与工具选项板

使用 AutoCAD 2015 设计中心可以很容易地组织设计内容，并把它们拖动到当前图形中。工具选项板用于设置组织内容，并将其创建为工具选项板。设计中心与工具选项板的使用大大方便了绘图工作，加快了绘图的效率。

【预习重点】

☑　打开设计中心。

☑　利用设计中心操作图形。

7.3 1　设计中心

可以利用鼠标拖动边框的方法来改变 AutoCAD 设计中心资源管理器和内容显示区以及 AutoCAD 绘图区的大小，但内容显示区的最小尺寸应能显示两列大图标。

1. 启动设计中心

【执行方式】

☑　命令行：ADCENTER（快捷命令 ADC）。

☑　菜单栏：选择菜单栏中的"工具"→"选项板"→"设计中心"命令。

☑　工具栏：单击"标准"工具栏中的"设计中心"按钮圖。

☑　功能区：单击"视图"选项卡"选项板"面板中的"设计中心"按钮圖。

☑　快捷键：按 Ctrl+2 快捷键。

【操作步骤】

执行上述操作后，系统打开"设计中心"选项板，第一次启动设计中心时，默认打开的选项卡为"文件夹"选项卡。内容显示区采用大图标显示，左边的资源管理器采用树状显示方式显示系统的树形结构，浏览资源的同时，在内容显示区显示所浏览资源的有关细目或内容，如图 7-13 所示。

2. 利用设计中心插入图形

设计中心的最大的优点是可以将系统文件夹中的 DWG 图形当成图块插入到当前图形中。

（1）从查找结果列表框中选择要插入的对象，双击对象。

（2）弹出"插入"对话框，如图 7-14 所示。

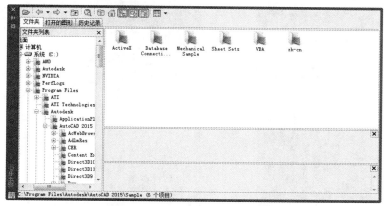

图 7-13　AutoCAD 设计中心的资源管理器和内容显示区　　　　图 7-14　"插入"对话框

（3）在对话框中插入点、比例和旋转角度等数值。

被选择的对象根据指定的参数插入到图形中。

7.3.2　工具选项板

工具选项板中的选项卡提供了组织、共享和放置块及填充图案的有效方法。工具选项板还可以包含由第三方开发人员提供的自定义工具。

1．打开工具选项板

【执行方式】

☑　命令行：TOOLPALETTES（快捷命令 TP）。

☑　菜单栏：选择菜单栏中的"工具"→"选项板"→"工具选项板"命令。

☑　工具栏：单击"标准"工具栏中的"工具选项板窗口"按钮▦。

☑　功能区：单击"视图"选项卡"选项板"面板中的"工具选项板"按钮▦。

☑　快捷键：按 Ctrl+3 快捷键。

【操作步骤】

执行上述操作后，系统自动打开工具选项板，如图 7-15 所示。

在工具选项板中，系统设置了一些常用图形选项卡，这些常用图形可以方便用户绘图。

2．将设计中心内容添加到工具选项板

在 Designcenter 文件夹上右击，系统打开快捷菜单，从中选择"创建块的工具选项板"命令，如图 7-16 所示。设计中心中存储的图元就出现在工具选项板中新建的 Designcenter 选项卡上，如图 7-17 和图 7-18 所示。这样就可以将设计中心与工具选项板结合起来，建立一个快捷方便的工具选项板。

3．利用工具选项板绘图

只需要将工具选项板中的图形单元拖动到当前图形中，则该图形单元就以图块的形式插入到当前图形中。如图 7-19 和图 7-20 所示为将工具选项板中"建筑"选项卡中的"门标高-英制"图形单元拖到当前图形。

图 7-15　工具选项板

图 7-16　快捷菜单

图 7-17　快捷菜单

图 7-18　新建选项板

图 7-19　创建工具选项板

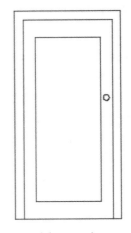

图 7-20　门

7.4　出　　图

出图是计算机绘图的最后一个环节，正确的出图需要正确的设置，下面简要讲述出图的基本设置。

【预习重点】
- ☑　了解设置打印设备。
- ☑　创建新布局。
- ☑　出图设置。

7.4.1　打印设备的设置

最常见的打印设备有打印机和绘图仪。在输出图样时，首先要添加和配置要使用的打印设备。

【执行方式】
- ☑　命令行：PLOTTERMANAGER。
- ☑　菜单栏：选择菜单栏中的"文件"→"绘图仪管理器"命令。

【操作步骤】

执行上述命令，弹出如图 7-21 所示的窗口。

图 7-21　Plotters 窗口

（1）选择菜单栏中的"工具"→"选项"命令，打开"选项"对话框。

（2）选择"打印和发布"选项卡，单击"添加或配置绘图仪"按钮，如图 7-22 所示。

（3）此时，系统打开 Plotters 窗口，如图 7-21 所示。

（4）要添加新的绘图仪器或打印机，可双击 Plotters 窗口中的"添加绘图仪向导"，打开"添加绘图仪-简介"对话框，如图 7-23 所示，按向导逐步完成添加操作。

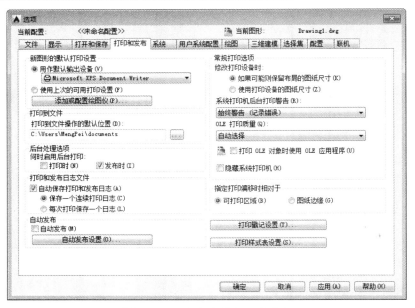

图 7-22 "打印和发布"选项卡

（5）双击 Plotters 窗口中的绘图仪配置图标，如 DWF6.ePlot.pc3，打开"绘图仪配置编辑器"对话框，如图 7-24 所示，对绘图仪进行相关设置。

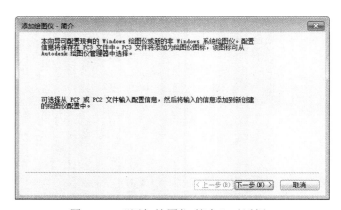

图 7-23 "添加绘图仪-简介"对话框 图 7-24 "绘图仪配置编辑器"对话框

7.4.2 创建布局

图纸空间是图纸布局环境，可以在这里指定图纸大小、添加标题栏、显示模型的多个视图及创建图形标注和注释。

【执行方式】

☑ 命令行：LAYOUTWIZARD。

☑ 菜单栏：选择菜单栏中的"插入"→"布局"→"创建布局向导"命令。

【操作步骤】

（1）选择菜单栏中的"插入"→"布局"→"创建布局向导"命令，打开"创建布局-开始"对话框。在"输入新布局的名称"文本框中输入新布局名称，如图7-25所示。

（2）逐步设置，最后单击"完成"按钮，完成新布局"建筑平面图"的创建。系统自动返回到布局空间，显示新创建的布局"建筑平面图"，如图7-26所示。

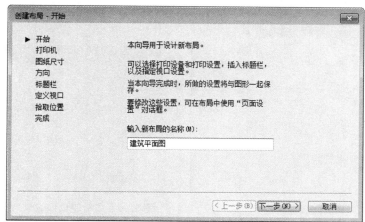

图 7-25　"创建布局-开始"对话框　　　　　图 7-26　完成"建筑平面图"布局的创建

📖 **高手支招**

　　AutoCAD 中图形显示比例较大时，圆和圆弧看起来由若干直线段组成，这并不影响打印结果，但在输出图像时，输出结果将与绘图区显示完全一致，因此，若发现有圆或圆弧显示为折线段时，应在输出图像前使用"viewers"命令，对屏幕的显示分辨率进行优化，使圆和圆弧看起来尽量光滑、逼真。AutoCAD 中输出的图像文件，其分辨率为屏幕分辨率，即72dpi。如果该文件用于其他程序仅供屏幕显示，则此时的分辨率已经合适；如果最终要打印出来，则需要在图像处理软件（如 Photoshop）中将图像的分辨率提高，一般设置为300dpi即可。

7.4.3　页面设置

　　页面设置功能可以对打印设备和其他影响最终输出的外观和格式进行设置，并将这些设置应用到其他布局中。在"模型"选项卡中完成图形的绘制之后，可以通过选择"布局"选项卡开始创建要打印的布局。页面设置中指定的各种设置和布局将一起存储在图形文件中，并且可以随时修改页面设置中的设置。

【执行方式】

　　☑　命令行：PAGESETUP。

　　☑　菜单栏：选择菜单栏中的"文件"→"页面设置管理器"命令。

　　☑　快捷菜单：在"模型"空间或"布局"空间中，右击"模型"或"布局"选项卡，在弹出的快捷菜单中选择"页面设置管理器"命令，如图7-27所示。

【操作步骤】

（1）选择菜单栏中的"文件"→"页面设置管理器"命令，打开"页面设置管理器"对话框，如图7-28

所示。在该对话框中，可以完成新建布局、修改原有布局、输入存在的布局和将某一布局置为当前等操作。

（2）在"页面设置管理器"对话框中，单击"新建"按钮，打开"新建页面设置"对话框，如图 7-29 所示。

图 7-27　选择"页面设置　　图 7-28　"页面设置管理器"　　图 7-29　"新建页面设置"

管理器"命令　　　　　　　　　对话框　　　　　　　　　　对话框

（3）在"新页面设置名"文本框中输入新建页面的名称，如"机械图"，单击"确定"按钮，打开"页面设置-模型"对话框，如图 7-30 所示。

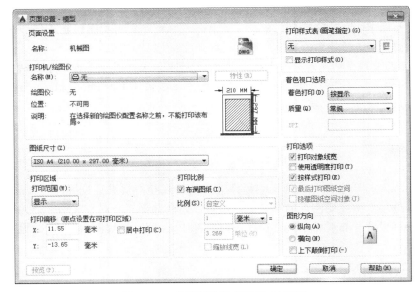

图 7-30　"页面设置-模型"对话框

（4）在"页面设置-模型"对话框中，可以设置布局和打印设备并预览布局的结果。对于一个布局，可利用"页面设置"对话框来完成其设置，虚线表示图纸中当前配置的图纸尺寸和绘图仪的可打印区域。设置完毕后，单击"确定"按钮。

7.5　综合实例——绘制居室室内平面图

本实例综合利用前面所学的图块、设计中心和工具选项板等功能，绘制如图 7-31 所示的居室室内平面图。操作步骤如下。

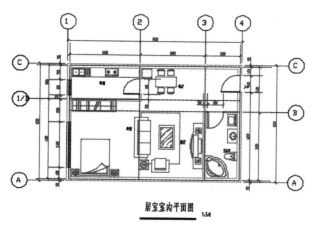

图 7-31　居室室内平面图

手把手教你学

墙线是建筑制图中最基本的图元。平面墙体一般用平行的双线表示，双线间距表示墙体厚度，因此如何绘制出平行双线成为问题的关键。利用 AutoCAD 提供的基本绘制命令通过最便捷的途径将建筑图元绘制完成。本节首先绘制一个简单而规整的居室平面墙线，如图 7-32 所示。

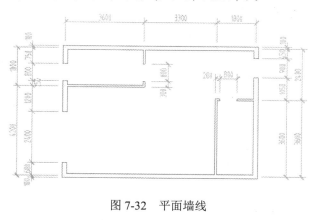

图 7-32　平面墙线

7.5.1　绘制平面墙线

1. 图层设置

为了方便图线的管理，建立"轴线"和"墙线"两个图层。单击"图层"工具栏中的"图层特性管理

器"按钮，打开"图层特性管理器"对话框，建立一个新图层，命名为"轴线"，颜色选取红色，线型为
Continuous，线宽为"默认"，并设置为当前图层（如图 7-33 所示）。

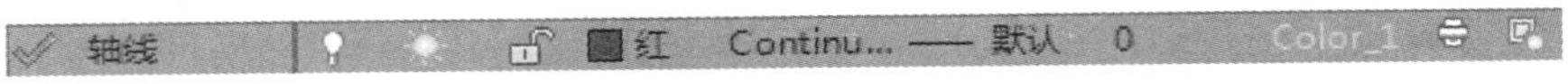

| ✓ 轴线 | ♀ | ☀ | ☐ | ■红 | Continu... | —— 默认 | 0 | Color_1 | ⊟ | 🖶 |

图 7-33　轴线图层参数

采用同样的方法建立"墙线"图层，参数如图 7-34 所示。确定后回到绘图状态。

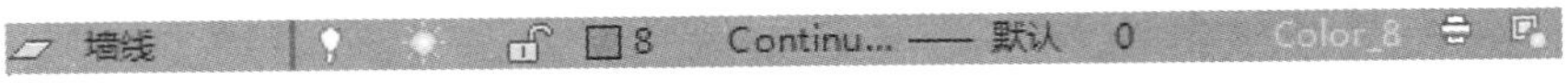

| ⟋ 墙线 | ♀ | ☀ | ☐ | ☐8 | Continu... | —— 默认 | 0 | Color_8 | ⊟ | 🖶 |

图 7-34　墙线图层参数

2. 绘制定位轴线

在"轴线"图层为当前层状态下绘制。

（1）水平轴线。单击"绘图"工具栏中的"直线"按钮，在绘图区左下角适当位置选取直线的初始
点，然后输入第二点的相对坐标（@8700,0），按 Enter 键后画出第一条 8700 长的轴线。单击"缩放"工具
栏中的"实时缩放"按钮，处理后的效果如图 7-35 所示。

图 7-35　第一条水平轴线

命令行提示与操作如下：

```
命令:_line 指定第一点:（鼠标在屏幕上取点）
指定下一点或[放弃(U)]:@8700,0↙
指定下一点或[放弃(U)]: ↙
```

高手支招

可以采用鼠标的滚轮进行实时缩放。此外，读者可以采取命令行输入命令的方式绘图，熟练后速度会
比较快。最好养成左手操作键盘，右手操作鼠标的习惯，这样对以后的大量作图有利。

（2）单击"修改"工具栏中的"偏移"按钮，向上复制其他 3 条水平轴线，偏移量依次为 3600、600
和 1800。结果如图 7-36 所示。命令行提示与操作如下：

```
命令: _offset↙
当前设置: 删除源=否 图层=源 OFFSETGAPTYPE=0
指定偏移距离或 [通过(T)/删除(E)/图层(L)]<通过>: 3600 ↙
选择要偏移的对象，或 [退出(E)/放弃(U)]<退出>:（鼠标选取第一条直线）
指定要偏移的那一侧上的点，或 [退出(E)/多个(M)/放弃(U)]<退出>:（在直线上方任意选取一点）
选择要偏移的对象，或 [退出(E)/放弃(U)]<退出>:↙
命令: OFFSET↙（重复"偏移"命令）
当前设置: 删除源=否 图层=源 OFFSETGAPTYPE=0
指定偏移距离或 [通过(T)/删除(E)/图层(L)]<3600>: 600↙
选择要偏移的对象，或 [退出(E)/放弃(U)]<退出>:（鼠标选取第二条直线）
指定要偏移的那一侧上的点，或 [退出(E)/多个(M)/放弃(U)]<退出>:（在直线上方任意选取一点）
选择要偏移的对象，或 [退出(E)/放弃(U)]<退出>:↙
命令: OFFSET↙（重复"偏移"命令）
当前设置: 删除源=否 图层=源 OFFSETGAPTYPE=0
指定偏移距离或 [通过(T)/删除(E)/图层(L)]<600>: 1800↙
```

选择要偏移的对象，或[退出(E)/放弃(U)]<退出>:（鼠标选取第三条直线）
指定要偏移的那一侧上的点，或[退出(E)/多个(M)/放弃(U)]<退出>:（在直线上方任意选取一点）
选择要偏移的对象，或[退出(E)/放弃(U)]<退出>:↙

（3）竖向轴线。单击"绘图"工具栏中的"直线"按钮，用鼠标捕捉第一条水平轴线左端点作为第一条竖向轴线的起点（如图 7-37 所示），移动鼠标并单击最后一条水平轴线左端点作为终点（如图 7-38 所示），然后按 Enter 键完成操作。

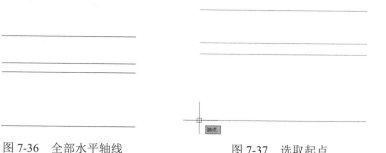

图 7-36　全部水平轴线　　　　　　图 7-37　选取起点　　　　　　图 7-38　选取终点

（4）同样，单击"修改"工具栏中的"偏移"按钮，向右复制其他 3 条竖向轴线，偏移量依次为 3600、3300 和 1800。这样，就完成了整个轴线的绘制，结果如图 7-39 所示。

3．绘制墙线

本实例外墙厚 200mm，内墙厚 100mm。绘制墙线的方法一般有两种：一种是应用"多线"（Mline）命令绘制，另一种是通过整体复制定位轴线来形成墙线。下面分别进行介绍。

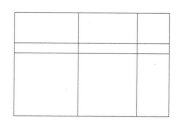

图 7-39　完成轴线绘制

（1）应用"多线"（Mline）命令绘制

① 单击"图层"工具栏中的"图层控制"（如图 7-40 所示），将"墙线"图层置为当前图层，如图 7-41 所示。

图 7-40　图层"应用的过滤器"　　　　　図 7-41　"墙线"置为当前层

② 设置"多线"的参数。选择菜单栏中的"绘图"→"多线"命令，命令行提示与操作如下：

```
命令: _mline↙
当前设置: 对正=上，比例=20.00，样式=STANDARD（初始参数）
指定起点或 [对正(J)/比例(S)/样式(ST)]: j ↙（选择对正设置）
输入对正类型 [上(T)/无(Z)/下(B)]<上>: z↙（选择两线之间的中点作为控制点）
当前设置: 对正=无，比例=20.00，样式=STANDARD
指定起点或 [对正(J)/比例(S)/样式(ST)]: s↙（选择比例设置）
输入多线比例<20.00>: 200↙（输入墙厚）
当前设置: 对正=无，比例=200.00，样式=STANDARD
指定起点或 [对正(J)/比例(S)/样式(ST)]: ↙（按 Enter 键完成设置）
```

③ 重复"多线"命令，当命令行提示"指定起点或[对正(J)/比例(S)/样式(ST)]:"时，用鼠标选取左下角轴线交点为多线起点，画出周边墙线，如图 7-42 所示。

④ 重复"多线"命令，按照前面"多线"参数设置方法将墙体的厚度定义为 100，也就是将多线的比例设为 100。然后绘出剩下墙线，结果如图 7-43 所示。

⑤ 单击"修改"工具栏中的"分解"按钮，先将周边墙线分解开，然后结合"修改"工具栏中的"倒角"按钮和"修剪"按钮将每个节点进行处理，使其内部连通，搭接正确。

⑥ 参照门洞位置尺寸绘制出门洞边界线。

操作方法是：由轴线"偏移"出门洞边界线，如图 7-44 所示。然后将这些线条全部选中，置换到"墙线"图层中，单击"修改"工具栏中的"修剪"按钮，将多余的线条修剪掉，结果如图 7-45 所示。

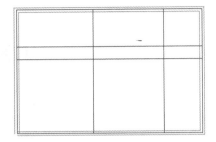
图 7-42　200 厚周边墙线

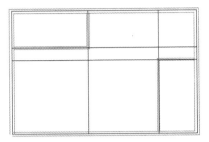
图 7-43　100 厚内部墙线

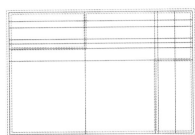
图 7-44　轴线"偏移"出门洞边界线

采用同样的方法，在左侧墙线上绘制出窗洞，这样整个墙线就绘制结束了，如图 7-46 所示。

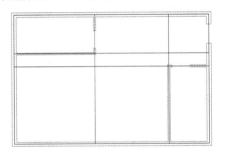

图 7-45　绘制门洞

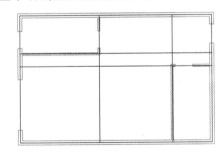
图 7-46　完成墙线绘制

（2）由轴线绘制墙线

鉴于内外墙厚度不一样，内外墙分两步进行。

① 绘制外墙。单击"修改"工具栏中的"复制"按钮，选中周边 4 条轴线，先后输入相对坐标（@100,100）和（@-100,-100），在轴线两侧复制出新的线条作为墙线。将这些线条置换到"墙线"图层，如图 7-47 所示。命令行提示与操作如下：

```
命令: _copy↙
选择对象: 指定对角点: 找到 1 个
选择对象: 指定对角点: 找到 1 个, 总计 2 个
选择对象: 指定对角点: 找到 1 个, 总计 3 个
选择对象: 指定对角点: 找到 1 个, 总计 4 个
选择对象: ↙
指定基点或 [位移(D)]<位移>: 指定第二个点或<使用第一个点作为位移>: @100,100↙
指定第二个点或 [退出(E)/放弃(U)]<退出>: @-100,-100↙
指定第二个点或 [退出(E)/放弃(U)]<退出>: ↙
```

② 单击"修改"工具栏中的"倒角"按钮，依次将四角进行倒角处理，结果如图 7-48 所示。

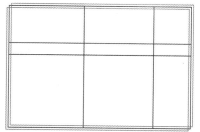

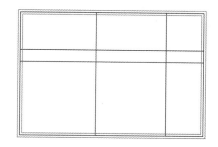

图 7-47　由轴线复制出墙线　　　　　　　图 7-48　连通外墙线

③ 绘制内墙。采用前面讲述的方法绘制内墙。余下的门洞口操作与前面讲解的内容相同，不再赘述。

7.5.2　绘制平面门窗

平面门窗的具体绘制方法参照第 6 章相关实例，结果如图 7-49 所示。

7.5.3　绘制家具平面

对于家具，可以自己动手绘制，也可以调用现有的家具图块，AutoCAD 中自带有少量这样的图块（路径：X:\Program.Files\AutoCAD 2015\Sample\DesignCenter）。但是，学会绘制这些图形仍然是一项基本技能。如图 7-50 所示为相关的家具，具体绘制方法可参照前面章节讲述的方法，这里不再赘述。绘制完毕后，按7.2.1 节中图块操作的方法制作成图块。

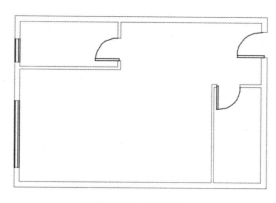

图 7-49　门窗线

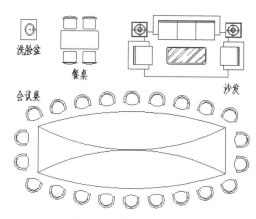

图 7-50　家具图元实例

7.5.4　插入家具图块

如图 7-51 所示为绘制好的相关家具图元。

（1）新建"家具"图层为当前图层，关闭暂时不必要的"文字"和"尺寸"图层。将居室客厅部分放大显示，以便进行插入操作。

（2）选择菜单栏中的"文件"→"另存为"命令，将文件保存为"居室室内平面图.dwg"。

（3）单击"绘图"工具栏中的"插入块"按钮，弹出"插入块"对话框。

（4）在"名称"下拉列表框中找到"组合沙发"图块，插入点、比例、旋转等参数，按如图 7-52 所示进行设置，单击"确定"按钮。

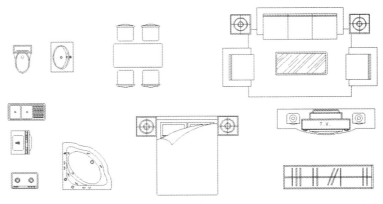

图 7-51　家具图元

（5）移动鼠标捕捉插图点，单击"确定"按钮完成插入操作，如图 7-53 所示。

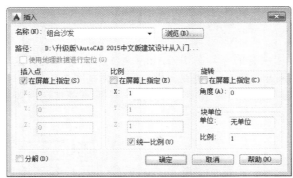

图 7-52　插入"组合沙发"图块设置　　　　图 7-53　完成组合沙发插入

（6）由于客厅较小，沙发上端小茶几和单人沙发应该去掉。其操作方法是：单击"修改"工具栏中的"分解"按钮，将沙发分解开，删除这两部分，然后将地毯部分补全，结果如图 7-54 所示。

也可以将"插入"对话框左下角"分解"复选框选中，插入时将自动分解，从而省去分解的步骤。

（7）重新将修改后的沙发图形定义为图块，完成沙发布置。

（8）重复"插入"命令，单击"插入"对话框中的"浏览"按钮，找到"第 7 章\图块\餐桌.dwg"，如图 7-55 所示，确定后将它放置在餐厅位置，结果如图 7-56 所示。

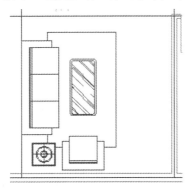

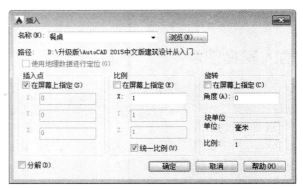

图 7-54　修改"组合沙发"图块　　　　图 7-55　插入"餐桌"图块设置

（9）重复"插入"命令，依次插入室内的其他家具图块，结果如图 7-57 所示。

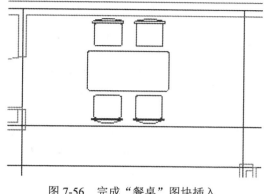

图 7-56　完成"餐桌"图块插入

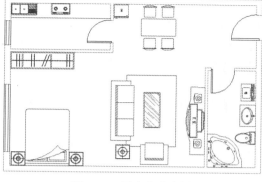

图 7-57　居室室内布置

高手支招

（1）创建图块之前，宜将待建图形放置到 0 图层上，这样生成的图块插入到其他图层时，其图层特性跟随当前图层自动转化，如前面制作的餐桌图块。如果图形不放置在 0 图层，制作的图块插入到其他图形文件时，将携带原有图层信息进入。

（2）建议将图块图形按 1:1 的比例绘制，便于插入图块时的比例缩放。

7.5.5　尺寸标注

在尺寸标注前，可关闭"家具"图层，以使图面显得更简洁。

具体尺寸标注方法参照第 6 章讲述的方法，结果如图 7-58 所示。

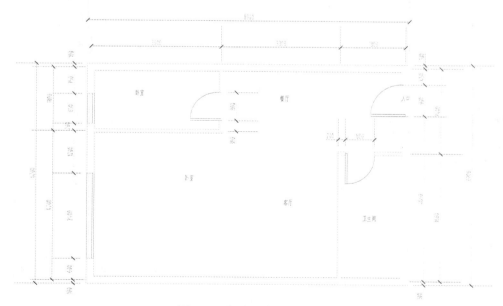

图 7-58　标注居室平面图尺寸

7.5.6　轴线编号

（1）关闭"文字"图层，将 0 图层设置为当前图层。

（2）单击"绘图"工具栏中的"圆"按钮，绘制一个直径为 800mm 的圆。

（3）选择菜单栏中的"绘图"→"块"→"定义属性"命令，弹出"属性定义"对话框，按如图 7-59 所示进行设置。

（4）单击"确定"按钮，将"轴号"二字放置到圆圈内，如图 7-60 所示。

（5）在命令行中输入"WBLOCK"（写块）命令，将圆圈和"轴号"字样全部选中，选取图 7-61 所示点为基点（也可以是其他点，以便于定位为准），保存图块，文件名为"800mm 轴号.dwg"。

图 7-60　将"轴号"二字放置到圆圈内

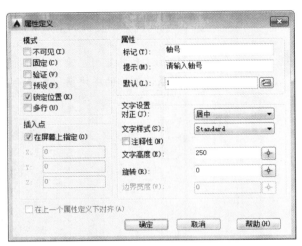

图 7-59　"属性定义"对话框

图 7-61　"基点"选择

（6）将"尺寸"图层置为当前图层，单击"绘图"工具栏中的"插入块"按钮，弹出"插入"对话框，选择"800mm 轴号"图块，如图 7-62 所示，将轴号图块插入到居室平面图中轴线尺寸超出的端点上。

（7）将轴号图块定位在左上角第一根轴线尺寸端点上，命令行提示与操作如下：

```
命令: INSERT✓
指定插入点或 [基点(B)/比例(S)/X/Y/Z/旋转(R)]:
输入属性值
请输入轴号: 1✓
```

结果如图 7-63 所示。

按照同样的方法，标注其他轴号。

🔧 举一反三

> 标注其他轴号时，可以继续利用"插入块"的方法，也可以复制轴号①到其他位置，通过属性编辑来完成。下面介绍第二种方法。

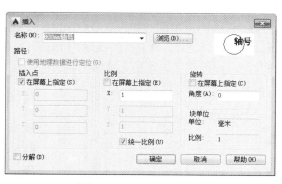

图 7-62 "插入"对话框

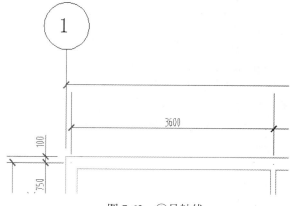

图 7-63 ①号轴线

（8）单击"修改"工具栏中的"复制"按钮，将轴号①逐个复制到其他轴线尺寸端部。

（9）双击轴号，打开"增强属性编辑器"对话框，修改相应的属性值，完成所有的轴线编号，打开"轴线"图层，结果如图 7-64 所示。

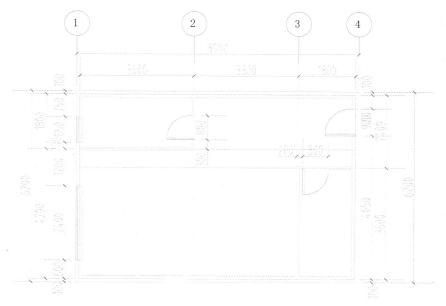

图 7-64 完成轴线编号

（10）单击"绘图"工具栏中的"多行文字"按钮 A，标注图名"居室室内设计平面图 1:50"，打开关闭的图层，结果如图 7-58 所示。

7.5.7 利用设计中心和工具选项板布置居室

贴心小帮手

为了进一步体验设计中心和工具选项板的功能，现将前面绘制的居室室内平面图通过工具选项板的图块插入功能来重新布置。

（1）准备工作。冻结"家具"、"轴线"、"标注"和"文字"图层，新建一个"家具 2"图层，并置为当前图层。

（2）加入家具图块。从设计中心找到 AntoCAD 2015 安装目录下的"AutoCAD 2015\Sample\zh-cn\DesignCenter \Home-Space Planner dwg"和"\House.Designer.dwg"文件，分别选中文件名并右击，在弹出的快捷菜单中选择"创建工具选项板"命令，分别将这两个文件中的图块加入到工具选项板中，如图 7-65和图 7-66 所示。

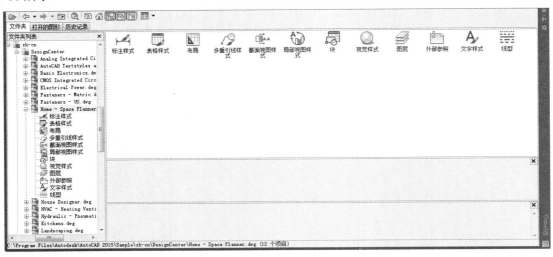

图 7-65　可添加到工具选项板的层次

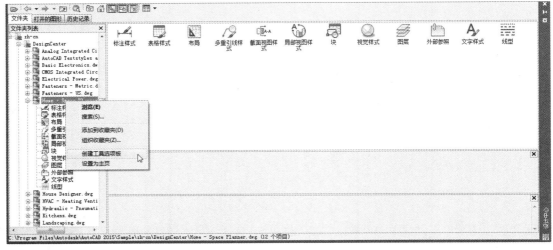

图 7-66　从文件夹创建块的工具选项板

（3）室内布置。从工具选项板中拖动图块，配合命令行中的提示输入必要的比例和旋转角度，按如图 7-67 所示进行布置。

注意　如果源块或目标图形中的"拖放比例"设置为"无单位"，则需通过"选项"对话框"用户系统配置"选项卡中的"源内容单位"和"目标图形单位"进行设置。

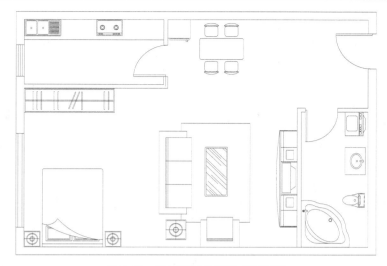

图 7-67　通过工具选项板布置居室

7.6　名师点拨——设计中心的操作技巧

通过设计中心，用户可以组织对图形、块、图案填充和其他图形内容的访问，可以将源图形中的任何内容拖动到当前图形中，可以将图形、块和填充拖动到工具选项板上。源图形可以位于用户的计算机、网络位置或网站上。另外，如果打开了多个图形，则可以通过设计中心在图形之间复制和粘贴其他内容（如图层定义、布局和文字样式）来简化绘图过程。AutoCAD 制图人员一定要运用好设计中心的优势。

7.7　上机实验

【练习 1】标注如图 7-68 所示穹顶展览馆立面图形的标高符号。

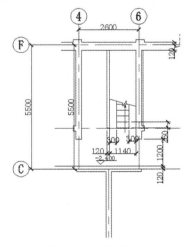

图 7-68　标注轴号

1．目的要求

在实际绘图过程中，会经常遇到重复性的图形单元。解决这类问题最简单快捷的办法是将重复性的图形单元制作成图块，然后将图块插入图形中。本例通过轴号的标注，使读者掌握图块的相关操作。

2．操作提示

（1）利用"圆"命令绘制轴号图形。

（2）定义轴号的属性，将轴号值设置为其中需要验证的标记。

（3）将绘制的轴号及其属性定义成图块。

（4）保存图块。

（5）在楼梯图形中插入轴号图块，每次插入时输入不同的轴号值作为属性值。

【**练习2**】通过设计中心创建一个常用建筑图块工具选项板，并利用该选项板绘制如图 7-69 所示的底层平面图。

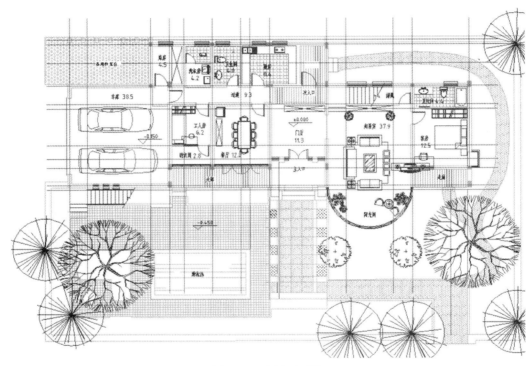

图 7-69　底层平面图

1．目的要求

设计中心与工具选项板的优点是能够建立一个完整的图形库，并且能够快速地绘制图形。通过本例平面图形的绘制，可使读者掌握通过设计中心创建工具选项板的方法。

2．操作提示

（1）打开设计中心与工具选项板。

（2）创建一个新的工具选项板选项卡。

（3）在设计中心查找已经绘制好的常用建筑图形。

（4）将查找到的常用建筑图拖入到新创建的工具选项板选项卡中。

（5）打开一个新图形文件。

（6）将需要的图形文件模块从工具选项板上拖入到当前图形中，并进行适当的缩放、移动和旋转等操作，最终完成如图 7-69 所示的图形。

7.8 模 拟 考 试

1. 在标注样式设置中，将"使用全局比例"值增大，将改变尺寸的（　　）内容。

　　A．使所有标注样式设置增大

　　B．使标注的测量值增大

　　C．使全图的箭头增大

　　D．使尺寸文字增大

2. 在模型空间如果有多个图形，只需打印其中一张，最简单的方法是（　　）。

　　A．在打印范围下选择：显示

　　B．在打印范围下选择：图形界限

　　C．在打印范围下选择：窗口

　　D．在打印选项下选择：后台打印

3. 下列关于块的说法正确的是（　　）。

　　A．块只能在当前文档中使用

　　B．只有用 Wblock 命令写到盘上的块才可以插入另一图形文件中

　　C．任何一个图形文件都可以作为块插入另一幅图中

　　D．用 Block 命令定义的块可以直接通过 Insert 命令插入到任何图形文件中

4. 如果要合并两个视口，必须（　　）。

　　A．是模型空间视口并且共享长度相同的公共边

　　B．在"模型"选项卡

　　C．在"布局"选项卡

　　D．一样大小

5. 关于外部参照说法错误的是（　　）。

　　A．如果外部参照包含任何可变块属性，它们将被忽略

　　B．用于定位外部参照的已保存路径只能是完整路径或相对路径

　　C．可以使用 DesignCenter?（设计中心）将外部参照附着到图形

　　D．可以通过从设计中心拖动外部参照

第 2 篇

建筑设计施工篇

　　本篇主要结合实例讲解利用 AutoCAD 2015 进行某城市别墅区独院别墅建筑施工图设计的操作步骤、方法技巧等，包括平面图、室内装饰图、立面图和剖面图设计等知识。

　　本篇内容通过具体的建筑设计实例加深读者对 AutoCAD 功能的理解和掌握，使其熟悉建筑施工图设计的方法。

- ▶▶　平面图的绘制
- ▶▶　装饰平面图的绘制
- ▶▶　立面图的绘制
- ▶▶　剖面图的绘制

建筑设计基本理论

　　建筑设计是指建筑物在建造之前，设计者按照建设任务，将施工过程和使用过程中所存在的或可能发生的问题，事先做好通盘的设想，拟定好解决这些问题的办法、方案，并用图纸和文件表达出来。

　　本章将简要介绍建筑设计的一些基本知识，包括建筑设计特点、建筑设计要求与规范、建筑设计内容等。

8.1　建筑设计基本知识

本节将简要介绍有关建筑设计的基本概念、规范和特点。

【预习重点】

☑　了解建筑设计的概念。

☑　了解建筑设计的特点。

8.1.1　建筑设计概述

建筑设计是为人类建立生活环境的综合艺术和科学，是一门涵盖极广的专业。建筑设计一般从总体上说由三大阶段构成，即方案设计、初步设计和施工图设计。方案设计主要是构思建筑的总体布局，包括各个功能空间的设计、高度、层高、外观造型等内容；初步设计是对方案设计的进一步细化，确定建筑的具体尺度和大小，包括绘制建筑平面图、建筑剖面图和建筑立面图等；施工图设计则是将建筑构思变成图纸的重要阶段，是建造建筑的主要依据，除包括绘制建筑平面图、建筑剖面图和建筑立面图等外，还包括绘制各个建筑大样图、建筑构造节点图，以及其他专业设计图纸，如结构施工图、电气设备施工图、暖通空调设备施工图等。总的来说，建筑施工图越详细越好，要准确无误。

在建筑设计中，需按照国家规范及标准进行设计，确保建筑的安全、经济、适用等。需遵守的国家建筑设计规范主要有以下几种。

（1）房屋建筑制图统一标准 GB/T 50001—2010。

（2）建筑制图标准 GB/T 50104—2010。

（3）建筑内部装修设计防火规范 GB 50222—1995。

（4）建筑工程建筑面积计算规范 GB/T 50353—2005。

（5）民用建筑设计通则 GB 50352—2005。

（6）建筑设计防火规范 GB 50016—2006。

（7）建筑采光设计标准 GB/T 50033—2013。

（8）高层民用建筑设计防火规范 GB 50016—2014。

（9）建筑照明设计标准 GB 50034—2013。

（10）汽车库、修车库、停车场设计防火规范 GB 50067—2014。

（11）普通混凝土力学性能试验方法标准 GB 50081—2002。

（12）公共建筑节能设计标准 GB 50189—2005。

> **注意**　建筑设计规范中的"GB"代表国家标准，此外还有行业规范、地方标准等。

建筑设计是为人们工作、生活与休闲提供环境空间的综合艺术和科学。建筑设计与人们的日常生活息息相关，从住宅到商场大楼，从写字楼到酒店，从教学楼到体育馆，无处不与建筑设计紧密联系。如图 8-1 和图 8-2 所示是两种不同风格的建筑。

图 8-1　高层商业建筑

图 8-2　别墅建筑

8.1.2　建筑设计的特点

建筑设计是根据建筑物的使用性质、所处的环境和相应标准，运用物质技术手段和建筑美学原理，创造功能合理、舒适优美、满足人们物质和精神生活需要的室内外空间环境。设计构思时，需要运用物质技术手段，如各类装饰材料和设施设备等，还需要遵循建筑美学原理，综合考虑使用功能、结构施工、材料设备、造价标准等多种因素。

从设计者的角度来分析建筑设计的方法，主要有以下几点。

（1）总体推敲与细处着手。总体推敲是建筑设计应考虑的几个基本观点之一，是指有设计的全局观念。细处着手是指具体进行设计时，必须根据建筑的使用性质，深入调查、收集信息，掌握必要的资料和数据，从最基本的人体尺度、人流动线、活动范围和特点、家具与设备的尺寸，以及使用它们必需的空间等着手。

（2）里外、局部与整体协调统一。建筑室内外空间环境需要与建筑整体的性质、标准、风格，以及室外环境相协调统一，它们之间有着相互依存的密切关系，设计时需要从里到外、从外到里多次反复协调，从而使设计更趋完善合理。

（3）立意与表达。设计的构思、立意至关重要。可以说，一项设计没有立意就等于没有"灵魂"，设计的难度也往往在于要有一个好的构思。一个较为成熟的构思，往往需要足够的信息量，有商讨和思考的时间，在设计前期和出方案过程中使立意、构思逐步明确，形成一个好的构思。

📢**注意** 对于建筑设计来说，正确、完整又有表现力地表达出建筑室内外空间环境设计的构思和意图，使建设者和评审人员能够通过图纸、模型、说明等，全面地了解设计意图，也是非常重要的。

建筑设计根据设计的进程，通常可以分为 4 个阶段，即准备阶段、方案阶段、施工图阶段和实施阶段。

（1）准备阶段。设计准备阶段主要是接受委托任务书、签订合同，或者根据标书要求参加投标；明确设计任务和要求，如建筑设计任务的使用性质、功能特点、设计规模、等级标准、总造价，以及根据任务的使用性质所需创造的建筑室内外空间环境氛围、文化内涵或艺术风格等。

（2）方案阶段。方案阶段是在准备阶段的基础上，进一步收集、分析、运用与设计任务有关的资料与信息，构思立意，进行初步方案设计，进而深入设计，进行方案的分析与比较，确定初步设计方案，提供设计文件，如平面图、立面图、透视效果图等。如图 8-3 所示是某个项目的建筑设计方

图 8-3　建筑设计方案效果图

案效果图。

（3）施工图阶段。施工图设计阶段是提供有关平面、立面、构造节点大样，以及设备管线图等施工图纸，以满足施工的需要。如图 8-4 所示是某个项目的建筑平面施工图（局部）。

（4）实施阶段。实施阶段也就是工程的施工阶段。建筑工程在施工前，设计人员应向施工单位进行设计意图说明及图纸的技术交底；工程施工期间需按图纸要求核对施工实况，有时还需根据现场实况提出对图纸的局部修改或补充；施工结束时，会同质检部门和建设单位进行工程验收。如图 8-5 所示是正在施工中的建筑（局部）。

图 8-4　建筑平面施工图（局部）

注意　为了使设计取得预期效果，建筑设计人员必须抓好设计各阶段的环节，充分重视设计、施工、材料、设备等各个方面，协调好与建设单位和施工单位之间的相互关系，在设计意图和构思方面取得沟通与共识，以期取得理想的设计工程成果。

一套工业与民用建筑的建筑施工图通常包括的图纸主要有以下几大类。

（1）建筑平面图（简称平面图）。建筑平面图是按一定比例绘制的建筑的水平剖切图。通俗地讲，就是将一幢建筑窗台以上的部分切掉，再将切面以下部分用直线和各种图例、符号直接绘制在纸上，以直观地表示建筑在设计和使用上的基本要求和特点。建筑平面图一般比较详细，通常采用较大的比例，如 1:200、1:100 或 1:50，并标出实际的详细尺寸。如图 8-6 所示为某建筑的平面图。

图 8-5　正在施工中的建筑（局部）

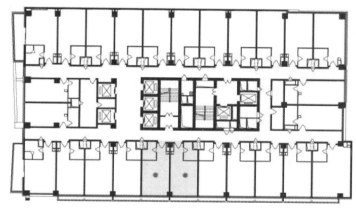

图 8-6　建筑平面图

（2）建筑立面图（简称立面图）。建筑立面图主要用来表达建筑物各个立面的形状和外墙面的装修等，是按照一定比例绘制建筑物的正面、背面和侧面的形状图，表示的是建筑物的外部形式，说明建筑物长、宽、高的尺寸，表现建筑的地面标高、屋顶的形式、阳台的位置和形式、门窗洞口的位置和形式、外墙装饰的设计形式、材料及施工方法等。如图 8-7 所示为某建筑的立面图。

（3）建筑剖面图（简称剖面图）。建筑剖面图是按一定比例绘制的建筑竖直方向的剖切前视图，表示建筑内部的空间高度、室内立面布置、结构和构造等情况。在绘制剖面图时，应包括各层楼面的标高、窗台、窗上口、室内净尺寸等；剖切楼梯应表明楼梯分段与分级数量；表示出建筑主要承重构件的相互关系；

画出房屋从屋面到地面的内部构造特征，如楼板构造、隔墙构造、内门高度、各层梁和板位置、屋顶的结构形式与用料等；注明装修方法、地面做法等，所用材料加以说明，标明屋面做法及构造；各层的层高与标高，标明各部位的高度尺寸等。如图 8-8 所示为某建筑的剖面图。

图 8-7　建筑立面图

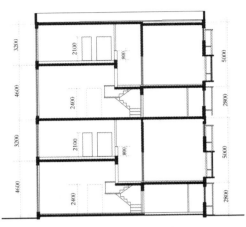

图 8-8　建筑剖面图

（4）建筑大样图（简称详图）。建筑大样图主要用以表达建筑物的细部构造、节点连接形式，以及构件、配件的形状大小、材料、做法等。详图要用较大比例绘制（如 1:20、1:5 等），尺寸标注要准确齐全，文字说明要详细。如图 8-9 所示为墙身（局部）的建筑大样图。

（5）建筑透视效果图。除上述类型的图形外，在实际工程实践中还经常需要绘制建筑透视效果图，尽管其不是施工图所要求的。建筑透视效果图表示建筑物内部空间或外部形体与实际所能看到的建筑本身相类似的主体图像，具有强烈的三度空间透视感，能非常直观地表现建筑的造型、空间布置、色彩和外部环境等多方面的内容，常在建筑设计和销售时作为辅助图使用。从高处俯视的建筑透视效果图又叫做"鸟瞰图"或"俯视图"。建筑透视效果图一般要严格地按比例绘制，并进行绘制上的艺术加工，这种图通常被称为建筑表现图或建筑效果图。一幅绘制精美的建筑表现图就是一件艺术作品，具有很强的艺术感染力。如图 8-10 所示为某别墅的建筑透视效果图。

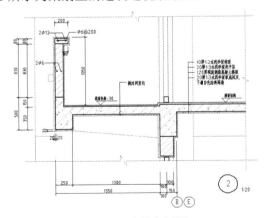

图 8-9　建筑大样图

图 8-10　建筑透视效果图

📢注意　目前普遍采用计算机绘制建筑透视效果图，其特点是透视效果逼真，可以进行多次复制。

8.2　建筑设计基本方法

本节将介绍建筑设计的两种基本方法和其各自的特点。

【预习重点】

☑　了解手工建筑图的绘制。

☑　掌握计算机绘制建筑图的方法。

☑　了解 CAD 技术在建筑中的应用。

8.2.1　手工绘制建筑图

建筑设计图纸对工程建设至关重要。如何把设计者的意图完整地表达出来，建筑设计图纸无疑是比较有效的方法。在计算机普及之前，绘制建筑图最为常用的方式是手工绘制。手工绘制方法的最大优点是自然、随机性较大，容易体现个性和不同的设计风格，使人们领略到其所带来的真实性、实用性和趣味性；其缺点是比较费时且不容易修改。如图 8-11 和图 8-12 所示是手工绘制的建筑图。

图 8-11　手工绘制的建筑图 1

图 8-12　手工绘制的建筑图 2

8.2.2　计算机绘制建筑图

随着计算机信息技术的飞速发展，建筑设计已逐步摆脱了传统的图板和三角尺，步入计算机辅助设计（CAD）时代。如今，建筑效果图及施工图的设计，几乎完全实现了使用计算机进行绘制和修改。如图 8-13 和图 8-14 所示是计算机绘制的建筑图。

图 8-13　计算机绘制的建筑图 1

图 8-14　计算机绘制的建筑图 2

8.2.3 CAD 技术在建筑设计中的应用简介

1. CAD 技术及 AutoCAD 软件

CAD 即"计算机辅助设计（Computer Aided Design）"，是指发挥计算机的潜力，使它在各类工程设计中起辅助设计作用的技术总称，不单指哪一个软件。CAD 技术一方面可以在工程设计中协助完成计算、分析、综合、优化、决策等工作，另一方面可以协助技术人员绘制设计图纸，完成一些归纳、统计工作。在此基础上，还有一个 CAAD 技术，即"计算机辅助建筑设计（Computer Aided Architectural Design）"，它是专门用于进行建筑设计的计算机技术。由于建筑设计工作的复杂性和特殊性（不像结构设计属于纯技术工作），就国内目前建筑设计实践状况来看，CAD 技术的大量应用主要还是在图纸的绘制上面，但也有一些具有三维功能的软件，在方案设计阶段用来协助推敲。

AutoCAD 软件是美国 Autodesk 公司开发研制的计算机辅助软件，它在世界工程设计领域使用相当广泛，目前已成功应用于建筑、机械、服装、气象、地理等领域。自 1982 年推出第一个版本以后，目前已升级至第 27 个版本，最新版本为 AutoCAD 2015，如图 8-15 所示。AutoCAD 是为我国建筑设计领域最早接受的 CAD 软件，几乎成了默认绘图软件，主要用于绘制二维建筑图形。此外，AutoCAD 为客户提供了良好的二次开发平台，便于用户自行定制适于本专业的绘图格式和附加功能。目前，国内专门研制开发基于 AutoCAD 的建筑设计软件的公司就有多家。

2. CAD 软件在建筑设计阶段的应用情况

建筑设计应用到的 CAD 软件较多，主要包括二维矢量图形绘制软件、方案设计推敲软件、建模及渲染软件、效果图后期制作软件等。

（1）二维矢量图形绘制软件。二维矢量图包括总图、平立剖图、大样图、节点详图等，AutoCAD 因其优越的矢量绘图功能，被广泛用于方案设计、初步设计和施工图设计全过程的二维图形绘制。方案设计阶段，它生成扩展名为.dwg 的矢量图形文件，可以将其导入 3ds Max、3DS VIZ 等软件协助建模，如图 8-16 和图 8-17 所示；可以输出位图文件，导入 Photoshop 等图像处理软件进一步制作平面表现图。

图 8-15　AutoCAD 2015

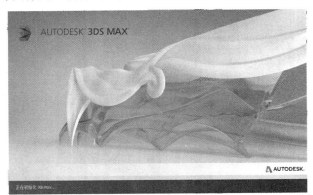

图 8-16　3ds Max 2015

（2）方案设计推敲软件。AutoCAD、3ds Max、3DS VIZ 的三维功能可以用来协助进行体块分析和空间组合分析。此外，一些能够较为方便、快捷地建立三维模型，便于在方案推敲时快速处理平面、立面、剖面及空间之间关系的 CAD 软件正逐渐为设计者所接受，如 SketchUp、ArchiCAD 等，如图 8-18 和图 8-19 所示，它们兼具二维、三维和渲染功能。

图 8-17　3DS VIZ R4

图 8-18　SketchUp 8.0

图 8-19　ArchiCAD 17

（3）建模及渲染软件。这里所说的建模是指为制作效果图准备精确的模型。常见的建模软件有 AutoCAD、3ds Max、3DS VIZ 等。应用 AutoCAD 可以进行准确建模，但是它的渲染效果较差，一般需要导入 3ds Max、3DS VIZ 等软件中附材质、设置灯光，而后进行渲染，而且需要处理好导入前后的接口问题。3ds Max 和 3DS VIZ 都是功能强大的三维建模软件，二者的界面基本相同。不同的是，3ds Max 面向普遍的三维动画制作，而 3DS VIZ 是 Autodesk 公司专门为建筑、机械等行业定制的三维建模及渲染软件，取消了建筑、机械行业不必要的功能，增加了门窗、楼梯、栏杆、树木等造型模块和环境生成器。3DS VIZ 4.2 以上的版本还集成了 Lightscape 的灯光技术，弥补了 3ds Max 灯光技术的欠缺。3ds Max 和 3DS VIZ 具有良好的渲染功能，是制作建筑效果图的首选软件。

就目前的状况来看，3ds Max 和 3DS VIZ 的建模仍然需要借助 AutoCAD 绘制的二维图作为参照来完成。

（4）效果图后期制作软件。

① 效果图后期处理。模型渲染以后图像一般都不十分完美，需要进行后期处理，包括修改、调色、配景、添加文字等。在此环节上，Adobe 公司开发的 Photoshop 是一个首选的图像后期处理软件，如图 8-20 所示。

此外，方案阶段用 AutoCAD 绘制的总图、平面图、

图 8-20　Photoshop CS6

立面图、剖面及各种分析图也常在 Photoshop 中作套色处理。

②　方案文档排版。为了满足设计深度要求，满足建设方或标书的要求，同时也希望突出自己方案的特点，使自己的方案能够脱颖而出，方案文档排版工作是相当重要的。方案文档排版包括封面、目录、设计说明的制作以及方案设计图所在页面的制作，在此环节上可以用 Adobe PageMaker，也可以直接用 Photoshop 或其他平面设计软件完成。

③　演示文稿制作。若需将设计方案做成演示文稿进行汇报，比较简单的软件是 PowerPoint，其次可以使用 Flash、Authorware 等。

（5）其他软件。在建筑设计过程中还可能用到其他软件，如文字处理软件 Microsoft Word，数据统计分析软件 Excel 等。至于一些计算程序，如节能计算、日照分析等，则需要根据具体需求选用。

8.3　建筑制图基本知识

建筑设计图纸是交流设计思想、传达设计意图的技术文件。尽管 AutoCAD 功能强大，但它毕竟不是专门为建筑设计定制的软件，一方面需要在用户的正确操作下才能实现其绘图功能，另一方面需要用户在遵循统一制图规范，在正确的制图理论及方法的指导下来操作，才能生成合格的图纸。可见，即使在当今大量采用计算机绘图的形势下，仍然有必要掌握基本绘图知识。基于此，笔者在本节中将必备的制图知识作简单介绍，已掌握该部分内容的读者可跳过此节。

【预习重点】
- ☑　了解建筑制图概述。
- ☑　掌握建筑制图的要求和规范。
- ☑　掌握建筑制图的内容。

8.3.1　建筑制图概述

1．建筑制图的概念

建筑图纸是建筑设计人员用来表达设计思想、传达设计意图的技术文件，是方案投标、技术交流和建筑施工的要件。建筑制图就是根据正确的制图理论及方法，按照国家统一的建筑制图规范，将设计思想和技术特征清晰、准确地表现出来。建筑图纸包括方案图、初设图、施工图等类型。国家标准《房屋建筑制图统一标准》（GB/T 50001—2010）、《总图制图标准》（GB/T 50103—2010）和《建筑制图标准》（GB/T 50104—2010）是建筑专业手工制图和计算机制图的依据。

2．建筑制图程序

建筑制图的程序是与建筑设计的程序相对应的，从整个设计过程来看，按照设计方案图、初设图、施工图的顺序来进行，后一阶段的图纸在前一阶段的基础上做深化、修改和完善。就每个阶段来看，一般遵循平面图、立面图、剖面图、详图的过程来绘制。至于每种图样的制图程序，将在后面的章节中结合 AutoCAD 操作实例来讲解。

8.3.2　建筑制图的要求及规范

1．图幅、标题栏及会签栏

图幅即图面的大小，分为横式和立式两种。根据国家标准的规定，按图面长和宽的大小确定图幅的等级。建筑常用的图幅有 A0、A1、A2、A3 及 A4，每种图幅的长宽尺寸如表 8-1 所示，表中尺寸代号的意义如图 8-21 和图 8-22 所示。

表 8-1　图幅标准

单位：mm

尺寸代号 \ 图幅代号	A0	A1	A2	A3	A4
b×l	841×1189	594×841	420×594	297×420	210×297
c	10			5	
a	25				

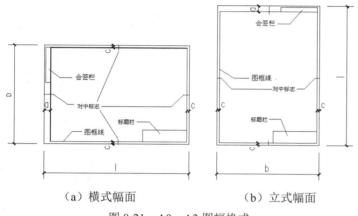

（a）横式幅面　　（b）立式幅面

图 8-21　A0～A3 图幅格式

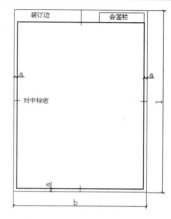

图 8-22　A4 立式图幅格式

A0～A3 图纸可以在长边加长，但短边一般不加长，加长尺寸如表 8-2 所示。如有特殊需要，可采用 b×l=841mm×891mm 或 1189mm×1261mm 的幅面。

表 8-2　图纸长边加长的尺寸

单位：mm

图　幅	长 边 尺 寸	长边加长后的尺寸
A0	1189	1486　1635　1783　1932　2080　2230　2378
A1	841	1051　1261　1471　1682　1892　2102
A2	594	743　891　1041　1189　1338　1486　1635　1783　1932　2080
A3	420	630　841　1051　1261　1471　1682　1892

标题栏包括设计单位名称区、工程名称区、签字区、图名区以及图号区等，一般格式如图 8-23 所示，如今不少设计单位采用自己个性化的标题栏格式，但是仍必须包括这几项内容。

会签栏是为各工种负责人审核后签名用的表格，包括专业、姓名、日期等内容，如图 8-24 所示。对于不需要会签的图纸，可以不设此栏。

此外，需要微缩复制的图纸，其一个边上应附有一段精确的米制尺度，4 个边上均附有对中标志。米制尺度的总长应为 100mm，分格应为 10mm。对中标志应画在图纸各边的中点处，线宽应为 0.35mm，伸入框内的距离应为 5mm。

2．线型要求

建筑图纸主要由各种线条构成，不同的线型表示不同的对象和不同的部位，代表着不同的含义。为了使图面能够清晰、准确、美观地表达设计思想，工程实践中采用了一套常用的线型，并规定了它们的使用范围，其统计如表 8-3 所示。

设计单位名称	工程名称区	图号区
签字区	图名区	

40(30,50)

180

图 8-23　标题栏格式

（专业）	（实名）	（签名）	（日期）

5 5 5 20

25　25　25　25

100

图 8-24　会签栏格式

表 8-3　常用线型统计表

名　　　称		线　　　型	线　　　宽	适　用　范　围
实线	粗		b	建筑平面图、剖面图、构造详图的被剖切主要构件截面轮廓线；建筑立面图外轮廓线；图框线；剖切线。总图中的新建建筑物轮廓
	中		0.5b	建筑平、剖面中被剖切的次要构件的轮廓线；建筑平、立、剖面图构配件的轮廓线；详图中的一般轮廓线
	细		0.25b	尺寸线、图例线、索引符号、材料线及其他细部刻画用线等
虚线	中	—　—　—　—　—	0.5b	主要用于构造详图中不可见的实物轮廓；平面图中的起重机轮廓；拟扩建的建筑物轮廓
	细	— — — — —	0.25b	其他不可见的次要实物轮廓线
点划线	细	— · — · — · —	0.25b	轴线、构配件的中心线、对称线等
折断线	细		0.25b	省画图样时的断开界限
波浪线	细		0.25b	构造层次的断开界限，有时也表示省略画出是断开界限

图线宽度 b，宜从下列线宽中选取：2.0、1.4、1.0、0.7、0.5、0.35。不同的 b 值，产生不同的线宽组。在同一张图纸内，各不同线宽组中的细线，可以统一采用较细的线宽组中的细线。对于需要微缩的图纸，线宽不宜小于 0.18mm。

3．尺寸标注

尺寸标注的一般原则有以下几点。

（1）尺寸标注应力求准确、清晰、美观大方。同一张图纸中，标注风格应保持一致。

（2）尺寸线应尽量标注在图样轮廓线以外，从内到外依次标注从小到大的尺寸，不能将大尺寸标在内，而小尺寸标在外，如图 8-25 所示。

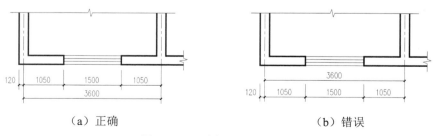

（a）正确　　　　　　　　　　　　　（b）错误

图 8-25　尺寸标注正误对比

（3）最内一道尺寸线与图样轮廓线之间的距离不应小于 10mm，两道尺寸线之间的距离一般为 7～10mm。

（4）尺寸界线朝向图样的端头距图样轮廓的距离应≥2mm，不宜直接与之相连。

（5）在图线拥挤的地方，应合理安排尺寸线的位置，但不宜与图线、文字及符号相交；可以考虑将轮廓线用作尺寸界线，但不能作为尺寸线。

（6）室内设计图中连续重复的构配件等，当不易标明定位尺寸时，可在总尺寸的控制下，定位尺寸不用数值而用"均分"或"EQ"字样表示，如图 8-26 所示。

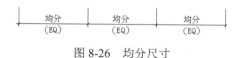

图 8-26　均分尺寸

4．文字说明

在一幅完整的图纸中用图线方式表现得不充分和无法用图线表示的地方，就需要进行文字说明，如设计说明、材料名称、构配件名称、构造做法、统计表及图名等。文字说明是图纸内容的重要组成部分，制图规范对文字标注中的字体、字的大小、字体字号搭配等方面做了一些具体规定。

（1）一般原则：字体端正，排列整齐，清晰准确，美观大方，避免过于个性化的文字标注。

（2）字体：一般标注推荐采用仿宋字，大标题、图册封面、地形图等的汉字，也可书写成其他字体，但应易于辨认。

字体示例如下：

仿宋：室内设计（小四）室内设计（四号）室内设计（二号）

黑体：**室内设计（四号）室内设计（小二）**

楷体：室内设计（四号）室内设计（二号）

隶书：室内设计（三号）室内设计（一号）

字母、数字及符号：01234abcd％@ 或 *01234abcd％@*

（3）字的大小：标注的文字高度要适中。同一类型的文字采用同一大小的字。较大的字用于较概括性的说明内容，较小的字用于较细致的说明内容。文字的字高，应从如下系列中选用：3.5、5、7、10、14、20。如需书写更大的字，其高度应按 $\sqrt{2}$ 的比值递增。注意字体及大小搭配的层次感。

5．常用图示标志

（1）详图索引符号及详图符号。平面图、立面图和剖面图中，在需要另设详图表示的部位，标注一个索引符号，以表明该详图的位置，这个索引符号即详图索引符号。详图索引符号采用细实线绘制，圆圈直径为 10mm。如图 8-27 所示，图 8-27（d）～图 8-27（g）用于索引剖面详图，当详图就在本张图纸上时，采用图 8-27（a）的形式，详图不在本张图纸上时，采用图 8-27（b）～图 8-27（g）的形式。

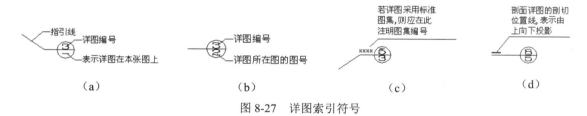

图 8-27　详图索引符号

图 8-27　详图索引符号（续）

詳图符号即详图的编号，用粗实线绘制，圆圈直径为 14mm，如图 8-28 所示。

（2）引出线。由图样引出一条或多条线段指向文字说明，该线段就是引出线。引出线与水平方向的夹角一般采用 0°、30°、45°、60°、90°，常见的引出线形式如图 8-29 所示。图 8-29（a）～图 8-29（d）为普通引出线，图 8-29（e）～图 8-29（h）为多层构造引出线。使用多层构造引出线时，要注意构造分层的顺序应与文字说明的分层顺序一致。文字说明可以放在引出线的端头，如图 8-29（a）～图 8-29（h）所示，也可以放在引出线水平段之上，如图 8-29（i）所示。

（3）内视符号。内视符号标注在平面图中，用于表示室内立面图的位置及编号，建立平面图和室内立面图之间的联系。内视符号的形式如图 8-30 所示，图中图 8-30（a）为单向内视符号，图 8-30（b）为双向内视符号，图 8-30（c）为四向内视符号，A、B、C、D 顺时针标注。立面图编号可用英文字母或阿拉伯数字表示，黑色的箭头指向表示的立面方向。

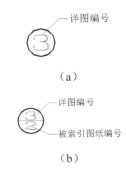

图 8-28　详图符号

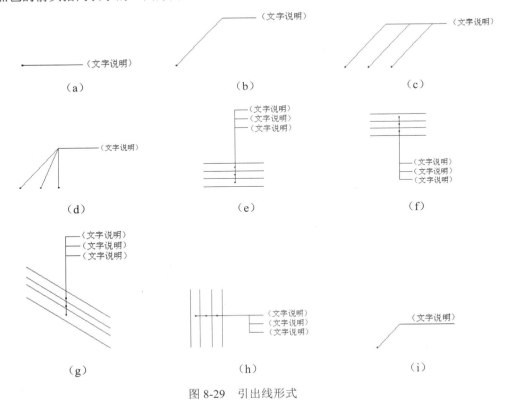

图 8-29　引出线形式

（a）　　　　　　（b）　　　　　　（c）

图 8-30　内视符号

其他符号图例统计如表 8-4 和表 8-5 所示。

表 8-4　建筑常用符号图例

符　　号	说　　明	符　　号	说　　明
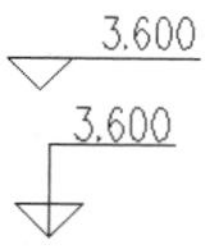 3.600　3.600	标高符号，线上数字为标高值，单位为 m。下面一个在标注位置比较拥挤时采用	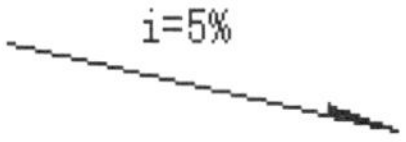 i=5%	表示坡度
 ①　Ⓐ	轴线号	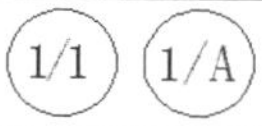 1/1　1/A	附加轴线号
1　　1	标注剖切位置的符号，标数字的方向为投影方向，"1"与剖面图的号"1—1"对应	2　　2	标注绘制断面图的位置，标数字的方向为投影方向，"2"与断面图的编号"2—2"对应
 （对称符号图）	对称符号。在对称图形的中轴位置画此符号，可以省画另一半图形	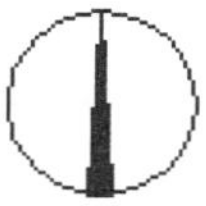 （指北针图）	指北针
 （方形坑槽图）	方形坑槽	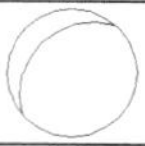 （圆形坑槽图）	圆形坑槽
（方形孔洞图）	方形孔洞	 （圆形孔洞图）	圆形孔洞
@	表示重复出现的固定间隔，如双向木格栅@500	Φ	表示直径，如Φ30
 平面图 1:100	图名及比例	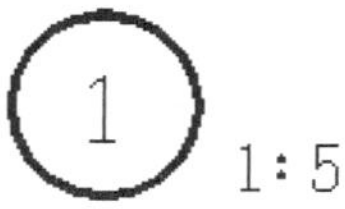 ① 1:5	索引详图名及比例
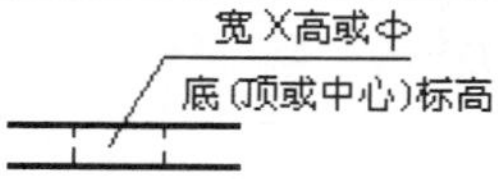 宽 X 高或Φ 底（顶或中心）标高	墙体预留洞	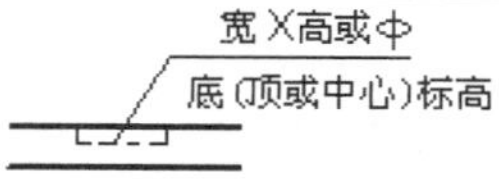 宽 X 高或Φ 底（顶或中心）标高	墙体预留槽
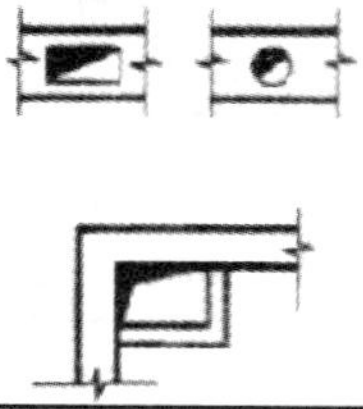 （烟道图）	烟道	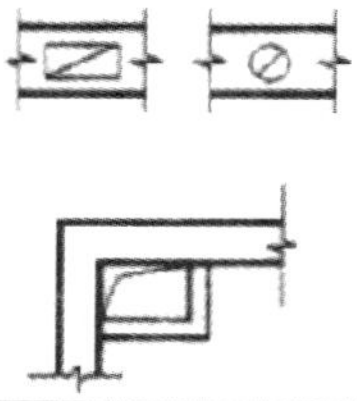 （通风道图）	通风道

表 8-5　总图常用图例

符　号	说　明	符　号	说　明
	新建建筑物，用粗线绘制 需要时，表示出入口位置▲及层数 X 轮廓线以±0.00 处外墙定位轴线或外墙皮线为准 需要时，地上建筑用中实线绘制，地下建筑用细虚线绘制	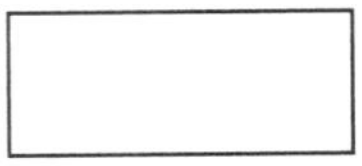	原有建筑，用细线绘制
	拟扩建的预留地或建筑物，用中虚线绘制		新建地下建筑或构筑物，用粗虚线绘制
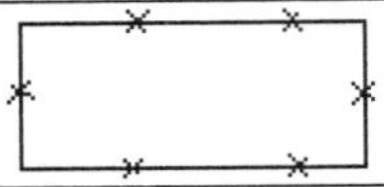	拆除的建筑物，用细实线表示	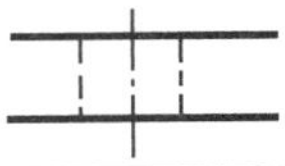	建筑物下面的通道
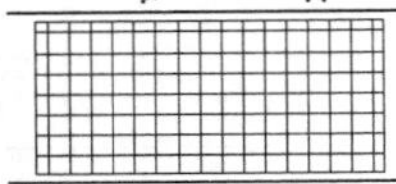	广场铺地	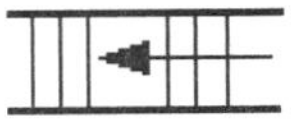	台阶，箭头指向表示向上
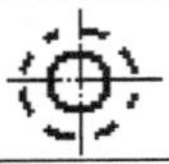	烟囱。实线为下部直径，虚线为基础 必要时，可注写烟囱高度和上下口直径		实体性围墙
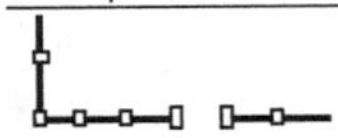	通透性围墙		挡土墙。被挡土在"突出"的一侧
	填挖边坡。边坡较长时，可在一端或两端局部表示		护坡。边坡较长时，可在一端或两端局部表示
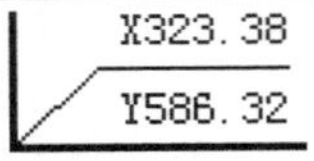 X323.38 Y586.32	测量坐标	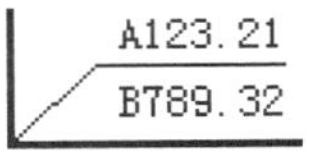 A123.21 B789.32	建筑坐标
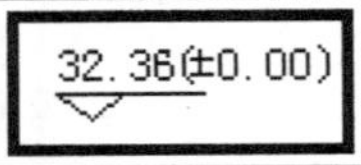 32.36(±0.00)	室内标高	 32.36	室外标高

6．常用材料符号

建筑图中经常应用材料图例来表示材料，在无法用图例表示的地方，也采用文字说明。常用的材料图例如表 8-6 所示。

表 8-6　常用的材料图例

材 料 图 例	说　明	材 料 图 例	说　明
	自然土壤		夯实土壤
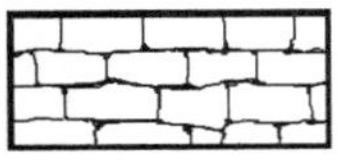	毛石砌体	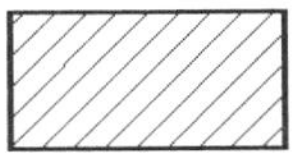	普通转
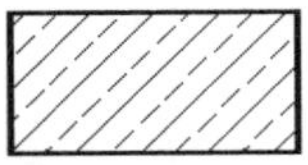	石材	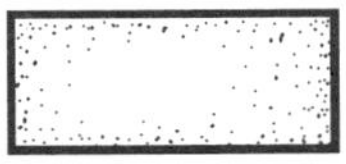	砂、灰土
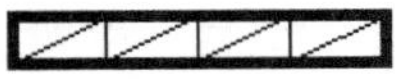	空心砖		松散材料

开"创建新的多线样式"对话框，如图 9-42 所示。在"新样式名"文本框中输入"500 窗"，作为多线的名称。单击"继续"按钮，打开编辑多线的对话框。

（21）窗户所在墙体宽度为 500，将偏移分别修改为 250 和-250，83.3 和-83.3，单击"确定"按钮，回到"多线样式"对话框中，单击"置为当前"按钮，将创建的多线样式设为当前多线样式，单击"确定"按钮，回到绘图状态。

（22）在命令提示下，输入"MLINE"，在修剪的窗洞内绘制多线，完成窗线的绘制，如图 9-45 所示。

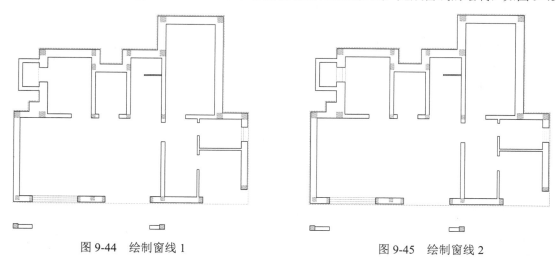

图 9-44 绘制窗线 1　　　　　　　　　　　图 9-45 绘制窗线 2

（23）单击"默认"选项卡"绘图"面板中的"多段线"按钮，指定起点宽度为 0、端点宽度为 0，在墙线外围绘制连续多段线，如图 9-46 所示。

（24）单击"默认"选项卡"修改"面板中的"偏移"按钮，选择绘制的多段线为偏移对象，向内进行偏移，偏移距离为 100、33、34、33，结果如图 9-47 所示。

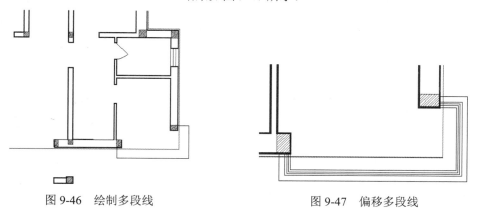

图 9-46 绘制多段线　　　　　　　　　　　图 9-47 偏移多段线

9.3.4 绘制门

（1）单击"默认"选项卡"绘图"面板中的"直线"按钮，在图形空白区域绘制一条长为 318 的竖直直线，如图 9-48 所示。

（2）单击"默认"选项卡"修改"面板中的"旋转"按钮，选择绘制的竖直直线为旋转对象，以竖直直线下端点为旋转基点将其旋转-45°，如图 9-49 所示。

（3）单击"默认"选项卡"绘图"面板中的"起点、端点、角度"按钮，绘制一段角度为 90°的圆弧，命令行提示与操作如下：

```
命令: _arc↙
指定圆弧的起点或 [圆心(C)]:（选择斜线下端点）↙
指定圆弧的第二个点或 [圆心(C)/端点(E)]: _e↙
指定圆弧的端点:（选择左上方门洞竖线与墙轴线交点）↙
指定圆弧的中心点(按住 Ctrl 键以切换方向)或 [角度(A)/方向(D)/半径(R)]: _a↙
指定夹角(按住 Ctrl 键以切换方向):-90↙
```

结果如图 9-50 所示。

同理绘制右侧大门图形，完成右侧大门的绘制，如图 9-51 所示。

图 9-48　绘制竖直直线　　图 9-49　旋转竖直直线　　图 9-50　绘制圆弧　　图 9-51　绘制门

（4）在命令行中输入"WBLOCK"命令，打开"写块"对话框，如图 9-52 所示，以 M1 为对象，以左下角的竖直线的中点为基点，定义"单扇门"图块。

对开门的绘制方法与单扇门的绘制方法基本相同，这里不再详细阐述，结果如图 9-53 所示。

（5）在命令行中输入"WBLOCK"命令，打开"写块"对话框，如图 9-52 所示，以绘制的双扇门为对象，以左下角的竖直线的中点为基点，定义"双扇门"图块。

（6）单击"插入"选项卡"块"面板中的"插入"按钮，弹出"插入"对话框，如图 9-54 所示。

图 9-53　绘制对开门

图 9-52　"写块"对话框

图 9-54　"插入"对话框

（7）单击"浏览"按钮，弹出"选择图形文件"对话框，选择"源文件\图块\单扇门"图块，设置旋转角度为 270°，单击"打开"按钮，回到"插入"对话框，单击"确定"按钮，完成图块插入，如图 9-55 所示。

（8）单击"插入"选项卡"块"面板中的"插入"按钮，弹出"插入"对话框，如图 9-54 所示。单击"浏览"按钮，弹出"选择图形文件"对话框，选择"源文件\图块\单扇门"图块，设置旋转角度为 270°，设置比例为 1.1，单击"打开"按钮，回到"插入"对话框，单击"确定"按钮，完成图块插入，如图 9-56 所示。

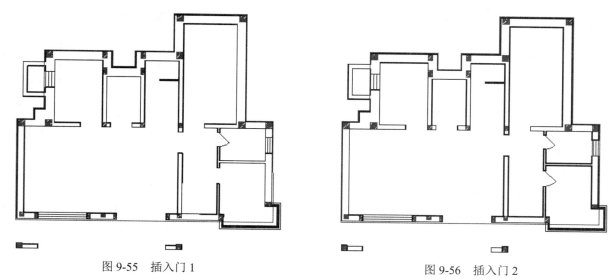

图 9-55　插入门 1　　　　　　　　　　　　　　图 9-56　插入门 2

（9）单击"插入"选项卡"块"面板中的"插入"按钮，弹出"插入"对话框，如图 9-54 所示。单击"浏览"按钮，弹出"选择图形文件"对话框，选择"源文件\图块\对开门"图块，单击"打开"按钮，回到"插入"对话框，单击"确定"按钮，完成图块插入，如图 9-57 所示。

（10）单击"默认"选项卡"绘图"面板中的"直线"按钮，在图形底部绘制一条水平直线，如图 9-58 所示。

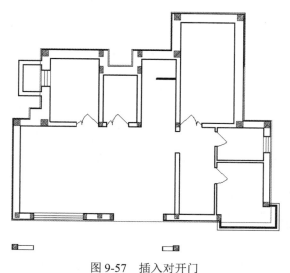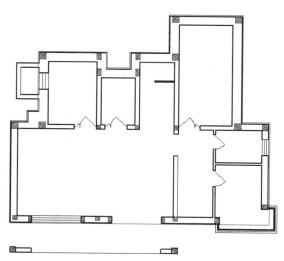

图 9-57　插入对开门　　　　　　　　　　　　　　图 9-58　绘制直线

（11）单击"默认"选项卡"绘图"面板中的"矩形"按钮▭，在绘制的直线上方绘制一个 3780×25 的矩形，如图 9-59 所示。

（12）单击"默认"选项卡"绘图"面板中的"直线"按钮╱和"矩形"按钮▭，绘制剩余部分的门图形，如图 9-60 所示。

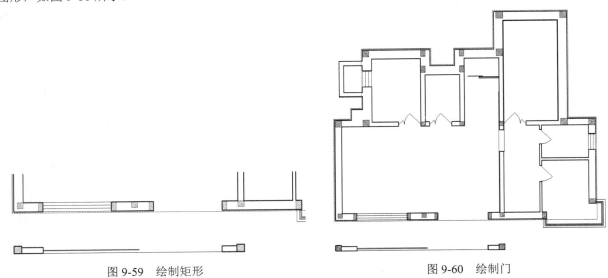

图 9-59　绘制矩形　　　　　　　　　　　图 9-60　绘制门

注意 绘制圆弧时，注意指定合适的端点或圆心，指定端点的时针方向即为绘制圆弧的方向。例如要绘制图示的下半圆弧，则起始端点应在左侧，终端点应在右侧，此时端点的时针方向为逆时针，即得到相应的逆时针圆弧。

注意 插入时注意指定插入点和旋转比例的选择。

9.3.5　绘制楼梯

1．绘制楼梯时的参数

（1）楼梯形式（单跑、双跑、直行、弧形等）。

（2）楼梯各部位长、宽、高 3 个方向的尺寸，包括楼梯总宽、总长、楼梯宽度、踏步宽度、踏步高度、平台宽度等。

（3）楼梯的安装位置。

2．楼梯的绘制方法

（1）将"楼梯"图层设为当前图层，如图 9-61 所示。

图 9-61　设置当前图层

（2）单击"默认"选项卡"绘图"面板中的"直线"按钮╱，在楼梯间内绘制一条长为 900 的水平直线，如图 9-62 所示。

（3）单击"默认"选项卡"绘图"面板中的"矩形"按钮▣，在楼梯间水平线左侧绘制一个 50×1320 的矩形，如图 9-63 所示。

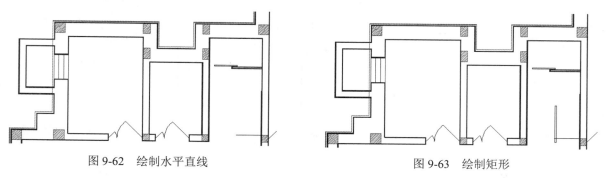

图 9-62　绘制水平直线　　　　　　　　　　　　　图 9-63　绘制矩形

（4）单击"默认"选项卡"修改"面板中的"偏移"按钮▣，选择绘制的水平直线为偏移对象，向上进行偏移，偏移距离为 270、270、270、270，如图 9-64 所示。

（5）单击"默认"选项卡"绘图"面板中的"直线"按钮▨，在偏移线段内绘制一条斜向直线，如图 9-65 所示。

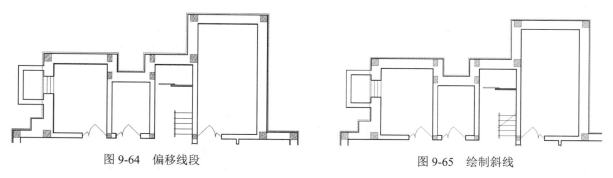

图 9-64　偏移线段　　　　　　　　　　　　　　　图 9-65　绘制斜线

（6）单击"默认"选项卡"修改"面板中的"修剪"按钮▨，选择绘制的斜线上方的线段进行修剪，如图 9-66 所示。

（7）单击"默认"选项卡"绘图"面板中的"直线"按钮▨，在所绘图形中间位置绘制一条竖直直线，如图 9-67 所示。

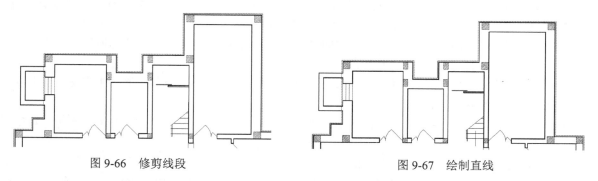

图 9-66　修剪线段　　　　　　　　　　　　　　　图 9-67　绘制直线

（8）单击"默认"选项卡"绘图"面板中的"直线"按钮▨，以绘制的竖直直线上端点为直线起点，向下绘制一条斜向直线，如图 9-68 所示。

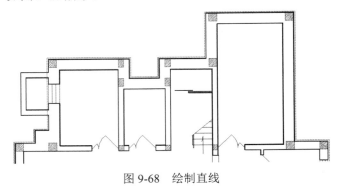

图 9-68　绘制直线

9.3.6　绘制集水坑

（1）单击"默认"选项卡"绘图"面板中的"多段线"按钮，指定起点宽度为 15、端点宽度为 15，在图形适当位置绘制连续多段线，如图 9-69 所示。

（2）单击"默认"选项卡"修改"面板中的"偏移"按钮，选择绘制的连续多段线为偏移对象，向内进行偏移，偏移距离为 100，如图 9-70 所示。

图 9-69　绘制多段线

图 9-70　偏移线段

9.3.7　绘制内墙烟囱

（1）单击"默认"选项卡"绘图"面板中的"多段线"按钮，指定起点宽度为 15、端点宽度为 15，在图 9-70 图形左侧位置绘制 360×360 的正方形，如图 9-71 所示。

（2）单击"默认"选项卡"绘图"面板中的"直线"按钮，通过绘制的正方形四边中点绘制十字交叉线，如图 9-72 所示。

（3）单击"默认"选项卡"绘图"面板中的"圆心，半径"按钮，选择绘制的十字交叉线中点为圆心绘制一个适当半径的圆，如图 9-73 所示。

（4）单击"默认"选项卡"修改"面板中的"删除"按钮，选择绘制的十字交叉线为删除对象，将其删除，如图 9-74 所示。

利用相同方法绘制图形中的雨水管，如图 9-75 所示。

（5）单击"默认"选项卡"绘图"面板中的"直线"按钮，绘制图形中的剩余连接线，如图 9-76

所示。

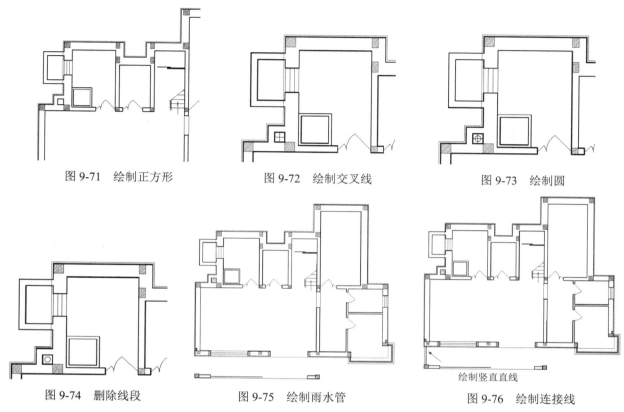

图 9-71　绘制正方形　　　　图 9-72　绘制交叉线　　　　图 9-73　绘制圆

图 9-74　删除线段　　　　图 9-75　绘制雨水管　　　　图 9-76　绘制连接线

（6）单击"默认"选项卡"绘图"面板中的"多段线"按钮，指定起点宽度为 25、端点宽度为 25，在图形适当位置绘制连续多段线，如图 9-77 所示。

（7）单击"默认"选项卡"绘图"面板中的"多段线"按钮，指定起点宽度为 25、端点宽度为 25，以步骤（6）绘制的多段线底部水平边中点为直线起点，向上绘制一条竖直直线，如图 9-78 所示。

（8）单击"默认"选项卡"绘图"面板中的"圆"下拉按钮下的"圆心，半径"按钮，在步骤（7）绘制的图形内适当位置选一点为圆心，绘制一个半径为 50 的圆，如图 9-79 所示。

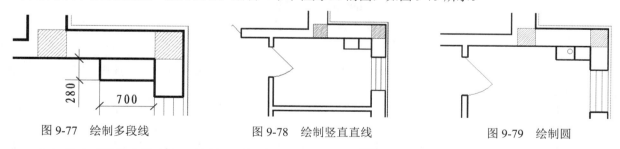

图 9-77　绘制多段线　　　　图 9-78　绘制竖直直线　　　　图 9-79　绘制圆

（9）单击"默认"选项卡"绘图"面板中的"直线"按钮，在步骤（8）绘制的图形内绘制连续直线，如图 9-80 所示。

（10）单击"默认"选项卡"绘图"面板中的"多段线"按钮，在图形适当位置绘制一个 178×74 的矩形，如图 9-81 所示。

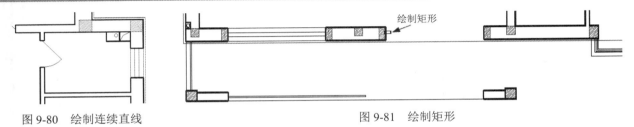

图 9-80　绘制连续直线　　　　　　　　　　　　图 9-81　绘制矩形

（11）单击"默认"选项卡"修改"面板中的"复制"按钮，选择绘制的矩形为复制对象，对其进行连续复制，如图 9-82 所示。

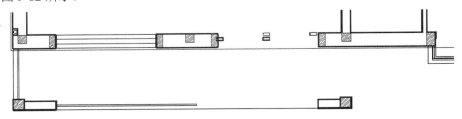

图 9-82　复制矩形

（12）单击"默认"选项卡"绘图"面板中的"直线"按钮，绘制复制矩形之间的连接线，如图 9-83 所示。

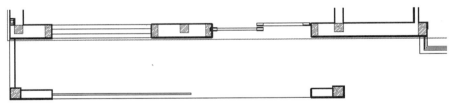

图 9-83　绘制矩形间连接线

9.3.8　尺寸标注

（1）在"图层"面板的下拉列表中，选择"尺寸"图层为当前图层，如图 9-84 所示。

图 9-84　设置当前图层

（2）设置标注样式。

① 单击"注释"选项卡"标注"面板中的"标注，标注样式"按钮，弹出"标注样式管理器"对话框，如图 9-85 所示。

② 单击"修改"按钮，弹出"修改标注样式"对话框。选择"线"选项卡，对话框显示如图 9-86 所示，按照图中的参数修改标注样式。

③ 选择"符号和箭头"选项卡，按照图 9-87 所示的设置进行修改，箭头样式选择为"建筑标记"，箭头大小修改为 400。

④ 在"文字"选项卡中设置"文字高度"为 450，如图 9-88 所示。

⑤ "主单位"选项卡中的设置如图 9-89 所示。

（3）单击"默认"选项卡"绘图"面板中的"直线"按钮，在墙内绘制标注辅助线，如图 9-90 所示。

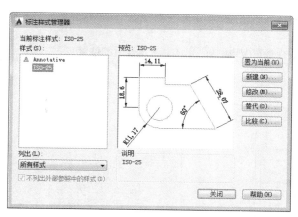

图 9-85　"标注样式管理器"对话框

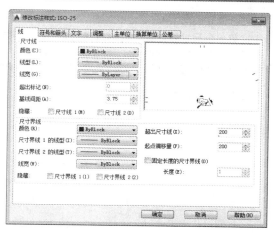

图 9-86　"线"选项卡

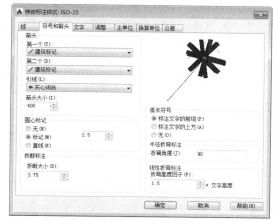

图 9-87　"符号和箭头"选项卡

图 9-88　"文字"选项卡

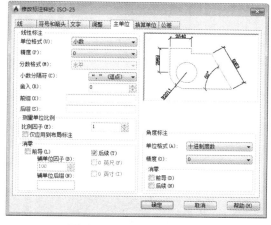

图 9-89　"主单位"选项卡

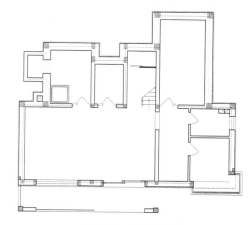

图 9-90　绘制直线

（4）将"尺寸标注"图层设为当前图层，单击"注释"选项卡"标注"面板中的"线性"按钮，标注图形细部尺寸，命令行提示与操作如下：

223

命令: DIMLINEAR↙

指定第一个尺寸界线原点或 <选择对象>:↙（指定一点）

指定第二条尺寸界线原点:↙（指定第二点）

指定尺寸线位置或 [多行文字(M)/文字(T)/角度(A)/水平(H)/垂直(V)/旋转(R)]:↙（指定合适的位置）

逐个标注，结果如图9-91所示。

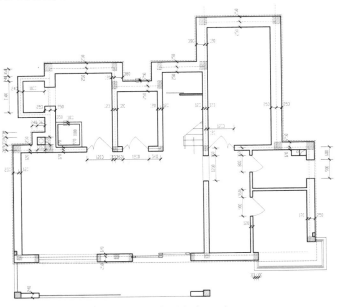

图9-91　标注细部尺寸

（5）单击"注释"选项卡"标注"面板中的"线性"按钮和"连续"按钮，标注图形第一道尺寸，如图9-92所示。

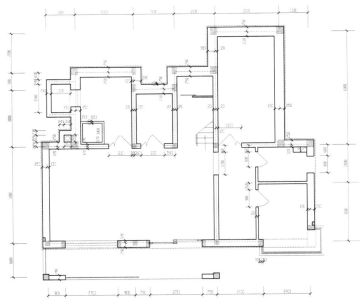

图9-92　标注第一道尺寸

（6）单击"注释"选项卡"标注"面板中的"线性"按钮 █ 和"连续"按钮 █，标注图形第二道尺寸，如图 9-93 所示。

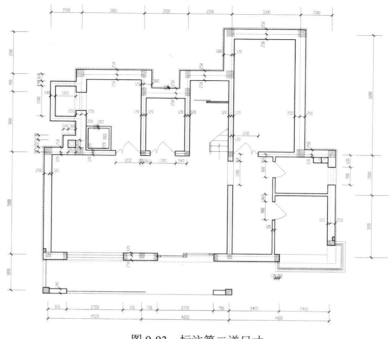

图 9-93　标注第二道尺寸

（7）单击"注释"选项卡"标注"面板中的"线性"按钮 █ 和"连续"按钮 █，标注图形总尺寸，如图 9-94 所示。

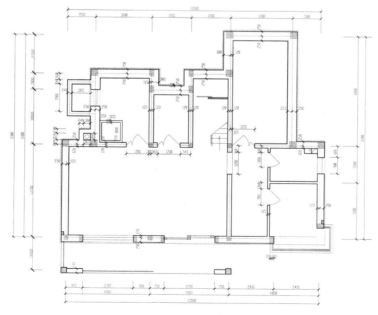

图 9-94　标注总尺寸

（8）单击"默认"选项卡"修改"面板中的"分解"按钮 █，选取标注的第二道尺寸为分解对象，按

Enter 键确认进行分解。

（9）单击"默认"选项卡"绘图"面板中的"直线"按钮▨，分别在横竖 4 条总尺寸线上方绘制 4 条直线，如图 9-95 所示。

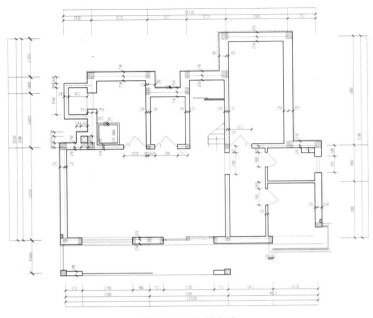

图 9-95　绘制直线

（10）单击"默认"选项卡"修改"面板中的"延伸"按钮▨，选取分解后的标注线段，进行延伸，延伸至步骤（9）绘制的直线，如图 9-96 所示。

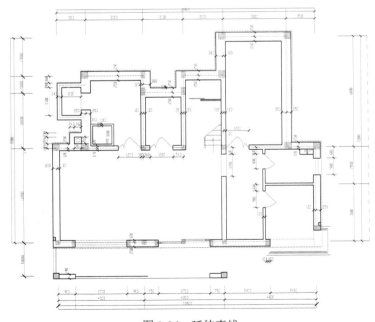

图 9-96　延伸直线

（11）单击"默认"选项卡"修改"面板中的"删除"按钮，选择绘制的直线为删除对象对其进行删除，如图 9-97 所示。

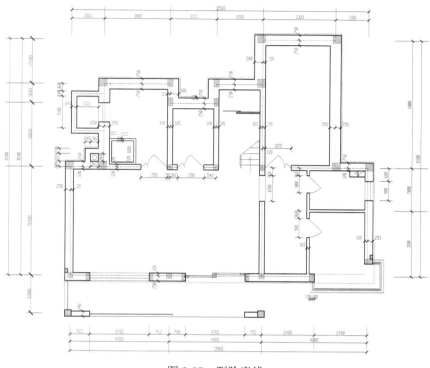

图 9-97 删除直线

9.3.9 添加轴号

（1）单击"默认"选项卡"绘图"面板中的"圆"下拉按钮下的"圆心，半径"按钮，在适当位置绘制一个半径为 200 的圆，如图 9-98 所示。

（2）单击"插入"选项卡"块定义"面板中的"定义属性"按钮，弹出"属性定义"对话框，如图 9-99 所示，单击"确定"按钮，在圆心位置输入一个块的属性值。设置完成后的效果如图 9-100 所示。

（3）单击"插入"选项卡"定义块"面板中的"创建块"按钮，弹出"块定义"对话框，如图 9-101 所示。在"名称"文本框中输入"轴号"，指定圆心为基点，选择整个圆和刚才的"轴号"标记为对象，单击"确定"按钮，弹出如图 9-102 所示的"编辑属性"对话框，输入轴号为 1，单击"确定"按钮，轴号效果图如图 9-103 所示。

（4）单击"插入"选项卡"块"面板中的"插入"按钮，弹出"插入"对话框，将轴号图块插入到轴线上，并修改图块属性，结果如图 9-104 所示。

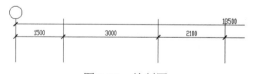

图 9-98 绘制圆

图 9-99 "属性定义"对话框

227

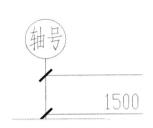

图 9-100　在圆心位置输入属性值

图 9-101　"块定义"对话框

图 9-102　"编辑属性"对话框

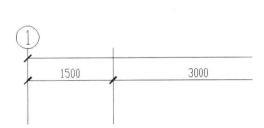

图 9-103　输入轴号

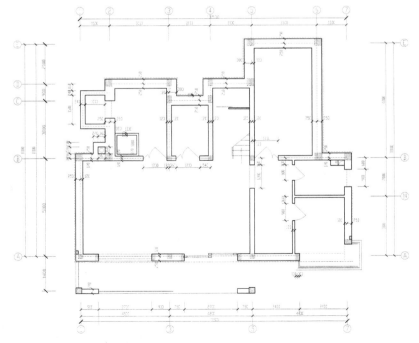

图 9-104　标注轴号

9.3.10　绘制标高

（1）单击"默认"选项卡"绘图"面板中的"直线"按钮 ，在图形空白区域绘制一条长度为 500 的水平直线，如图 9-105 所示。

（2）单击"默认"选项卡"绘图"面板中的"直线"按钮 ，以绘制的水平直线左端点为起点，绘制一条斜向直线，如图 9-106 所示。

图 9-105　绘制水平直线

（3）单击"默认"选项卡"修改"面板中的"镜像"按钮 ，选择绘制的斜向直线为镜像对象，对其进行竖直镜像，如图 9-107 所示。

（4）单击"注释"选项卡"文字"面板中的"多行文字"按钮 ，在图形上方添加文字，如图 9-108 所示。

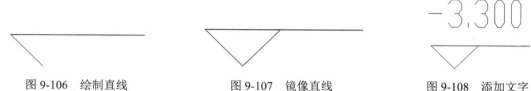

图 9-106　绘制直线　　　　　　图 9-107　镜像直线　　　　　　图 9-108　添加文字

（5）单击"默认"选项卡"修改"面板中的"移动"按钮 ，选择绘制的标高图形为移动对象，将其放置到图形适当位置，如图 9-109 所示。

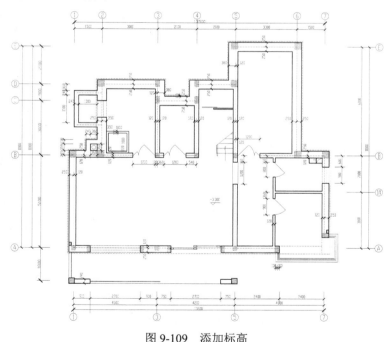

图 9-109　添加标高

9.3.11　文字标注

（1）在"图层"面板的下拉列表中，选择"文字"图层为当前图层，如图 9-110 所示。

（2）单击"注释"选项卡"文字"面板中的"文字样式"按钮▣，弹出"文字样式"对话框，如图 9-111 所示。

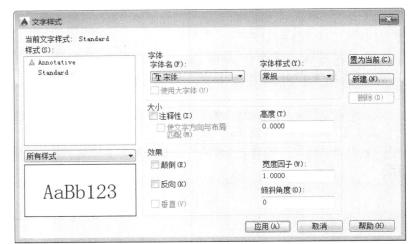

图 9-110　设置当前图层　　　　　　　　　　图 9-111　"文字样式"对话框

（3）单击"新建"按钮，弹出"新建文字样式"对话框，将文字样式命名为"说明"，如图 9-112 所示。

（4）单击"确定"按钮，在"文字样式"对话框中取消选中"使用大字体"复选框，然后在"字体名"下拉列表中选择"宋体"，"高度"设置为150，如图 9-113 所示。

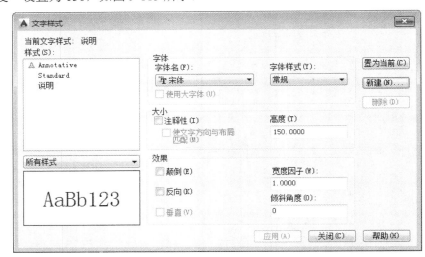

图 9-112　"新建文字样式"对话框　　　　　　图 9-113　修改文字样式

在 CAD 中输入汉字时，可以选择不同的字体，在"字体名"下拉列表中，有些字体前面有"@"标记，如"@仿宋_GB2312"，这说明该字体是为横向输入汉字用的，即输入的汉字逆时针旋转 90°。如果要输入正向的汉字，不能选择前面带"@"标记的字体。

（5）将"文字"图层设为当前图层。单击"注释"选项卡"文字"面板中的"多行文字"按钮A和"修改"面板中的"复制"按钮❇️，完成图形中文字的标注，如图 9-114 所示。

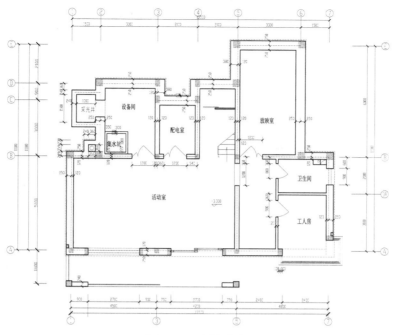

图 9-114 标注文字

9.3.12 绘制剖切号

（1）单击"默认"选项卡"绘图"面板中的"多段线"按钮 ，指定起点宽度为 50、端点宽度为 50，在图形适当位置绘制连续多段线，如图 9-115 所示。

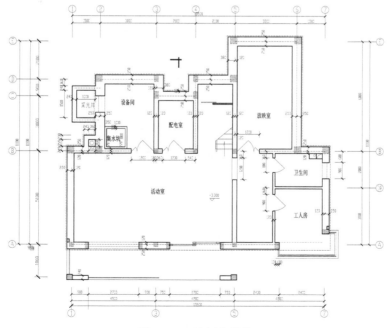

图 9-115 绘制多段线

（2）单击"注释"选项卡"文字"面板中的"多行文字"按钮 **A**，在步骤（1）图形左侧添加文字说明，如图 9-116 所示。

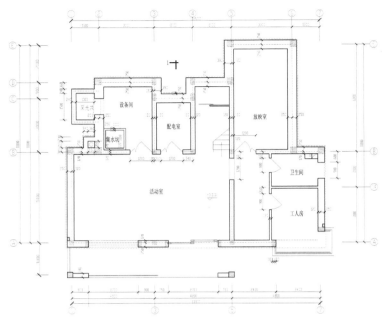

图 9-116　添加文字说明

（3）单击"默认"选项卡"修改"面板中的"镜像"按钮 **△**，选择步骤（1）和步骤（2）图形为镜像对象，对其进行水平镜像，如图 9-117 所示。

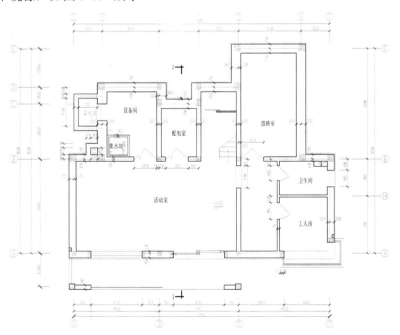

图 9-117　镜像图形

利用上述方法完成剩余剖切符号的绘制，如图 9-118 所示。

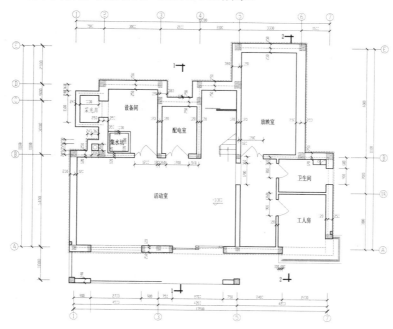

图 9-118　绘制剖切符号

利用上述方法最终完成地下室平面图的绘制，如图 9-119 所示。

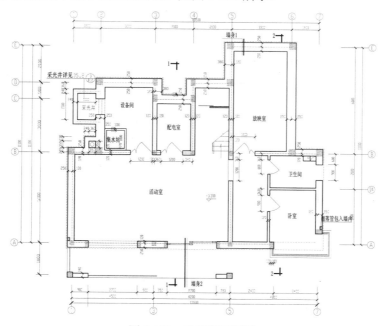

图 9-119　地下室平面图

（4）单击"注释"选项卡"文字"面板中的"多行文字"按钮，为图形添加注释说明，如图 9-120 所示。

9.3.13 插入图框

（1）单击"插入"选项卡"块"面板中的"插入"按钮，弹出"插入"对话框，如图 9-121 所示。单击"浏览"按钮，弹出"选择图形文件"对话框，选择"源文件\图块\A2 图框"图块，将其放置到图形适当位置。

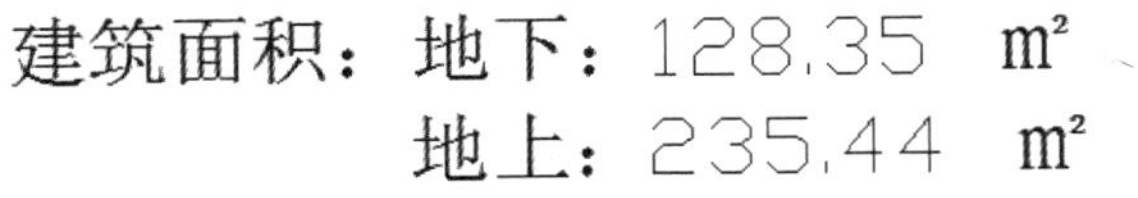

建筑面积：地下：128.35 ㎡
         地上：235.44 ㎡

图 9-120 添加注释说明

图 9-121 "插入"对话框

（2）单击"默认"选项卡"绘图"面板中的"直线"按钮和"注释"选项卡"文字"面板中的"多行文字"按钮，为图形添加总图名称，最终完成地下室平面图的绘制，如图 9-3 所示。

9.4 首层平面图

首层主要包括客厅、餐厅、厨房、客卧室、卫生间、门厅、车库、露台。首层平面图是在地下层平面图的基础上发展而来的，所以可以通过修改地下室的平面图，获得一层建筑平面图。一层的布局与地下室只有细微差别，可对某些不同之处用文字标明，如图 9-122 所示。

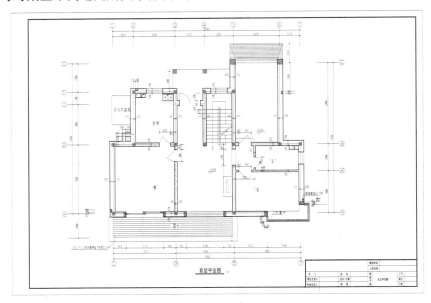

图 9-122 首层平面图

【预习重点】
- ☑　掌握绘制补充墙。
- ☑　温习前面绘制门窗的方法。
- ☑　掌握隧道及露台的绘制方法。

9.4.1　准备工作

（1）单击快速访问工具栏中的"打开"按钮，打开"源文件\地下层平面图"。

（2）单击快速访问工具栏中的"另存为"按钮，将打开的"地下层平面图"另存为"首层平面图"。

（3）单击"默认"选项卡"修改"面板中的"删除"按钮，删除图形保留部分柱子图形，结果如图 9-123 所示。

（4）单击"默认"选项卡"绘图"面板中的"矩形"按钮，在图形空白区域绘制一个 240×240 的正方形，如图 9-124 所示。

（5）单击"默认"选项卡"绘图"面板中的"图案填充"按钮，系统打开"图案填充创建"选项卡。设置"图案填充图案"为 ANSI31，"填充图案比例"为 10，拾取填充区域内一点，效果如图 9-125 所示。

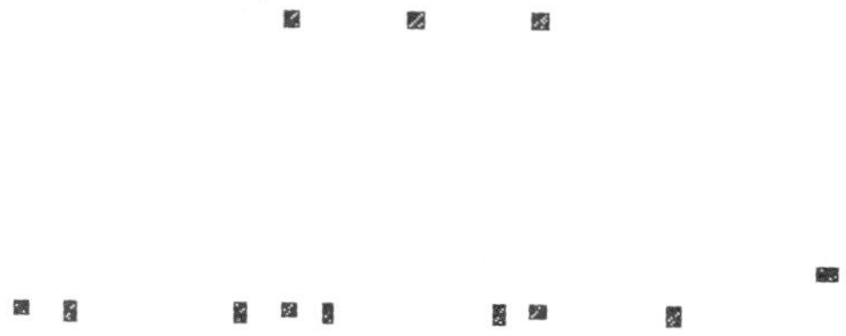

图 9-123　修改图形 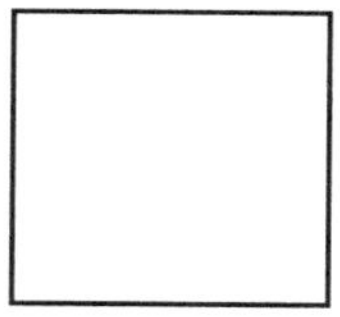　　　　图 9-124　绘制正方形 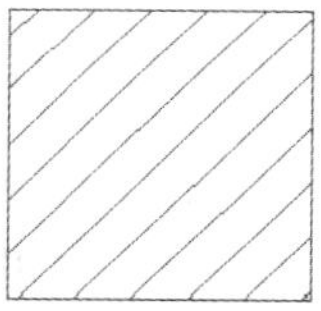　　图 9-125　填充图形

（6）单击"默认"选项卡"修改"面板中的"移动"按钮，选择绘制的 240×240 的柱子图形为移动对象，将其放置到柱子图形中，如图 9-126 所示。

（7）利用上述方法完成 400×370 和 300×300 的柱子的绘制。单击"默认"选项卡"修改"面板中的"移动"按钮，选择 400×370 和 300×300 矩形为移动对象，将其放置到适当位置，如图 9-127 所示。

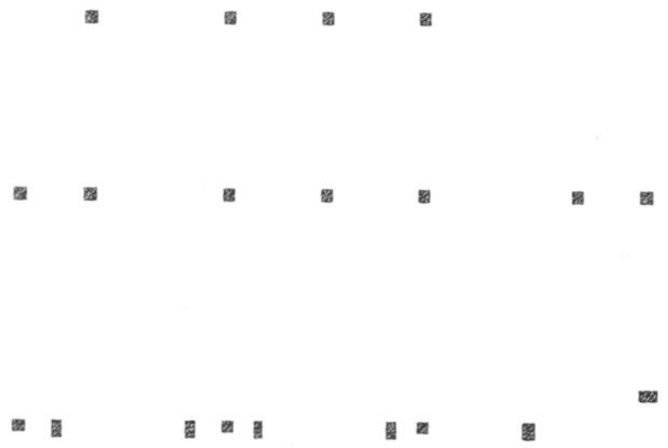

图 9-126　移动柱子 1 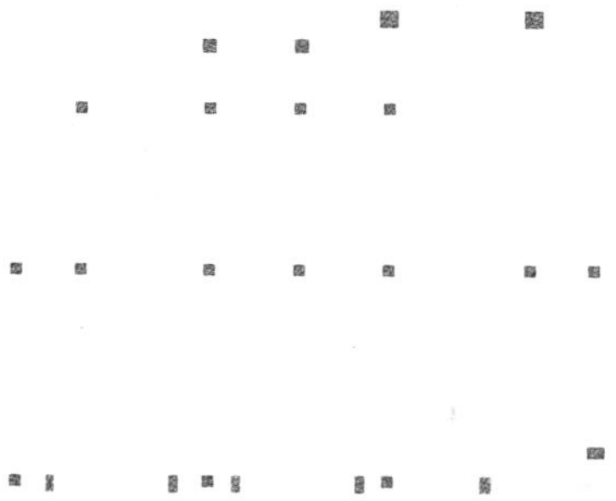　　　　　　　　图 9-127　移动柱子 2

9.4.2　绘制补充墙体

（1）单击"默认"选项卡"绘图"面板中的"多段线"按钮，指定起点宽度为 25、端点宽度为 25，

绘制柱子间的墙体连接线，如图 9-128 所示。

（2）单击"默认"选项卡"绘图"面板中的"多段线"按钮，指定起点宽度为 0、端点宽度为 0，在图形适当位置绘制连续多段线，如图 9-129 所示。

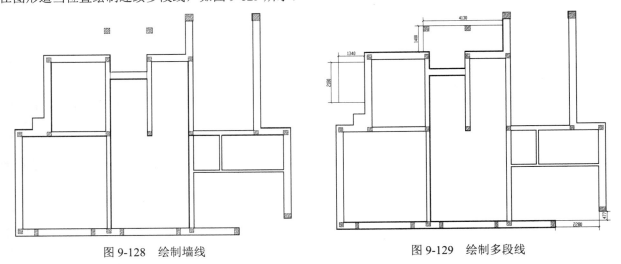

图 9-128　绘制墙线　　　　　　　　　　　图 9-129　绘制多段线

9.4.3　修剪门窗洞口

（1）单击"默认"选项卡"绘图"面板中的"直线"按钮，在图 9-129 绘制的墙体上绘制一条适当长度的竖直直线，如图 9-130 所示。

（2）单击"默认"选项卡"修改"面板中的"偏移"按钮，选择绘制的竖直直线为偏移对象，向右进行偏移，偏移距离为 1200，如图 9-131 所示。

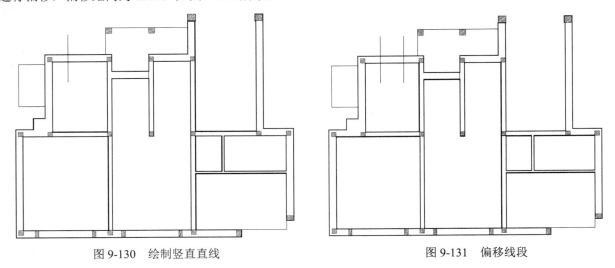

图 9-130　绘制竖直直线　　　　　　　　　图 9-131　偏移线段

利用上述方法完成图形中剩余窗线的绘制，结果如图 9-132 所示。

（3）单击"默认"选项卡"修改"面板中的"修剪"按钮，选择偏移线段间墙体为修剪对象，对其偏移线段进行修剪，如图 9-133 所示。

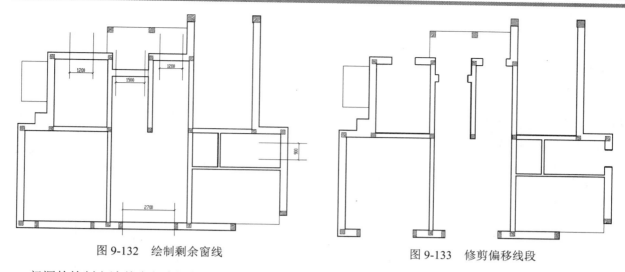

图 9-132　绘制剩余窗线　　　　　　　　图 9-133　修剪偏移线段

门洞的绘制方法基本与窗洞的绘制方法相同，这里不再详细阐述，完成绘制后的结果如图 9-134 所示。

9.4.4　绘制门窗

（1）在命令提示下，输入"MLSTYLE"，打开"多线样式"对话框。

（2）在"多线样式"对话框中，单击右侧的"新建"按钮，打开"创建新的多线样式"对话框，如图 9-42 所示。在"新样式名"文本框中输入"窗"，作为多线的名称。单击"继续"按钮，打开编辑多线的对话框，如图 9-43 所示。

（3）设置窗户所在墙体宽度为 370，将偏移距离分别修改为 185 和-185，61.6 和-61.6，单击"确定"按钮，回到"多线样式"对话框中，单击"置为当前"按钮，将创建的多线样式设为当前多线样式，单击"确定"按钮，回到绘图状态。

（4）在命令提示下，输入"MLINE"，绘制步骤（3）修剪窗洞的窗线，如图 9-135 所示。

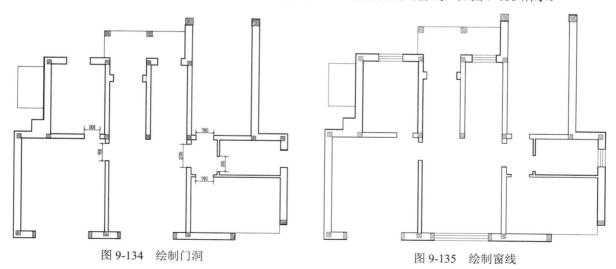

图 9-134　绘制门洞　　　　　　　　　图 9-135　绘制窗线

（5）单击"默认"选项卡"绘图"面板中的"多段线"按钮，指定起点宽度为 10、端点宽度为 10，

在窗户拐角处绘制连续多段线，如图 9-136 所示。

（6）单击"默认"选项卡"绘图"面板中的"多段线"按钮，指定起点宽度为 0、端点宽度为 0，在图形下端继续绘制连续多段线，如图 9-137 所示。

（7）单击"默认"选项卡"修改"面板中的"偏移"按钮，选择绘制的多段线为偏移对象，向外进行偏移，偏移距离为 34、33、100，如图 9-138 所示。

利用 9.3.4 小节的方法完成单扇门的添加，结果如图 9-139 所示。

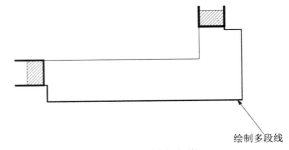

图 9-136　绘制多段线

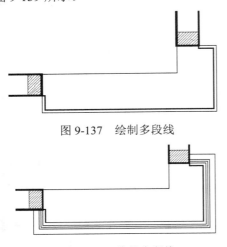

图 9-137　绘制多段线

图 9-138　偏移多段线

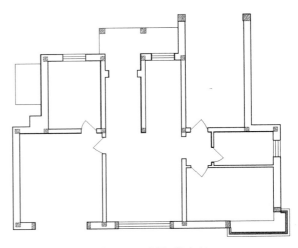

图 9-139　添加单扇门

（8）单击"默认"选项卡"绘图"面板中的"直线"按钮和"起点，圆心，端点"按钮，绘制一个单扇门，如图 9-140 所示。

（9）单击"默认"选项卡"修改"面板中的"镜像"按钮，选择绘制的单扇门图形为镜像对象，对其进行竖直镜像，完成双扇门的绘制，如图 9-141 所示。

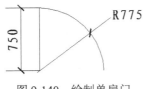

图 9-140　绘制单扇门

图 9-141　镜像图形

（10）在命令行中输入"WBLOCK"命令，打开"写块"对话框，选择绘制的双扇门图形为定义对象，将其定义为块。

（11）单击"默认"选项卡"修改"面板中的"移动"按钮，选择绘制的双扇门图形为移动对象，将其放置到双扇门门洞处，如图 9-142 所示。

（12）单击"默认"选项卡"绘图"面板中的"多段线"按钮，指定起点宽度为 9、端点宽度为 9，在图形适当位置处绘制一个 178×74 的矩形，如图 9-143 所示。

（13）单击"默认"选项卡"修改"面板中的"复制"按钮，选择绘制的矩形为复制对象，对其进行复制，如图 9-144 所示。

（14）单击"默认"选项卡"绘图"面板中的"直线"按钮，在图形内绘制连接线，如图 9-145 所示。

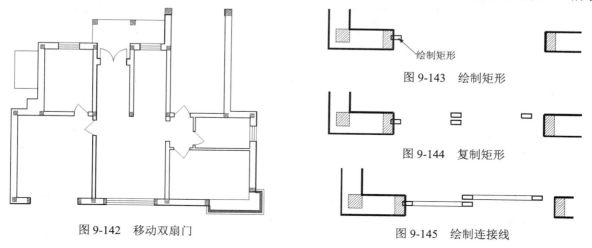

图 9-143　绘制矩形

图 9-144　复制矩形

图 9-142　移动双扇门

图 9-145　绘制连接线

（15）单击"默认"选项卡"绘图"面板中的"图案填充"按钮，系统打开"图案填充创建"选项卡。设置"图案填充图案"为 ANSI31，"填充图案比例"为 10，拾取填充区域内一点，效果如图 9-146 所示。

（16）单击"默认"选项卡"绘图"面板中的"多段线"按钮，指定起点宽度为 22、端点宽度为 22，在图形适当位置绘制一个 360×360 的正方形，如图 9-147 所示。

图 9-146　填充图形

（17）单击"默认"选项卡"绘图"面板中的"直线"按钮，选择绘制的正方形四边中点为直线起点，绘制十字交叉线，如图 9-148 所示。

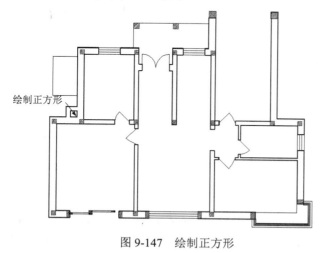

图 9-147　绘制正方形

图 9-148　绘制十字交叉线

（18）单击"默认"选项卡"绘图"面板中的"圆"下拉按钮下的"圆心，半径"按钮，以绘制的十字交叉线中点为圆心，绘制一个半径为 105 的圆，如图 9-149 所示。

（19）单击"默认"选项卡"修改"面板中的"删除"按钮，选择绘制的十字交叉线为删除对象，对其进行删除，如图 9-150 所示。

图 9-149　绘制圆

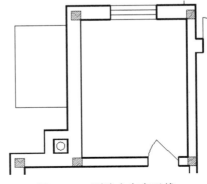

图 9-150　删除十字交叉线

（20）单击"默认"选项卡"绘图"面板中的"多段线"按钮，指定起点宽度为 22、端点宽度为 22，在图形适当位置绘制连续多段线，如图 9-151 所示。

（21）单击"默认"选项卡"绘图"面板中的"圆"下拉按钮下的"圆心，半径"按钮，在步骤（20）绘制的图形内绘制一个半径为 45 的圆，如图 9-152 所示。

利用上述方法完成相同图形的绘制，结果如图 9-153 所示。

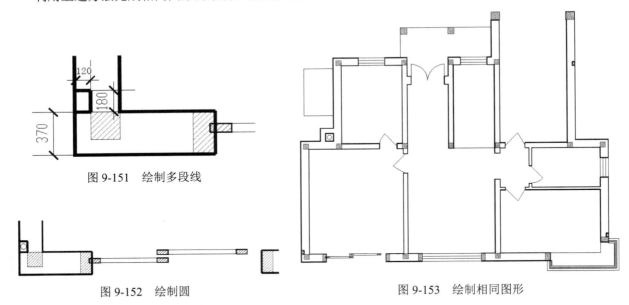

图 9-151　绘制多段线

图 9-152　绘制圆

图 9-153　绘制相同图形

9.4.5　绘制楼梯

（1）单击"默认"选项卡"绘图"面板中的"矩形"按钮，在楼梯间位置绘制一个 210×2750 的矩形，如图 9-154 所示。

（2）单击"默认"选项卡"修改"面板中的"圆角"按钮，选择绘制矩形的四边为倒角对象，设置倒角距离为 45，完成倒角操作，如图 9-155 所示。

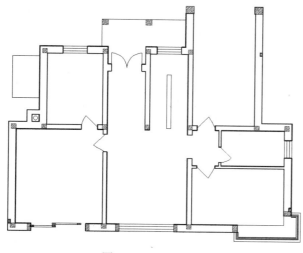

图 9-154 绘制矩形

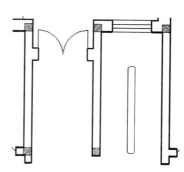

图 9-155 倒角操作

（3）单击"默认"选项卡"修改"面板中的"偏移"按钮，选择倒角后的矩形为偏移对象，向内进行偏移，偏移距离为 50，如图 9-156 所示。

（4）单击"默认"选项卡"绘图"面板中的"直线"按钮，在楼梯间适当位置绘制一条水平直线，如图 9-157 所示。

（5）单击"默认"选项卡"修改"面板中的"偏移"按钮，选择绘制的水平直线为偏移对象，向下进行偏移，偏移距离为 270，共偏移 9 次，如图 9-158 所示。

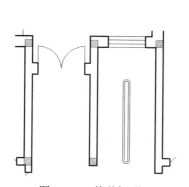

图 9-156 偏移矩形

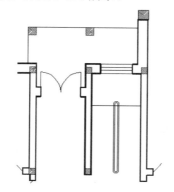

图 9-157 绘制水平直线

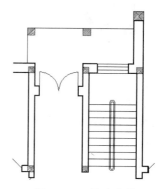

图 9-158 偏移直线

（6）单击"默认"选项卡"绘图"面板中的"直线"按钮，在绘制的梯段线上绘制一条竖直直线，如图 9-159 所示。

（7）单击"默认"选项卡"修改"面板中的"偏移"按钮，选择绘制的竖直直线为偏移对象，向右进行偏移，偏移距离为 60，如图 9-160 所示。

（8）单击"默认"选项卡"修改"面板中的"修剪"按钮，选择偏移线段间的墙体为修剪对象，进行修剪处理，如图 9-161 所示。

（9）单击"默认"选项卡"绘图"面板中的"多段线"按钮，指定起点宽度为 0、端点宽度为 0，绘制楼梯方向指引箭头，如图 9-162 所示。

（10）单击"默认"选项卡"绘图"面板中的"多段线"按钮，指定起点宽度为 5、端点宽度为 5，在图形中绘制一条斜向直线，如图 9-163 所示。

图 9-159　绘制竖直直线

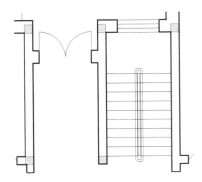

图 9-160　偏移直线

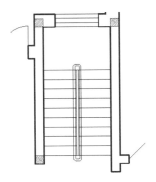

图 9-161　修剪线段

（11）单击"默认"选项卡"绘图"面板中的"多段线"按钮 ，指定起点宽度为 5、端点宽度为 5，在绘制的斜向直线上绘制连续折线，如图 9-164 所示。

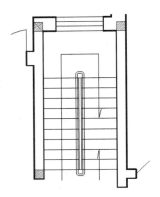

图 9-162　绘制指引箭头

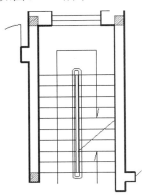

图 9-163　绘制斜向直线

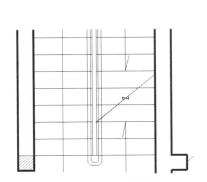

图 9-164　绘制连续折线

（12）单击"默认"选项卡"修改"面板中的"修剪"按钮 ，对绘制的多段线进行修剪处理，如图 9-165 所示。

　　同理绘制下部相同线段，如图 9-166 所示。

（13）单击"默认"选项卡"修改"面板中的"修剪"按钮 ，选择图形中绘制的多余线段为修剪对象，对其进行修剪，如图 9-167 所示。

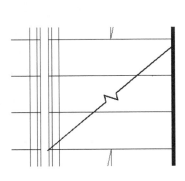

图 9-165　修剪处理

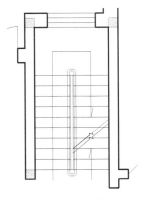

图 9-166　绘制线段

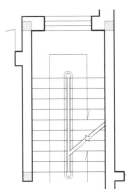

图 9-167　修剪处理

9.4.6　绘制坡道及露台

（1）单击"默认"选项卡"绘图"面板中的"矩形"按钮▭，在图形适当位置绘制一个 3797×1200 的矩形，如图 9-168 所示。

（2）单击"默认"选项卡"绘图"面板中的"直线"按钮╱，在图形适当位置处绘制一条斜向直线，如图 9-169 所示。

（3）单击"默认"选项卡"修改"面板中的"镜像"按钮⚏，选择绘制的斜向直线为镜像对象，对其进行竖直镜像，结果如图 9-170 所示。

（4）单击"默认"选项卡"绘图"面板中的"图案填充"按钮▦，系统打开"图案填充创建"选项卡。设置"图案填充图案"为 LINE，"填充图案比例"为 30，拾取填充区域内一点，效果如图 9-171 所示。

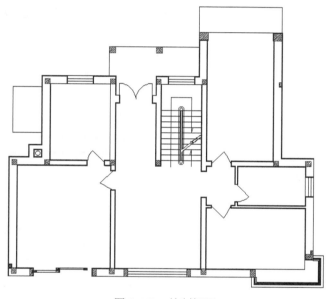

图 9-168　绘制矩形

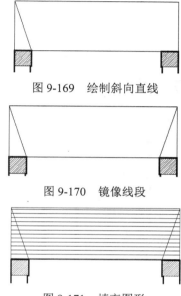

图 9-169　绘制斜向直线

图 9-170　镜像线段

图 9-171　填充图形

（5）单击"默认"选项卡"绘图"面板中的"直线"按钮╱，绘制墙体内部标注辅助线，如图 9-172 所示。

（6）单击"默认"选项卡"绘图"面板中的"多段线"按钮╮，绘制露台外围辅助线，如图 9-173 所示。

（7）单击"默认"选项卡"绘图"面板中的"图案填充"按钮▦，打开"图案填充创建"选项卡。设置"图案填充图案"为 LINE，"填充图案比例"为 50，填充角度为 0，拾取填充区域内一点，效果如图 9-174 所示。

结合所学知识完成首层平面图的绘制，如图 9-175 所示。

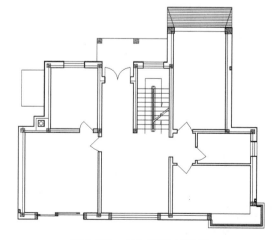

图 9-172　绘制墙体辅助线

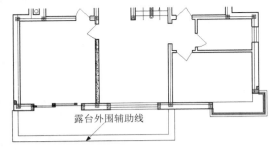

图 9-173　绘制露台外围辅助线

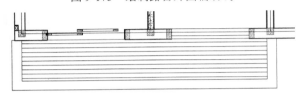

图 9-174　填充图形

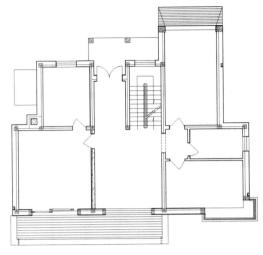

图 9-175　绘制首层平面图

9.4.7　添加标注

（1）在"图层"面板的下拉列表中，选择"尺寸"图层为当前图层，如图 9-176 所示。

（2）将"尺寸"图层设为当前图层，单击"注释"选项卡"标注"面板中的"线性"按钮，标注图形细部尺寸，如图 9-177 所示。

图 9-176　设置当前图层

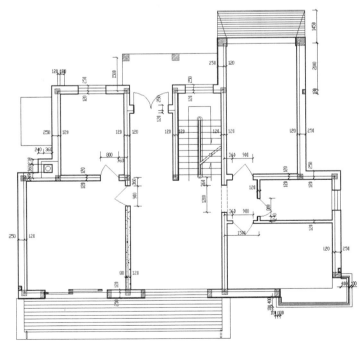

图 9-177　标注细部尺寸

打开关闭的标注的外围图层，如图 9-178 所示。

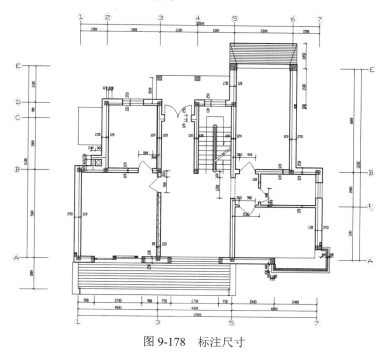

图 9-178　标注尺寸

9.4.8　文字标注

（1）单击"注释"选项卡"文字"面板中的"多行文字"按钮 A，为图形添加文字说明。利用上述方法完成剩余首层平面图的绘制，如图 9-179 所示。

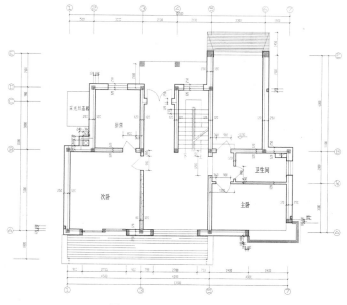

图 9-179　添加文字说明

（2）单击"注释"选项卡"文字"面板中的"多行文字"按钮A和"直线"按钮，为图形添加剩余文字说明，如图 9-180 所示。

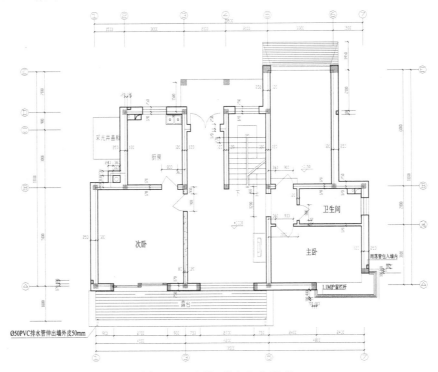

图 9-180　添加剩余文字说明

9.4.9　插入图框

单击"插入"选项卡"块"面板中的"插入"按钮，弹出"插入"对话框，如图 9-181 所示。单击"浏览"按钮，弹出"选择图形文件"对话框，选择"源文件\图块\A2 图框"图块，将其放置到图形适当位置，最终完成地下室平面图的绘制。单击"默认"选项卡"绘图"面板中的"直线"按钮和"注释"选项卡"文字"面板中的"多行文字"按钮A，为图形添加总图名称，最终完成首层平面图的绘制，如图 9-122 所示。

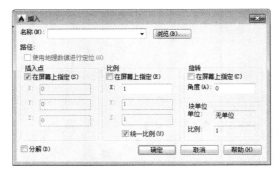

图 9-181　"插入"对话框

9.5　二层平面图

二层主要包括主卧、次卧、卫生间、更衣室、书房、过道、露台，利用上述方法完成二层平面图的绘制，结果如图 9-182 所示。

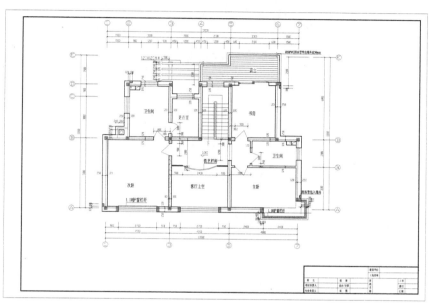

图 9-182　二层平面图

9.6　上机实验

【练习1】绘制如图 9-183 所示的某别墅首层平面图。

1．目的要求

本实验主要要求读者通过练习进一步熟悉和掌握平面图的绘制方法，如图 9-183 所示。通过本实验，可以帮助读者学会完成整个平面图绘制的全过程。

2．操作提示

（1）绘图前准备。

（2）绘制定位辅助线。

（3）绘制墙线、柱子。

（4）绘制门窗、楼梯及台阶。

（5）绘制家具。

（6）标注尺寸、文字、轴号及标高。

（7）绘制指北针及剖切符号。

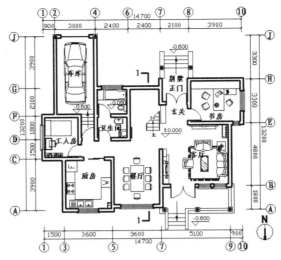

图 9-183　别墅的首层平面图

【练习2】绘制如图 9-184 所示的某别墅二层平面图。

1．目的要求

本实验主要要求读者通过练习进一步熟悉和掌握平面图的绘制方法，如图 9-184 所示。通过本实验，可以帮助读者学会完成整个平面图绘制的全过程。

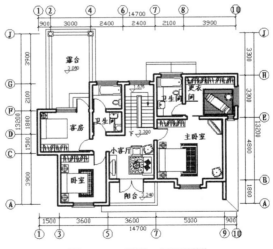

图 9-184　别墅二层平面图

2．操作提示

（1）绘图前准备。

（2）绘制定位辅助线。

（3）绘制墙线、柱子、门窗。

（4）绘制楼梯、阳台、露台及雨篷。

（5）绘制家具。

（6）标注尺寸、文字、轴号及标高。

第10章

别墅装饰平面图

装饰平面图主要是用来表达建筑室内装饰和布置细节的图样。本章将详细讲述独立别墅的室内装饰设计思路及其相关装饰图的绘制方法与技巧，包括别墅地下室、首层及二层装饰平面图的绘制方法。

10.1 地下室装饰平面图

地下室由于其建筑单元布置的特点，装饰布置相对简单，主要是放映室、工人房和卫生间以及洗衣房要进行简要的布置。本节主要讲述地下室装饰平面图的绘制过程，如图 10-1 所示。

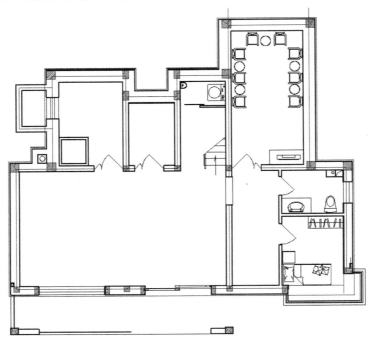

图 10-1 地下室装饰平面图

【预习重点】
- ☑ 了解绘图准备。
- ☑ 掌握家具的绘制。
- ☑ 掌握如何布置家居。

10.1.1 绘图准备

（1）单击快速访问工具栏中的"打开"按钮📂，打开"源文件\地下室平面图"。

（2）单击快速访问工具栏中的"另存为"按钮🖫，将打开的"地下室平面图"另存为"地下室装饰平面图"。

（3）单击"默认"选项卡"修改"面板中的"删除"按钮🗑，删除除了轴线层外其他所有图形，并关闭标注图层，整理结果如图 10-2 所示。

10.1.2 绘制家具

新建"家具"图层，如图 10-3 所示。

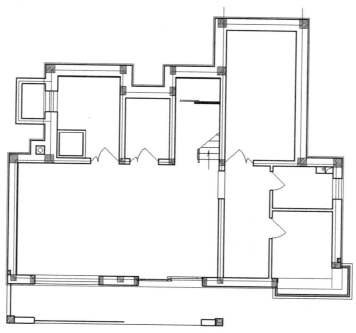

图 10-2 绘制图形

1．绘制椅子茶几

（1）单击"默认"选项卡"绘图"面板中的"直线"按钮，在图形空白区域任选一点为起点绘制一条长度为 343 的水平直线，如图 10-4 所示。

图 10-3 新建图层

图 10-4 绘制水平直线

（2）单击"默认"选项卡"绘图"面板中的"圆弧"按钮，在图形适当位置绘制 3 段适当半径的圆弧，如图 10-5 所示。

（3）单击"默认"选项卡"绘图"面板中的"矩形"按钮，在图形底部位置绘制一个 500×497 的矩形，如图 10-6 所示。

（4）单击"默认"选项卡"修改"面板中的"偏移"按钮，选择绘制的矩形为偏移对象，向内进行偏移，偏移距离分别为 50、12，如图 10-7 所示。

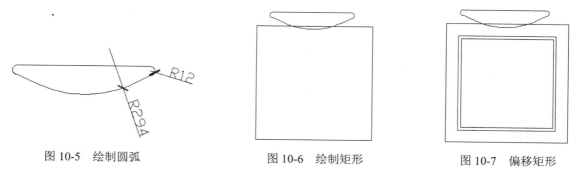

图 10-5 绘制圆弧 图 10-6 绘制矩形 图 10-7 偏移矩形

（5）单击"默认"选项卡"修改"面板中的"圆角"按钮，选择偏移图形为圆角对象，对其进行圆角处理，圆角半径为 100、80、60，如图 10-8 所示。

（6）单击"默认"选项卡"修改"面板中的"修剪"按钮━，对圆角后的矩形进行修剪处理，如图 10-9 所示。

（7）单击"默认"选项卡"修改"面板中的"分解"按钮━，选择最外部矩形为分解对象，按 Enter 键确认进行分解。

（8）单击"默认"选项卡"修改"面板中的"延伸"按钮━，选择第二个矩形竖直边为延伸对象，向下进行延伸，如图 10-10 所示。

（9）单击"默认"选项卡"修改"面板中的"修剪"按钮━，选择图形为修剪对象，对其进行修剪，如图 10-11 所示。

（10）单击"默认"选项卡"绘图"面板中的"直线"按钮━，在图形适当位置绘制连续直线，如图 10-12 所示。

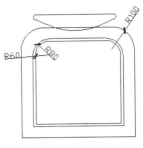

图 10-8　圆角处理

图 10-9　修剪图形

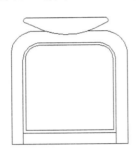

图 10-10　延伸线段

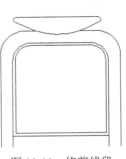

图 10-11　修剪线段

图 10-12　绘制连续直线

（11）单击"默认"选项卡"绘图"面板中的"圆"下拉按钮下的"圆心，半径"按钮，在绘制的椅子图形右侧绘制一个半径为 210 的圆，如图 10-13 所示。

（12）单击"默认"选项卡"修改"面板中的"偏移"按钮，选择绘制的圆图形为偏移对象，向内进行偏移，偏移距离为 10，如图 10-14 所示。

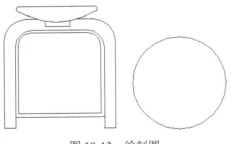

图 10-13　绘制圆

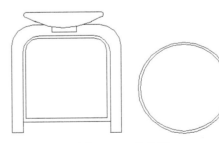

图 10-14　偏移圆

（13）单击"默认"选项卡"修改"面板中的"镜像"按钮，选择绘制的椅子图形为镜像对象，对其向右进行镜像，如图 10-15 所示。

（14）单击"插入"选项卡"定义块"面板中的"创建块"按钮，弹出"块定义"对话框，如图 10-16 所示，选择步骤（13）绘制的图形为定义对象，选择任意一点为基点，将其定义为块，块名为"单人座椅"。

2．绘制单人床及矮柜

（1）单击"默认"选项卡"绘图"面板中的"矩形"按钮，在图形空白区域绘制一个 900×2000 的矩形，如图 10-17 所示。

图 10-15　镜像处理

图 10-16　"块定义"对话框

（2）单击"默认"选项卡"修改"面板中的"分解"按钮，选择绘制的矩形为分解对象，按 Enter 键确认进行分解。

（3）单击"默认"选项卡"修改"面板中的"偏移"按钮，选择分解矩形的上部水平边为偏移对象，向下进行偏移，偏移距离为 52，如图 10-18 所示。

（4）单击"默认"选项卡"绘图"面板中的"样条曲线控制点"按钮和"圆弧"按钮，在偏移直线下方绘制枕头外部轮廓线，如图 10-19 所示。

（5）单击"默认"选项卡"绘图"面板中的"圆弧"按钮，在绘制的枕头外部轮廓线内绘制装饰线，如图 10-20 所示。

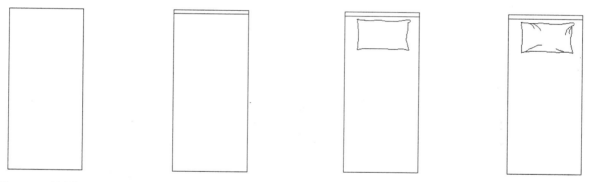

图 10-17　绘制矩形　　　　图 10-18　偏移直线　　　　图 10-19　绘制枕头外部轮廓线　　　　图 10-20　绘制装饰线

（6）单击"默认"选项卡"绘图"面板中的"矩形"按钮，在图形内绘制一个 846×1499 的矩形，如图 10-21 所示。

（7）单击"默认"选项卡"修改"面板中的"分解"按钮，选择绘制矩形为分解对象，按 Enter 键确认进行分解。

（8）单击"默认"选项卡"修改"面板中的"偏移"按钮，选择分解矩形的上部水平边为偏移对象，向下进行偏移，偏移距离为 273，如图 10-22 所示。

（9）单击"默认"选项卡"绘图"面板中的"直线"按钮和"圆弧"按钮，绘制被角图形，如图 10-23 所示。

（10）单击"默认"选项卡"修改"面板中的"修剪"按钮，选择绘制的被角图形为修剪对象，对其进行修剪，如图 10-24 所示。

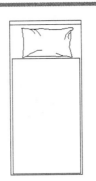

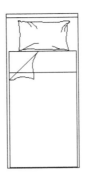

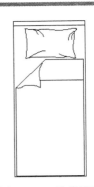

图 10-21　绘制矩形　　　图 10-22　偏移线段　　　图 10-23　绘制被角图形　　　图 10-24　修剪线段

（11）单击"默认"选项卡"修改"面板中的"圆角"按钮，选择绘制的 846×1499 的矩形为圆角对象，对其进行圆角处理，圆角半径为 20，如图 10-25 所示。

结合所学知识完成单人床图形剩余部分的绘制，如图 10-26 所示。

（12）单击"默认"选项卡"绘图"面板中的"矩形"按钮，在图形右侧绘制一个 500×500 的正方形，如图 10-27 所示。

（13）单击"默认"选项卡"修改"面板中的"分解"按钮，选择绘制的正方形为分解对象，按 Enter 键确认进行分解。

（14）单击"默认"选项卡"修改"面板中的"偏移"按钮，选择绘制正方形的左右两侧竖直边线为偏移对象，分别向内进行偏移，偏移距离为 7，完成床头柜图形的绘制，如图 10-28 所示。

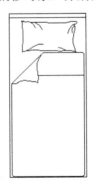

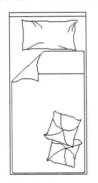

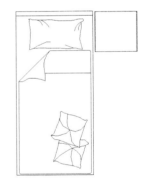

图 10-25　圆角处理　　　图 10-26　单人床　　　图 10-27　绘制正方形　　　图 10-28　偏移线段

（15）单击"插入"选项卡"定义块"面板中的"创建块"按钮，弹出"块定义"对话框，如图 10-16 所示，选择步骤（14）绘制的图形为定义对象，选择任意一点为基点，将其定义为块，块名为"单人床及床头柜"。

3．绘制电视机

（1）单击"默认"选项卡"绘图"面板中的"矩形"按钮，在图形空白区域绘制一个 956×157 的矩形，如图 10-29 所示。

（2）单击"默认"选项卡"绘图"面板中的"矩形"按钮，在图形内绘制一个 521×84 的矩形，单击"默认"选项卡"修改"面板中的"移动"按钮，选择刚绘制的矩形为移动对象，将其放置到适当位置，如图 10-30 所示。

（3）单击"默认"选项卡"绘图"面板中的"直线"按钮，在图形适当位置处绘制连续直线，如图 10-31 所示。

图 10-29　绘制矩形　　　　　　　　图 10-30　绘制并移动矩形

（4）单击"插入"选项卡"定义块"面板中的"创建块"按钮 ，弹出"块定义"对话框，如图 10-16 所示，选择步骤（3）绘制的图形为定义对象，选择任意一点为基点，将其定义为块，块名为"电视机"。

4．绘制洗衣机

（1）单击"默认"选项卡"绘图"面板中的"矩形"按钮 ，在图形空白区域绘制一个 690×720 的矩形，如图 10-32 所示。

（2）单击"默认"选项卡"修改"面板中的"圆角"按钮 ，选择绘制矩形为圆角对象，对其进行圆角处理，圆角半径为 50，如图 10-33 所示。

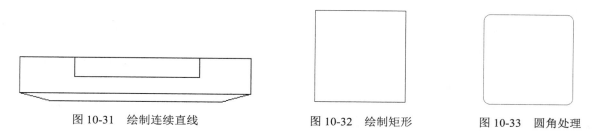

图 10-31　绘制连续直线　　　　　　图 10-32　绘制矩形　　　　图 10-33　圆角处理

（3）单击"默认"选项卡"绘图"面板中的"直线"按钮 ，在图形内适当位置绘制一条水平直线，如图 10-34 所示。

（4）单击"默认"选项卡"绘图"面板中的"圆"下拉按钮下的"圆心，半径"按钮 ，在绘制的直线上方绘制一个半径为 30 的圆，如图 10-35 所示。

（5）单击"默认"选项卡"绘图"面板中的"圆"下拉按钮下的"圆心，半径"按钮 ，在步骤（4）绘制的图形斜下方绘制一个半径为 18 的圆，如图 10-36 所示。

（6）单击"默认"选项卡"修改"面板中的"复制"按钮 ，选择绘制的圆图形为复制对象，将其向右侧进行连续复制，选择圆心为复制基点，复制间距为 51，完成复制，如图 10-37 所示。

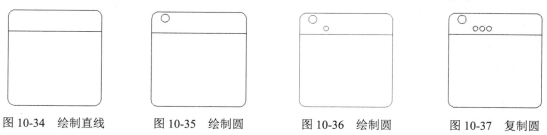

图 10-34　绘制直线　　　　图 10-35　绘制圆　　　　图 10-36　绘制圆　　　　图 10-37　复制圆

（7）单击"默认"选项卡"绘图"面板中的"圆"下拉按钮下的"圆心，半径"按钮 ，在如图 10-37 所示的位置绘制一个半径为 45 的圆，如 10-38 所示。

（8）单击"默认"选项卡"绘图"面板中的"直线"按钮 ，在绘制的圆内绘制两条斜向直线，如图 10-39 所示。

（9）单击"默认"选项卡"绘图"面板中的"矩形"按钮 ，在图形右侧位置绘制一个 69×42 的矩形，如图 10-40 所示。

（10）单击"默认"选项卡"绘图"面板中的"圆"下拉按钮下的"圆心，半径"按钮 ，在图形内绘制一个半径为 240 的圆，如图 10-41 所示。

图 10-38　绘制圆　　　　图 10-39　绘制直线　　　图 10-40　绘制矩形　　　图 10-41　绘制圆

（11）单击"插入"选项卡"定义块"面板中的"创建块"按钮，弹出"块定义"对话框，如图 10-16 所示，选择步骤（10）绘制的图形为定义对象，选择任意一点为基点，将其定义为块，块名为"洗衣机"。

5．绘制衣柜

（1）单击"默认"选项卡"绘图"面板中的"矩形"按钮，在图形适当位置绘制一个 519×1458 的矩形，如图 10-42 所示。

（2）单击"默认"选项卡"绘图"面板中的"直线"按钮，选取绘制矩形左侧竖直边中点为直线起点，向右绘制一条水平直线，如图 10-43 所示。

（3）单击"默认"选项卡"绘图"面板中的"矩形"按钮和"修改"工具栏中的"旋转"按钮，完成剩余图形的绘制，如图 10-44 所示。

图 10-42　绘制矩形　　　　　图 10-43　绘制直线　　　　　图 10-44　绘制剩余图形

（4）单击"插入"选项卡"定义块"面板中的"创建块"按钮，弹出"块定义"对话框，如图 10-16 所示，选择步骤（3）绘制的图形为定义对象，选择任意一点为基点，将绘制图形定义为块，块名为"衣柜"。

6．绘制洗手盆

（1）单击"默认"选项卡"绘图"面板中的"多段线"按钮，指定起点宽度为 3、端点宽度为 3，绘制连续多段线，如图 10-45 所示。

（2）单击"默认"选项卡"绘图"面板中的"多段线"按钮，指定起点宽度为 3、端点宽度为 3，在图形内绘制一条水平直线，如图 10-46 所示。

（3）单击"默认"选项卡"绘图"面板中的"圆弧"按钮和"直线"按钮，在图形内部绘制连续线段，如图 10-47 所示。

（4）单击"默认"选项卡"绘图"面板中的"圆"下拉按钮下的"圆心，半径"按钮，在图形中绘制一个半径为 38 的圆，如图 10-48 所示。

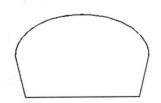 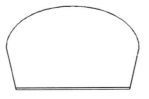 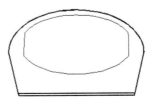 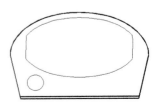

图 10-45　绘制连续多段线　　图 10-46　绘制直线　　　图 10-47　绘制连续线段　　　图 10-48　绘制圆

（5）单击"默认"选项卡"绘图"面板中的"直线"按钮，绘制图形之间的连接线，如图 10-49 所示。

（6）单击"默认"选项卡"修改"面板中的"镜像"按钮，选择绘制的圆及连接线为镜像图形，向右进行竖直镜像，如图 10-50 所示。

（7）单击"插入"选项卡"定义块"面板中的"创建块"按钮，弹出"块定义"对话框，如图 10-16 所示，选择步骤（6）绘制的图形为定义对象，选择任意一点为基点，将其定义为块，块名为"洗手盆"。

7．绘制坐便器

（1）单击"默认"选项卡"绘图"面板中的"圆弧"下拉按钮下的"起端，端点，半径"按钮，在图形空白位置绘制一段适当半径的圆弧，如图 10-51 所示。

（2）单击"默认"选项卡"绘图"面板中的"直线"按钮，分别以绘制圆弧左右两端点为直线起点，向下绘制两段斜向直线，如图 10-52 所示。

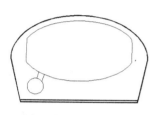

图 10-49　绘制连接线

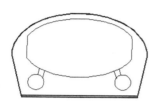

图 10-50　镜像图形

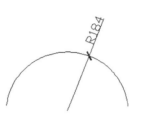

图 10-51　绘制圆弧

图 10-52　绘制直线

（3）单击"默认"选项卡"绘图"面板中的"椭圆弧"按钮，在图形中绘制一个适当大小的椭圆，如图 10-53 所示。

（4）单击"默认"选项卡"绘图"面板中的"直线"按钮和"圆弧"按钮，在图形底部绘制图形，如图 10-54 所示。

（5）单击"默认"选项卡"修改"面板中的"偏移"按钮，选择绘制的左右线段和圆弧为偏移对象，向内进行偏移，偏移距离为 10，如图 10-55 所示。

（6）单击"默认"选项卡"修改"面板中的"修剪"按钮，选择偏移线段为修剪对象，对其进行修剪处理，如图 10-56 所示。

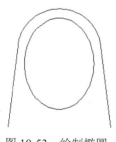

图 10-53　绘制椭圆

图 10-54　绘制图形

图 10-55　偏移线段

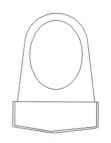

图 10-56　修剪线段

（7）单击"默认"选项卡"修改"面板中的"圆角"按钮，选择图形下部矩形边为圆角对象，对其进行圆角处理，圆角半径为 20，如图 10-57 所示。

（8）单击"默认"选项卡"修改"面板中的"修剪"按钮，选择圆角后的线段为修剪对象，对其进行修剪，完成坐便器的绘制，如图 10-58 所示。

（9）单击"插入"选项卡"定义块"面板中的"创建块"按钮，弹出"块定义"对话框，如图 10-16 所示，选择步骤（8）绘制的图形为定义对象，选择任意一点为基点，将其定义为块，块名为"坐便器"。

8．绘制墩布池

（1）单击"默认"选项卡"绘图"面板中的"多段线"按钮，在图形空白位置选择适当一点为多段线起点，绘制连续多段线，如图 10-59 所示。

（2）单击"默认"选项卡"修改"面板中的"分解"按钮，选择绘制的连续多段线为分解对象，按 Enter 键确认进行分解。

（3）单击"默认"选项卡"修改"面板中的"偏移"按钮，选择绘制的连续多段线为偏移对象，分别向内进行偏移，偏移距离为 16、20，如图 10-60 所示。

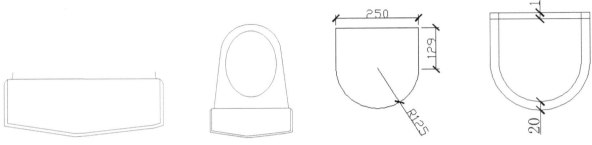

图 10-57 圆角处理　　　图 10-58 圆角处理　　　图 10-59 绘制连续多段线　　　图 10-60 偏移线段

（4）单击"默认"选项卡"修改"面板中的"修剪"按钮，选择偏移线段为修剪对象，对其进行修剪处理，如图 10-61 所示。

（5）单击"默认"选项卡"绘图"面板中的"轴，端点"按钮，在图形内绘制一个适当大小的椭圆，如图 10-62 所示。

（6）单击"默认"选项卡"修改"面板中的"偏移"按钮，选择绘制的椭圆为偏移对象向内进行偏移，偏移距离为 9，如图 10-63 所示。

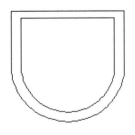  

图 10-61 修剪处理　　　　图 10-62 绘制椭圆　　　　图 10-63 偏移椭圆

10.1.3　布置家具

（1）单击"插入"选项卡"块"面板中的"插入"按钮，弹出"插入"对话框。单击"浏览"按钮，弹出"选择图形文件"对话框，选择"源文件\图块\单人座椅"图块，单击"打开"按钮，回到"插入"对话框，单击"确定"按钮，完成图块插入，如图 10-64 所示。

（2）单击"插入"选项卡"块"面板中的"插入"按钮，弹出"插入"对话框。单击"浏览"按钮，弹出"选择图形文件"对话框，选择"源文件\图块\单人床及柜"图块，单击"打开"按钮，回到"插入"对话框，单击"确定"按钮，完成图块插入，如图 10-65 所示。

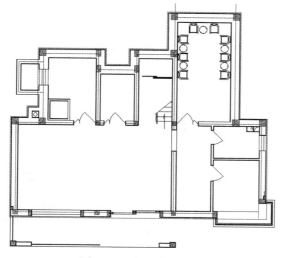

图 10-64　插入单人座椅

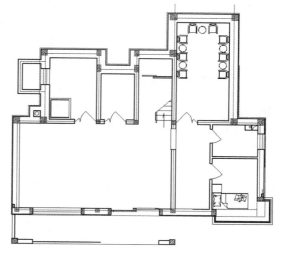

图 10-65　插入单人床及柜

（3）单击"插入"选项卡"块"面板中的"插入"按钮，弹出"插入"对话框。单击"浏览"按钮，弹出"选择图形文件"对话框，选择"源文件\图块\衣柜"图块，单击"打开"按钮，回到"插入"对话框，单击"确定"按钮，完成图块插入，如图 10-66 所示。

（4）单击"默认"选项卡"绘图"面板中的"多段线"按钮，指定起点宽度为 0、端点宽度为 0，在卫生间位置处绘制连续直线，如图 10-67 所示。

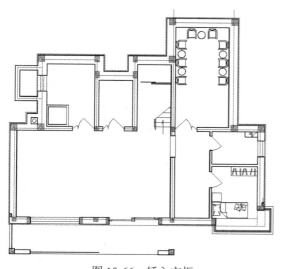

图 10-66　插入衣柜

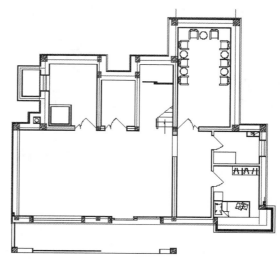

图 10-67　绘制连续直线

（5）单击"插入"选项卡"块"面板中的"插入"按钮，弹出"插入"对话框。单击"浏览"按钮，弹出"选择图形文件"对话框，选择"源文件\图块\洗手盆"图块，单击"打开"按钮，回到"插入"对话框，单击"确定"按钮，完成图块插入，如图 10-68 所示。

（6）单击"插入"选项卡"块"面板中的"插入"按钮🔲，弹出"插入"对话框。单击"浏览"按钮，弹出"选择图形文件"对话框，选择"源文件\图块\坐便器"图块，单击"打开"按钮，回到"插入"对话框，单击"确定"按钮，完成图块插入，如图 10-69 所示。

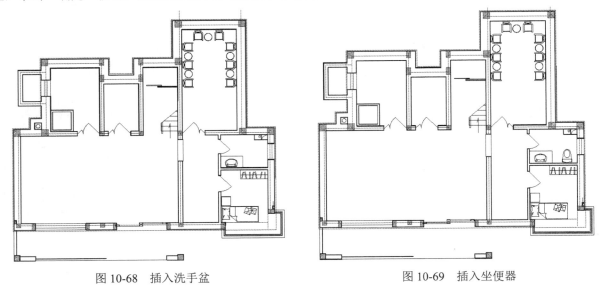

图 10-68　插入洗手盆　　　　　　　　　图 10-69　插入坐便器

（7）单击"默认"选项卡"绘图"面板中的"直线"按钮🖊，在放映室位置绘制连续直线，如图 10-70 所示。

（8）单击"插入"选项卡"块"面板中的"插入"按钮🔲，弹出"插入"对话框。单击"浏览"按钮，弹出"选择图形文件"对话框，选择"源文件\图块\电视机"图块，单击"打开"按钮，回到"插入"对话框，单击"确定"按钮，完成图块插入，如图 10-71 所示。

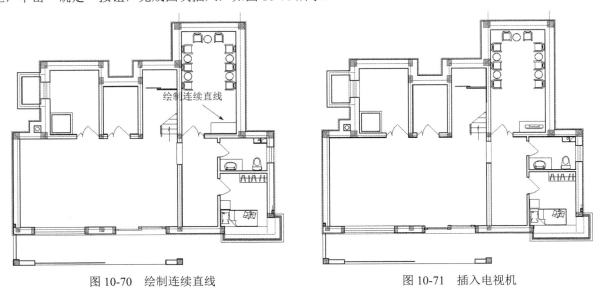

图 10-70　绘制连续直线　　　　　　　　　图 10-71　插入电视机

（9）单击"插入"选项卡"块"面板中的"插入"按钮🔲，弹出"插入"对话框。单击"浏览"按钮，弹出"选择图形文件"对话框，选择"源文件\图块\洗衣机"图块，单击"打开"按钮，回到"插入"对话框，单击"确定"按钮，完成图块插入，如图 10-72 所示。

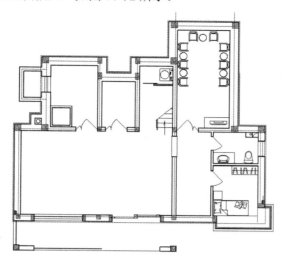

图 10-72　插入洗衣机

（10）单击"插入"选项卡"块"面板中的"插入"按钮，弹出"插入"对话框。单击"浏览"按钮，弹出"选择图形文件"对话框，选择"源文件\图块\墩布池"图块，单击"打开"按钮，回到"插入"对话框，单击"确定"按钮，完成图块插入。

（11）继续将其他图块进行插入，最终完成地下室装饰平面图的绘制，如图 10-1 所示。

10.2　首层装饰平面图

别墅首层装饰主要是对别墅首层几个建筑单元内部的家具进行布置。本节主要讲述别墅首层装饰平面图的绘制过程，如图 10-73 所示。

【预习重点】

☑　了解绘图准备。

☑　掌握家具的绘制。

☑　掌握如何布置家居。

10.2.1　绘图准备

（1）单击快速访问工具栏中的"打开"按钮，打开"源文件\首层平面图"。

（2）单击快速访问工具栏中的"另存为"按钮，将打开的"首层平面图"另存为"首层装饰平面图"。

（3）单击"默认"选项卡"修改"面板中的"删除"按钮，删除除轴线层外其他所有图形，并关闭标注图层，整理结果如图 10-74 所示。

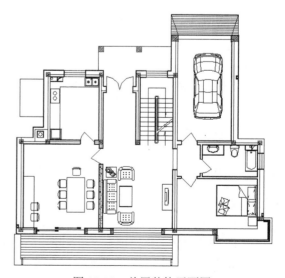

图 10-73　首层装饰平面图

10.2.2 绘制家具

1．绘制单人椅

（1）单击"默认"选项卡"绘图"面板中的"矩形"按钮▭，在图形适当位置绘制一个 450×360 的矩形，如图 10-75 所示。

（2）单击"默认"选项卡"修改"面板中的"圆角"按钮▭，选择绘制矩形四边进行圆角处理，圆角半径为 68，如图 10-76 所示。

（3）单击"默认"选项卡"绘图"面板中的"直线"按钮▱，在圆角后的矩形上方绘制一条水平直线，如图 10-77 所示。

（4）单击"默认"选项卡"绘图"面板中的"圆弧"按钮▱，在绘制的直线上绘制两条弧线，如图 10-78 所示。

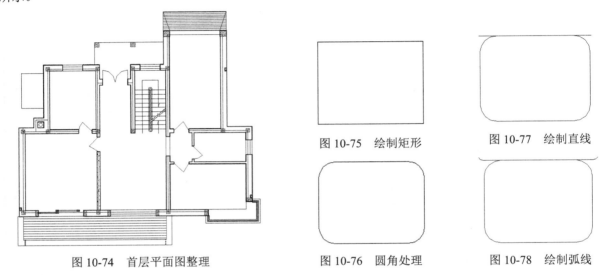

图 10-74　首层平面图整理

图 10-75　绘制矩形　　图 10-77　绘制直线

图 10-76　圆角处理　　图 10-78　绘制弧线

（5）单击"默认"选项卡"绘图"面板中的"圆弧"按钮▱，连接绘制的两条圆弧，如图 10-79 所示。

（6）单击"插入"选项卡"定义块"面板中的"创建块"按钮▱，弹出"块定义"对话框，如图 10-16 所示，选择步骤（5）绘制的图形为定义对象，选择任意一点为基点，将其定义为块，块名为"单人椅"。

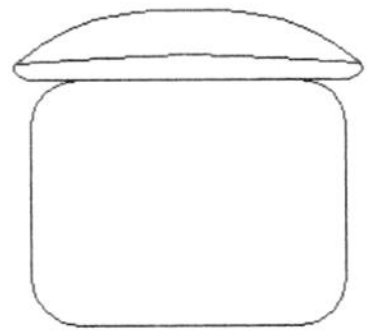

2．绘制餐桌

（1）单击"默认"选项卡"绘图"面板中的"矩形"按钮▭，在图形适当位置绘制一个 1000×2000 的矩形，如图 10-80 所示。

图 10-79　连接圆弧

（2）单击"插入"选项卡"块"面板中的"插入"按钮▱，弹出"插入"对话框。单击"浏览"按钮，弹出"选择图形文件"对话框，选择"源文件\图块\单人椅"图块，单击"打开"按钮，回到"插入"对话框，单击"确定"按钮，完成图块插入，如图 10-81 所示。

（3）单击"插入"选项卡"定义块"面板中的"创建块"按钮▱，弹出"块定义"对话框，如图 10-16 所示，选择步骤（2）绘制的图形为定义对象，选择任意一点为基点，将其定义为块，块名为"餐桌"。

3．绘制沙发

（1）单击"默认"选项卡"绘图"面板中的"矩形"按钮▭，在图形适当位置绘制一个 2016×570 的矩形，如图 10-82 所示。

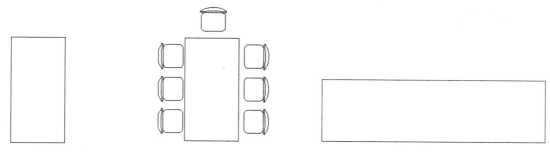

图 10-80　绘制矩形　　　　图 10-81　插入单人座椅　　　　图 10-82　绘制矩形

（2）单击"默认"选项卡"修改"面板中的"分解"按钮，选择绘制的矩形为分解对象，按 Enter 键确认进行分解。

（3）选择分解矩形下部水平边为等分对象，将其进行三等分，单击"默认"选项卡"绘图"面板中的"直线"按钮，绘制等分点之间的连接线，如图 10-83 所示。

（4）单击"默认"选项卡"修改"面板中的"圆角"按钮，对矩形四边进行圆角处理，圆角半径为 50，如图 10-84 所示。

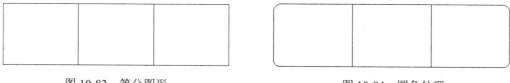

图 10-83　等分图形　　　　　　　　　图 10-84　圆角处理

（5）单击"默认"选项卡"修改"面板中的"圆角"按钮，对绘制的等分线进行不修剪圆角处理，圆角半径为 30，如图 10-85 所示。

（6）单击"默认"选项卡"修改"面板中的"修剪"按钮，选择圆角后的图形为修剪对象，对其进行修剪处理，如图 10-86 所示。

图 10-85　不修剪圆角处理　　　　　　　　图 10-86　修剪线段

（7）单击"默认"选项卡"绘图"面板中的"矩形"按钮，在图形的适当位置绘制一个 241×511 的矩形，如图 10-87 所示。

（8）单击"默认"选项卡"修改"面板中的"修剪"按钮，选择绘制矩形内的多余线段为修剪对象，对其进行修剪处理，如图 10-88 所示。

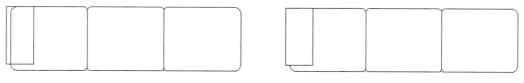

图 10-87　绘制矩形　　　　　　　　图 10-88　修剪矩形内多余线段

（9）单击"默认"选项卡"修改"面板中的"圆角"按钮▢，对图形中的矩形进行不修剪模式处理，圆角半径为 50，如图 10-89 所示。

（10）单击"默认"选项卡"修改"面板中的"修剪"按钮▣，对圆角处理后的图形进行修剪处理，如图 10-90 所示。

图 10-89　圆角处理　　　　　　　　　　　图 10-90　修剪处理

利用上述方法完成右侧相同图形的绘制，如图 10-91 所示。

（11）单击"默认"选项卡"绘图"面板中的"直线"按钮▰，在图形顶部位置绘制一条水平直线，如图 10-92 所示。

图 10-91　绘制右侧图形　　　　　　　　　图 10-92　绘制水平直线

（12）单击"默认"选项卡"修改"面板中的"偏移"按钮▱，选择绘制的水平直线为偏移对象，向上进行偏移，偏移距离为 50、150，如图 10-93 所示。

（13）单击"默认"选项卡"绘图"面板中的"直线"按钮▰，绘制两条竖直直线来连接偏移线段，如图 10-94 所示。

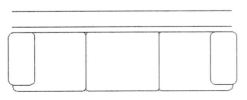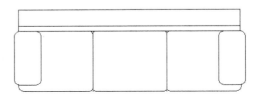

图 10-93　偏移线段　　　　　　　　　　　图 10-94　绘制竖直直线

（14）单击"默认"选项卡"修改"面板中的"圆角"按钮▢，选择圆角线段进行圆角处理，圆角半径为 50，如图 10-95 所示。

（15）单击"默认"选项卡"绘图"面板中的"直线"按钮▰，在图形内绘制十字交叉线，如图 10-96 所示。

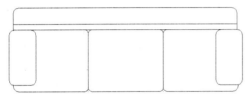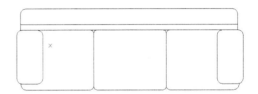

图 10-95　圆角处理　　　　　　　　　　　图 10-96　绘制十字交叉线

（16）单击"默认"选项卡"修改"面板中的"复制"按钮▣，选择绘制的十字交叉线为复制对象，对其进行连续复制，如图 10-97 所示。

（17）单击"默认"选项卡"绘图"面板中的"矩形"按钮，在绘制的沙发图形下方绘制一个 1200×700 的矩形，如图 10-98 所示。

（18）单击"默认"选项卡"修改"面板中的"分解"按钮，选择绘制的矩形为分解对象，按 Enter 键确认进行分解。

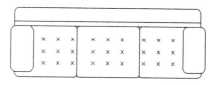

图 10-97　复制十字交叉线

（19）单击"默认"选项卡"修改"面板中的"偏移"按钮，选择分解矩形的左侧竖直边为偏移对象，向右进行偏移，偏移距离为 17、1159，如图 10-99 所示。

利用前面讲述的绘制沙发的方法，完成左右两侧小沙发的绘制，如图 10-100 所示。

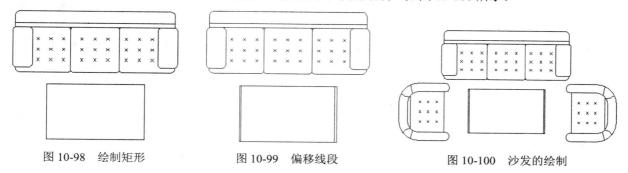

图 10-98　绘制矩形　　　　　　图 10-99　偏移线段　　　　　　图 10-100　沙发的绘制

（20）单击"默认"选项卡"绘图"面板中的"矩形"按钮，在长沙发右侧选一点为矩形起点，绘制一个 600×600 的矩形，如图 10-101 所示。

（21）单击"默认"选项卡"修改"面板中的"圆角"按钮，选择绘制的矩形为圆角对象，对其进行圆角处理，圆角半径为 71，如图 10-102 所示。

（22）单击"默认"选项卡"绘图"面板中的"圆"下拉按钮下的"圆心，半径"按钮，在圆角后的矩形内绘制一个半径为 160 的圆，如图 10-103 所示。

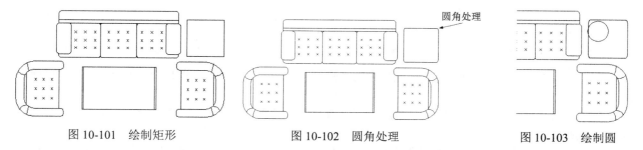

图 10-101　绘制矩形　　　　　　图 10-102　圆角处理　　　　　　图 10-103　绘制圆

（23）单击"默认"选项卡"绘图"面板中的"圆"下拉按钮下的"圆心，半径"按钮，在绘制的圆内任选一点为圆心，绘制一个半径为 60 的圆，如图 10-104 所示。

（24）单击"默认"选项卡"绘图"面板中的"直线"按钮，在图形内绘制多条直线，如图 10-105 所示。

结合所学知识完成沙发茶几上的电话机的绘制，如图 10-106 所示。

（25）单击"插入"选项卡"块"面板中的"插入"按钮，弹出"插入"对话框。单击"浏览"按钮，弹出"选择图形文件"对话框，选择"源文件\图块\三人沙发"图块，单击"打开"按钮，回到"插入"对话框，单击"确定"按钮，完成图块插入。

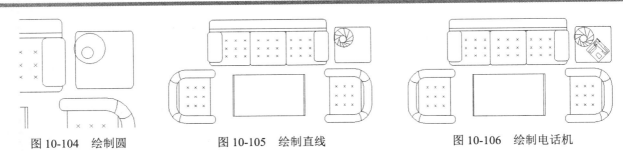

| 图 10-104　绘制圆 | 图 10-105　绘制直线 | 图 10-106　绘制电话机 |

4．绘制双人床

（1）单击"默认"选项卡"绘图"面板中的"矩形"按钮▣，在图形适当位置绘制一个 1800×2300 的矩形，如图 10-107 所示。

（2）单击"默认"选项卡"修改"面板中的"分解"按钮▣，选择绘制的矩形为分解对像，按 Enter 键确认对其分解。

（3）单击"默认"选项卡"修改"面板中的"偏移"按钮▣，选择分解矩形的上部水平线为偏移对象向下进行偏移，偏移距离为 60，如图 10-108 所示。

（4）单击"默认"选项卡"绘图"面板中的"矩形"按钮▣，在绘制的矩形内绘制一个 1735×1724 的矩形，如图 10-109 所示。

（5）单击"默认"选项卡"绘图"面板中的"样条曲线控制点"按钮▣，在绘制矩形上左上角位置绘制连续多段线，如图 10-110 所示。

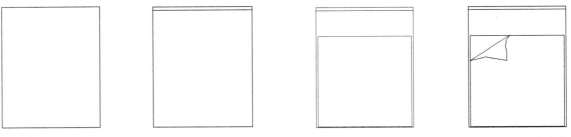

| 图 10-107　绘制矩形 | 图 10-108　偏移线段 | 图 10-109　绘制矩形 | 图 10-110　绘制连续多段线 |

（6）单击"默认"选项卡"修改"面板中的"修剪"按钮▣，选择绘制图形为修剪对象，对其进行修剪，如图 10-111 所示。

（7）单击"默认"选项卡"绘图"面板中的"直线"按钮▣，在图形适当位置绘制一条水平直线，如图 10-112 所示。

（8）单击"默认"选项卡"修改"面板中的"圆角"按钮▣，选择图形进行圆角处理，对线段进行不修剪模式处理，圆角半径为 23，如图 10-113 所示。

（9）单击"默认"选项卡"修改"面板中的"修剪"按钮▣，对圆角图形进行修剪处理，如图 10-114 所示。

（10）单击"默认"选项卡"绘图"面板中的"样条曲线控制点"按钮▣，在图形右下角位置绘制连续线段，如图 10-115 所示。

（11）单击"默认"选项卡"绘图"面板中的"矩形"按钮▣，在绘制图形的右侧绘制一个 500×500 的矩形，如图 10-116 所示。

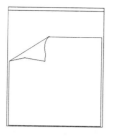 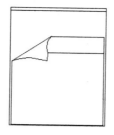 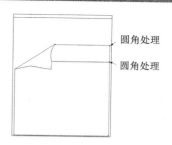

图 10-111　修剪图形　　　　　图 10-112　绘制直线　　　　　图 10-113　圆角处理

（12）单击"默认"选项卡"修改"面板中的"分解"按钮，选择绘制的矩形为分解对象，按 Enter 键确认进行分解。

（13）单击"默认"选项卡"修改"面板中的"偏移"按钮，选择分解矩形左侧竖直边为偏移对象，向右进行偏移，偏移距离为 7、483，最终完成双人床及柜的绘制，如图 10-117 所示。

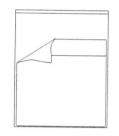 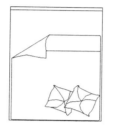 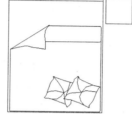 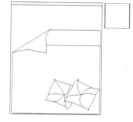

图 10-114　修剪处理　　　图 10-115　绘制连续线段　　　图 10-116　绘制矩形　　　图 10-117　偏移线段

（14）单击"插入"选项卡"块"面板中的"插入"按钮，弹出"插入"对话框。单击"浏览"按钮，弹出"选择图形文件"对话框，选择"源文件\图块\双人床及柜"图块，单击"打开"按钮，回到"插入"对话框，单击"确定"按钮，完成图块插入。

5．绘制电视机

（1）单击"默认"选项卡"绘图"面板中的"矩形"按钮，在图形适当位置绘制一个 956×157 的矩形，如图 10-118 所示。

（2）单击"默认"选项卡"绘图"面板中的"矩形"按钮，在绘制的矩形内绘制一个 521×54 的矩形，如图 10-119 所示。

（3）单击"默认"选项卡"绘图"面板中的"直线"按钮，完成电视机图形剩余部分的绘制，如图 10-120 所示。

图 10-118　绘制矩形　　　　　图 10-119　绘制矩形　　　　　图 10-120　绘制直线

（4）单击"插入"选项卡"定义块"面板中的"创建块"按钮，弹出"块定义"对话框，如图 10-16 所示，选择步骤（3）绘制的图形为定义对象，选择任意一点为基点，将其定义为块，块名为"电视机"。

6．绘制浴缸

（1）单击"默认"选项卡"绘图"面板中的"矩形"按钮，在图形适当位置绘制一个 700×1200 的矩形，如图 10-121 所示。

（2）单击"默认"选项卡"修改"面板中的"偏移"按钮，选择绘制的矩形为偏移对象，向内进行偏移，偏移距离为19，如图10-122所示。

（3）单击"默认"选项卡"绘图"面板中的"直线"按钮，在图形内绘制连续直线，如图10-123所示。

（4）单击"默认"选项卡"绘图"面板中的"圆弧"按钮，连接绘制的多段线下部两端点，绘制适当半径的圆弧，如图10-124所示。

（5）单击"默认"选项卡"绘图"面板中的"圆心"按钮，在图形顶部位置绘制一个适当半径的椭圆，完成浴缸图形的绘制，如图10-125所示。

  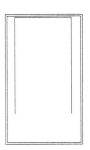  

图 10-121　绘制矩形　图 10-122　偏移矩形　图 10-123　绘制直线　图 10-124　绘制圆弧　图 10-125　绘制椭圆

（6）单击"插入"选项卡"定义块"面板中的"创建块"按钮，弹出"块定义"对话框，如图10-16所示，选择步骤（5）绘制的图形为定义对象，选择任意一点为基点，将其定义为块，块名为"浴缸"。

7．绘制洗菜盆

（1）单击"默认"选项卡"绘图"面板中的"多段线"按钮，指定起点宽度为5、端点宽度为5。在图形适当位置绘制连续多段线，绘制如图10-126所示的图形。

（2）单击"默认"选项卡"绘图"面板中的"多段线"按钮，指定起点宽度为0、端点宽度为0，在图形内绘制连续多段线，如图10-127所示。

（3）单击"默认"选项卡"绘图"面板中的"圆"下拉按钮下的"圆心，半径"按钮，在绘制的多段线内绘制一个半径为54的圆，如图10-128所示。

（4）单击"默认"选项卡"修改"面板中的"偏移"按钮，选择绘制的圆为偏移对象，向内进行偏移，偏移距离为19，如图10-129所示。

 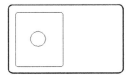 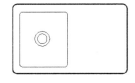

图 10-126　绘制多段线　　图 10-127　绘制多段线　　图 10-128　绘制圆　　图 10-129　偏移圆

（5）单击"默认"选项卡"修改"面板中的"复制"按钮，选择绘制图形为复制对象向右侧进行复制，间距为380，如图10-130所示。

（6）单击"默认"选项卡"绘图"面板中的"圆"下拉按钮下的"圆心，半径"按钮，在图形适当位置绘制一个半径为13的圆，如图10-131所示。

（7）单击"默认"选项卡"修改"面板中的"复制"按钮，选择绘制的圆为复制对象，向右侧进行复制，如图10-132所示。

（8）单击"默认"选项卡"绘图"面板中的"直线"按钮，在绘制的圆之间绘制连续直线，完成洗菜盆的绘制，如图 10-133 所示。

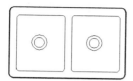

图 10-130　复制图形

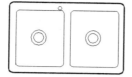
图 10-131　绘制圆

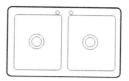
图 10-132　复制圆

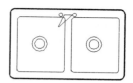
图 10-133　绘制连续直线

（9）单击"插入"选项卡"定义块"面板中的"创建块"按钮，弹出"块定义"对话框，如图 10-16 所示，选择步骤（8）绘制的图形为定义对象，选择任意一点为基点，将其定义为块，块名为"洗菜盆"。

10.2.3　布置家具

（1）单击"插入"选项卡"块"面板中的"插入"按钮，弹出"插入"对话框。单击"浏览"按钮，弹出"选择图形文件"对话框，选择"源文件\图块\双人床及柜"图块，单击"打开"按钮，回到"插入"对话框，单击"确定"按钮，完成图块插入，如图 10-134 所示。

（2）单击"默认"选项卡"绘图"面板中的"直线"按钮，在客厅靠墙位置绘制连续直线，如图 10-135 所示。

（3）单击"插入"选项卡"块"面板中的"插入"按钮，弹出"插入"对话框。单击"浏览"按钮，弹出"选择图形文件"对话框，选择"源文件\图块\电视机"图块，单击"打开"按钮，回到"插入"对话框，单击"确定"按钮，完成图块插入，如图 10-136 所示。

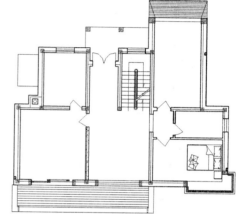
图 10-134　插入双人床及柜

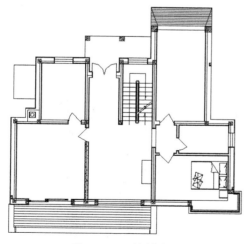
图 10-135　绘制直线

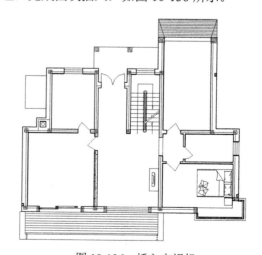
图 10-136　插入电视机

（4）单击"插入"选项卡"块"面板中的"插入"按钮，弹出"插入"对话框。单击"浏览"按钮，弹出"选择图形文件"对话框，选择"源文件\图块\沙发"图块，单击"打开"按钮，回到"插入"对话框，单击"确定"按钮,完成图块插入,如图 10-137 所示。

(5)单击"插入"选项卡"块"面板中的"插入"按钮,弹出"插入"对话框。单击"浏览"按钮,弹出"选择图形文件"对话框,选择"源文件\图块\餐桌"图块,单击"打开"按钮,回到"插入"对话框,单击"确定"按钮,完成图块插入,如图 10-138 所示。

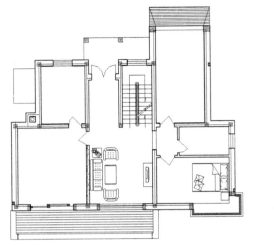 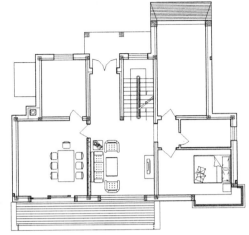

图 10-137　插入沙发　　　　　　　　　　图 10-138　插入餐桌

(6)单击"默认"选项卡"绘图"面板中的"直线"按钮,在餐厅位置绘制连续直线,如图 10-139 所示。

(7)单击"插入"选项卡"块"面板中的"插入"按钮,弹出"插入"对话框。单击"浏览"按钮,弹出"选择图形文件"对话框,选择"源文件\图块\餐椅"图块,单击"打开"按钮,回到"插入"对话框,单击"确定"按钮,完成图块插入,如图 10-140 所示。

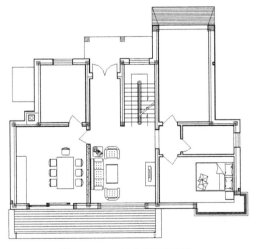 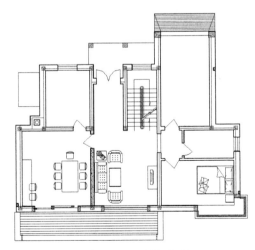

图 10-139　绘制连续直线　　　　　　　　图 10-140　插入餐椅

(8)单击"默认"选项卡"绘图"面板中的"多段线"按钮,指定起点宽度为 25、端点宽度为 25,在厨房角落绘制连续直线,如图 10-141 所示。

(9)单击"默认"选项卡"绘图"面板中的"圆"下拉按钮下的"圆心,半径"按钮,在图形内绘制一个半径为 50 的圆，如图 10-142 所示。

（10）单击"默认"选项卡"绘图"面板中的"直线"按钮，在图形内绘制连续直线，如图 10-143 所示。

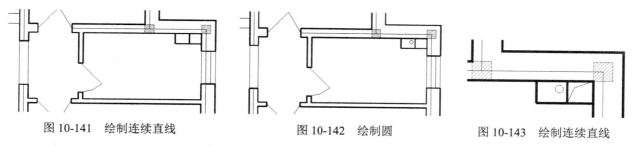

图 10-141　绘制连续直线　　　　图 10-142　绘制圆　　　　图 10-143　绘制连续直线

利用上述方法完成剩余相同图形的绘制，如图 10-144 所示。

（11）单击"插入"选项卡"块"面板中的"插入"按钮，弹出"插入"对话框。单击"浏览"按钮，弹出"选择图形文件"对话框，选择"源文件\图块\浴缸"图块，单击"打开"按钮，回到"插入"对话框，单击"确定"按钮，完成图块插入，如图 10-145 所示。

（12）单击"插入"选项卡"块"面板中的"插入"按钮，弹出"插入"对话框。单击"浏览"按钮，弹出"选择图形文件"对话框，选择"源文件\图块\坐便器"图块，单击"打开"按钮，回到"插入"对话框，单击"确定"按钮，完成图块插入，如图 10-146 所示。

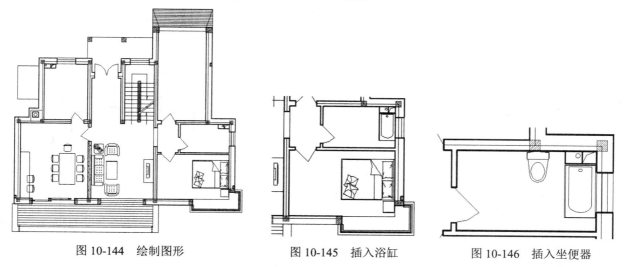

图 10-144　绘制图形　　　　图 10-145　插入浴缸　　　　图 10-146　插入坐便器

（13）单击"默认"选项卡"绘图"面板中的"多段线"按钮，指定起点宽度为 25、端点宽度为 25，在厨房角落绘制连续直线，如图 10-147 所示。

（14）单击"插入"选项卡"块"面板中的"插入"按钮，弹出"插入"对话框。单击"浏览"按钮，弹出"选择图形文件"对话框，选择"源文件\图块\洗手盆"图块，单击"打开"按钮，回到"插入"对话框，单击"确定"按钮，完成图块插入，如图 10-148 所示。

（15）单击"插入"选项卡"块"面板中的"插入"按钮，弹出"插入"对话框。单击"浏览"按钮，弹出"选择图形文件"对话框，选择"源文件\图块\汽车"图块，单击"打开"按钮，回到"插入"对话框，单击"确定"按钮，完成图块插入，如图 10-149 所示。

（16）单击"默认"选项卡"绘图"面板中的"直线"按钮，在厨房内的适当位置绘制连续直线，如

图 10-150 所示。

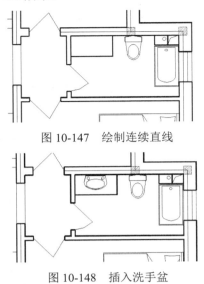

图 10-147　绘制连续直线

图 10-148　插入洗手盆

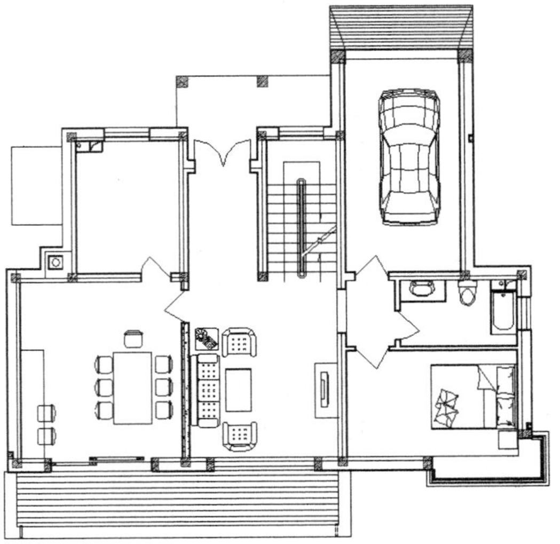

图 10-149　插入汽车

（17）单击"插入"选项卡"块"面板中的"插入"按钮，弹出"插入"对话框。单击"浏览"按钮，弹出"选择图形文件"对话框，选择"源文件\图块\洗菜盆"图块，单击"打开"按钮，回到"插入"对话框，单击"确定"按钮，完成图块插入，如图 10-151 所示。

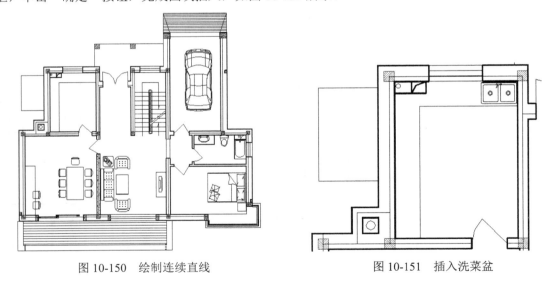

图 10-150　绘制连续直线

图 10-151　插入洗菜盆

利用上述方法完成剩余图形的绘制，结果如图 10-73 所示。

10.3　二层装饰平面图

别墅二层装饰主要是对别墅二层几个建筑单元内部的家具进行布置。利用上述方法完成二层装饰平面图的绘制，如图 10-152 所示。

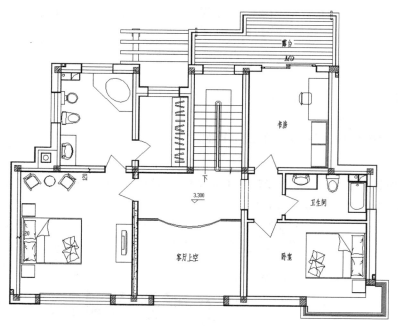

图 10-152　二层装饰平面图

10.4　上机实验

【练习 1】绘制如图 10-153 所示的某别墅首层平面图。

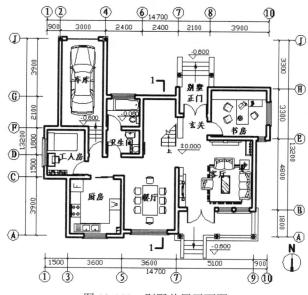

图 10-153　别墅首层平面图

1．目的要求

本实验主要要求读者通过练习进一步熟悉和掌握家具的绘制方法，如图 10-153 所示。通过本实验，可以帮助读者学会完成整个平面图绘制的全过程。

2．操作提示

（1）绘制家具。

（2）标注尺寸、文字、轴号及标高。

（3）绘制指北针及剖切符号。

【练习 2】绘制如图 10-154 所示的某别墅二层平面图。

1．目的要求

本实验主要要求读者通过练习进一步熟悉和掌握家具的绘制方法，如图 10-154 所示。通过本实验，可以帮助读者学会完成整个平面图绘制的全过程。

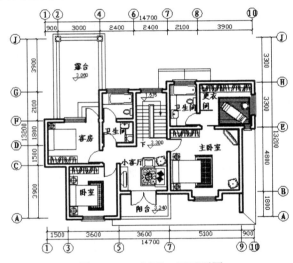

图 10-154　别墅二层平面图

2．操作提示

（1）绘制家具。

（2）标注尺寸、文字、轴号及标高。

别墅立面图

立面图是用直接正投影法将建筑各个墙面进行投影所得到的正投影图。本章以别墅立面图为例，详细讲述这些建筑立面图的 CAD 绘制方法与相关技巧。

11.1 建筑立面图绘制概述

建筑立面图是用来研究建筑立面的造型和装修的图样。立面图主要是反映建筑物的外貌和立面装修的做法，这是因为建筑物给人的美感主要来自其立面的造型和装修风格。

【预习重点】
- ☑ 了解建筑立面图的概念。
- ☑ 了解建筑立面图的命名方式。
- ☑ 了解建筑立面图绘制的步骤。

11.1.1 建筑立面图的概念及图示内容

立面图是用直接正投影法将建筑各个墙面进行投影所得到的正投影图。一般情况下，立面图上的图示内容包括墙体外轮廓及内部凹凸轮廓、门窗（幕墙）、入口台阶及坡道、雨篷、窗台、窗楣、壁柱、檐口、栏杆、外露楼梯等，各种小的细部可以简化或用比例来代替，如门窗的立面、踢脚线等。从理论上讲，立面图上所有建筑配件的正投影图均要反映在立面图上。实际上，绘制一些比较有代表性的位置时，可以绘制展开立面图。圆形或多边形平面的建筑物可通过分段展开来绘制立面图窗扇、门扇等细节，而同类门窗则用其轮廓表示即可。

此外，当立面转折、曲折较复杂，门窗不是引用有关门窗图集时，则其细部构造需要通过绘制大样图来表示，这样就弥补了施工图中立面图上的不足。为了图示明确，在图名上均应注明"展开"二字，在转角处应准确标明轴线号。

11.1.2 建筑立面图的命名方式

建筑立面图命名的目的在于能够使读者一目了然地识别其立面的位置。因此，各种命名方式都是围绕"明确位置"这一主题来实施的。至于采取哪种方式，则视具体情况而定。

1．以相对主入口的位置特征来命名

如果以相对主入口的位置特征来命名，则建筑立面图称为正立面图、背立面图和侧立面图。这种方式一般适用于建筑平面方正、简单，入口位置明确的情况。

2．以相对地理方位的特征来命名

如果以相对地理方位的特征来命名，则建筑立面图常称为南立面图、北立面图、东立面图和西立面图。这种方式一般适用于建筑平面图规整、简单，而且朝向相对正南、正北偏转不大的情况。

3．以轴线编号来命名

以轴线编号来命名是指用立面图的起止定位轴线来命名，例如①—⑥立面图、E—A 立面图等。这种命名方式准确，便于查对，特别适用于平面较复杂的情况。

根据《建筑制图标准》（GB/T 50104—2010），有定位轴线的建筑物，宜根据两端定位轴线号来编注立面图名称。无定位轴线的建筑物可按平面图各面的朝向来确定名称。

11.1.3 建筑立面图绘制的一般步骤

从总体上来说，立面图是通过在平面图的基础上引出定位辅助线确定立面图样的水平位置及大小，然

后根据高度方向的设计尺寸来确定立面图样的竖向位置及尺寸，从而绘制出一系列的图样。立面图绘制的一般步骤如下。

（1）绘图环境设置。

（2）确定定位辅助线，包括墙、柱定位轴线，楼层水平定位辅助线及其他立面图样的辅助线。

（3）立面图样的绘制，包括墙体外轮廓及内部凹凸轮廓、门窗（幕墙）、入口台阶及坡道、雨篷、窗台、窗楣、壁柱、檐口、栏杆、外露楼梯和各种脚线等。

（4）配景，包括植物、车辆和人物等。

（5）尺寸和文字标注。

（6）线型和线宽设置。

11.2　A—E立面图的绘制

从A—E立面图（见图11-1）中可以很明显地看出，由于地势地形的客观情况，本别墅的地下室实际上是一种半地下的结构，别墅南面的地下室完全露出地面，只是在北面的部分是深入到地下的。这主要是因地制宜的结果。总体来说，这种结构既利用了地形，使整个别墅建筑与自然地形融为一体，达到建筑与自然和谐共生的效果，也同时使地下室部分具有良好的采光性。

本例主要讲述A—E立面图的绘制方法，如图11-1所示。

【预习重点】

☑　掌握 A—E 立面图基础图形的绘制。

☑　掌握立面图的标注方法。

11.2.1　绘制基础图形

（1）单击"默认"选项卡"绘图"面板中的"多段线"按钮，指定起点宽度为30、端点宽度为30，在图形空白区域绘制一条长度为 15496 的水平多段线，如图11-2所示。

（2）单击"默认"选项卡"绘图"面板中的"多段线"按钮，指定起点宽度为25、端点宽度为25，

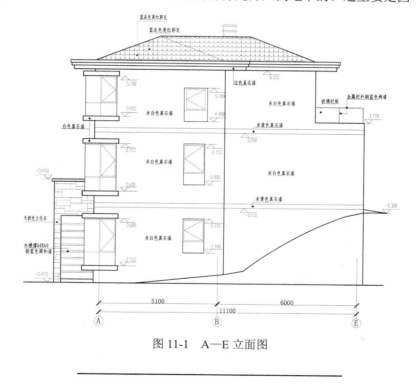

图 11-1　A—E 立面图

图 11-2　绘制直线

在绘制的水平多段线上选择一点为直线起点，向上绘制一条长度为9450的竖直多段线，如图11-3所示。

（3）单击"默认"选项卡"修改"面板中的"偏移"按钮，选择绘制的多段线为偏移对象，连续向右进行偏移，偏移距离为5600和6000，如图11-4所示。

（4）单击"默认"选项卡"绘图"面板中的"直线"按钮，在图形上选择一点为直线起点向右绘制

一条水平直线，如图 11-5 所示。

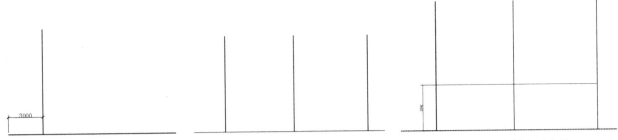

图 11-3　绘制竖直直线　　　　　图 11-4　偏移线段　　　　　图 11-5　绘制水平直线

（5）单击"默认"选项卡"修改"面板中的"偏移"按钮，选择绘制的水平直线为偏移对象向上进行偏移，偏移距离为 200，如图 11-6 所示。

（6）单击"默认"选项卡"绘图"面板中的"多段线"按钮，指定起点宽度为 25、端点宽度为 25，在图形适当位置处绘制一个 1550×200 的矩形，如图 11-7 所示。

（7）单击"默认"选项卡"修改"面板中的"复制"按钮，选择绘制的矩形为复制对象，向上进行复制，复制间距为 2300，如图 11-8 所示。

（8）单击"默认"选项卡"绘图"面板中的"多段线"按钮，指定起点宽度为 15、端点宽度为 15，在图形适当位置绘制一条竖直直线，连接步骤（7）复制的两图形，如图 11-9 所示。

图 11-6　偏移线段

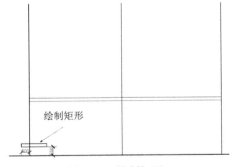

图 11-7　绘制矩形

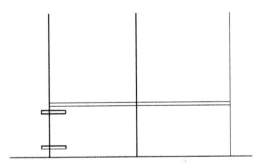

图 11-8　复制矩形

（9）单击"默认"选项卡"修改"面板中的"偏移"按钮，选择绘制的竖直直线为偏移对象，向右进行偏移，偏移距离为 1350，如图 11-10 所示。

（10）单击"默认"选项卡"修改"面板中的"修剪"按钮，选择偏移线段之间的线段为修剪线段，对其进行修剪，如图 11-11 所示。

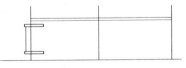

图 11-9　绘制一条竖直直线

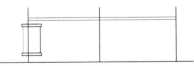

图 11-10　偏移直线

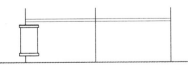

图 11-11　修剪线段

（11）单击"默认"选项卡"绘图"面板中的"直线"按钮，在图形内绘制一条水平直线和一条竖直直线，如图 11-12 所示。

（12）单击"默认"选项卡"修改"面板中的"偏移"按钮，选择绘制的竖直直线为偏移对象，向右进行偏移，偏移距离为 47 和 600，如图 11-13 所示。

（13）单击"默认"选项卡"修改"面板中的"偏移"按钮，选择绘制的水平直线为偏移对象，向上进行偏移，偏移距离为 50 和 1386，如图 11-14 所示。

图 11-12　绘制直线　　　　　图 11-13　向右偏移线段　　　　　图 11-14　向上偏移线段

（14）单击"默认"选项卡"修改"面板中的"修剪"按钮，选择偏移线段为修剪对象，对其进行修剪处理，如图 11-15 所示。

（15）单击"默认"选项卡"绘图"面板中的"多段线"按钮，指定起点宽度为 15、端点宽度为 15，在图形右侧位置绘制连续多段线，如图 11-16 所示。

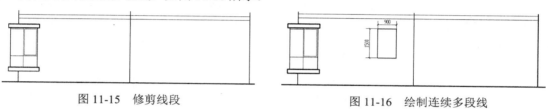

图 11-15　修剪线段　　　　　　　　图 11-16　绘制连续多段线

（16）单击"默认"选项卡"绘图"面板中的"直线"按钮，在图形内绘制一条水平直线，如图 11-17 所示。

（17）单击"默认"选项卡"绘图"面板中的"矩形"按钮，在图形内绘制一个 800×886 的矩形，如图 11-18 所示。

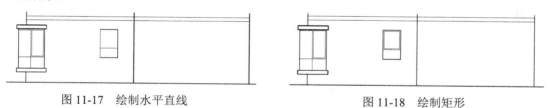

图 11-17　绘制水平直线　　　　　　图 11-18　绘制矩形

（18）单击"默认"选项卡"绘图"面板中的"直线"按钮，在绘制的图形内绘制两条斜向直线，如图 11-19 所示。

（19）单击"默认"选项卡"绘图"面板中的"多段线"按钮，指定起点宽度为 25、端点宽度为 25，在图形内绘制连续多段线，如图 11-20 所示。

图 11-19　绘制直线

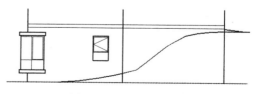

图 11-20　绘制多段线

（20）单击"默认"选项卡"修改"面板中的"修剪"按钮，选择绘制的多段线内的线段为修剪对象，对其进行修剪处理，如图 11-21 所示。

（21）单击"默认"选项卡"绘图"面板中的"图案填充"按钮，系统打开"图案填充创建"选项卡，设置"图案填充图案"为 AR-SAND，"填充图案比例"

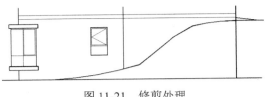

图 11-21　修剪处理

为 5，如图 11-22 所示，拾取填充区域内一点，对其进行图案填充，如图 11-23 所示。

图 11-22　"图案填充创建"选项卡

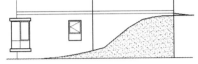

图 11-23　填充图案

（22）单击"默认"选项卡"修改"面板中的"偏移"按钮，选择如图 11-24 所示的水平直线为偏移线段，向上进行偏移，偏移距离为 3100 和 200，如图 11-24 所示。

（23）单击"默认"选项卡"修改"面板中的"复制"按钮，选择地下室立面图中的窗户图形为复制对象，向上进行复制，复制间距为 3300，将其放置到首层立面位置处，并利用上述绘制小窗户的方法绘制相同图形，如图 11-25 所示。

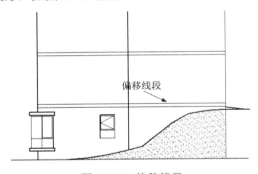

图 11-24　偏移线段

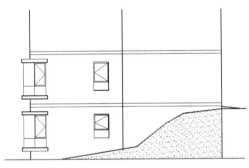

图 11-25　绘制窗户 1

利用地下室窗户图形的绘制方法绘制二层平面图中的窗户图形，如图 11-26 所示。

（24）单击"默认"选项卡"绘图"面板中的"多段线"按钮，指定起点宽度为 25、端点宽度为 25，在图形适当位置绘制连续直线，如图 11-27 所示。

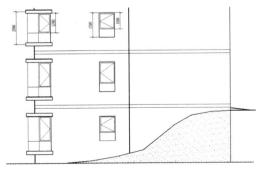

图 11-26　绘制窗户 2

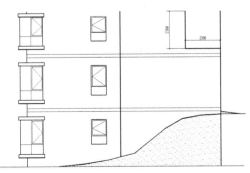

图 11-27　绘制连续直线

（25）单击"默认"选项卡"修改"面板中的"修剪"按钮，选择绘制的连续多段线外的线段为修剪对象，对其进行修剪，如图 11-28 所示。

（26）单击"默认"选项卡"绘图"面板中的"多段线"按钮，指定起点宽度为 0、端点宽度为 0，在图形适当位置绘制连续直线，如图 11-29 所示。

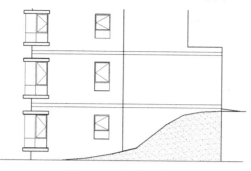

图 11-28　修剪对象

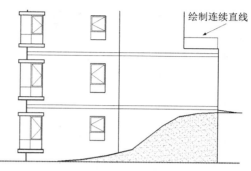

图 11-29　绘制连续直线

（27）单击"默认"选项卡"修改"面板中的"偏移"按钮，选择绘制的连续多段线为偏移对象，向内进行偏移，偏移距离为 25，如图 11-30 所示。

（28）单击"默认"选项卡"绘图"面板中的"直线"按钮，在偏移线段内绘制一条竖直直线，如图 11-31 所示。

（29）单击"默认"选项卡"修改"面板中的"偏移"按钮，选择绘制的竖直直线为偏移对象分别向两侧进行偏移，偏移距离为 12.5，如图 11-32 所示。

（30）单击"默认"选项卡"修改"面板中的"删除"按钮，选择中间线段为删除对象对其进行删除，如图 11-33 所示。

（31）单击"默认"选项卡"绘图"面板中的"多段线"按钮，指定起点宽度为 25、端点宽度为 25，在图形上方绘制长度为 11599 的水平多段线，如图 11-34 所示。

（32）单击"默认"选项卡"修改"面板中的"偏移"按钮，选择绘制的水平多段线为偏移对象，向下进行偏移，偏移距离为 120、120 和 160，如图 11-35 所示。

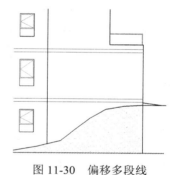

图 11-30　偏移多段线

图 11-31　绘制直线

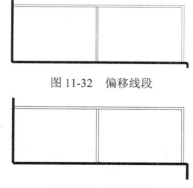

图 11-32　偏移线段

图 11-33　删除线段

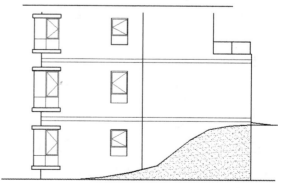

图 11-34　绘制多段线

（33）单击"默认"选项卡"绘图"面板中的"多段线"按钮，指定起点宽度为25、端点宽度为25，绘制偏移线段左侧的连接线，如图 11-36 所示。

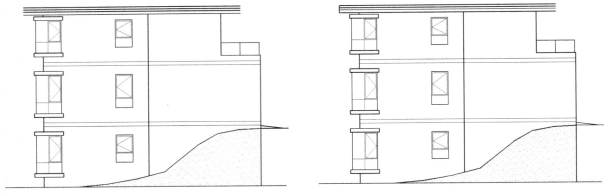

图 11-35　偏移线段　　　　　　　　　　　图 11-36　绘制连接线

（34）单击"默认"选项卡"修改"面板中的"偏移"按钮，选择绘制的竖直直线为偏移对象，向右进行偏移，偏移距离为50、100、7399、100、50、3750、100 和 50，如图 11-37 所示。

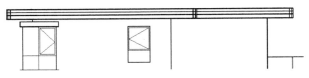

图 11-37　偏移竖直直线

（35）单击"默认"选项卡"修改"面板中的"修剪"按钮，选择偏移线段为修剪对象，对其进行修剪处理，如图 11-38 所示。

（36）单击"默认"选项卡"绘图"面板中的"多段线"按钮，指定起点宽度为25、端点宽度为25，在图形上部位置绘制连续多段线，如图 11-39 所示。

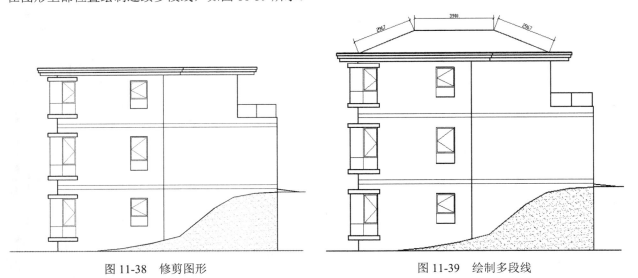

图 11-38　修剪图形　　　　　　　　　　　图 11-39　绘制多段线

（37）单击"默认"选项卡"绘图"面板中的"直线"按钮，在图形内绘制一条斜向直线，如图 11-40

所示。

　　（38）单击"默认"选项卡"绘图"面板中的"直线"按钮◢和"圆弧"按钮◥，在图形内绘制屋顶立面瓦片，如图 11-41 所示。

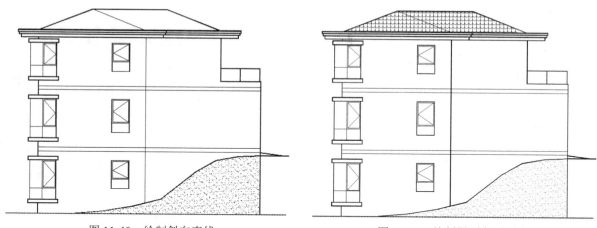

图 11-40　绘制斜向直线　　　　　　　　　　图 11-41　绘制屋顶立面瓦片

　　（39）单击"默认"选项卡"绘图"面板中的"矩形"按钮▢，在屋顶上方适当位置选择一点为矩形起点，绘制一个 619×526 的矩形，如图 11-42 所示。

　　（40）单击"默认"选项卡"修改"面板中的"分解"按钮▦，选择绘制的矩形为分解对象，按 Enter键确认进行分解。

　　（41）单击"默认"选项卡"修改"面板中的"偏移"按钮▱，选择绘制的矩形左侧边线为偏移对象，向右进行偏移，偏移距离为 50、519 和 50，如图 11-43 所示。

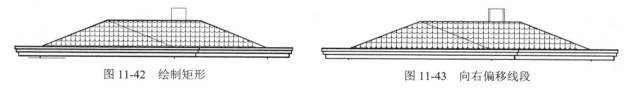

图 11-42　绘制矩形　　　　　　　　　　　　图 11-43　向右偏移线段

　　（42）单击"默认"选项卡"修改"面板中的"偏移"按钮▱，选择分解矩形水平边为偏移对象，向下进行偏移，偏移距离为 60、195、50 和 195，如图 11-44 所示。

　　（43）单击"默认"选项卡"修改"面板中的"修剪"按钮✂，选择偏移线段为修剪对象，对其进行修剪处理，如图 11-45 所示。

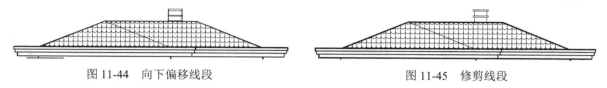

图 11-44　向下偏移线段　　　　　　　　　　图 11-45　修剪线段

　　利用同样的方法完成 A—E 轴立面图的绘制，如图 11-46 所示。

11.2.2　标注文字及标高

　　（1）单击"默认"选项卡"图层"面板中的"图层特性"按钮▤，新建"尺寸"图层，并将其置为当前图层，如图 11-47 所示。

（2）设置标注样式。

① 单击"注释"选项卡"标注"面板中的"标注，标注样式"按钮，弹出"标注样式管理器"对话框，如图 11-48 所示。

图 11-47　设置当前图层

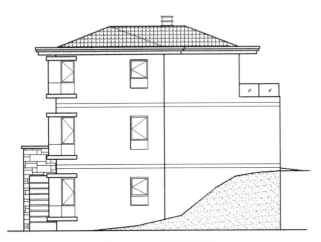

图 11-46　绘制立面图

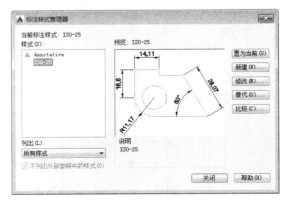

图 11-48　"标注样式管理器"对话框

② 单击"新建"按钮，弹出"创建新标注样式"对话框，如图 11-49 所示。在"新样式名"文本框中输入"立面"，单击"继续"按钮，弹出"新建标注样式：立面"对话框。选择"线"选项卡，对话框显示如图 11-50 所示，按照其中的参数设置修改标注样式。

③ 选择"符号和箭头"选项卡，按照图 11-51 所示的设置进行修改，箭头样式选择为"建筑标记"，"箭头大小"修改为"200"。

④ 在"文字"选项卡中设置"文字高度"为"250"，如图 11-52 所示。

图 11-49　"创建新标注样式"对话框

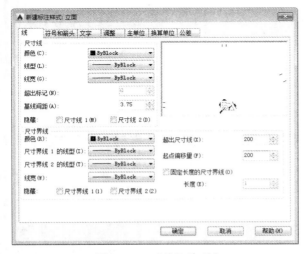

图 11-50　"线"选项卡

图 11-51　"符号和箭头"选项卡

⑤ "主单位"选项卡中的设置如图 11-53 所示。

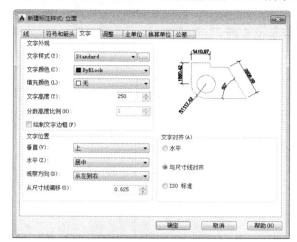
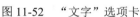

图 11-52　"文字"选项卡

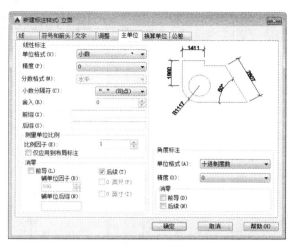

图 11-53　"主单位"选项卡

（3）单击"注释"选项卡"标注"面板中的"线性"按钮，为图形添加第一道尺寸标注，如图 11-54 所示。

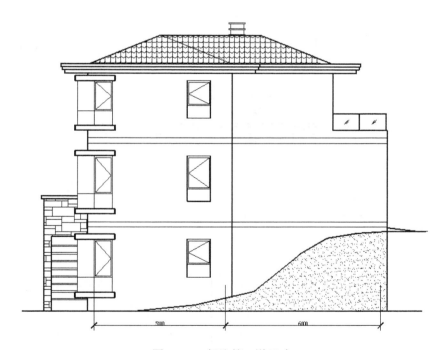

图 11-54　标注第一道尺寸

（4）单击"注释"选项卡"标注"面板中的"线性"按钮，为图形添加总尺寸标注，如图 11-55 所示。

（5）单击"默认"选项卡"修改"面板中的"分解"按钮，选择添加的尺寸为分解对象，按 Enter 键确认进行分解。

图 11-55　标注总尺寸

（6）单击"默认"选项卡"绘图"面板中的"直线"按钮 ，在标注线底部绘制一条水平直线，如图 11-56 所示。

图 11-56　绘制水平直线

（7）单击"默认"选项卡"修改"面板中的"延伸"按钮 ，将竖直直线延伸至步骤（6）绘制的水平直线处，如图 11-57 所示。

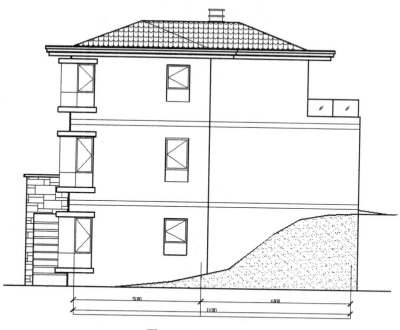

图 11-57 延伸直线

（8）单击"默认"选项卡"修改"面板中的"删除"按钮，选择绘制的水平直线为删除对象将其删除，如图 11-58 所示。

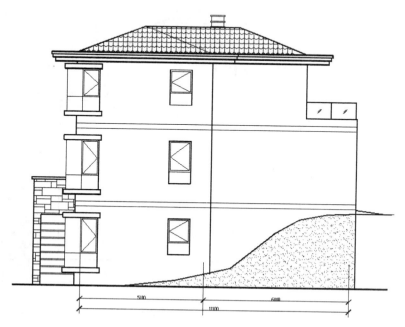

图 11-58 删除直线

利用前面章节讲述的方法，完成轴号的添加，如图 11-59 所示。

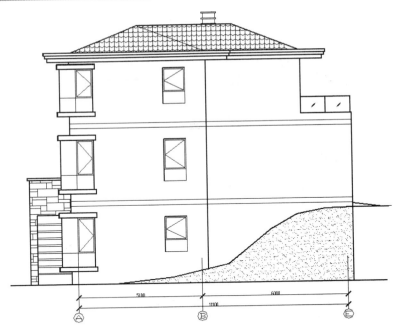

图 11-59　添加轴号

（9）单击"插入"选项卡"块"面板中的"插入"按钮，弹出"插入"对话框。单击"浏览"按钮，弹出"选择图形文件"对话框，选择"源文件\图块\标高"图块，单击"打开"按钮，回到"插入"对话框，单击"确定"按钮，完成图块插入，如图 11-60 所示。

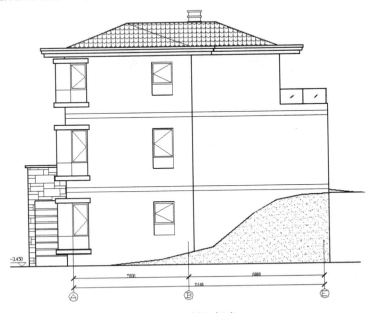

图 11-60　插入标高

利用同样的方法完成其他标高的添加，如图 11-61 所示。

（10）在命令行中输入"QLEADER"命令，为图形添加文字说明，最终结果如图 11-1 所示。

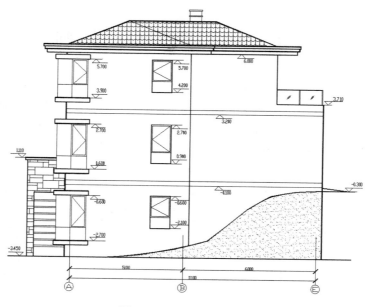

图 11-61 添加其他标高

11.3 E—A 立面图的绘制

E—A 立面图的绘制方法与 A—E 立面图的绘制方法基本相同，这里不再详细阐述，最终结果如图 11-62 所示。

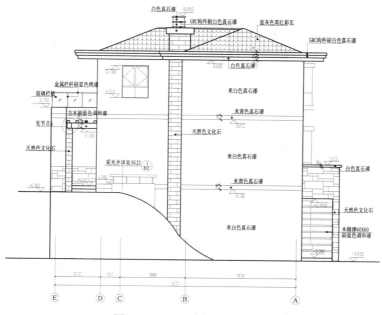

图 11-62 E—A 立面图的绘制

11.4　1—7 立面图的绘制

别墅 1—7 立面图主要表现该立面上的门窗布置和构造、屋顶的构造，以及地下室南面砖石立墙的结构细节。其中地下室南面砖石立墙的设计既要对其上面的露台起到支撑作用，同时又要进行镂空，以增加地下室的透光性。这里木立撑和木横撑的设计目的就是既增强支撑的牢固性，又不影响总体透光。本例主要讲述 1—7 立面图的绘制方法，如图 11-63 所示。

图 11-63　1—7 立面图

【预习重点】

☑　掌握 1—7 立面图基础图形的绘制。

☑　掌握 1—7 立面图的标注方法。

11.4.1　绘制基础图形

（1）单击"默认"选项卡"绘图"面板中的"多段线"按钮，指定起点宽度为 30、端点宽度为 30，在图形空白区域绘制一条长度为 18421 的水平多段线，如图 11-64 所示。

图 11-64　绘制直线

（2）单击"默认"选项卡"绘图"面板中的"多段线"按钮，指定起点宽度为 25、端点宽度为 25，

在绘制的水平直线上,选一点为多段线起点向上绘制一条长度为 9450 的竖直多段线,如图 11-65 所示。

（3）单击"默认"选项卡"修改"面板中的"偏移"按钮，选择绘制的竖直直线为偏移对象，向右进行偏移，偏移距离为 9073 和 4926，如图 11-66 所示。

（4）单击"默认"选项卡"绘图"面板中的"多段线"按钮，指定起点宽度为 25、端点宽度为 25，在图形内适当位置绘制一个 9278×100 的矩形，如图 11-67 所示。

图 11-65　绘制竖直直线

（5）单击"默认"选项卡"修改"面板中的"修剪"按钮，选择矩形内的多余线段为修剪对象，对其进行修剪处理，如图 11-68 所示。

图 11-66　偏移竖直直线　　　　　　图 11-67　绘制矩形　　　　　　图 11-68　修剪线段

（6）单击"默认"选项卡"绘图"面板中的"多段线"按钮，指定起点宽度 25、端点宽度为 25，在图形内绘制连续多段线，如图 11-69 所示。

（7）单击"默认"选项卡"绘图"面板中的"多段线"按钮，指定起点宽度 25、端点宽度为 25，在绘制图形内绘制一条水平直线，如图 11-70 所示。

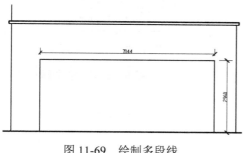

图 11-69　绘制多段线

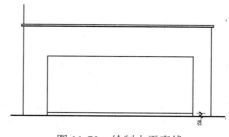

图 11-70　绘制水平直线

（8）单击"默认"选项卡"绘图"面板中的"直线"按钮，在图形内绘制一条竖直直线，如图 11-71 所示。

（9）单击"默认"选项卡"修改"面板中的"偏移"按钮，选择绘制的竖直直线为偏移对象，向右进行偏移，偏移距离为 150、1375、175、200、150、1400 和 150，如图 11-72 所示。

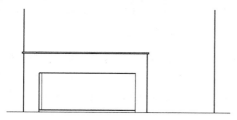

图 11-71　绘制竖直直线

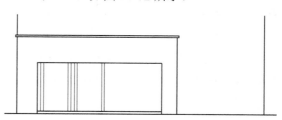

图 11-72　偏移竖直直线

（10）单击"默认"选项卡"绘图"面板中的"多段线"按钮■和"直线"按钮■，绘制图形内线段，如图 11-73 所示。

（11）单击"默认"选项卡"绘图"面板中的"矩形"按钮■和"默认"选项卡"修改"面板中的"复制"按钮■，完成立面墙中的文化石图形的绘制，如图 11-74 所示。

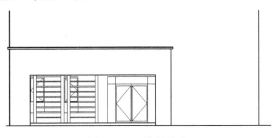

图 11-73　绘制线段

图 11-74　绘制文化石

（12）单击"默认"选项卡"绘图"面板中的"多段线"按钮■，在图形的适当位置绘制一个 3246×200 的矩形，如图 11-75 所示。

（13）单击"默认"选项卡"修改"面板中的"复制"按钮■，选择绘制的矩形为复制对象对其进行复制，复制间距为 2300，如图 11-76 所示。

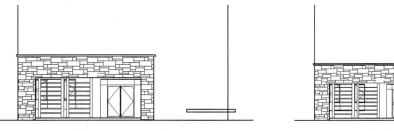

图 11-75　绘制矩形　　　　　　　　　　　图 11-76　复制矩形

（14）单击"默认"选项卡"修改"面板中的"修剪"按钮■，选择矩形内的多余线段为修剪对象，对其进行修剪处理，如图 11-77 所示。

（15）单击"默认"选项卡"绘图"面板中的"多段线"按钮■，指定起点宽度为 15、端点宽度宽为 15，在两个矩形之间绘制一条竖直直线，如图 11-78 所示。

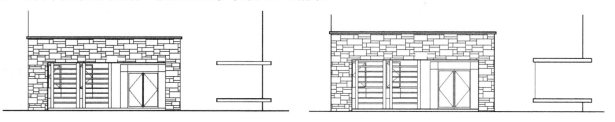

图 11-77　修剪对象　　　　　　　　　　　图 11-78　绘制竖直直线

（16）单击"默认"选项卡"修改"面板中的"偏移"按钮■，选择绘制的竖直直线为偏移对象，向右进行偏移，偏移距离为 3046，如图 11-79 所示。

（17）单击"默认"选项卡"绘图"面板中的"直线"按钮■，在偏移线段内绘制一条水平直线，如图 11-80 所示。

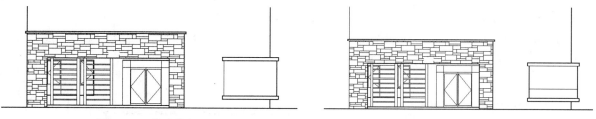

图 11-79　偏移线段　　　　　　　　　　　　　　图 11-80　绘制水平直线

（18）单击"默认"选项卡"绘图"面板中的"直线"按钮，在偏移线段内绘制一条竖直直线，如图 11-81 所示。

（19）单击"默认"选项卡"修改"面板中的"偏移"按钮，选择绘制的竖直直线为偏移对象，向右进行偏移，偏移距离为 1446，如图 11-82 所示。

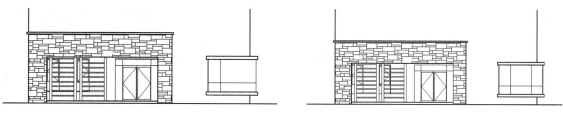

图 11-81　绘制竖直直线　　　　　　　　　　　　图 11-82　偏移线段

（20）单击"默认"选项卡"修改"面板中的"偏移"按钮，选择绘制的左侧的竖直直线为偏移对象，向左进行偏移，偏移距离为 53 和 1450，如图 11-83 所示。

（21）单击"默认"选项卡"修改"面板中的"偏移"按钮，选择绘制的水平直线为偏移对象，向上进行偏移，偏移距离为 50 和 1386，如图 11-84 所示。

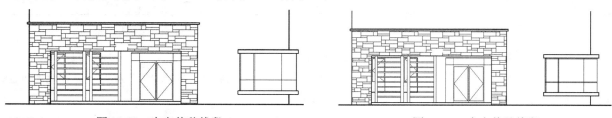

图 11-83　向左偏移线段　　　　　　　　　　　　图 11-84　向上偏移线段

（22）单击"默认"选项卡"修改"面板中的"修剪"按钮，选择偏移的线段为修剪对象，对其进行修剪处理，如图 11-85 所示。

（23）单击"默认"选项卡"绘图"面板中的"直线"按钮，在修剪后的图形内绘制斜向直线，如图 11-86 所示。

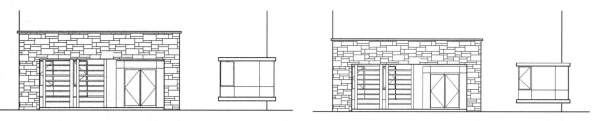

图 11-85　修剪处理　　　　　　　　　　　　　　图 11-86　绘制斜向直线

利用同样的方法完成剩余相同图形的绘制，如图 11-87 所示。

（24）单击"默认"选项卡"修改"面板中的"复制"按钮 ，选择绘制的立面窗户图形为复制对象，向上进行复制，复制间距为 3300，如图 11-88 所示。

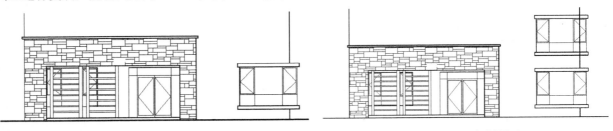

图 11-87　绘制相同图形　　　　　　　　　　　图 11-88　复制图形

（25）单击"默认"选项卡"修改"面板中的"修剪"按钮 ，以复制图形内的多余线段为修剪对象对其进行修剪处理，如图 11-89 所示。

利用 2500 高立面窗户的绘制方法完成 2300 高窗户的绘制，如图 11-90 所示。

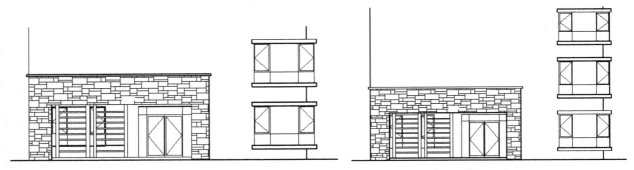

图 11-89　修剪处理　　　　　　　　　　　图 11-90　绘制 2300 高窗户

利用上述方法完成剩余窗户图形的绘制，如图 11-91 所示。

（26）单击"默认"选项卡"绘图"面板中的"多段线"按钮 ，指定起点宽度为 25、端点宽度为 25，在图形适当位置绘制一条水平多段线，如图 11-92 所示。

图 11-91　绘制剩余窗户　　　　　　　　　　　图 11-92　绘制多段线

（27）单击"默认"选项卡"修改"面板中的"偏移"按钮 ，选择绘制的水平多段线为偏移对象，向上进行偏移，偏移距离为 160、120 和 120，如图 11-93 所示。

（28）单击"默认"选项卡"绘图"面板中的"多段线"按钮，绘制偏移线段之间左侧的连接线，如图 11-94 所示。

图 11-93　偏移多段线　　　　　　　　　　　　图 11-94　绘制连接线

（29）单击"默认"选项卡"修改"面板中的"偏移"按钮，选择绘制的竖直多段线为偏移对象，向右进行偏移，偏移距离为 51、100、15799、100 和 50，如图 11-95 所示。

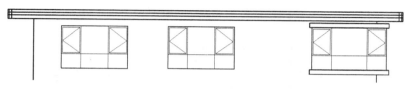

图 11-95　偏移竖直直线

（30）单击"默认"选项卡"修改"面板中的"修剪"按钮，以偏移的线段为修剪对象对其进行修剪处理，如图 11-96 所示。

图 11-96　修剪线段

利用前面所讲知识，结合所学命令完成 1—7 立面图的绘制，如图 11-97 所示。

图 11-97　绘制 1—7 立面图

11.4.2　标注文字及标高

利用前面讲述的方法为图形添加标注及轴号，如图 11-98 所示。

图 11-98　添加标注与轴号

（1）单击"插入"选项卡"块"面板中的"插入"按钮，弹出"插入"对话框。单击"浏览"按钮，弹出"选择图形文件"对话框，选择"源文件\图块\标高"图块，单击"打开"按钮，回到"插入"对话框，单击"确定"按钮，完成图块插入，如图 11-99 所示。

利用同样的方法完成其他标高的绘制，如图 11-100 所示。

（2）在命令行中输入"QLEADER"命令，为图形添加文字说明，最终结果如图 11-63 所示。

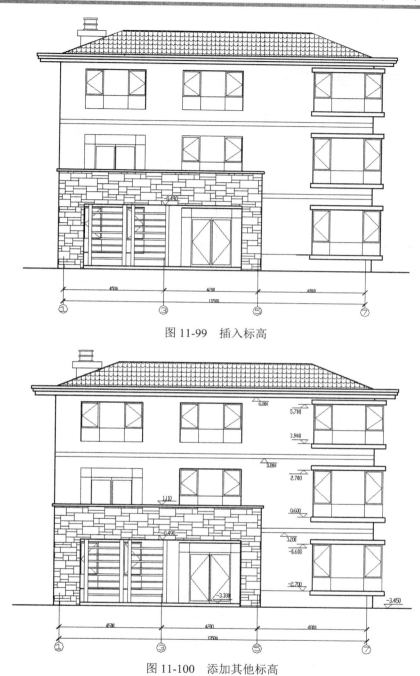

图 11-99　插入标高

图 11-100　添加其他标高

11.5　7—1 立面图的绘制

　　7—1 立面图的绘制方法基本与 1—7 立面图的绘制方法相同，这里不再详细阐述，最终结果如图 11-101 所示。

图 11-101　7—1 立面图

11.6　上 机 实 验

【练习1】绘制如图 11-102 所示的某别墅南立面图。

1．目的要求

本实验主要要求读者通过练习进一步熟悉和掌握南立面图的绘制方法，如图 11-102 所示。通过本实验，可以帮助读者掌握南立面图绘制的全过程。

图 11-102　别墅南立面图

2．操作提示

（1）绘图前准备。

（2）绘制室外地坪线和外墙定位线。

（3）绘制屋顶立面。

（4）绘制台基、台阶、立柱、栏杆和门窗。

（5）绘制其他建筑构件。

（6）标注尺寸及轴号。

（7）清理多余图形元素。

【练习2】绘制如图11-103所示的某别墅南立面图。

1．目的要求

本实验主要要求读者通过练习进一步熟悉和掌握南立面图的绘制方法，如图11-103所示。通过本实验，可以帮助读者掌握南立面图绘制的全过程。

2．操作提示

（1）绘图前准备。

（2）绘制地坪线、外墙和屋顶轮廓线。

（3）绘制台基、立柱、雨篷、台阶、露台和门窗。

（4）绘制其他建筑细部。

（5）立面标注。

（6）清理多余图形元素。

【练习3】绘制如图11-104所示的某别墅西立面图。

1．目的要求

本实验主要要求读者通过练习进一步熟悉和掌握西立面图的绘制方法，如图11-104所示。通过本实验，可以帮助读者掌握西立面图绘制的全过程。

图 11-103　别墅南立面图

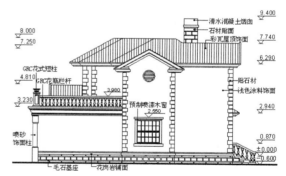

图 11-104　别墅西立面图

2．操作提示

（1）绘图前准备。

（2）绘制地坪线、外墙和屋顶轮廓线。

（3）绘制台基、立柱、雨篷、台阶、露台和门窗。

（4）绘制其他建筑细部。

（5）立面标注。

（6）清理多余图形元素。

第12章

别墅剖面图

建筑剖面图主要反映建筑物的结构形式、垂直空间利用、各层构造做法和门窗洞口高度等。本章以别墅剖面图为例,详细论述建筑剖面图的CAD绘制方法与相关技巧。

12.1　建筑剖面图绘制概述

建筑剖面图是与平面图和立面图相互配合表达建筑物的重要图样，它主要反映建筑物的结构形式、垂直空间利用、各层构造做法和门窗洞口高度等。

【预习重点】

- ☑　了解建筑剖面图的概念。
- ☑　掌握如何选择剖面图的投射方向。
- ☑　掌握建筑剖面图的绘制步骤。

12.1.1　建筑剖面图的概念及图示内容

剖面图是指用一剖切面将建筑物的某一位置剖开，移去一侧后，剩下的一侧沿剖视方向的正投影图。根据工程的需要，绘制一个剖面图可以选择一个剖切面、两个平行的剖切面或两个相交的剖切面，如图 12-1 所示。对于两个相交剖切面的情况，应在图中注明"展开"二字。剖面图与断面图的区别在于：剖面图除了表示剖切到的部位外，还应表示出在投射方向看到的构配件轮廓（即所谓的"看线"）；断面图只需要表示剖切到的部位。

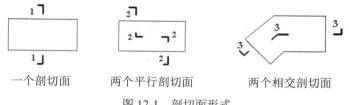

一个剖切面　　　　两个平行剖切面　　　　两个相交剖切面

图 12-1　剖切面形式

对于不同的设计深度，图示内容也有所不同。

方案阶段重点在于表达剖切部位的空间关系、建筑层数、高度、室内外高度差等。剖面图中应注明室内外地坪标高、楼层标高、建筑总高度（室外地面至檐口）、剖面标号、比例或比例尺等。如果有建筑高度控制，还需标明最高点的标高。

初步设计阶段需要在方案图基础上增加主要内外承重墙、柱的定位轴线和编号，更加详细、清晰、准确地表达出建筑结构、构件（剖切到的或看到的墙、柱、门窗、楼板、地坪、楼梯、台阶、坡道、雨篷、阳台等）本身及相互关系。

施工阶段在优化、调整和丰富初设图的基础上，图示内容最为详细。一方面是剖切到的和看到的构配件图样准确、详尽、到位，另一方面是标注详细。除了标注室内外地坪、楼层、屋面突出物、各构配件的标高外，还需要标注竖向尺寸和水平尺寸。竖向尺寸包括外部 3 道尺寸（与立面图类似）和内部地坑、隔断、吊顶、门窗等部位的尺寸；水平尺寸包括两端和内部剖切到的墙、柱定位轴线间的尺寸及轴线编号。

12.1.2　剖切位置及投射方向的选择

根据相关规定，剖面图的剖切部位应根据图纸的用途或设计深度，选择空间复杂、能反映建筑全貌和构造特征以及有代表性的部位。

投射方向一般宜向左、向上，当然也要根据工程具体情况而定。剖切符号在底层平面图中，短线指向为投射方向。剖面图编号标注在投射方向那侧，剖切线若有转折，应在转角的外侧加注与该符号相同的编号。

12.1.3 建筑剖面图绘制的一般步骤

建筑剖面图在平面图、立面图的基础上，并参照平、立面图进行绘制。一般步骤如下：

（1）设置绘图环境，确定剖切位置和投射方向。

（2）绘制定位辅助线，包括墙、柱定位轴线、楼层水平定位辅助线及其他辅助线。

（3）绘制剖面图样及看线，包括剖切到的和看到的墙柱、地坪、楼层、屋面、门窗（幕墙）、楼梯、台阶及坡道、雨篷、窗台、窗楣、檐口、阳台、栏杆、各种线脚等。

（4）绘制配景，包括植物、车辆、人物等，进行尺寸、文字标注。

12.2 1—1 剖面图绘制

本节以别墅剖面图为例，通过绘制墙体、门窗等剖面图形，建立地下室建筑剖面图及首层、二层剖面轮廓图，完成整个剖面图绘制。整个剖面图把该别墅墙体构造、门洞以及窗口高度、垂直空间利用情况表达得非常清楚，如图 12-2 所示。

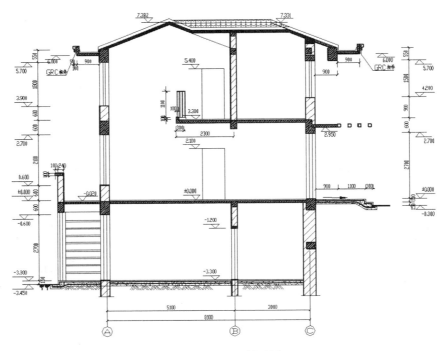

图 12-2 1—1 剖面图

【预习重点】

☑ 了解 1—1 剖面图的绘图环境。

☑ 掌握楼板绘制的方法。

12.2.1　设置绘图环境

（1）在命令行中输入"LIMITS"命令，设置图幅为 42000×29700。

（2）单击"默认"选项卡"图层"面板中的"图层特性"按钮，创建"剖面"图层，并将其设置为当前图层，如图 12-3 所示。

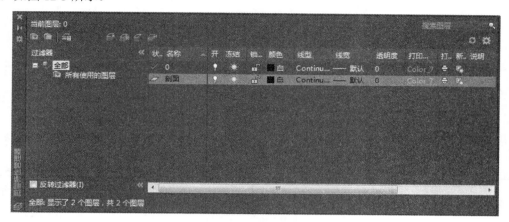

图 12-3　新建图层

12.2.2　绘制楼板

（1）单击"默认"选项卡"绘图"面板中的"多段线"按钮，指定起点宽度为 25、端点宽度为 25，在图形空白区域绘制连续多段线，如图 12-4 所示。

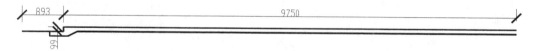

图 12-4　绘制连续多段线 1

（2）单击"默认"选项卡"绘图"面板中的"多段线"按钮，指定起点宽度为 0、端点宽度为 0，在多段线下方绘制连续多段线，如图 12-5 所示。

图 12-5　绘制连续多段线 2

（3）单击"默认"选项卡"绘图"面板中的"多段线"按钮，在图形适当位置处绘制连续多段线，如图 12-6 所示。

图 12-6　绘制连续多段线 3

（4）单击"默认"选项卡"绘图"面板中的"直线"按钮，在图形底部绘制一条水平直线，如图 12-7

所示。

图 12-7　绘制水平直线

（5）单击"默认"选项卡"修改"面板中的"修剪"按钮，对图形内的多余线段进行修剪，如图 12-8 所示。

图 12-8　修剪线段

利用上述方法完成右侧相同图形的绘制，如图 12-9 所示。

图 12-9　绘制相同图形

（6）单击"默认"选项卡"绘图"面板中的"图案填充"按钮，系统打开"图案填充创建"选项卡，设置"图案填充图案"为 ANSI31，"填充图案比例"为 60，如图 12-10 所示，拾取填充区域内一点，效果如图 12-11 所示。

图 12-10　"图案填充创建"选项卡

图 12-11　填充图形

（7）单击"默认"选项卡"绘图"面板中的"直线"按钮和"默认"选项卡"修改"面板中的"复制"按钮，在图形底部绘制图案，如图 12-12 所示。

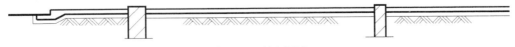

图 12-12　绘制图案

（8）单击"默认"选项卡"绘图"面板中的"多段线"按钮，指定起点宽度为 25、端点宽度为 25，在图形上方位置绘制一个 1491×240 的矩形，如图 12-13 所示。

（9）单击"默认"选项卡"绘图"面板中的"多段线"按钮，指定起点宽度为 25、端点宽度为 25，在绘制的矩形上方绘制一个 343×100 的矩形，如图 12-14 所示。

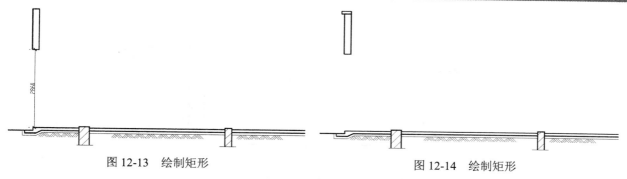

图 12-13　绘制矩形　　　　　　　　　　　图 12-14　绘制矩形

（10）单击"默认"选项卡"绘图"面板中的"多段线"按钮▨，在图形右侧绘制一个 370×1200 的矩形，如图 12-15 所示。

利用上述方法完成右侧剩余矩形的绘制，如图 12-16 所示。

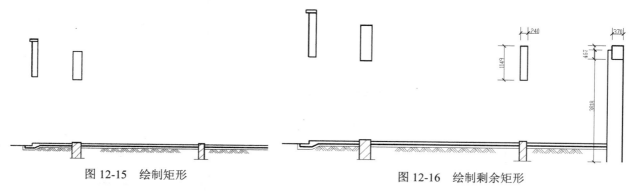

图 12-15　绘制矩形　　　　　　　　　　　图 12-16　绘制剩余矩形

（11）单击"默认"选项卡"绘图"面板中的"多段线"按钮▨，指定起点宽度 23、端点宽度为 23，绘制矩形之间的连接线，如图 12-17 所示。

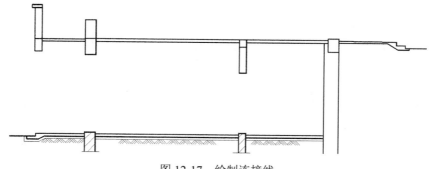

图 12-17　绘制连接线

（12）单击"默认"选项卡"绘图"面板中的"直线"按钮▨，在图形底部绘制一条水平直线，如图 12-18 所示。

（13）单击"默认"选项卡"绘图"面板中的"直线"按钮▨，在剖面窗左侧窗洞处绘制一条竖直直线，如图 12-19 所示。

（14）单击"默认"选项卡"修改"面板中的"偏移"按钮▨，选择绘制的竖直直线为偏移对象，向右进行偏移，偏移距离为 70、100、130，如图 12-20 所示。

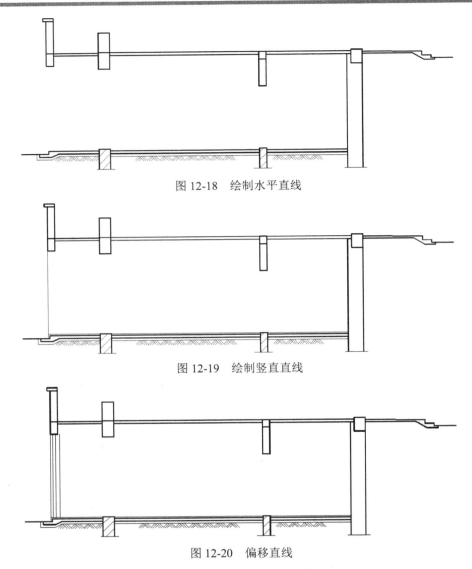

图 12-18　绘制水平直线

图 12-19　绘制竖直直线

图 12-20　偏移直线

（15）单击"默认"选项卡"绘图"面板中的"直线"按钮 ，在图形适当位置绘制一条竖直直线，如图 12-21 所示。

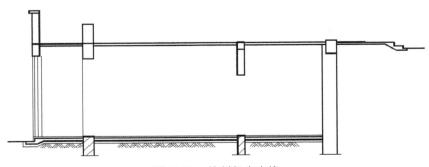

图 12-21　绘制竖直直线

（16）单击"默认"选项卡"修改"面板中的"偏移"按钮 ，选择绘制的竖直直线为偏移对象，向右进行偏移，偏移距离为 123、123、124，如图 12-22 所示。

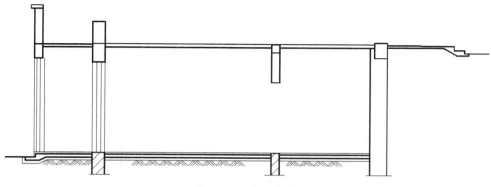

图 12-22　偏移直线

（17）单击"默认"选项卡"绘图"面板中的"直线"按钮 ，在图形适当位置绘制一条水平直线，如图 12-23 所示。

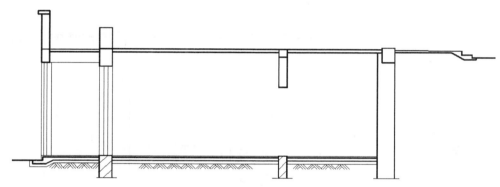

图 12-23　绘制水平直线

（18）单击"默认"选项卡"修改"面板中的"偏移"按钮 ，选择绘制的水平直线为偏移对象，向下进行偏移，偏移距离为 354、60、240、60、240、60、240、60、240、60、240、60、240、60、240、60，如图 12-24 所示。

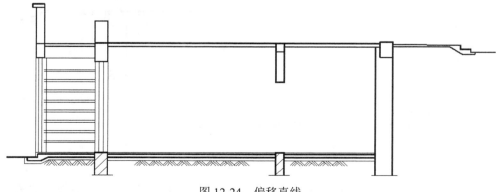

图 12-24　偏移直线

（19）单击"默认"选项卡"修改"面板中的"修剪"按钮，选择偏移线段为修剪对象，对其进行修剪处理，如图 12-25 所示。

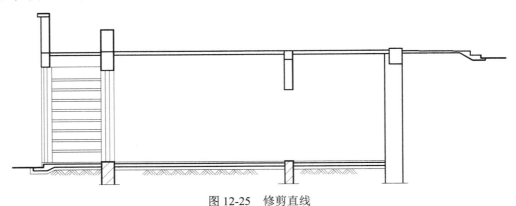

图 12-25　修剪直线

利用上述方法完成右侧剩余图形的绘制，如图 12-26 所示。

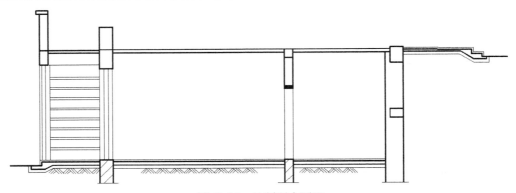

图 12-26　绘制剩余图形

（20）单击"默认"选项卡"绘图"面板中的"图案填充"按钮，系统打开"图案填充创建"选项卡，设置"图案填充图案"为 ANSI31，"填充图案比例"为 6，拾取填充区域内一点，效果如图 12-27 所示。

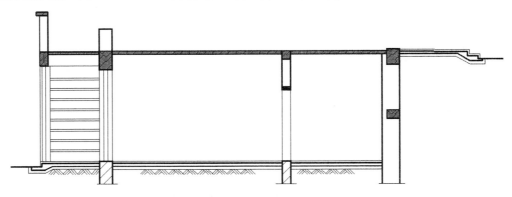

图 12-27　填充图形

（21）单击"默认"选项卡"绘图"面板中的"图案填充"按钮，系统打开"图案填充创建"选项卡，设置"图案填充图案"为 ANSI31，"填充图案比例"为 60，拾取填充区域内一点，效果如图 12-28 所示。

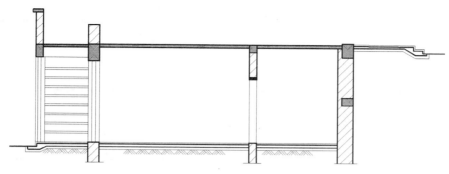

图 12-28 填充图形

（22）单击"默认"选项卡"绘图"面板中的"图案填充"按钮🔳，系统打开"图案填充创建"选项卡，设置"图案填充图案"为 AR-CONC，"填充图案比例"为 1，拾取填充区域内一点，效果如图 12-29 所示。

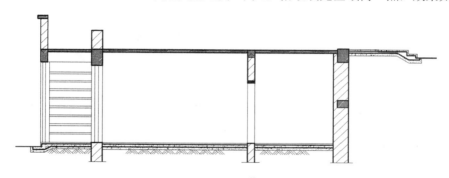

图 12-29 填充图形

利用绘制楼板线的方法完成首层楼板的绘制，如图 12-30 所示。

（23）单击"默认"选项卡"绘图"面板中的"多段线"按钮🔳，指定起点宽度为 25、端点宽度为 25，在图形适当位置绘制 119×116 的矩形，如图 12-31 所示。

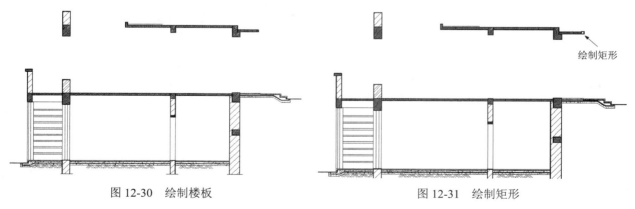

图 12-30 绘制楼板   图 12-31 绘制矩形

（24）单击"默认"选项卡"修改"面板中的"复制"按钮🔧，选择绘制的矩形为复制对象，向右进行复制，复制间距为 410，如图 12-32 所示。

（25）单击"默认"选项卡"绘图"面板中的"直线"按钮🔧，在二层立面窗洞处绘制一条竖直直线，如图 12-33 所示。

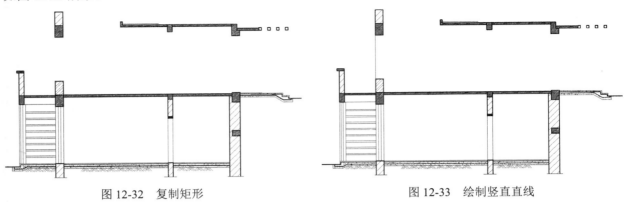

图 12-32　复制矩形　　　　　　　　图 12-33　绘制竖直直线

（26）单击"默认"选项卡"修改"面板中的"偏移"按钮，选择绘制的竖直直线为偏移对象，向右进行偏移，偏移距离为 145、80、145，如图 12-34 所示。

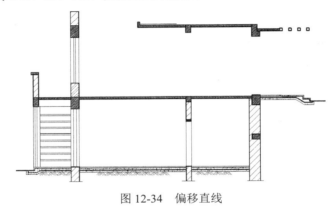

图 12-34　偏移直线

（27）单击"默认"选项卡"绘图"面板中的"直线"按钮，在图形适当位置绘制水平直线，如图 12-35 所示。

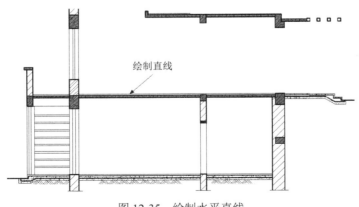

绘制直线

图 12-35　绘制水平直线

（28）单击"默认"选项卡"绘图"面板中的"矩形"按钮，在二层立面的适当位置绘制一个 2100×900 的矩形，如图 12-36 所示。

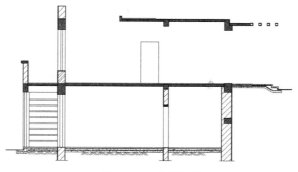

图 12-36　绘制矩形

（29）单击"默认"选项卡"绘图"面板中的"直线"按钮 和"修改"面板中的"偏移"按钮 ，完成右侧剩余的立面窗户图形的绘制，如图 12-37 所示。

利用上述方法完成剩余立面图形的绘制，如图 12-38 所示。

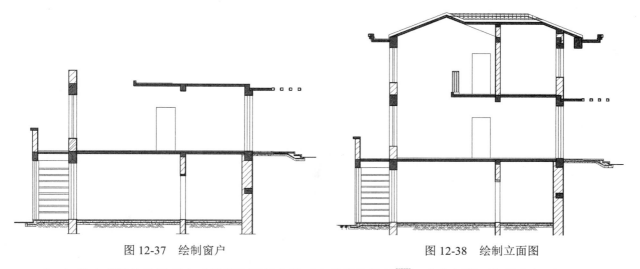

图 12-37　绘制窗户　　　　　　　　　　图 12-38　绘制立面图

（30）单击"默认"选项卡"绘图"面板中的"多段线"按钮 ，命令行提示与操作如下：

命令: PLINE↙
指定起点: ↙
当前线宽为 0
指定下一个点或 [圆弧(A)/半宽(H)/长度(L)/放弃(U)/宽度(W)]: ↙
指定下一点或 [圆弧(A)/闭合(C)/半宽(H)/长度(L)/放弃(U)/宽度(W)]: w↙
指定起点宽度 <0>: 80↙
指定端点宽度 <80>: 0↙
指定下一个点或 [圆弧(A) /半宽(H)/长度(L)/放弃(U)/宽度(W)]: ↙
指定下一点或 [圆弧(A)/闭合(C)/半宽(H)/长度(L)/放弃(U)/宽度(W)]: *取消*

结果如图 12-39 所示。

图 12-39　绘制指引箭头

（31）单击"默认"选项卡"修改"面板中的"移动"按钮![](），选择绘制的箭头图形为移动对象，将其放置到图形适当位置，如图 12-40 所示。

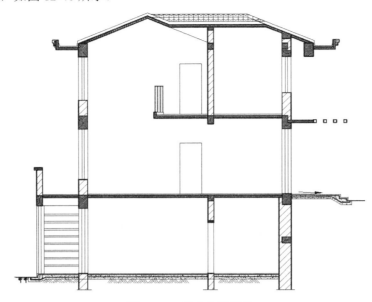

图 12-40   移动指引箭头

利用前面讲述的方法完成 1—1 剖面图尺寸及轴号的添加，如图 12-41 所示。

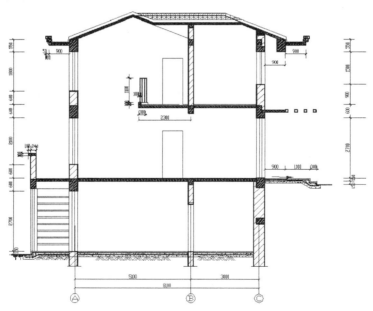

图 12-41   添加轴号及标注

（32）单击"插入"选项卡"块"面板中的"插入"按钮![](），弹出"插入"对话框。单击"浏览"按钮，弹出"选择图形文件"对话框，选择"源文件\图块\标高"图块，单击"打开"按钮，回到"插入"对话框，单击"确定"按钮，完成图块插入，如图 12-42 所示。

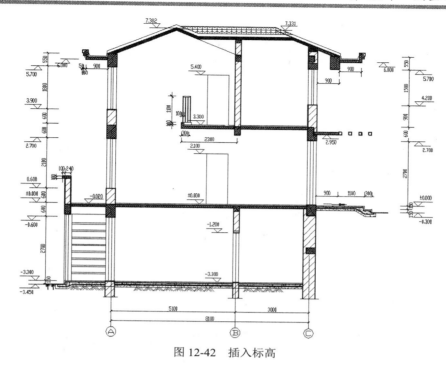

图 12-42　插入标高

（33）在命令行中输入"QLEADER"命令，为图形添加文字说明，如图 12-2 所示。

12.3　2—2 剖面图绘制

2—2 剖面图的绘制方法与 1—1 剖面图的绘制方法基本相同，这里不再详细阐述，如图 12-43 所示。

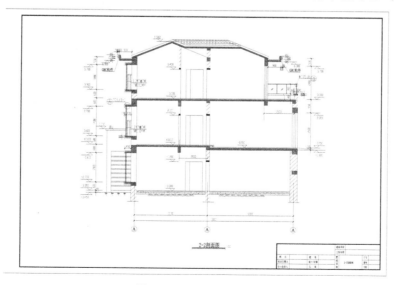

图 12-43　2—2 剖面图

12.4 上机实验

【练习】绘制别墅 1—1 剖面图。

1．目的要求

本实验主要要求读者通过练习进一步熟悉和掌握剖面图的绘制方法，如图 12-44 所示。通过本实验，可以帮助读者学会完成整个剖面图绘制的全过程。

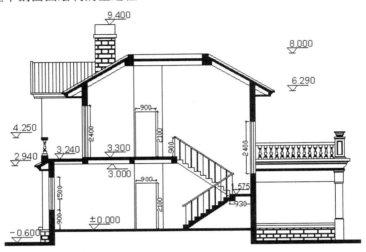

图 12-44　别墅 1—1 剖面图

2．操作提示

（1）修改图形。

（2）绘制折线及剖面。

（3）标注标高。

（4）标注尺寸及文字。

第 3 篇

建筑结构图篇

　　本篇主要结合实例讲解利用 AutoCAD 2015 进行某城市别墅区独院别墅建筑结构图设计的操作步骤、方法技巧等，包括建筑结构平面图和建筑结构详图设计等知识。

　　本篇内容通过具体的建筑结构设计实例加深读者对 AutoCAD 功能的理解和掌握，使其熟悉建筑结构图设计的方法。

▶▶ **建筑结构设计基本理论**

▶▶ **别墅建筑结构平面图的绘制**

▶▶ **别墅建筑结构详图的绘制**

第13章

建筑结构设计概述

　　一个建筑物的落成，要经过建筑设计、结构设计的进程。结构设计的主要任务是确定结构的受力形式、配筋构造、细部构造等。施工时要根据结构设计施工图进行施工。因此绘制明确、详细的施工图，是十分重要的工作。我国规定了结构设计图的具体绘制方法及专业符号。本章将结合相关标准，对建筑结构施工图的绘制方法及基本要求做简单的介绍。

13.1 结构设计基本知识

本节简要讲述结构设计的相关基础知识，为后面的具体结构设计作理论准备。

【预习重点】

☑ 了解建筑结构的功能要求。
☑ 了解建筑结构的基本概念及演变。
☑ 掌握结构设计规范。

13.1.1 建筑结构的功能要求

根据《建筑结构可靠度设计统一标准》的规定，建筑结构应该满足的功能要求如下。

（1）安全性。建筑结构应能承受正常施工和正常使用时可能出现的各种荷载和变形，在偶然事件（如地震、爆炸等）发生时和发生后保持必需的整体稳定性，不致发生倒塌。

（2）适用性。结构在正常使用过程中应具有良好的工作性。例如，不产生影响使用的过大变形或振幅，不发生足以让使用者不安的过宽的裂缝等。

（3）耐久性。结构在正常维护条件下应具有足够的耐久性，完好使用到设计规定的年限，即设计使用年限。例如，混凝土不发生严重风化、腐蚀、脱落，钢筋不发生锈蚀等。

良好的结构设计应能满足上述要求，这样设计的结构是安全可靠的。

13.1.2 结构功能的极限状态

整个结构或者结构的一部分超过某一特定状态就不能满足设计指定的某一功能要求，这个特定状态称为该功能的极限状态，例如，构件即将开裂、倾覆、滑移、压屈、失稳等。也就是说能完成预定的各项功能时，结构处于有效状态；反之，则处于失效状态；有效状态和失效状态的分界，称为极限状态，是结构开始失效的标志。

极限状态可以分为两类。

1. 承载能力极限状态

结构或构件达到最大承载能力或者达到不适于继续承载的变形状态，称为承载能力极限状态。当结构或构件由于材料强度不够而破坏，或因疲劳而破坏，或产生过大的塑性变形而不能继续承载，结构或构件丧失稳定，结构转变为机动体系时，结构或构件就超过了承载能力极限状态。超过承载能力极限状态后，结构或构件就不能满足安全性的要求。

2. 正常使用极限状态

结构或构件达到正常使用或耐久性能中某项规定限度的状态称为正常使用极限状态。例如，当结构或构件出现影响正常使用的过大变形、裂缝过宽、局部损坏和振动时，可认为结构和构件超过了正常使用极限状态。超过了正常使用极限状态，结构和构件就不能保证适用性和耐久性的功能要求。

结构和构件按承载能力极限状态进行计算后，还应该按正常使用极限状态进行验算。通常在设计时要保证构造措施满足要求，这些构造措施在后面章节的绘图过程中会详细介绍。

13.1.3　结构设计方法的演变

随着科学界对于结构效应及计算方法的进步，结构设计方法也从最初的简单考虑安全系数法发展到考虑各种因素的概率设计方法。

1．容许应力设计方法

对于在弹性阶段工作的构件，容许应力设计方法有一定的设计可靠性，例如钢结构。尽管材料在受荷后期表现出明显的非线性，但是在当时由于设计人员对于线弹性力学更为熟悉，所以在设计具有明显非线性的钢筋混凝土结构时，仍然采用材料力学的方法。

$$切应力：\sigma = \frac{My}{EI} \qquad 剪应力：\tau = \frac{QS}{Ib}$$

2．破损阶段设计方法

破损阶段设计方法相对于容许应力设计方法的最大贡献就是：通过大量的钢筋混凝土构件试验，建立了钢筋混凝土构件抗力的计算表达式。

3．极限状态设计方法

相对于前两种设计方法，极限状态设计方法的创新点如下。

（1）首次提出两类极限状态：抗力设计值≥荷载效应设计值。

裂缝最大值≤裂缝允许值；挠度最大值≤挠度允许值。

（2）提出了不同功能工程的荷载观测值的概念，在观测值的基础上提出了荷载取用值的概念：荷载取用值＝大于1的系数×荷载观测值。

（3）提出了材料强度的实测值和取用值的概念。

强度取用值＝小于1的系数×强度实测值。

（4）提出了裂缝及挠度的计算方法和控制标准。

尽管极限状态设计方法有创新点，但是也存在某些缺点。

① 荷载的离散度未给出。

② 材料强度的离散度未给出。

③ 荷载及强度系数仍为经验值。

4．半概率半经验设计法

半概率半经验设计法的本质是极限状态设计法，但是与极限状态设计方法相比，又有一定的改进。

（1）对于荷载在观测值的基础上通过统计给出标准值。

（2）对于材料强度在观测的基础上通过统计分析给出材料强度标准值。

但是对于荷载及材料系数仍然是人为经验所定。

5．近似概率设计法

近似概率设计法将随机变量 R 和 S 的分布只用统计平均值 μ 和标准值 σ 来表征，且在运算过程中对极限状态方程进行线性化处理。

但是此设计方法也存在一些缺陷。

（1）根据截面抗力设计出的结构，存在着截面失效不等于构件失效，更不等于结构失效，因此不能很准确表征结构的抗力效应。

（2）未考虑不可预见的因素的影响。

6．全概率设计方法

全概率设计方法就是全面考虑各种影响因素，并基于概率论的结构优化设计方法。

13.1.4　结构分析方法

结构分析应以结构的实际工作状况和受力条件为依据，并且在所有的情况下均应对结构的整体进行分析，结构中的重要部分、形状突变部位以及内力和变形有异常变化的部分（例如较大孔洞周围、节点极其附近、支座和集中荷载附近等），必要时应另作更详细的局部分析，结构分析的结果都应有相应的构造措施作保证。

所有的结构分析方法的建立都基于三类基本方程，即力学平衡方程、变形协调（几何）条件和本构（物理）关系。其中必须满足力学平衡条件；变形协调条件对有些方法不能严格符合，但应在不同程度上予以满足；本构关系则需合理地选用。

现有的结构分析方法可以归纳为五类。各类方法的主要特点和应用范围如下。

1．线弹性分析方法

线弹性分析方法是最基本和最成熟的结构分析方法，也是其他反吸方法的基础和特例。它适用于分析一切形式的结构和验算结构的两种极限状态。至今，国内外的大部分混凝土结构的设计仍基于此方法。

结构内力的线弹性分析和截面承载力的极限状态设计相结合，实用上简易可行。按此设计的结构，其承载力一般偏于安全。少数结构因混凝土开裂部分的刚度减小而发生内力重分布情形，可能影响其他部分的开裂和变形状况。

考虑到混凝土结构开裂后的刚度减小，对梁、柱构件分别采取不等的折减刚度值，但各构件（截面）刚度不随荷载的大小而变化，则结构的内力和变形仍可采用线弹性方法进行分析。

2．考虑塑性内力重分布的分析方法

考虑塑性内力重分布的分析方法一般用来设计超静定混凝土结构，具有充分发挥结构潜力、节约材料、简化设计和方便施工等优点。

3．塑性极限分析方法

塑性极限分析方法又称塑性分析或极限平衡法。此法在我国主要用于周边有梁或墙有支承的双向板设计。工程设计和施工实践经验证明，按此法进行计算和构造设计简便易行，可保证安全。

4．非线性分析方法

非线性分析方法以钢筋混凝土的实际力学性能为依据，引入相应的非线性本构关系后，可准确地分析结构受力全过程的各种荷载效应，而且可以解决一切体形和受力复杂的结构分析问题。这是一种先进的分析方法，已经在国内被一些重要结构的设计所采用，并不同程度地纳入国外的一些主要设计规范。但这种分析方法比较复杂，计算工作量大，各种非线性本构关系尚不够完善和统一，至今应用范围仍然有限，主要用于重大结构工程如水坝、核电站结构等的分析和地震下的结构分析。

5．试验分析方法

结构或其部分的体形不规则和受力状态复杂，又无恰当的简化分析方法时，可采用试验分析方法。例如剪力墙及其孔洞周围，框架和桁架的主要节点，构件的疲劳，平面应变状态的水坝等。

13.1.5　结构设计规范及设计软件

在结构设计过程中，为了满足结构的各种功能及安全性的要求，必须遵从我国制定的结构设计规范，主要是以下几种。

1.《混凝土结构设计规范》（GB 50010—2010）

本规范是为了在混凝土结构设计中贯彻执行国家的技术经济政策，做到技术先进、安全适用、经济合理、确保质量。此规范适用于房屋和一般构筑物的钢筋混凝土、预应力混凝土以及素混凝土承重结构的设计，但是不适用于轻骨料混凝土及其他特种混凝土结构的设计。

2.《建筑抗震设计规范》（GB 50011—2010）

本规范的制定目的是为了贯彻执行《建筑法》和《抗震减灾法》，并实行以预防为主的方针，使建筑经抗震设防后，减轻建筑的地震破坏，避免人员伤亡，减少经济损失。

按本规范进行抗震设计的建筑，其抗震设防的目标是：当遭受低于本地区抗震设防烈度的多遇地震影响时，一般不受损坏或不需修理可继续使用；当遭受相当于本地区抗震设防烈度的地震影响时，可能损坏，经一般修理或不需修理仍可继续使用；当遭受高于本地区抗震设防烈度预估的罕遇地震影响时，不致倒塌或发生危及生命的严重破坏。

3.《建筑结构荷载规范》（GB 50009—2012）

本规范是为了适应建筑结构设计的需要，以符合安全适用、经济合理的要求而制定的。此规范是根据《建筑结构可靠性设计统一标准》规定的原则制定的，适用于建筑工程的结构设计，并且设计基准期为 50 年。建筑结构设计中涉及的作用包括直接作用（荷载）和间接作用（如地基变形、混凝土收缩、焊接变形、温度变化或地震等引起的作用）。本规范仅对有关荷载做出规定。

4.《高层建筑混凝土结构技术规程》（JGJ 3—2010）

本规程适用于 10 层及 10 层以上或房屋高度超过 28m 的非抗震设计和抗震设防烈度为 6 至 9 度抗震设计的高层民用建筑结构，其适用的房屋最大高度和结构类型应符合本规程的有关规定。但是本规程不适用于建造在危险地段场地的高层建筑。

高层建筑的设防烈度必须按照国家规定的权限审批、颁发的文件（图件）确定。一般情况下，抗震设防烈度可采用中国地震烈度区划图规定的地震基本烈度；对已编制抗震设防区划的地区，可按批准的抗震设防烈度或设计地震运动参数进行抗震设防。并且，高层建筑结构设计中应注重概念设计，重视结构的选型和平、立面布置的规则性，择优选用抗震和抗风性能好且经济合理的结构体系，加强构造措施。在抗震设计中，应保证结构的整体抗震性能，使整个结构具有必要的承载能力、刚度和延性。

5.《钢结构设计规范》（GB 50017—2003）

本规范适用于工业与民用房屋和一般构筑物的钢结构设计，其中，由冷弯成型钢材制作的构件及其连接应符合现行国家标准《冷弯薄壁型钢结构技术规范》（GB 50018—2002）的规定。

本规范的设计原则是根据现行国家标准《建筑结构可靠度设计统一标准》（GB 50068—2001）制定的。按本规范设计时，取用的荷载及其组合值应符合现行国家标准《建筑结构荷载规范》（GB 50009—2012）的规定；在地震区的建筑物和构筑物，尚应符合现行国家标准《建筑抗震设计规范》（GB 50011—2010）、《中国地震动参数区划图》（GB 18306—2001）和《构筑物抗震设计规范》（GB 50191—2012）的规定。

在钢结构设计文件中，应注明建筑结构的设计使用年限、钢材牌号、连接材料的型号（或钢号）和对钢材所要求的力学性能、化学成分及其他的附加保证项目。此外，还应注明所要求的焊缝形式、焊缝质量等级及对施工的要求。

6．《砌体结构设计规范》（GB 50003—2011）

为了贯彻执行国家的技术经济政策，坚持因地制宜、就地取材的原则，合理选用结构方案和建筑材料，做到技术先进、经济合理、安全适用、确保质量，制定了本规范。本规范适用于建筑工程的下列砌体的结构设计，特殊条件下或有特殊要求的应按专门规定进行设计。

（1）砖砌体，包括烧结普通砖、烧结多孔砖、蒸压灰砂砖、蒸压粉煤灰砖无筋和配筋砌体。

（2）砌块砌体，包括混凝土、轻骨料混凝土砌块无筋和配筋砌体。

（3）石砌体，包括各种料石和毛石砌体。

7．《无粘结预应力混凝土结构技术规程》（JGJ 92—2004）

本规程适用于工业与民用建筑和一般构筑物中采用的无粘结预应力混凝土结构的设计、施工及验收。采用的无粘结预应力筋是指埋置在混凝土构件中者或体外束。无粘结预应力混凝土结构应根据建筑功能要求和材料供应与施工条件，确定合理的设计与施工方案，编制施工组织设计，做好技术交底，并应由预应力专业施工队伍进行施工，严格执行质量检查与验收制度。

随着设计方法的演变，一般的设计过程都要对结构进行整体有限元分析，因此，就要借助计算机软件进行分析计算，在国内常用的几种结构分析设计软件如下。

（1）PKPM 结构设计软件

本系统是一套集建筑设计、结构设计、设备设计及概预算、施工软件于一体的大型建筑工程综合 CAD 系统，并且此系统采用独特的人机交互输入方式，使用者不必填写繁琐的数据文件。输入时用鼠标或键盘在屏幕勾画出整个建筑物，软件有详细的中文菜单指导用户操作，并提供了丰富的图形输入功能，有效地帮助输入。实践证明，这种方式设计人员容易掌握，而且比传统的方法可提高效率十几倍。

其中结构类包含了 17 个模块，涵盖了结构设计中的地基、板、梁、柱、钢结构、预应力等方面。本系统具有先进的结构分析软件包，容纳了国内最流行的各种计算方法，如平面杆系、矩形及异形楼板、高层三维壳元及薄壁杆系、梁板楼梯及异形楼梯、各类基础、砖混结构、钢结构、预应力混凝土结构分析等。全部结构计算模块均按最新的设计规范编制，全面反映了规范要求的荷载效应组合，设计表达式，抗震设计新概念要求的强柱弱梁、强剪弱弯、节点核心、地震以及考虑扭转效应的振动耦连计算方面的内容。

同时，本系统有丰富和成熟的结构施工图辅助设计功能，可完成框架、排架、连梁、结构平面、楼板配筋、节点大样、各类基础、楼梯、剪力墙等施工图绘制，并在自动选配钢筋，按全楼或层、跨剖面归并，布置图纸版面，人机交互干预等方面独具特色。在砖混计算中可考虑构造柱共同工作，可计算各种砌块材料，底框上砖房结构 CAD 适用任意平面的一层或多层底框。可绘制钢结构平面图、梁柱及门式刚架施工详图、桁架施工图。

（2）SAP2000 结构分析软件

SAP2000 是 CSI 开发的独立的基于有限元的结构分析和设计程序。它提供了功能强大的交互式用户界面，带有很多工具帮助用户快速和精确地创建模型，同时具有分析最复杂工程所需的分析技术。

SAP2000 面向的对象是，用单元创建模型来体现实际情况。一个与很多单元连接的梁用一个对象建立，和现实世界一样，与其他单元相连接所需要的细分由程序内部处理。分析和设计的结果对整个对象产生报告，而不是对构成对象的子单元，信息提供更容易解释并且和实际结构更协调。

（3）ANSYS 有限元分析软件

ANSYS 软件主要包括 3 个部分：前处理模块、分析计算模块和后处理模块。

前处理模块提供了一个强大的实体建模及网格划分工具，用户可以方便地构造有限元模型；分析计算模块包括结构分析（可进行线性分析、非线性分析和高度非线性分析）、流体动力学分析、电磁场分析、声场分析、压电分析以及多物理场的耦合分析，可模拟多种物理介质的相互作用，具有灵敏度分析及优化分析能力；后处理模块可将计算结果以彩色等值线显示、梯度显示、矢量显示、粒子流显示、立体切片显示、透明及半透明显示（可看到结构内部）等图形方式显示出来，也可将计算结果以图表、曲线形式显示或输出。

ANSYS 提供了百种以上的单元类型，用来模拟工程中的各种结构和材料。该软件有多种不同版本，可以运行于从个人机到大型机的多种计算机设备上，如 PC、SGI、HP、SUN、DEC、IBM、CRAY 等。

（4）TBSA 系列程序

TBSA 系列程序是由中国建筑科学研究院高层建筑技术开发部研制而成，主要是针对国内高层建筑而开发的分析设计软件。

TBSA、TBWE 多层及高层建筑结构三维空间分析软件，分别采用空间杆—薄壁柱模型和空间杆—墙组元模型，完成构件内力分析和截面设计。

TBSA-F 建筑结构地基基础分析软件，可计算独立、桩、条形、交叉梁系、筏板（平板和梁板）、箱形基础以及桩与各种承台组成的联合基础；按相互作用原理，结合国家相关规范，采用有限元法分析；考虑不同地基模式和土的塑性性质、深基坑回弹和补偿、上部结构刚度影响、刚性板和弹性板算法、变厚度板计算；输出结果完善，有表格和平面简图表达方式。

13.2 结构设计要点

对于一个建筑物的设计，首先要进行建筑方案设计，其次才能进行结构设计。结构设计不仅要注意安全性，还要同时关注经济合理性，而后者恰恰是投资方看得见摸得着的，因此结构设计必须经过若干方案的计算比较，其结构计算量几乎占结构设计总工作量的一半。

【预习重点】

☑ 掌握结构设计的基本过程。
☑ 了解建筑结构设计中注意的问题。

13.2.1 结构设计的基本过程

为了更加有效地做好建筑结构设计工作，要遵循以下步骤进行。

（1）在建筑方案设计阶段，结构专业人员应该关注并适时介入，给建筑专业设计人员提供必要的合理化建议，积极主动地改变被动地接受不合理建筑方案的局面，只要结构设计人员摆正心态，尽心为完成更完美的建筑创作出主意、想办法，建筑师也会认同的。

（2）建筑方案设计阶段的结构配合，应选派有丰富结构设计经验的设计人员参与，及时给予指点和提醒，避免不合理的建筑方案直接面对投资方。如果建筑方案新颖且可行，只是造价偏高，就需要结构专业人员提前进行必要的草算，做出大概的造价分析以供建筑专业和投资方参考。

（3）建筑方案一旦确定，结构专业人员应及时配备人力，对已确定建筑方案进行结构多方案比较，其中包括竖向及抗侧力体系、楼屋面结构体系以及地基基础的选型等，通过结构专业参加人员的广泛讨论，选择既安全可靠又经济合理的结构方案作为实施方案，必要时应向建筑专业及投资方做全面的汇报。

（4）结构方案确定后，作为结构工种（专业）负责人，应及时起草本工程结构设计统一技术条件，其中包括工程概况、设计依据、自然条件、荷载取值及地震作用参数、结构选型、基础选型、所采用的结构分析软件及版本、计算参数取值以及特殊结构处理等，依次作为结构设计组共同遵守的设计条件，增加协调性和统一性。

（5）加强设计组人员的协调和组织，每个设计人员都有其优势和劣势，作为结构工种负责人，应透彻掌握每个设计人员的素质情况，在责任与分工上要以能调动起大家的积极性和主动性为前提，充分发挥出每个设计人员的智慧和能力，集思广益。设计中的难点问题的提出与解决应经大家讨论，群策群力，共同提高。

（6）为了在设计周期内完成繁重的结构设计工作量，应注意合理安排时间，结构分析与制图最好同步进行，以便及时发现问题及时解决，同时可以为其他专业返提资料提前做好准备。当结构布置作为资料提交各专业前，结构工种负责人应进行全面校审，以免给其他专业造成误解和返工。

（7）基础设计在初步设计期间应尽量考虑完善，以满足提前出图要求。

（8）计算与制图的校审工作应尽量提前介入，尤其对计算参数和结构布置草图等，一定经校审后再实施计算和制图工作，保证设计前提的正确才能使后续工作顺利有效地进行，同时避免带来本专业内的不必要返工。

（9）校审系统的建立与实施也是保证设计质量的重要措施，结构计算和图纸的最终成果必须至少有 3 个不同设计人员经手，即设计人、校对人和审核人，而每个不同档次的设计人员都应有相应的资质和水平要求。校审记录应有设计人、校审人和修改人签字并注明修改意见，校审记录随设计成果资料归档备查。

（10）建筑结构设计过程中，难免存在某个单项的设计分包情况，对此应格外慎重对待。首先要求承担分包任务的设计方必须具有相应的设计资质、设计水平和资源，签订单项分包协议，明确分包任务，提出问题和成果要求，明确责任分工以及设计费用和支付方法等，以免造成设计混乱，出现问题后责任不清，这是结构设计必须避免的。

13.2.2　结构设计中需要注意的问题

在对结构进行整体分析后，也要对构件进行验算，验算要根据承载能力极限状态及正常使用极限状态的要求，分别按下列规定进行计算和验算。

（1）承载力及稳定：所有结构构件均应进行承载力（包括失稳）计算；对于混凝土结构失稳的问题不是很严重，尤其是对于钢结构构件，必须进行失稳验算。必要时尚应进行结构的倾覆、滑移及漂浮验算；有抗震设防要求的结构尚应进行结构构件抗震的承载力验算。

（2）疲劳：直接承受吊车的构件应进行疲劳验算；直接承受安装或检修用吊车的构件，根据使用情况和设计经验可不作疲劳验算。

（3）变形：对使用上需要控制变形值的结构构件，应进行变形验算。例如预应力游泳池，变形过大会导致荷载分布不均匀，荷载不均匀会导致超载，严重的会造成结构的破坏。

（4）裂缝宽度：对使用上要求不出现裂缝的构件，应进行混凝土拉应力验算；对使用上允许出现裂缝的构件，应进行裂缝宽度验算；对叠合式受弯构件，还应进行纵向钢筋拉应力验算。

（5）其他：结构及结构构件的承载力（包括失稳）计算和倾覆、滑移及漂浮验算，均应采用荷载设计值；疲劳、变形、抗裂及裂缝宽度验算，均应采用相应的荷载代表值；直接承受吊车的结构构件，在计算承载力及验算疲劳、抗裂时，应考虑吊车荷载的动力系数。

预制构件尚应按制作、运输及安装时相应的荷载值进行施工阶段验算。预制构件吊装的验算，应将构件自重乘以动力系数，动力系数可以取 1.5，也可根据构件吊装时的受力情况适当增减。

对现浇结构，必要时应进行施工阶段的验算。结构应具有整体稳定性，结构的局部破坏不应导致大范围倒塌。

13.3 结构设计施工图简介

建筑结构施工图是建筑结构施工中的指导依据，决定了工程的施工进度和结构细节，指导了工程的施工过程和施工方法。

【预习重点】

☑   了解建筑结构施工图的内容。

13.3.1 绘图依据

我国建筑业的发展是从 20 世纪 60 年代以后开始的。20 世纪 50 年代到 60 年代，我国的结构施工图的编制方法基本上袭用或参照苏联的标准。20 世纪 60 年代以后，我国开始制定自己的施工图编制标准。经过对 20 世纪 50 年代和 60 年代的建设经验及制图方法的总结，我国编制了第一本建筑制图的国家标准——《建筑制图标准》（GBJ 3—1973），其在规范我国当时施工图的制图和编制方法上起到了应有的指导作用。

20 世纪 80 年代，我国进入了改革开放时期，建筑业飞速发展，原有的建筑制图标准已经不适应当时的需要，因此，经过总结我国的工程实践经验，结合我国国情，对《建筑制图标准》（GBJ 3—1973）进行了必要的修改和补充，编制发布了《房屋建筑制图统一标准》（GBJ 3—1986）、《建筑制图标准》（GBJ 104—1987）、《建筑结构制图标准》（GBJ 107—1987）等 6 本标准。这些标准的制定发布，提高了图面质量和制图效率，符合设计、施工和存档等的要求，使房屋建筑制图做到基本统一与清晰简明，更加适应工程建设的需要。

进入 21 世纪，我国建筑业又上了一个新的台阶，建筑结构形式更加多样化，建筑结构更加复杂。制图方法也由过去的人工手绘转变为计算机制图。因此，制图标准也相应地需要更新和修订。在总结了过去几十年的制图和工程经验的基础上，经过研究总结，对原有规范进行了修订和补充，编制发布了《总图制图标准》（GB 50103—2001）、《建筑制图标准》（GB /T 50104—2010）、《建筑结构制图标准》（GB/T 50105—2010）等，作为现代制图的依据。

13.3.2 图纸分类

建筑结构施工图没有明确的分类方法，可以按照建筑结构的类型进行分类。如按照建筑结构的结构形式可以分为混凝土结构施工图、钢结构施工图、木结构施工图等；按照结构的建筑用途可分为住宅建筑施工图、公共建筑施工图等；在某一个特定的结构工程中，可以将建筑结构施工图按照施工部位细分为总图、设备施工图、基础施工图、标准层施工图、大样详图等。

在进行工程设计时，要对设计所需要的图纸进行编排整理、统一规划，列出详细的图纸名称及图纸目录，便于施工人员管理与查看。

13.3.3 名词术语

各个专业都有其专用的名词术语，建筑结构专业也不例外。若想熟练掌握建筑结构施工图的绘制方法及应用，就要掌握绘制施工图及施工图之中的各种基本名词术语。

建筑结构施工图中常用的基本名词术语如下。

- ☑　图纸：包括已绘图样与未绘图样的带有图标的绘图用纸。
- ☑　图纸幅面（图幅）：图纸的大小规格。一般有 A0、A1、A2、A3 等。
- ☑　图线：图纸上绘制的线条。
- ☑　图样：图纸上按一定规则绘制的、能表示被绘物体的位置、大小、构造、功能、原理、流程的图。
- ☑　图面：一般指绘有图样的图纸的表面。
- ☑　图形：指图样的形状。
- ☑　间隔：指两个图样、文字或两条线之间的距离。
- ☑　间隙：指窄小的间隔。
- ☑　标注：单指在图纸上注出的文字、数字等。
- ☑　尺寸：包括长度、角度。
- ☑　例图：作为实例的图样。

13.4　建筑结构制图基本规定

建筑结构设计施工图的绘制必须遵守有关国家标准，包括图纸幅面、比例、标题栏及会签栏、字体、图线、各种基本符号、定位轴线等。下面分别对其进行简要讲述。

【预习重点】

- ☑　掌握图纸规定。
- ☑　掌握图的比例尺寸和内容。

13.4.1　图纸规定

结构施工图的图纸规定与建筑施工图的规定是相同的，参考 8.3.2 节详细讲解。

13.4.2　比例设置

绘图时根据图样的用途、被绘物体的复杂程度，可选用表 13-1 中的常用比例，特殊情况下也可选用可用比例。

表 13-1　比例

单位：mm

图　　名	常 用 比 例	可 用 比 例
结构平面图 基础平面图	1:50、1:100 1:150、1:200	1:60
圈梁平面图、总图 中管沟、地下设施等	1:200、1:500	1:300
详图	1:10、1:20	1:5、1:25、1:4

注意　（1）当构件的纵、横向断面尺寸相差悬殊时，可在同一详图中的纵、横向选用不同的比例绘制。轴线尺寸与构件尺寸也可选用不同的比例绘制。

（2）计算机绘图时，一般选用足尺绘图。

13.4.3 标题栏及会签栏

结构施工图的图纸也是包括标题栏和会签栏，与建筑施工图的规定是相同的，参见 8.3.2 节详细讲解。

13.4.4 字体设置

（1）图纸上的文字、数字或符号等，均应清晰、字体端正，一般用计算机绘图，汉字一般用仿宋体，大标题、图册封面、地形图等的汉字，也可书写成其他字体，但应易于辨认。

（2）汉字的简化书写，必须符合国务院公布的《汉字简化方案》和有关规定。

（3）数量的数值注写，应采用正体阿拉伯数字。各种计量单位凡前面有量值的，均应采用国家颁布的单位符号注写。单位符号应采用正体字母。

（4）分数、百分数和比例数的注写，应采用阿拉伯数字和数学符号，例如，四分之三、百分之二十五和一比二十应分别写成 3/4、25% 和 1:20。

（5）当注写的数字小于 1 时，必须写出个位的 "0"，小数点应采用圆点，齐基准线书写，例如 0.01。

13.4.5 图线的宽度

图线的宽度 b，宜从下列线宽系列中取用：3.0mm、3.4mm、3.0mm、0.7mm、0.5mm、0.35mm。每个图样，应根据复杂程度与比例大小，先选定基本线宽 b，再在表 13-2 和表 13-3 中选用相应的线宽组。

表 13-2　线宽组

单位：mm

线　宽　比	线　宽　组					
b	3.0	3.4	3.0	0.7	0.5	0.35
0.5b	3.0	0.7	0.5	0.35	0.25	0.18
0.25b	0.5	0.35	0.25	0.18	—	—

注意　（1）需要微缩的图纸，不宜采用 0.18 mm 及更细的线宽。

（2）同一张图纸内，各不同线宽中的细线，可统一采用较细的线宽组的细线。

表 13-3　图框线、标题栏线的宽度

单位：mm

幅面代号	图框线	标题栏外框线	标题栏分格线、会签栏线
A0、A1	3.4	0.7	0.35
A2、A3、A4	3.0	0.7	0.35

13.4.6 基本符号

绘图中相应的符号应一致，且符合相关规定的要求，如钢筋、螺栓等的编号均应符合相应的规定。

13.4.7 定位轴线

定位轴线应用细点划线绘制。定位轴线一般应编号，编号应注写在轴线端部的圆内。圆应用细实线绘制，直径为 8～10mm。定位轴线圆的圆心，应在定位轴线的延长线上或延长线的折线上。平面图上定位轴线的编号，宜标注在图样的下方与左侧。横向编号应用大写拉丁字母，从下至上顺序编写（如图 13-1 所示）。拉丁字母 I、O、Z 不得用于轴线编号。如字母数量不够使用，可增双字母或单字母加数字注脚，如 AA、BA、……YA 或 A1、B1、Y1。

组合较复杂的平面图中定位轴线也可采用分区编号，如图 13-2 所示。编号的注写形式应为"分区号—该分区编号"。分区号采用阿拉伯数字或大写拉丁字母表示。

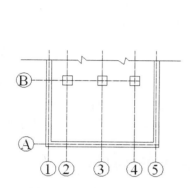

图 13-1　定位轴线编号顺序

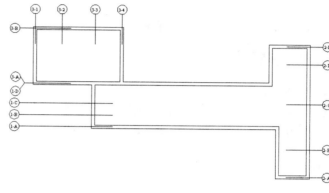

图 13-2　定位轴线分区编号

附加定位轴线的编号，应以分数形式表示，并应按下列规定编写。

（1）两根轴线间的附加轴线，应以分母表示前一轴线的编号，分子表示附加轴线的编号，编号宜用阿拉伯数字顺序编写。

$\frac{1}{2}$ 表示 2 号轴线之后附加的第一根轴线。

$\frac{3}{C}$ 表示 C 号轴线之后附加的第三根轴线。

（2）1 号轴线或 A 号轴线之前的附加轴线的分母应以 01 或 0A 表示。

$\frac{1}{01}$ 表示 1 号轴线之前附加的第一根轴线。

$\frac{1}{0A}$ 表示 A 号轴线之前附加的第一根轴线。

一个详图适用于几根轴线时，应同时注明各有关轴线的编号（如图 13-3 所示）。通用详图中的定位轴线，应只画圆，不注写轴线编号。

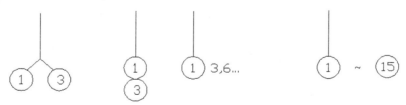

用于 2 根轴线时　　用于 3 根或 3 根以上轴线时　　用于 3 根以上连续编号的轴线时

图 13-3　多根轴线编号

圆形平面图中的定位轴线的编号，其径向轴线宜用阿拉伯数字表示，从左下角开始，按逆时针顺序编写；其圆周轴线宜用大写拉丁字母表示，从外向内顺序编写（如图 13-4 所示）。折线形平面图中定位轴线的编号可按图 13-5 所示的形式编写。

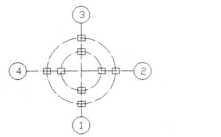

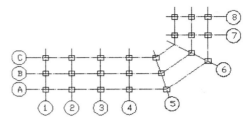

图 13-4　圆形平面定位轴线的编号　　　　　图 13-5　折线形平面定位轴线的编号

13.4.8　尺寸标注

　　根据我国制图规范规定，尺寸线、尺寸界线应用细实线绘制，一般尺寸界线应与被注长度垂直，尺寸线应与被注长度平行。图样本身的任何图线均不得用作尺寸线。尺寸起止符号一般用粗斜短线绘制，其倾斜方向应与尺寸界线成顺时针 45°角，长度宜为 2～3mm。半径、直径、角度与弧长的尺寸起止符号宜用箭头表示。

　　尺寸标注一般由尺寸起止符号、尺寸数字、尺寸界线及尺寸线组成，如图 13-6 所示。

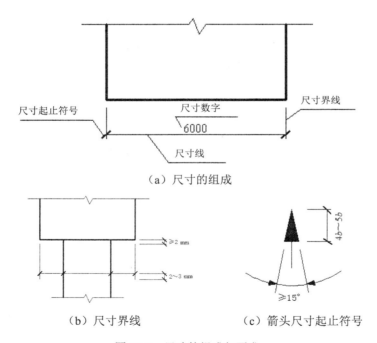

图 13-6　尺寸的组成与要求

13.4.9　标高

　　标高属于尺寸标注，是在建筑设计中应用的一种特殊情形。在结构立面图中要对结构的标高进行标注。标高主要有以下几种，如图 13-7 所示。

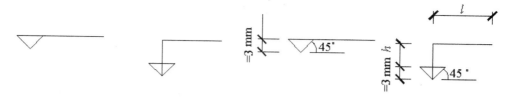

图 13-7　标高符号与要求

标高的标注方法及要求如图 13-8 所示。

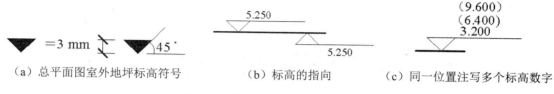

（a）总平面图室外地坪标高符号　　　（b）标高的指向　　　（c）同一位置注写多个标高数字

图 13-8　标高标注方法及要求

13.5　施工图编制

一个具体的建筑，其结构施工图往往不是单个图纸或几张图纸所能表达清楚的。一般情况下包括很多单个的图纸。这时，就需要将这些结构施工图编制成册。

【预习重点】

☑　了解施工图的编制原则。
☑　了解施工图的编排。

13.5.1　编制原则

（1）施工图设计根据已批准的初步设计及施工图设计任务书进行编制。小型或技术要求简单的建筑工程也可根据已批准的方案设计及施工图设计任务书编制施工图。大型和重要的工业与民用建筑工程在施工图编制前宜增加施工图方案设计阶段。

（2）施工图设计的编制必须贯彻执行国家有关工程建设的政策和法令，符合国家（包括行业和地方）现行的建筑工程建设标准、设计规范和制图标准，遵守设计工作程序。

（3）在施工图设计中应因地制宜地积极推广和使用国家、行业和地方的标准设计，并在图纸总说明或有关图纸说明中注明图集名称与页次。当采用标准设计时，应根据其使用条件正确选择。

重复利用其他工程图纸时，要详细了解原图利用的条件和内容，并做必要的核算和修改。

13.5.2　图纸编排

图纸编排的一般顺序如下。

（1）按工程类别，先建筑结构，后设备基础、构筑物。

（2）按结构系统，先地下结构，后上部结构。

（3）在一个结构系统中，按布置图、节点详图、构件详图、预埋件及零星钢结构施工图的顺序编排。

（4）构件详图，先模板图，后配筋图。

别墅建筑结构平面图

本章将以别墅结构平面图为例，详细讲述建筑结构平面图的绘制过程。在讲述过程中，将逐步带领读者完成顶板结构平面图、首层结构平面图、屋顶结构平面图和基础平面图的绘制，并讲述关于住宅建筑结构平面图设计的相关知识和技巧。本章内容包括住宅建筑结构平面图绘制、尺寸文字标注等。

14.1　基础平面图概述

【预习重点】

☑　　了解基础平面图的概述。

本节将介绍绘制结构平面图的一些必要的知识，包括基础平面图相关理论知识要点以及图框绘制的基本方法，为后面学习做必要的准备。

基础平面图一般包括以下内容。

（1）绘出定位轴线、基础构件（包括承台、基础梁等）的位置、尺寸、底标高、构件编号，基础底标高不同时，应绘出放坡示意。

（2）标明结构承重墙与墙垛、柱的位置与尺寸、编号，当为钢筋混凝土时，此项可绘平面图，并注明断面变化关系尺寸。

（3）标明地沟、地坑和已定设备基础的平面位置、尺寸、标高，以及无地下室时±0.000 标高以下的预留孔与埋件的位置、尺寸、标高。

（4）提出沉降观测要求及测点布置（宜附测点构造详图）。

（5）说明中应包括基础持力层及基础进入持力层的深度、地基的承载能力特征值、基底及基槽回填土的处理措施与要求以及对施工的有关要求等。

（6）桩基应绘出桩位平面位置及定位尺寸，说明桩的类型和桩顶标高、入土深度、桩端持力层及进入持力层的深度、成桩的施工要求、试桩要求和桩基的检测要求（若先做试桩，应先单独绘制试桩定位平面图），注明单桩的允许极限承载力值。

（7）当采用人工复合地基时，应绘出复合地基的处理范围和深度，置换桩的平面布置及其材料和性能要求、构造详图，注明复合地基的承载能力特征值及压缩模量等有关参数和检测要求。

当复合地基另由有设计资质的单位设计时，主体设计方应明确提出对地基承载能力特征值和变形值的控制要求。

14.2　地下室顶板结构平面图

地下室顶板结构平面图主要表达地下室顶板浇筑厚度、配筋布置和过梁、圈梁结构等具体结构信息。就本案例而言，由于该别墅属于普通低层建筑，对结构没有什么特殊要求，按一般规范设计就可以达到要求。本节主要讲述地下室顶板结构平面图的绘制过程，如图 14-1 所示。

【预习重点】

☑　　掌握如何绘制地下室板结构平面图。
☑　　掌握箍筋的绘制。

14.2.1　绘制地下室顶板结构平面图

（1）单击"默认"选项卡"绘图"面板中的"多段线"按钮▬，指定起点宽度为 45、端点宽度为 45，在图形空白位置绘制一个 480×480 的矩形，如图 14-2 所示。

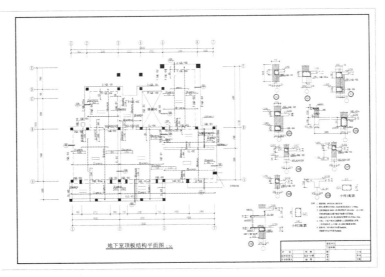

图 14-1 地下室顶板结构平面图

（2）单击"默认"选项卡"绘图"面板中的"图案填充"按钮，打开"图案填充创建"选项卡，如图 14-3 所示，设置"图案填充图案"为 SOLID，拾取填充区域内一点，效果如图 14-4 所示。

图 14-2 绘制矩形   图 14-3 "图案填充创建"选项卡

（3）利用上述方法完成图形中 360×740 的柱的绘制，如图 14-5 所示。

（4）利用上述方法完成图形中 480×480 的柱的绘制，如图 14-6 所示。

图 14-4 填充矩形   图 14-5 360×740 的柱   图 14-6 480×480 的柱

（5）利用上述方法完成图形中 740×740 的柱的绘制，如图 14-7 所示。

（6）利用上述方法完成图形中 480×740 的柱的绘制，如图 14-8 所示。

（7）利用上述方法完成图形中 600×600 的柱的绘制，如图 14-9 所示。

图 14-7 740×740 的柱   图 14-8 480×740 的柱   图 14-9 600×600 的柱

（8）单击"默认"选项卡"修改"面板中的"移动"按钮 ，选择绘制的 480×480 的矩形为移动对象，将其放置到适当位置，如图 14-10 所示。

（9）单击"默认"选项卡"修改"面板中的"移动"按钮 ，选择绘制的 600×600 的矩形为移动对象，将其放置到适当位置，如图 14-11 所示。

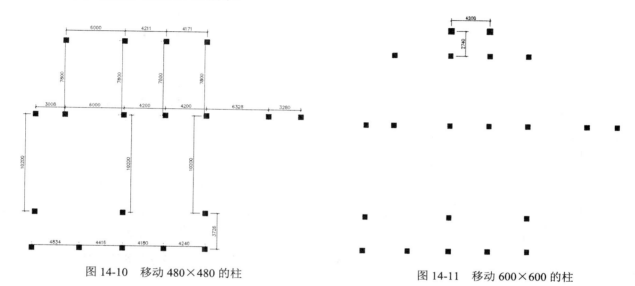

图 14-10　移动 480×480 的柱　　　　　图 14-11　移动 600×600 的柱

（10）单击"默认"选项卡"修改"面板中的"移动"按钮 ，选择绘制的 740×740 的矩形为移动对象，将其放置到适当位置，如图 14-12 所示。

（11）利用上述方法完成图形中剩余构造柱的添加，如图 14-13 所示。

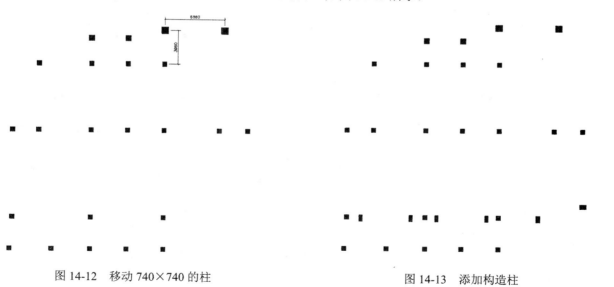

图 14-12　移动 740×740 的柱　　　　　图 14-13　添加构造柱

（12）单击"默认"选项卡"绘图"面板中的"矩形"按钮 ，在图形空白区域任选一点为矩形起点，绘制一个 1444×545 的矩形，如图 14-14 所示。

（13）单击"默认"选项卡"绘图"面板中的"矩形"按钮 ，完成剩余 1408×449、1393×429、1481×

493、1481×592、1452×468、1465×530、1393×434、1384×446 矩形的绘制，如图 14-15 所示。

（14）单击"默认"选项卡"修改"面板中的"移动"按钮，选择绘制的矩形为移动对象，将其放置到适当位置，如图 14-15 所示。

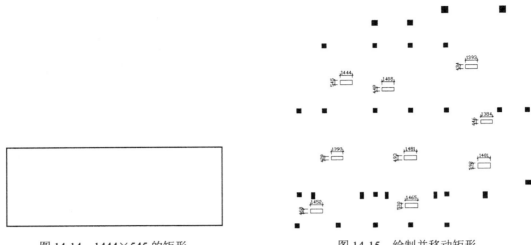

图 14-14　1444×545 的矩形　　　　　　　　图 14-15　绘制并移动矩形

（15）单击"默认"选项卡"绘图"面板中的"直线"按钮，在图形适当位置处绘制梁，如图 14-16 所示。

（16）单击"默认"选项卡"绘图"面板中的"矩形"按钮，在图形适当位置绘制一个 9600×400 的矩形，如图 14-17 所示。

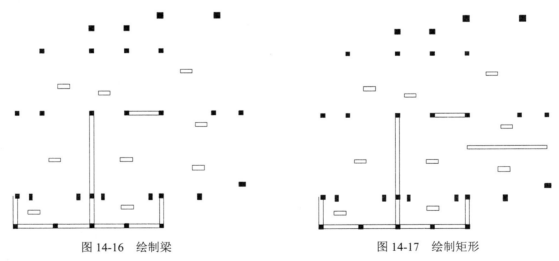

图 14-16　绘制梁　　　　　　　　　　　图 14-17　绘制矩形

（17）单击"默认"选项卡"绘图"面板中的"多段线"按钮，指定起点宽度为 5、端点宽度为 5，绘制柱间的墙虚线，如图 14-18 所示。

（18）单击"默认"选项卡"绘图"面板中的"直线"按钮，在楼梯间位置绘制十字交叉线，如图 14-19 所示。

（19）新建支座钢筋图层，如图 14-20 所示。

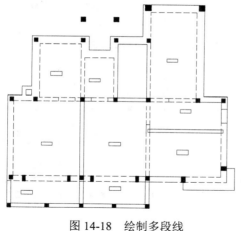

图 14-18　绘制多段线 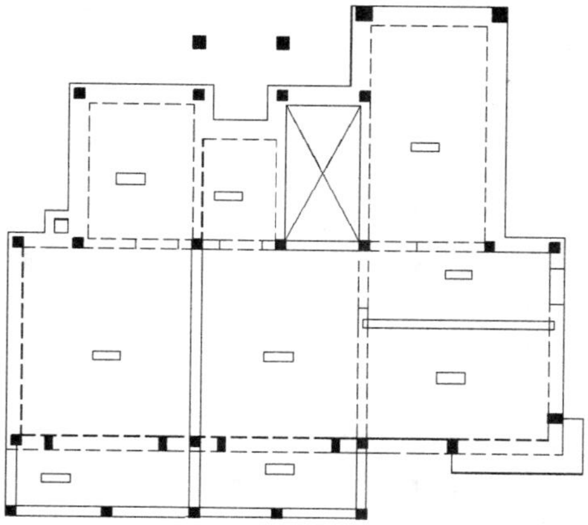　　　　　　　　　图 14-19　绘制十字交叉线

（20）单击"默认"选项卡"绘图"面板中的"多段线"按钮，指定起点宽度为 45、端点宽度为 45，在图形适当位置绘制连续多段线，完成支座配筋的绘制，如图 14-21 所示。

图 14-20　支座钢筋图层　　　　　　　　图 14-21　绘制连续多段线

（21）单击"默认"选项卡"修改"面板中的"移动"按钮，选择绘制的连续多段线为移动对象，将其放置到适当位置，如图 14-22 所示。

（22）利用上述方法完成剩余支座配筋的绘制，如图 14-23 所示。

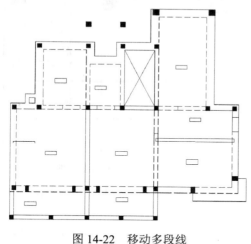

图 14-22　移动多段线

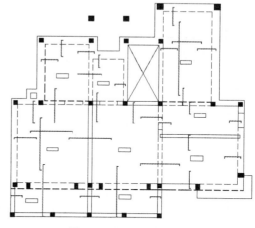

图 14-23　绘制剩余支座配筋

（23）新建板底钢筋图层，如图 14-24 所示。

图 14-24　板底钢筋图层

（24）单击"默认"选项卡"绘图"面板中的"多段线"按钮，指定起点宽度为 45、端点宽度为 45，绘制连续多段线，完成板底钢筋的绘制，如图 14-25 所示。

（25）利用上述方法完成图形中剩余的板底钢筋的绘制，如图 14-26 所示。

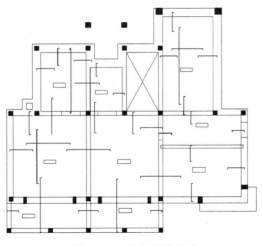

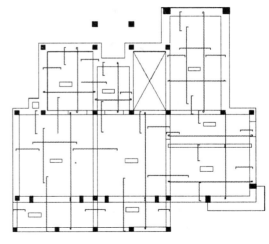

图 14-25　绘制板底钢筋　　　　　　　　　　图 14-26　绘制板底钢筋

（26）单击"默认"选项卡"绘图"面板中的"多段线"按钮，指定起点宽度为 45、端点宽度为 45，绘制一条长度为 3965 的竖直直线，如图 14-27 所示。

（27）单击"默认"选项卡"修改"面板中的"偏移"按钮，选择绘制的竖直多段线为偏移对象，向右进行偏移，偏移距离为 98，如图 14-28 所示。

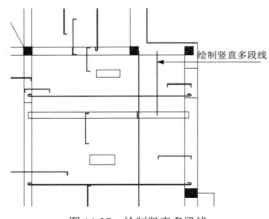

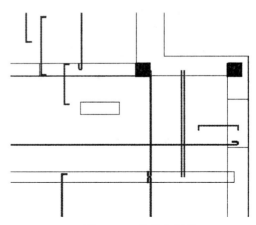

图 14-27　绘制竖直多段线　　　　　　　　　图 14-28　偏移多段线

（28）单击"默认"选项卡"绘图"面板中的"多段线"按钮，在绘制的多段线上点选一点为起点，绘制一条长度为 2923 的水平多段线，如图 14-29 所示。

（29）单击"默认"选项卡"修改"面板中的"偏移"按钮，选择绘制的水平多段线为偏移对象，向下进行偏移，偏移距离为 98，完成支座配筋的绘制，如图 14-30 所示。

（30）利用上述方法完成剩余支座配筋及板底钢筋的绘制，如图 14-31 所示。

（31）新建尺寸图层，如图 14-32 所示。

（32）设置标注样式。

① 单击"注释"选项卡"标注"面板中的"标注，标注样式"按钮，弹出"标注样式管理器"对话框，如图 14-33 所示。

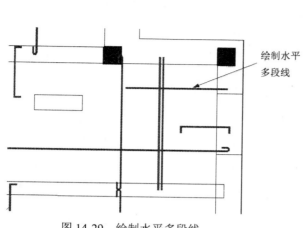

图 14-29　绘制水平多段线

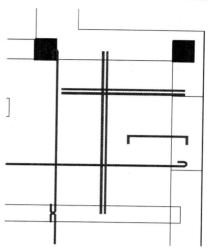

图 14-30　偏移多段线

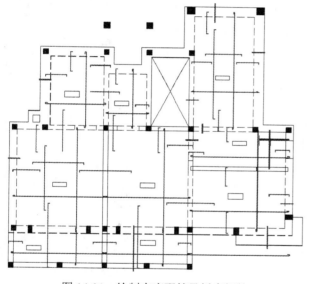

图 14-31　绘制支座配筋及板底钢筋

图 14-32　尺寸图层

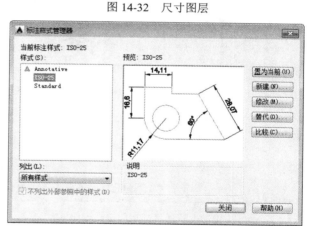

图 14-33　"标注样式管理器"对话框

② 单击"新建"按钮，弹出"创建新标注样式"对话框。在"新样式名"文本框中输入"细部标注"，如图 14-34 所示。

③ 单击"继续"按钮，弹出"新建标注样式：细部标注"对话框。

④ 选择"线"选项卡，对话框显示如图 14-35 所示，按照图中的参数修改标注样式。

⑤ 选择"符号和箭头"选项卡，按照图 14-36 所示的设置进行修改，箭头样式选择为"建筑标记"，箭头大小修改为100。

⑥ 在"文字"选项卡中设置"文字高度"为300，如图 14-37 所示。在"主单位"选项卡中设置如图 14-38 所示。

图 14-34　"创建新标注样式"对话框

图 14-35　"线"选项卡

图 14-36　"符号和箭头"选项卡

图 14-37　"文字"选项卡

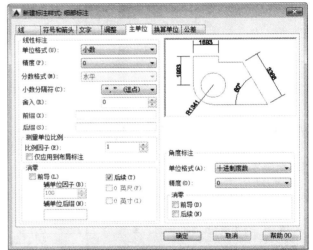

图 14-38　"主单位"选项卡

（33）单击"注释"选项卡"标注"面板中的"线性"按钮，为图形添加细部支座钢筋标注，如图 14-39 所示。

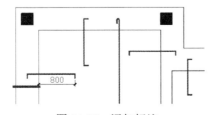

图 14-39　添加标注

（34）利用上述方法完成剩余细部尺寸的添加，如图 14-40 所示。

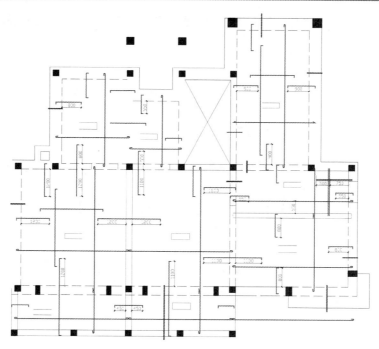

图 14-40　添加细部尺寸

（35）单击"注释"选项卡"标注"面板中的"线性"按钮🔲和"连续"按钮🔲，为图形添加第一道尺寸，如图 14-41 所示。

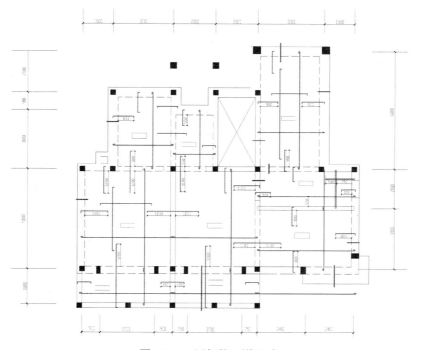

图 14-41　添加第一道尺寸

（36）单击"注释"选项卡"标注"面板中的"线性"按钮和"连续"按钮，为图形添加第二道尺寸，如图 14-42 所示。

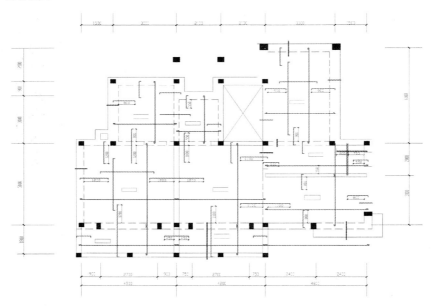

图 14-42　添加第二道尺寸

（37）单击"注释"选项卡"标注"面板中的"线性"按钮，为图形添加总尺寸，如图 14-43 所示。

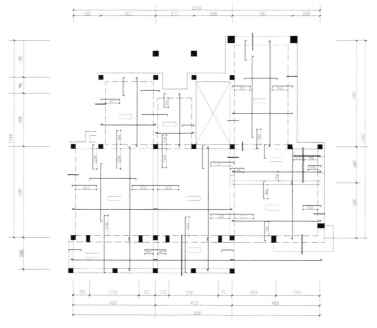

图 14-43　添加总尺寸

（38）利用前面讲述的方法完成轴号的添加，如图 14-44 所示。

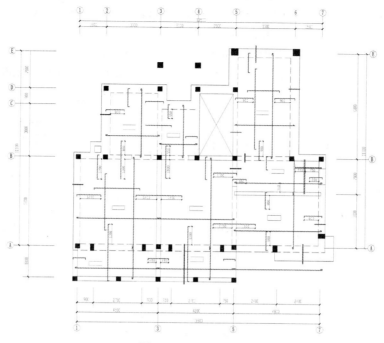

图 14-44 添加轴号

（39）单击"注释"选项卡"文字"面板中的"多行文字"按钮Ａ，为图形添加构建名称，如图 14-45 所示。

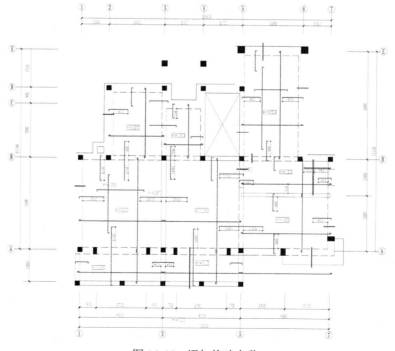

图 14-45 添加构建名称

（40）单击"默认"选项卡"绘图"面板中的"圆"下拉按钮下的"圆心，半径"按钮，在支架钢筋上部位置绘制一个半径为 100 的圆，如图 14-46 所示。

（41）单击"注释"选项卡"文字"面板中的"多行文字"按钮，为图形添加标注号，如图 14-47 所示。

（42）单击"注释"选项卡"文字"面板中的"多行文字"按钮，在图形右侧添加文字，如图 14-48 所示。

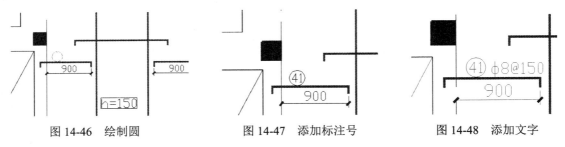

图 14-46　绘制圆　　　　图 14-47　添加标注号　　　　图 14-48　添加文字

（43）利用上述方法完成支座配筋的标注，如图 14-49 所示。

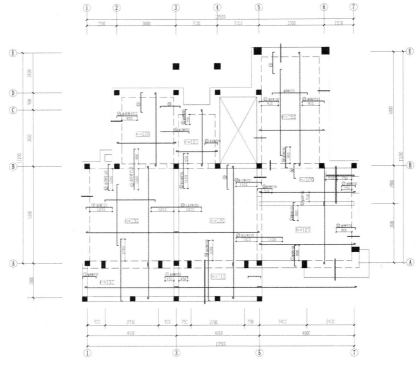

图 14-49　添加支座配筋标注

（44）利用上述方法完成板底钢筋的标注，如图 14-50 所示。

（45）利用上述方法完成支座钢筋的标注，如图 14-51 所示。

（46）单击"默认"选项卡"绘图"面板中的"多段线"按钮，指定起点宽度为 0、端点宽度为 0，在图形适当位置绘制连续多段线，如图 14-52 所示。

（47）单击"默认"选项卡"绘图"面板中的"圆"下拉按钮下的"圆心，半径"按钮，在图形适当位置绘制一个半径为 228 的圆，如图 14-53 所示。

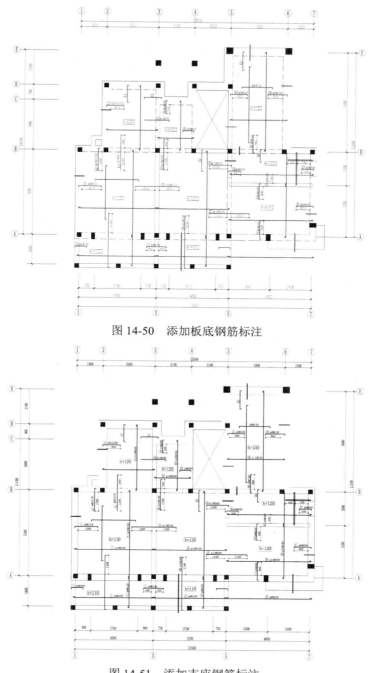

图 14-50　添加板底钢筋标注

图 14-51　添加支座钢筋标注

（48）单击"注释"选项卡"文字"面板中的"多行文字"按钮A，在绘制的圆内添加文字，如图 14-54 所示。

（49）利用上述方法完成剩余相同图形的绘制，如图 14-55 所示。

（50）单击"注释"选项卡"文字"面板中的"多行文字"按钮A，为图形添加剩余的文字说明，如图 14-56 所示。

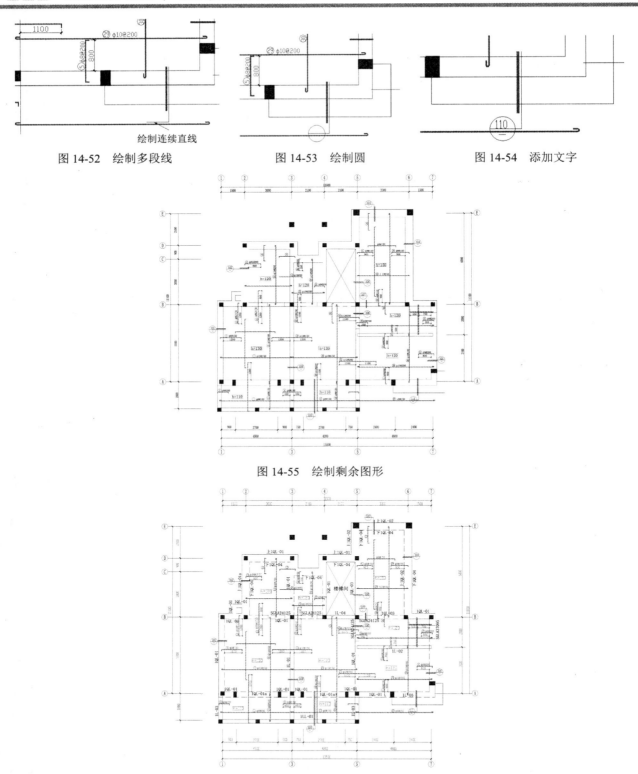

图 14-52　绘制多段线　　　　图 14-53　绘制圆　　　　图 14-54　添加文字

图 14-55　绘制剩余图形

图 14-56　添加文字说明

（51）在命令行中输入"QLEADER"命令，为图形添加引线标注，最终完成地下室顶板结构平面图的绘制，如图 14-57 所示。

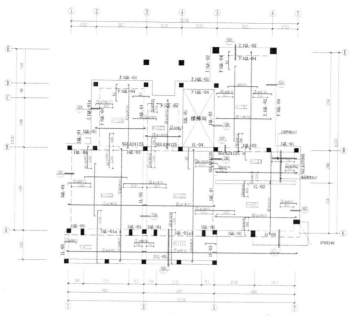

图 14-57 添加引线

（52）单击"默认"选项卡"绘图"面板中的"多段线"按钮和"注释"选项卡"文字"面板中的"多行文字"按钮，为图形添加文字说明，如图 14-58 所示。

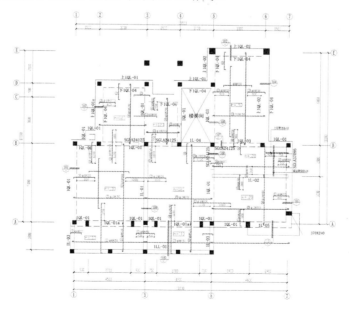

地下室顶板结构平面图 1:50

图 14-58 添加说明文字

14.2.2 绘制箍梁 101

（1）单击"默认"选项卡"绘图"面板中的"直线"按钮，在图形适当位置绘制一条竖直直线，如图 14-59 所示。

（2）单击"默认"选项卡"修改"面板中的"偏移"按钮，选择绘制的竖直直线为偏移对象，向右进行偏移，偏移距离为 370，如图 14-60 所示。

（3）单击"默认"选项卡"绘图"面板中的"直线"按钮，在偏移的竖直直线上方绘制一条水平直线，如图 14-61 所示。

（4）单击"默认"选项卡"修改"面板中的"偏移"按钮，选择步骤（3）绘制的水平直线为偏移对象，向下进行偏移，偏移距离为 1659，如图 14-62 所示。

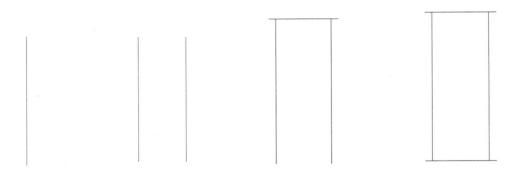

图 14-59 绘制竖直直线　　图 14-60 偏移直线　　图 14-61 绘制水平直线　　图 14-62 偏移水平直线

（5）单击"默认"选项卡"绘图"面板中的"直线"按钮，在步骤（4）绘制的图形适当位置绘制连续直线，如图 14-63 所示。

（6）单击"默认"选项卡"修改"面板中的"复制"按钮，选择步骤（5）绘制的连续直线为复制对象，向下端进行复制，如图 14-64 所示。

（7）单击"默认"选项卡"修改"面板中的"修剪"按钮，选择图形中折线中的多余线段为修剪对象进行修剪处理，如图 14-65 所示。

（8）单击"默认"选项卡"绘图"面板中的"多段线"按钮，指定起点宽度为 0、端点宽度为 0，绘制连续直线，如图 14-66 所示。

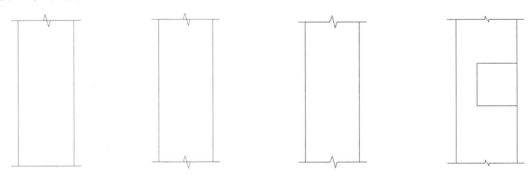

图 14-63 绘制连续直线　　图 14-64 复制图形　　图 14-65 修剪对象　　图 14-66 绘制连续多段线

（9）单击"默认"选项卡"修改"面板中的"修剪"按钮，对绘制的连续多段线进行修剪处理，如

图 14-67 所示。

（10）单击"默认"选项卡"绘图"面板中的"多段线"按钮，指定起点宽度为 50、端点宽度为 50，绘制连续多段线，如图 14-68 所示。

（11）单击"默认"选项卡"绘图"面板中的"圆"下拉按钮下的"圆心，半径"按钮，在图形适当位置绘制一个适当半径的圆，如图 14-69 所示。

（12）单击"默认"选项卡"修改"面板中的"偏移"按钮，选择绘制的圆为偏移对象，向内进行偏移，偏移距离为 45，如图 14-70 所示。

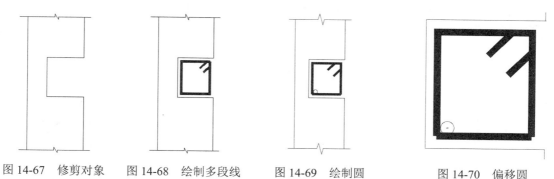

图 14-67　修剪对象　　图 14-68　绘制多段线　　图 14-69　绘制圆　　图 14-70　偏移圆

（13）单击"默认"选项卡"绘图"面板中的"图案填充"按钮，系统打开"图案填充创建"选项卡，设置"图案填充图案"为 SOLID，"填充图案比例"为 1，如图 14-71 所示，拾取填充区域内一点，效果如图 14-72 所示。

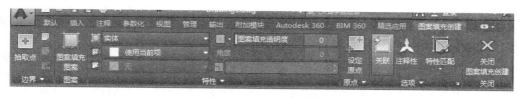

图 14-71　"图案填充创建"选项卡

（14）单击"默认"选项卡"修改"面板中的"复制"按钮，选择填充后的图形为复制对象，对其进行复制，如图 14-73 所示。

（15）单击"默认"选项卡"绘图"面板中的"图案填充"按钮，系统打开"图案填充创建"选项卡，设置"图案填充图案"为 ANSI31，"填充图案比例"为 50，拾取填充区域内一点，效果如图 14-74 所示。

（16）单击"默认"选项卡"绘图"面板中的"直线"按钮，完成剩余图形绘制，如图 14-75 所示。

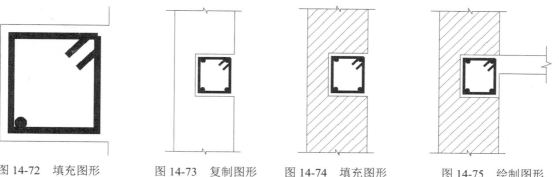

图 14-72　填充图形　　图 14-73　复制图形　　图 14-74　填充图形　　图 14-75　绘制图形

（17）单击"注释"选项卡"标注"面板中的"线性"按钮🖾，为图形添加标注，如图 14-76 所示。

（18）单击"默认"选项卡"绘图"面板中的"直线"按钮🖉和"注释"选项卡"文字"面板中的"多行文字"按钮🅰，为图形添加文字说明，如图 14-77 所示。

（19）单击"默认"选项卡"绘图"面板中的"直线"按钮🖉和"注释"选项卡"文字"面板中的"多行文字"按钮🅰，完成标高的添加，如图 14-78 所示。

（20）单击"默认"选项卡"绘图"面板中的"圆"下拉按钮下的"圆心，半径"按钮🔘，在标注线下方绘制一个适当半径的圆，完成 101 的绘制，如图 14-79 所示。

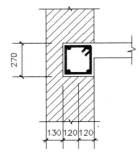

图 14-76　添加标注

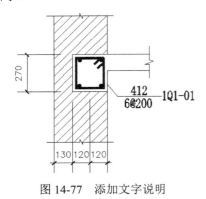

图 14-77　添加文字说明

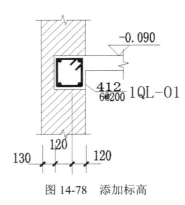

图 14-78　添加标高

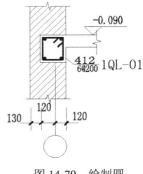

图 14-79　绘制圆

（21）单击"默认"选项卡"绘图"面板中的"圆"下拉按钮下的"圆心，半径"按钮🔘，在图形下方绘制一个适当半径的圆，如图 14-80 所示。

（22）单击"默认"选项卡"修改"面板中的"偏移"按钮🔲，选择步骤（21）绘制的圆为偏移对象，向外进行偏移，偏移距离为 40、93，如图 14-81 所示。

（23）单击"默认"选项卡"绘图"面板中的"图案填充"按钮🔲，系统打开"图案填充创建"选项卡，设置"图案填充图案"为 SOLID，"填充图案比例"为 1，拾取填充区域内一点，效果如图 14-82 所示。

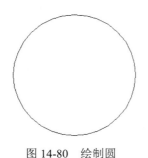

图 14-80　绘制圆

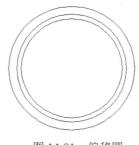

图 14-81　偏移圆

图 14-82　填充圆

（24）单击"注释"选项卡"文字"面板中的"多行文字"按钮🅰，在绘制图形内添加文字，结果如图 14-83 所示。

14.2.3　箍梁 102～110 的绘制

利用上述方法完成箍梁 102～110 的绘制，如图 14-84～图 14-92 所示。

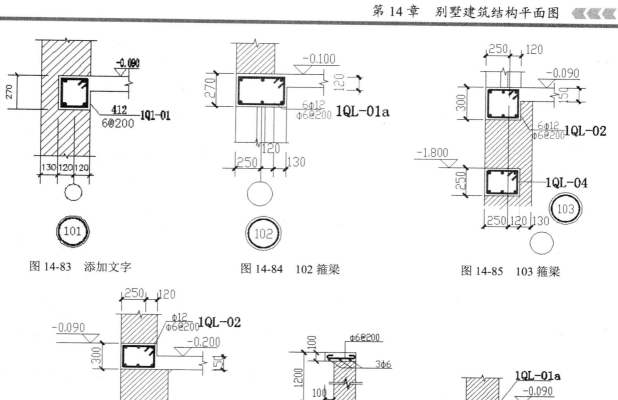

图 14-83　添加文字　　　　　图 14-84　102 箍梁　　　　　图 14-85　103 箍梁

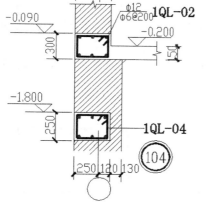

图 14-86　104 箍梁

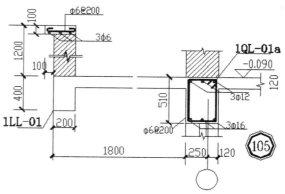

图 14-87　105 箍梁

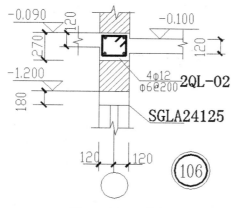

图 14-88　106 箍梁

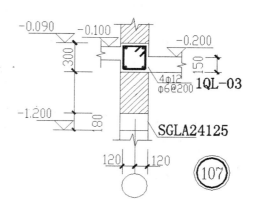

图 14-89　107 箍梁

349

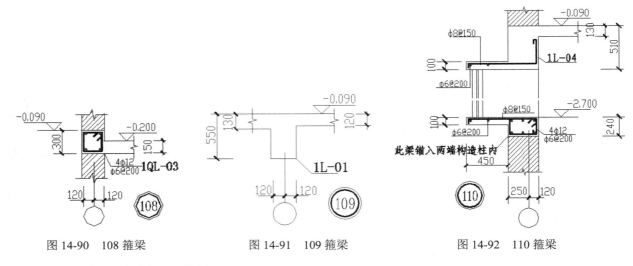

图 14-90   108 箍梁   图 14-91   109 箍梁   图 14-92   110 箍梁

14.2.4   绘制小柱 1 配筋

（1）单击"默认"选项卡"绘图"面板中的"矩形"按钮■，在图形空白区域绘制适当大小的矩形，如图 14-93 所示。

（2）单击"默认"选项卡"绘图"面板中的"多段线"按钮■，指定起点宽度为 50、端点宽度为 50，在绘制的矩形内绘制连续图形，如图 14-94 所示。

（3）利用上述方法完成内部图形的绘制，如图 14-95 所示。

图 14-93   绘制矩形   图 14-94   绘制多段线   图 14-95   绘制图形

（4）单击"注释"选项卡"标注"面板中的"线性"按钮■，为图形添加标注，如图 14-96 所示。

（5）单击"默认"选项卡"绘图"面板中的"直线"按钮■和"注释"选项卡"文字"面板中的"多行文字"按钮■，为图形添加文字说明，如图 14-97 所示。

（6）利用上述方法完成小柱 2 配筋的绘制，如图 14-98 所示。

图 14-96   标注图形   图 14-97   添加文字说明   图 14-98   小柱 2 配筋

（7）单击"注释"选项卡"文字"面板中的"多行文字"按钮■，为绘制的图形添加说明，如图 14-99所示。

（8）单击"插入"选项卡"块"面板中的"插入"按钮，弹出"插入"对话框，如图 14-100 所示。单击"浏览"按钮，弹出"选择图形文件"对话框，选择"源文件\图块\A2 图框"图块，将其放置到图形适当位置，最终完成地下室顶板结构平面图的绘制。结合所学知识为绘制图形添加图形名称，最终完成地下室顶板结构平面图的绘制，如图 14-1 所示。

说明：

1. 钢筋等级：HPB235(Φ)HRB335(Φ)
2. 未标注板厚均为 120 mm，未标注板顶标高均为-0.090 mm。
3. 过梁图集选用 02G05，120 墙过梁选用 SGLA12081、SGLA12091。预制钢筋混凝土过梁不能正常放置时采用现浇。
4. 混凝土选用 C20，梁、板主筋保护层厚度分别为 30 mm、20 mm。
5. 小柱 1、小柱 2 生根本层圈梁锚入上层圈梁配筋见详图。小柱 3 生根本层 1LL-01 锚入女儿墙压顶配筋见详图。
6. 板厚 130、150 内未注分布筋为 Φ8@200。其他板内未注分布筋为 Φ8@200。

图 14-99　说明文字

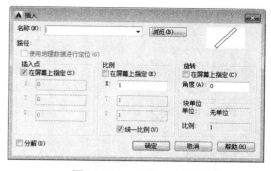

图 14-100　"插入"对话框

14.3　首层结构平面布置图

（1）利用上述方法完成首层结构平面布置图的绘制，如图 14-101 所示。

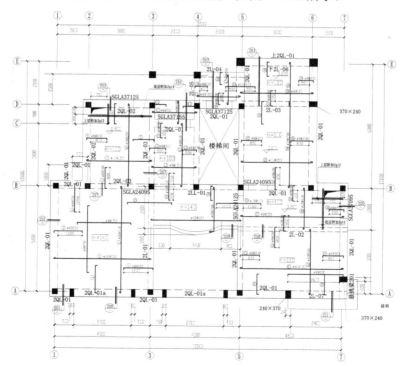

首层结构平面布置图 1:50

图 14-101　首层结构平面布置图

（2）利用上述方法完成箍筋 201～211 的绘制，如图 14-102～图 14-112 所示。

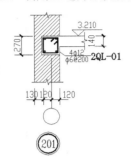

图 14-102　201 箍筋

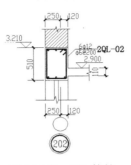

图 14-103　202 箍筋

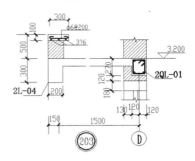

图 14-104　203 箍筋

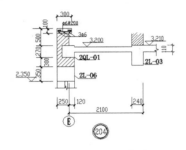

图 14-105　204 箍筋

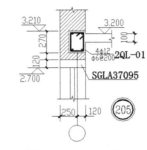

图 14-106　205 箍筋

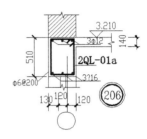

图 14-107　206 箍筋

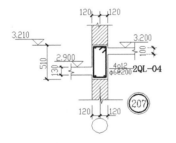

图 14-108　207 箍筋

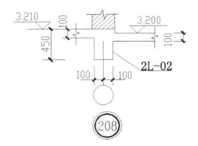

图 14-109　208 箍筋

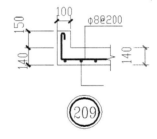

图 14-110　209 箍筋

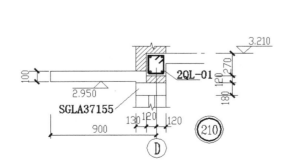

图 14-111　210 箍筋

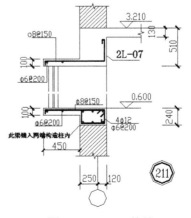

图 14-112　211 箍筋

（3）单击"注释"选项卡"文字"面板中的"多行文字"按钮 **A**，为图形添加说明文字，如图 14-113 所示。

（4）单击"插入"选项卡"块"面板中的"插入"按钮 ![icon]，弹出"插入"对话框，如图 14-114 所示。单击"浏览"按钮，弹出"选择图形文件"对话框，选择"源文件\图块\A2 图框"图块，将其放置到图形适当位置，结合所学知识为绘制图形添加图形名称，最终完成首层结构平面布置图的绘制，结果如图 14-115 所示。

说明
1. 钢筋等级：HPB235（φ）HRB335（φ）
2. 未标注板厚均为100 mm　未标注板顶标高均为3.210 mm。
3. 过梁图集选用 02G05 120墙过梁选用 SGLA12081
　　陶粒混凝土墙过梁选用TGLA20092
　　预制钢筋混凝土过梁不能正常放置时采用现浇。
4. 混凝土选用 C20. 梁　板主筋保护层厚度分别为 30 mm, 20 mm。
5. 板内未注分布筋为 φ6@200。
6. 小柱1、小柱2生根本层圈梁锚入上层圈梁，小柱1、小柱2配筋见结03.

图 14-113　说明文字

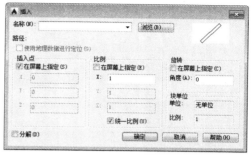

图 14-114　"插入"对话框

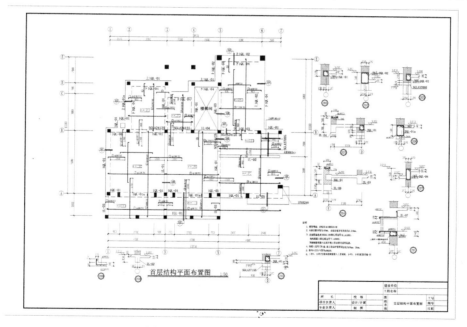

图 14-115　首层结构平面布置图

14.4　屋顶结构平面布置图

屋顶结构平面图主要表达屋顶顶板浇筑厚度、配筋布置和过梁、圈梁结构等具体结构信息，包括屋脊线节点详图、板折角详图等屋顶结构特有的结构造型情况。就本案例而言，由于该别墅设计成坡形屋顶，建筑结构和下面两层的结构平面图有所区别。下面讲述屋顶结构平面布置图的绘制，如图 14-116 所示。

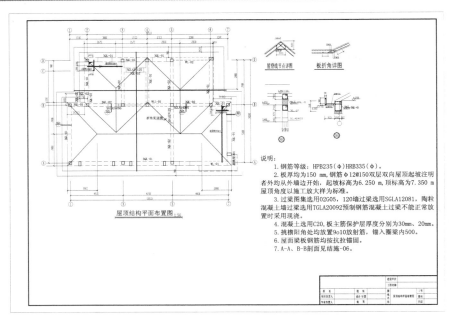

图 14-116　屋顶结构平面布置图

【预习重点】

☑　掌握屋板结构平面图的绘制。

☑　掌握如何绘制屋脊节点详图及过梁。

14.4.1　绘制屋顶结构平面图

（1）单击快速访问工具栏中的"打开"按钮📂，打开"源文件\地下室顶板结构平面图"。

（2）单击快速访问工具栏中的"另存为"按钮💾，将打开的"地下室顶板结构平面图"另存为"屋顶结构平面图"。

（3）单击"默认"选项卡"修改"面板中的"删除"按钮✍，删除图形保留部分柱子外部图形墙线，并关闭标注图层，然后结合所学命令补充缺少部分，结果如图 14-117 所示。

（4）单击"默认"选项卡"绘图"面板中的"多段线"按钮⏢，指定起点宽度为 0、端点宽度为 0，在整理后的平面图外围绘制连续多段线，如图 14-118 所示。

（5）单击"默认"选项卡"修改"面板中的"偏移"按钮⏢，选择绘制的多段线向外进行偏移，偏移距离为 900，如图 14-119 所示。

图 14-117　修改屋顶结构平面图

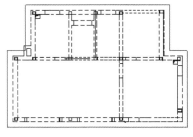

图 14-118　绘制多段线

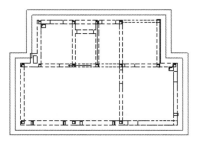

图 14-119　偏移多段线

（6）单击"默认"选项卡"绘图"面板中的"多段线"按钮，指定起点宽度为 30、端点宽度为 30，在图形内绘制连续多段线，如图 14-120 所示。

（7）单击"默认"选项卡"绘图"面板中的"多段线"按钮，指定起点宽度为 45、端点宽度为 45，在图形适当位置绘制一根支座钢筋，如图 14-121 所示。

（8）单击"默认"选项卡"修改"面板中的"偏移"按钮，选择绘制的支座钢筋为偏移对象，向下进行偏移，偏移距离为 98，如图 14-122 所示。

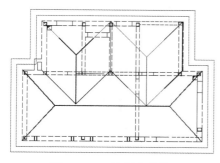

图 14-120　绘制多段线

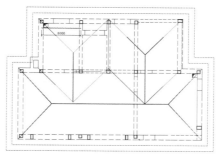

图 14-121　绘制一根支座钢筋

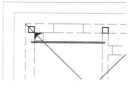

图 14-122　偏移线段

（9）单击"默认"选项卡"绘图"面板中的"多段线"按钮，指定起点宽度为 45、端点宽度为 45，在绘制的支座钢筋上方选择一点为起点，向下绘制一条竖直多段线，如图 14-123 所示。

（10）单击"默认"选项卡"修改"面板中的"偏移"按钮，选择绘制的竖直多段线为偏移对象，向右进行偏移，偏移距离为 98，如图 14-124 所示。

（11）利用上述方法完成剩余的支座钢筋的绘制，如图 14-125 所示。

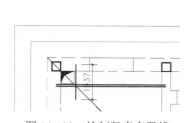

图 14-123　绘制竖直多段线

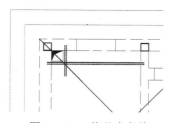

图 14-124　偏移多段线

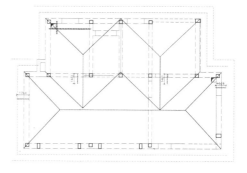

图 14-125　绘制支座钢筋

（12）利用前面讲述的方法为图形添加标注及轴号，如图 14-126 所示。

（13）单击"默认"选项卡"绘图"面板中的"多段线"按钮，在支撑梁左侧绘制连续多段线，如图 14-127 所示。

（14）单击"默认"选项卡"绘图"面板中的"圆"下拉按钮下的"圆心，半径"按钮，选择绘制的水平多段线的端点为圆心，绘制一个半径为 456 的圆，如图 14-128 所示。

（15）单击"注释"选项卡"文字"面板中的"多行文字"按钮，在绘制圆内添加文字，如图 14-129 所示。

（16）利用上述方法完成相同图形的绘制，如图 14-130 所示。

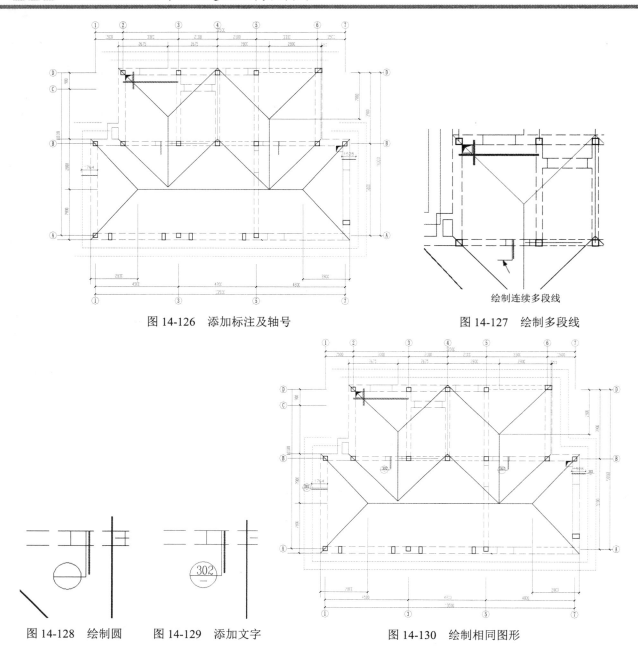

图 14-126　添加标注及轴号　　　　　　　　　图 14-127　绘制多段线

图 14-128　绘制圆　　图 14-129　添加文字　　　　　图 14-130　绘制相同图形

（17）单击"默认"选项卡"绘图"面板中的"直线"按钮 ✐ 和"注释"选项卡"文字"面板中的"多行文字"按钮 🅰，为图形添加文字说明，打开关闭的标注图层，最终完成屋顶结构平面布置图的绘制，如图 14-131 所示。

14.4.2　绘制屋脊线节点详图

（1）单击"默认"选项卡"绘图"面板中的"直线"按钮 ✐，在图形适当位置绘制一条角度为-142° 的斜向直线，如图 14-132 所示。

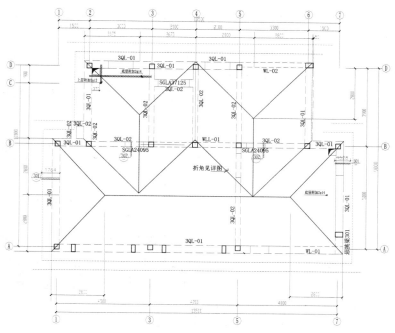

图 14-131　绘制屋顶结构平面图

（2）单击"默认"选项卡"修改"面板中的"镜像"按钮，选择绘制的斜向直线为镜像对象，对其进行竖直镜像，如图 14-133 所示。

（3）单击"默认"选项卡"修改"面板中的"偏移"按钮，选择镜像图形为偏移对象，向下进行偏移，如图 14-134 所示。

图 14-132　绘制斜向直线　　　　　图 14-133　镜像图形　　　　　图 14-134　偏移对象

（4）单击"默认"选项卡"绘图"面板中的"直线"按钮，在图形适当位置绘制一条水平直线，如图 14-135 所示。

（5）单击"默认"选项卡"修改"面板中的"修剪"按钮，选择绘制的水平直线为修剪对象，对其进行修剪处理，如图 14-136 所示。

（6）单击"默认"选项卡"绘图"面板中的"多段线"按钮，指定起点宽度为 25、端点宽度为 25，在绘制图形中绘制两条斜向多段线，如图 14-137 所示。

图 14-135　绘制水平直线　　　　　图 14-136　修剪线段　　　　　图 14-137　绘制多段线

（7）单击"默认"选项卡"修改"面板中的"偏移"按钮█，选择绘制的多段线为偏移对象，向下进行偏移，偏移距离为 450，如图 14-138 所示。

（8）单击"默认"选项卡"绘图"面板中的"多段线"按钮█，指定起点宽度为 50、端点宽度为 50，在图形适当位置绘制连续多段线，如图 14-139 所示。

（9）单击"默认"选项卡"绘图"面板中的"圆"按钮█和"图案填充"按钮█，完成图形剩余部分的绘制，如图 14-140 所示。

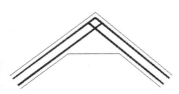
图 14-138　偏移线段

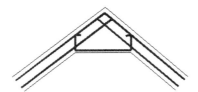
图 14-139　绘制连续多段线

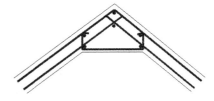
图 14-140　绘制图形

（10）单击"注释"选项卡"标注"面板中的"线性"按钮█，为图形添加线性标注，如图 14-141 所示。

（11）单击"默认"选项卡"绘图"面板中的"直线"按钮█和"注释"选项卡"文字"面板中的"多行文字"按钮█，为图形添加文字说明，如图 14-142 所示。

（12）利用上述方法完成板折角详图的绘制，如图 14-143 所示。

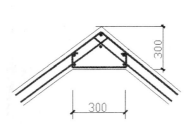
图 14-141　添加线性标注

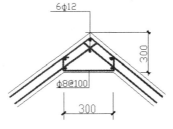
图 14-142　添加文字说明

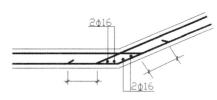
图 14-143　板折角详图

14.4.3　绘制 302 过梁

（1）单击"默认"选项卡"绘图"面板中的"直线"按钮█，在图形空白位置绘制一条水平直线，如图 14-144 所示。

（2）单击"默认"选项卡"修改"面板中的"偏移"按钮█，选择绘制的竖直直线为偏移对象，向下进行偏移，偏移距离为 130，如图 14-145 所示。

图 14-144　绘制水平直线

图 14-145　偏移水平直线

（3）单击"默认"选项卡"绘图"面板中的"直线"按钮█，在偏移线段上方选择一点为直线起点，向下绘制一条竖直直线，如图 14-146 所示。

（4）单击"默认"选项卡"修改"面板中的"偏移"按钮█，选择绘制的竖直直线为偏移对象，向右进行偏移，偏移距离为 240，如图 14-147 所示。

（5）单击"默认"选项卡"修改"面板中的"修剪"按钮█，选择偏移线段为修剪对象，对其进行修剪处理，如图 14-148 所示。

（6）单击"默认"选项卡"绘图"面板中的"直线"按钮✏，在图形内绘制水平直线，如图 14-149 所示。

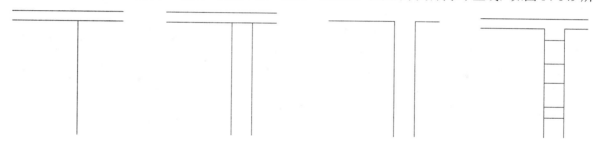

图 14-146　绘制竖直直线　　图 14-147　偏移竖直直线　　　图 14-148　修剪处理　　　图 14-149　绘制水平直线

（7）利用所学知识完成直线内挑梁的绘制，如图 14-150 所示。

（8）单击"默认"选项卡"绘图"面板中的"图案填充"按钮▨，打开"图案填充创建"选项卡，设置"图案填充图案"为 ANSI31，"填充图案比例"为 40，拾取填充区域内一点，效果如图 14-151 所示。

（9）单击"默认"选项卡"绘图"面板中的"直线"按钮✏，在图形底部绘制几条竖直直线，如图 14-152 所示。

（10）单击"默认"选项卡"绘图"面板中的"直线"按钮✏和"注释"选项卡"文字"面板中的"多行文字"按钮🅰，为图形添加标高，如图 14-153 所示。

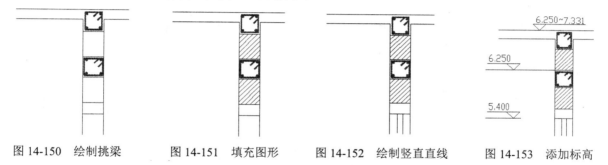

图 14-150　绘制挑梁　　　图 14-151　填充图形　　　图 14-152　绘制竖直直线　　　图 14-153　添加标高

（11）单击"注释"选项卡"标注"面板中的"线性"按钮🖿和"连续"按钮🖿，为图形添加标注，如图 14-154 所示。

（12）单击"默认"选项卡"绘图"面板中的"直线"按钮✏和"多行文字"按钮🅰，为图形添加文字说明，如图 14-155 所示。

（13）利用上述方法完成挑梁 301 的绘制，如图 14-156 所示。

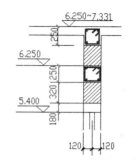

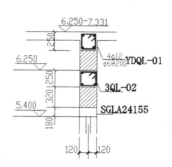

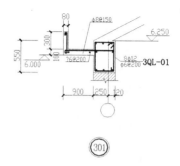

图 14-154　添加线性标注　　　　图 14-155　添加文字说明　　　　图 14-156　绘制挑梁 301

（14）单击"注释"选项卡"文字"面板中的"多行文字"按钮 A，为图形添加文字说明，如图 14-157 所示。

（15）单击"插入"选项卡"块"面板中的"插入"按钮 ，弹出"插入"对话框。单击"浏览"按钮，弹出"选择图形文件"对话框，选择"源文件\图块\A2 图框"图块，将其放置到图形适当位置，最终完成地下室顶板结构平面图的绘制。结合所学知识为绘制图形添加图形名称，最终完成屋顶结构平面布置图的绘制，如图 14-116 所示。

说明：
1．钢筋等级：HPB235(φ)HRB335(φ)。
2．板厚均为150 mm，钢筋φ12@150双层双向屋顶起坡注明者外均从外墙边开始，起坡标高为6.250 m，顶标高为7.350 m 屋顶角度以施工放大样为标准。
3．过梁图集选用02G05，120墙过梁选用SGLA12081，陶粒混凝土墙过梁选用TGLA20092预制钢筋混凝土过梁不能正常放置时采用现浇。
4．混凝土选用C20，板主筋保护层厚度分别为30mm、20mm。
5．挑檐阳角处放置9o10放射筋，锚入圈梁内500。
6．屋面梁板钢筋均按抗拉锚固。
7．A-A、B-B剖面见结施-06。

图 14-157　添加文字说明

14.5　基础平面布置图

基础平面图与上面所讲述的地下室顶板结构平面图类似，其中的基础平面布置图与其他层的平面布置图类似，不再赘述。下面讲述基础平面图中相对独特的建筑结构，例如自然地坪以下防水做法、集水坑结构做法及各种构造柱剖面图等的绘制，如图 14-158 所示。

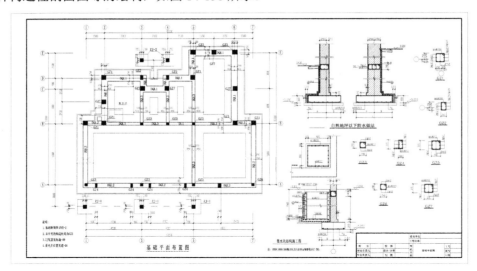

图 14-158　基础平面布置图

【预习重点】
- ☑　掌握基础的防水做法。
- ☑　掌握集水坑结构施工图的绘制。
- ☑　掌握构造柱的绘制方法。
- ☑　掌握如何绘制基础平面图。

14.5.1　自然地坪以下防水做法

（1）单击"默认"选项卡"绘图"面板中的"多段线"按钮 ，指定起点宽度为50、端点宽度为50，在图形空白位置绘制连续多段线，如图 14-159 所示。

（2）单击"默认"选项卡"修改"面板中的"镜像"按钮▲，选择绘制的多段线为镜像对象，对其进行镜像处理，如图 14-160 所示。

（3）单击"默认"选项卡"绘图"面板中的"多段线"按钮▄▃，指定起点宽度为 50、端点宽度为 50，在绘制的多段线底部绘制连续多段线，如图 14-161 所示。

（4）单击"默认"选项卡"绘图"面板中的"直线"按钮▄，在图形适当位置绘制多条水平直线，如图 14-162 所示。

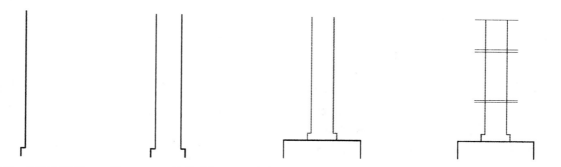

图 14-159　绘制多段线　　　图 14-160　镜像对象　　　图 14-161　绘制多段线　　　图 14-162　绘制水平直线

（5）单击"默认"选项卡"绘图"面板中的"矩形"按钮▭，在图形下部位置绘制一个适当大小的矩形，如图 14-163 所示。

（6）单击"默认"选项卡"修改"面板中的"修剪"按钮▄，对绘制图形进行修剪处理，如图 14-164 所示。

（7）单击"默认"选项卡"绘图"面板中的"直线"按钮▄，在图形顶部位置绘制连续直线，如图 14-165 所示。

（8）单击"默认"选项卡"修改"面板中的"修剪"按钮▄，以绘制的连续直线为修剪对象，对其进行修剪处理，如图 14-166 所示。

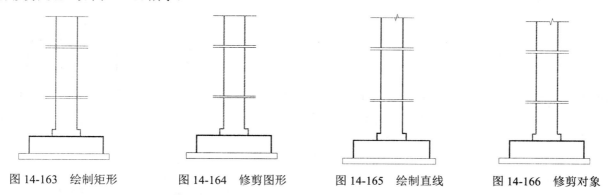

图 14-163　绘制矩形　　　图 14-164　修剪图形　　　图 14-165　绘制直线　　　图 14-166　修剪对象

（9）利用上述方法完成剩余相同图形的绘制，如图 14-167 所示。

（10）单击"默认"选项卡"绘图"面板中的"直线"按钮▄，在图形左侧绘制连续直线，如图 14-168 所示。

（11）单击"默认"选项卡"修改"面板中的"偏移"按钮▣，选择绘制的连续直线为偏移对象，向外侧进行偏移，偏移距离为 120，如图 14-169 所示。

（12）单击"默认"选项卡"绘图"面板中的"直线"按钮▄，在图形适当位置绘制一条竖直直线，如图 14-170 所示。

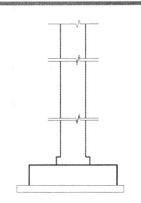

图 14-167　绘制相同图形

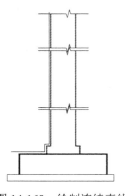

图 14-168　绘制连续直线

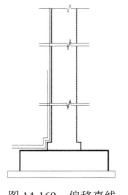

图 14-169　偏移直线

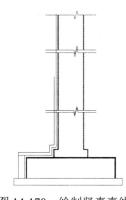

图 14-170　绘制竖直直线

（13）单击"默认"选项卡"绘图"面板中的"多段线"按钮 ，指定起点宽度为30、端点宽度为30，在图形适当位置绘制连续多段线，如图 14-171 所示。

（14）单击"默认"选项卡"修改"面板中的"修剪"按钮 ，对线段进行修剪处理，如图 14-172 所示。

（15）单击"默认"选项卡"绘图"面板中的"直线"按钮 ，在图形内绘制水平直线，如图 14-173 所示。

（16）利用前面讲述的方法完成内部图形的绘制，如图 14-174 所示。

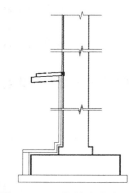

图 14-171　绘制连续多段线

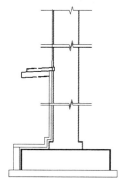

图 14-172　修剪对象

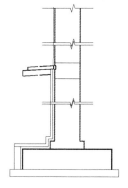

图 14-173　绘制水平直线

图 14-174　绘制图形

（17）结合前面所学知识完成图形中图案的填充，完成基本图形的绘制，如图 14-175 所示。

（18）单击"注释"选项卡"标注"面板中的"线性"按钮 和"连续"按钮 ，为图形添加标注，如图 14-176 所示。

（19）单击"默认"选项卡"绘图"面板中的"直线"按钮 和"注释"选项卡"文字"面板中的"多行文字"按钮 ，为图形添加标高，如图 14-177 所示。

（20）单击"默认"选项卡"绘图"面板中的"直线"按钮 ，在图形适当位置绘制一条水平直线，如图 14-178 所示。

（21）单击"默认"选项卡"绘图"面板中的"圆"下拉按钮下的"圆心，半径"按钮 ，在绘制的水平直线上选取一点为圆心，绘制一个适当半径的圆，

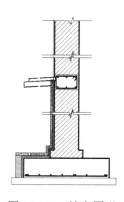

图 14-175　填充图形

如图 14-179 所示。

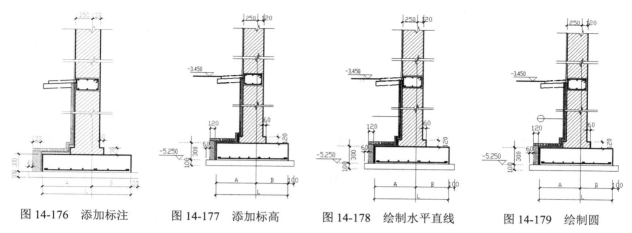

图 14-176　添加标注　　　图 14-177　添加标高　　　图 14-178　绘制水平直线　　　图 14-179　绘制圆

（22）单击"注释"选项卡"文字"面板中的"多行文字"按钮，为图形添加文字说明，如图 14-180 所示。

（23）单击"默认"选项卡"绘图"面板中的"直线"按钮和"注释"选项卡"文字"面板中的"多行文字"按钮，为图形添加剩余文字说明，如图 14-181 所示。

（24）利用上述方法完成剩余自然地坪以下防水做法，如图 14-182 所示。

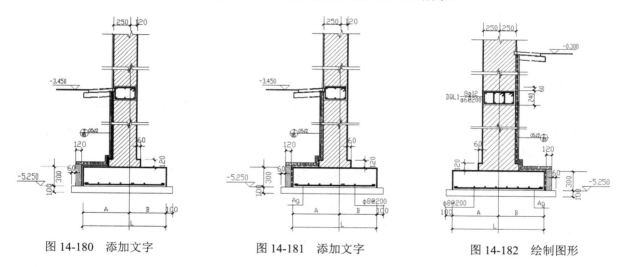

图 14-180　添加文字　　　　　图 14-181　添加文字　　　　　图 14-182　绘制图形

14.5.2　绘制集水坑结构施工图

（1）单击"默认"选项卡"绘图"面板中的"多段线"按钮，指定起点宽度为 50、端点宽度为 50，在图形适当位置绘制连续多段线，如图 14-183 所示。

（2）单击"默认"选项卡"绘图"面板中的"多段线"按钮，指定起点宽度为 50、端点宽度为 50，在多段线下端绘制连续多段线，如图 14-184 所示。

（3）单击"默认"选项卡"绘图"面板中的"直线"按钮，封闭绘制的多段线，如图 14-185 所示。

（4）单击"默认"选项卡"绘图"面板中的"直线"按钮，在绘制直线上绘制连续直线，如图 14-186 所示。

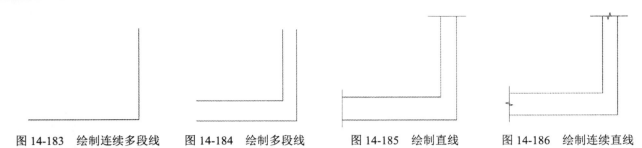

图 14-183　绘制连续多段线　　图 14-184　绘制多段线　　图 14-185　绘制直线　　图 14-186　绘制连续直线

（5）单击"默认"选项卡"修改"面板中的"修剪"按钮，对绘制的连续线段进行修剪，如图 14-187 所示。

（6）单击"默认"选项卡"绘图"面板中的"直线"按钮，在图形适当位置绘制连续直线，如图 14-188 所示。

（7）单击"默认"选项卡"绘图"面板中的"多段线"按钮，指定起点宽度为 35、端点宽度为 35，绘制连续多段线，如图 14-189 所示。

（8）单击"默认"选项卡"绘图"面板中的"圆"按钮和"图案填充"按钮，绘制图形如图 14-190 所示。

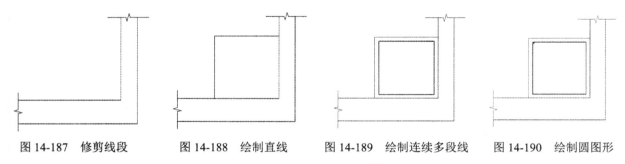

图 14-187　修剪线段　　　图 14-188　绘制直线　　　图 14-189　绘制连续多段线　　图 14-190　绘制圆图形

（9）单击"默认"选项卡"修改"面板中的"复制"按钮，选择步骤（8）绘制的图形为复制对象，对其进行连续复制，如图 14-191 所示。

（10）单击"默认"选项卡"绘图"面板中的"矩形"按钮，在图形内绘制一个适当大小的矩形，如图 14-192 所示。

（11）结合所学知识完成基本图形的绘制，如图 14-193 所示。

（12）单击"注释"选项卡"标注"面板中的"线性"按钮和"连续"按钮，为图形添加标注，如图 14-194 所示。

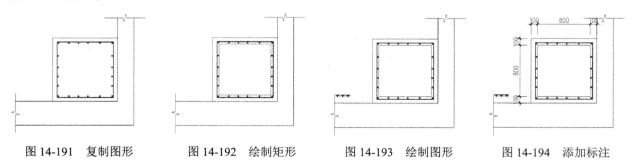

图 14-191　复制图形　　　图 14-192　绘制矩形　　　图 14-193　绘制图形　　　图 14-194　添加标注

（13）单击"默认"选项卡"绘图"面板中的"直线"按钮和"注释"选项卡"文字"面板中的"单行文字"按钮，为图形添加文字说明，如图 14-195 所示。

（14）利用上述方法完成集水坑结构施工图的绘制，如图 14-196 所示。

（15）单击"注释"选项卡"文字"面板中的"多行文字"按钮，为集水坑结构施工图添加文字说明，如图 14-197 所示。

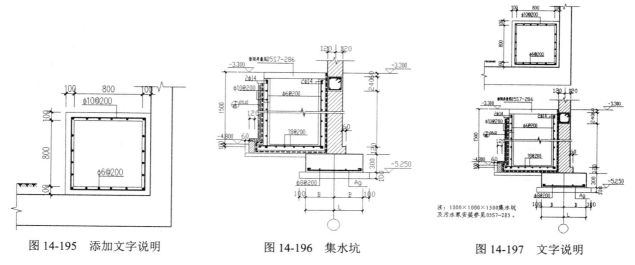

图 14-195　添加文字说明　　　　　图 14-196　集水坑　　　　　图 14-197　文字说明

14.5.3　绘制构造柱剖面 1

（1）单击"默认"选项卡"绘图"面板中的"矩形"按钮，在图形空白位置绘制一个矩形，如图 14-198 所示。

（2）单击"默认"选项卡"绘图"面板中的"多段线"按钮，指定起点宽度为 50、端点宽度为 50，在步骤（1）绘制的矩形内绘制连续多段线，如图 14-199 所示。

（3）单击"默认"选项卡"绘图"面板中的"圆"按钮和"图案填充"按钮，在绘制多段线内填充圆图形，如图 14-200 所示。

（4）单击"注释"选项卡"标注"面板中的"线性"按钮和"连续"按钮，为图形添加标注，如图 14-201 所示。

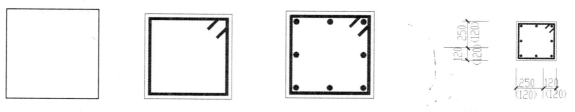

图 14-198　绘制矩形　　图 14-199　绘制多段线　　图 14-200　填充圆图形　　图 14-201　添加标注

（5）单击"默认"选项卡"绘图"面板中的"圆"下拉按钮下的"圆心，半径"按钮，在图形标注线段上绘制两个相同半径的轴号圆，如图 14-202 所示。

（6）单击"默认"选项卡"绘图"面板中的"直线"按钮和"注释"选项卡"文字"面板中的"单行文字"按钮，为图形添加文字说明，如图 14-203 所示。

14.5.4　绘制构造柱剖面 2

利用上述方法完成构造柱 2 的绘制，如图 14-204 所示。

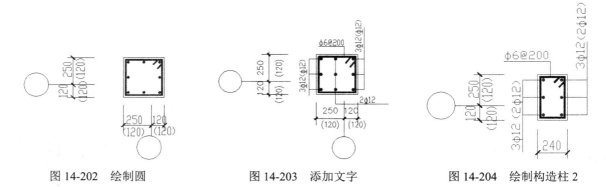

图 14-202　绘制圆　　　　　　图 14-203　添加文字　　　　　　图 14-204　绘制构造柱 2

14.5.5　绘制构造柱剖面 3

利用上述方法完成构造柱 3 的绘制，如图 14-205 所示。

14.5.6　绘制构造柱剖面 4

利用上述方法完成构造柱 4 的绘制，如图 14-206 所示。

14.5.7　绘制构造柱剖面 5

利用上述方法完成构造柱 5 的绘制，如图 14-207 所示。

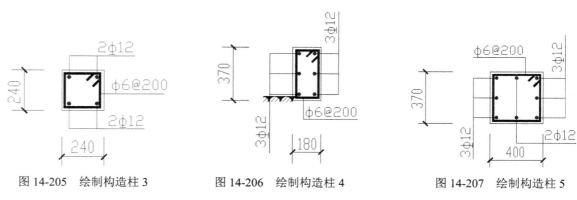

图 14-205　绘制构造柱 3　　　　　图 14-206　绘制构造柱 4　　　　　图 14-207　绘制构造柱 5

14.5.8　绘制构造柱剖面 6

利用上述方法完成构造柱 6 的绘制，如图 14-208 所示。

14.5.9　绘制构造柱剖面 7

利用上述方法完成构造柱 7 的绘制，如图 14-209 所示。

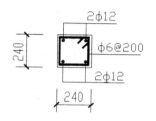

图 14-208　绘制构造柱 6

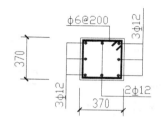

图 14-209　绘制构造柱 7

14.5.10　绘制基础平面图

利用上述方法完成基础平面图的绘制，如图 14-210 所示。

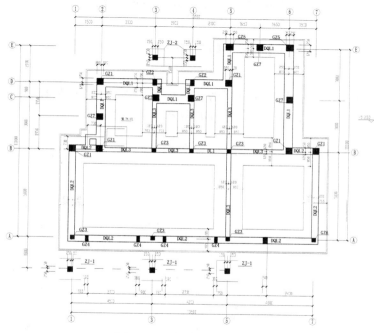

图 14-210　绘制基础平面图

14.5.11　添加总图文字说明

单击"注释"选项卡"文字"面板中的"多行文字"按钮▲，为图形添加文字说明，如图 14-211 所示。

14.5.12　插入图框

单击"插入"选项卡"块"面板中的"插入"按钮▣，弹出"插入"对话框，如图 14-212 所示。单击"浏览"按钮，弹出"选择图形文件"对话框，选择"源文件\图块\A2 图框"图块，将其放置到图形适当位置，结合所学知识为绘制图形添加图形名称，最终完成 2L—01、2L—02、2L—03、2L—04、2L—05、2L—06、2L—07 悬挑梁 201 配筋 2LL—01，如图 14-158 所示。

说明:

1.基础断面图详结-2。

2.未注明的构造柱均为GZ3。

3.ZJ配筋见结施-09。

4.采光井位置见建-01。

图 14-211　添加文字说明

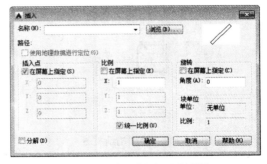

图 14-212　"插入"对话框

14.6　上机实验

【练习1】绘制如图 14-213 所示的斜屋面板平面配筋图。

1. 目的要求

本实验主要要求读者通过练习进一步熟悉和掌握斜屋面板平面配筋图的绘制方法,如图 14-213 所示。通过本实验,可以帮助读者学会完成斜屋面板平面配筋图绘制的全过程。

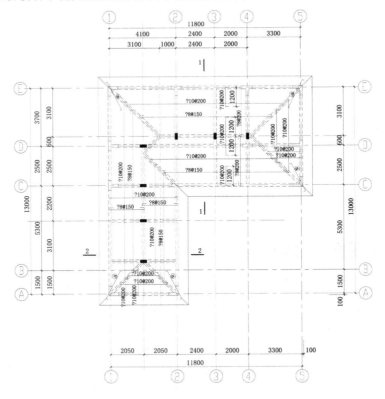

斜屋面板平面配筋图 1:100

图 14-213　斜屋面板平面配筋图

2．操作提示

（1）绘制斜板平面图。

（2）绘制配筋。

（3）绘制屋顶立面。

（4）标注尺寸。

（5）标注文字。

【练习2】绘制如图 14-214 所示的斜屋面板 1—1 剖面图。

1．目的要求

本实验主要要求读者通过练习进一步熟悉和掌握斜屋面板剖面配筋图的绘制方法，如图 14-214 所示。通过本实验，可以帮助读者学会完成斜屋面板 1—1 剖面图绘制的全过程。

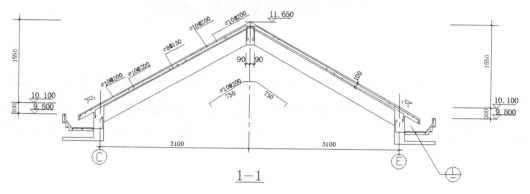

图 14-214　1—1 剖面配筋图

2．操作提示

（1）利用"直线""修剪""偏移"命令绘制斜屋面板。

（2）绘制配筋。

（3）标注尺寸。

（4）标注轴号和标高。

别墅建筑结构详图

  本章将以别墅结构详图为例,详细讲述各种建筑结构详图的绘制过程。在讲述过程中,将逐步带领读者完成烟囱详图、基础断面图、楼梯结构配筋图的绘制,并讲述关于建筑结构详图设计的相关知识和技巧。本章包括住宅结构详图绘制的知识要点、尺寸文字标注等内容。

15.1　烟囱详图

相比普通单元住宅而言，烟囱是别墅建筑的独有建筑结构，在现代别墅建筑中烟囱基本上失去了原本排烟的实际作用，变成了一种带有象征意义的建筑文化符号。本节主要讲述 A—A、箍筋 1—1、烟囱平面图和圈梁 1 等详图的绘制过程，结果如图 15-1 所示。

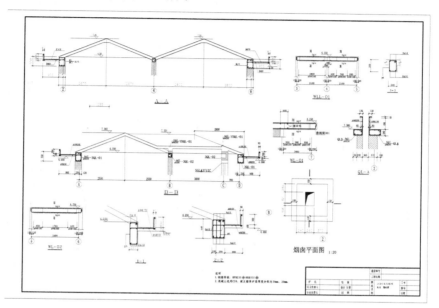

图 15-1　烟囱详图

【预习重点】

- ☑ 掌握绘制烟囱详图的方法。
- ☑ 掌握箍筋剖面图的绘制。
- ☑ 掌握绘制烟囱平面图的方法。
- ☑ 掌握如何绘制烟囱的圈梁。

15.1.1　绘制 A—A 烟囱详图

（1）单击"默认"选项卡"绘图"面板中的"直线"按钮，在图形空白区域任选一点为起点，绘制一条长度为 27500 的水平直线，如图 15-2 所示。

图 15-2　绘制水平直线

（2）单击"默认"选项卡"绘图"面板中的"直线"按钮，以绘制的水平直线左端点为直线起点，向上绘制一条长度为 2523 的竖直直线，如图 15-3 所示。

（3）单击"默认"选项卡"修改"面板中的"偏移"按钮，选择绘制的竖直直线为偏移对象，向右进行偏移，偏移距离为 925、12149、600、12900 和 925，如图 15-4 所示。

图 15-3　绘制竖直直线　　　　　　　　　图 15-4　偏移竖直线段

（4）单击"默认"选项卡"绘图"面板中的"多段线"按钮，指定起点宽度为 50、端点宽度为 50，在偏移线段上方绘制连续多段线，如图 15-5 所示。

图 15-5　绘制连续多段线

（5）单击"默认"选项卡"绘图"面板中的"圆心，半径"按钮，在绘制的连续多段线内绘制一个半径为 50 的圆，如图 15-6 所示。

（6）单击"默认"选项卡"修改"面板中的"偏移"按钮，选择绘制的圆为偏移对象，向内进行偏移，偏移距离为 45，如图 15-7 所示。

（7）单击"默认"选项卡"绘图"面板中的"图案填充"按钮，系统打开"图案填充创建"选项卡，设置"图案填充图案"为 SOLID，拾取填充区域内一点，效果图如图 15-8 所示。

图 15-6　绘制圆　　　　　图 15-7　偏移圆　　　　　图 15-8　图案填充

（8）单击"默认"选项卡"修改"面板中的"复制"按钮，选择填充图形为复制对象对其进行复制，如图 15-9 所示。

（9）单击"默认"选项卡"绘图"面板中的"多段线"按钮，指定起点宽度为 50、端点宽度为 50，绘制连续多段线，如图 15-10 所示。

图 15-9　复制对象　　　　　　　　图 15-10　绘制连续多段线

（10）单击"默认"选项卡"修改"面板中的"镜像"按钮，选择左侧已有图形为镜像对象，向右进行镜像，如图 15-11 所示。

图 15-11　镜像图形

利用同样的方法完成中间图形的绘制，如图 15-12 所示。

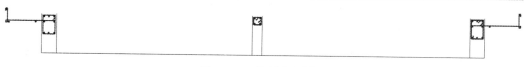

图 15-12　绘制中间图形

（11）单击"默认"选项卡"绘图"面板中的"多段线"按钮，指定起点宽度为 20、端点宽度为 20，绘制屋顶线，如图 15-13 所示。

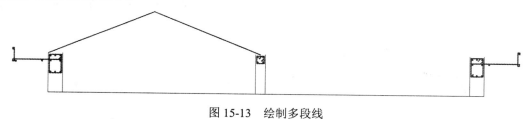

图 15-13　绘制多段线

（12）单击"默认"选项卡"修改"面板中的"偏移"按钮，选择绘制的多段线为偏移对象，向下进行偏移，偏移距离为 375，如图 15-14 所示。

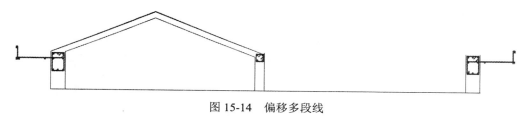

图 15-14　偏移多段线

（13）单击"默认"选项卡"绘图"面板中的"多段线"按钮，绘制一条水平多段线，如图 15-15 所示。

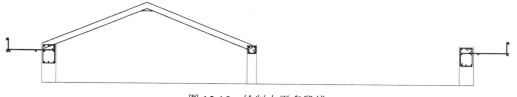

图 15-15　绘制水平多段线

（14）单击"默认"选项卡"修改"面板中的"修剪"按钮，选择步骤（13）绘制的图形为修剪线段，对其进行修剪处理，如图 15-16 所示。

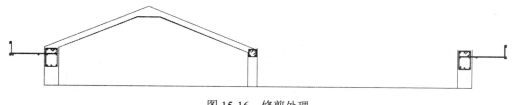

图 15-16　修剪处理

（15）单击"默认"选项卡"绘图"面板中的"直线"按钮，在图形适当位置绘制一条水平直线，并将修剪后的多段线进行延伸，如图 15-17 所示。

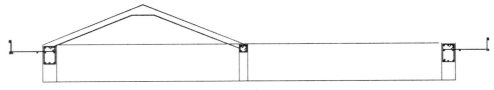

图 15-17　绘制并延伸水平直线

（16）单击"默认"选项卡"修改"面板中的"修剪"按钮██，对绘制的直线进行修剪处理，如图 15-18 所示。

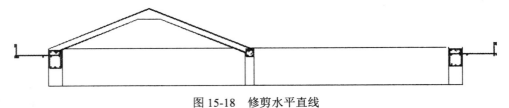

图 15-18　修剪水平直线

利用同样的方法完成剩余图形的绘制，如图 15-19 所示。

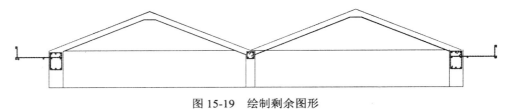

图 15-19　绘制剩余图形

（17）单击"默认"选项卡"修改"面板中的"修剪"按钮██，对绘制的图形进行适当的修剪，如图 15-20 所示。

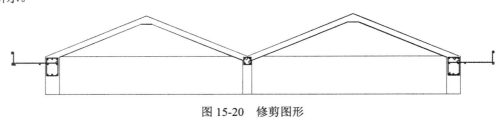

图 15-20　修剪图形

（18）单击"默认"选项卡"绘图"面板中的"直线"按钮██，绘制水平直线，封闭填充区域，如图 15-21 所示。

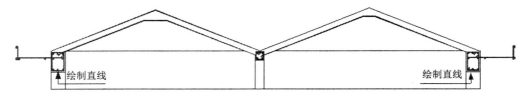

图 15-21　绘制水平直线并封闭填充区域

（19）单击"默认"选项卡"绘图"面板中的"图案填充"按钮██，系统打开"图案填充创建"对话框，设置"图案填充图案"为 ANSI31，"填充图案比例"为 40，拾取填充区域内一点，效果如图 15-22 所示。

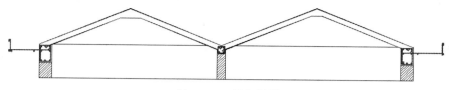

图 15-22　填充图形

（20）单击"默认"选项卡"修改"面板中的"删除"按钮，选择底部水平直线为删除对象，对其进行删除，如图 15-23 所示。

图 15-23　删除底部水平直线

（21）单击"默认"选项卡"绘图"面板中的"多段线"按钮，指定起点宽度为 0、端点宽度为 0，在图形左右两侧绘制连续多段线，如图 15-24 所示。

图 15-24　绘制连续多段线

（22）单击"默认"选项卡"修改"面板中的"修剪"按钮，选择多余的线段进行修剪，如图 15-25 所示。

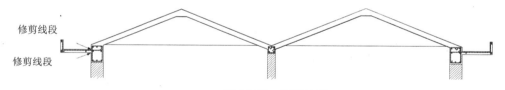

图 15-25　修剪处理

（23）单击"注释"选项卡"标注"面板中的"线性"按钮和"连续"按钮，为图形添加标注，如图 15-26 所示。

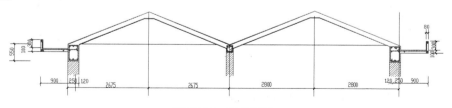

图 15-26　添加标注

轴号的绘制方法前面已经详细讲述过，这里不再详细阐述，添加轴号后如图 15-27 所示。

（24）单击"默认"选项卡"绘图"面板中的"直线"按钮和"多行文字"按钮，为 A—A 剖面图添加标高，如图 15-28 所示。

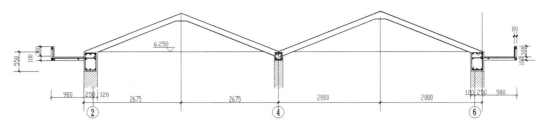

图 15-27　添加轴号

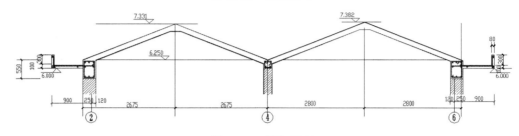

图 15-28　添加标高

（25）单击"默认"选项卡"绘图"面板中的"直线"按钮和"多行文字"按钮，为图形添加文字说明及标高，最终完成 A—A 烟囱详图的绘制，如图 15-29 所示。

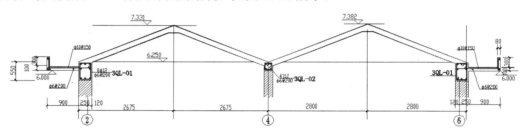

图 15-29　A—A 烟囱详图

利用同样的方法完成 B—B 烟囱详图的绘制，如图 15-30 所示。

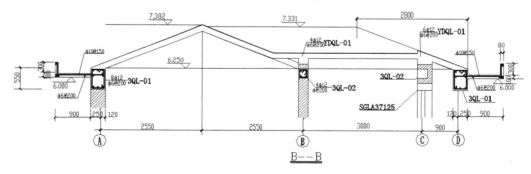

图 15-30　B—B 烟囱详图

15.1.2　箍筋 1—1 剖面图

（1）单击"默认"选项卡"绘图"面板中的"多段线"按钮，指定起点宽度为 50、端点宽度为 50，

绘制连续多段线，如图 15-31 所示。

（2）单击"默认"选项卡"绘图"面板中的"多段线"按钮，指定起点宽度为 0、端点宽度为 0，在图形外围绘制连续多段线，如图 15-32 所示。

（3）单击"默认"选项卡"绘图"面板中的"直线"按钮，在绘制图形上部位置绘制两条斜向直线，如图 15-33 所示。

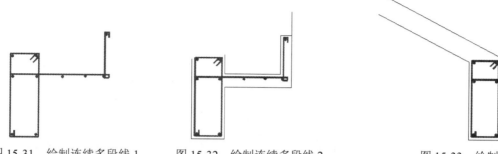

图 15-31　绘制连续多段线 1　　图 15-32　绘制连续多段线 2　　图 15-33　绘制斜向直线

（4）单击"注释"选项卡"标注"面板中的"线性"按钮和"连续"按钮，为 1—1 剖面图添加标注，如图 15-34 所示。

文字与标高的添加前面已经讲述过，这里不再详细阐述，最终完成箍筋 1—1 剖面图的绘制，如图 15-35 所示。

15.1.3　箍筋 2—2 剖面图

利用前面讲述的方法完成箍筋 2—2 剖面图的绘制，如图 15-36 所示。

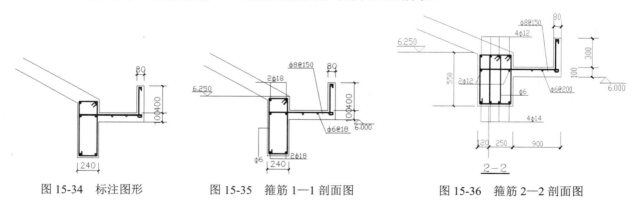

图 15-34　标注图形　　图 15-35　箍筋 1—1 剖面图　　图 15-36　箍筋 2—2 剖面图

15.1.4　箍筋 3—3 剖面图

利用同样的方法完成箍筋 3—3 剖面图的绘制，如图 15-37 所示。

15.1.5　烟囱平面图的绘制

（1）单击"默认"选项卡"绘图"面板中的"矩形"按钮，在图形适当位置绘制一个适当大小的矩形，如图 15-38 所示。

（2）单击"默认"选项卡"修改"面板中的"偏移"按钮，选择绘制的矩形为偏移对象，向内进行偏移，偏移距离为 150，如图 15-39 所示。

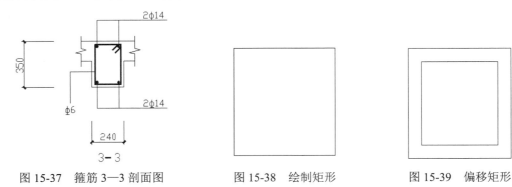

图 15-37　箍筋 3—3 剖面图　　　　　图 15-38　绘制矩形　　　　　图 15-39　偏移矩形

（3）单击"默认"选项卡"绘图"面板中的"矩形"按钮，在图形内适当位置选取矩形起点，绘制一个小矩形，如图 15-40 所示。

（4）单击"默认"选项卡"绘图"面板中的"直线"按钮，在图形内绘制连续直线，如图 15-41 所示。

（5）单击"默认"选项卡"绘图"面板中的"图案填充"按钮，系统打开"图案填充创建"选项卡，设置"图案填充图案"为 ANSI31，"填充图案比例"为 4，拾取填充区域内一点，效果如图 15-42 所示。

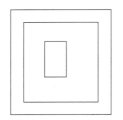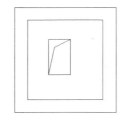

图 15-40　绘制小矩形　　　　　图 15-41　绘制连续直线　　　　　图 15-42　填充图形

（6）单击"注释"选项卡"标注"面板中的"线性"按钮，为图形添加线性标注，如图 15-43 所示。利用前面讲述的方法完成轴号的添加，最终完成烟囱平面图的绘制，如图 15-44 所示。

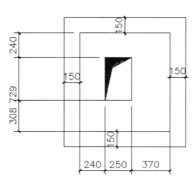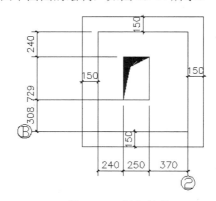

图 15-43　添加线性标注　　　　　图 15-44　添加轴号

15.1.6　绘制圈梁 1

（1）单击"默认"选项卡"绘图"面板中的"多段线"按钮▭，指定起点宽度为 45、端点宽度为 45，在图形适当位置绘制连续多段线。

（2）单击"默认"选项卡"绘图"面板中的"圆"按钮◯和"图案填充"按钮▩，完成内部图形的绘制，如图 15-45 所示。

（3）单击"默认"选项卡"修改"面板中的"镜像"按钮⚏，选择绘制的图形为镜像对象，对其进行竖直镜像处理，对镜像后的图形进行向右拉伸，如图 15-46 所示。

（4）单击"默认"选项卡"绘图"面板中的"多段线"按钮▭，指定起点宽度为 0、端点宽度为 0，在图形上的外围位置绘制连续多段线，如图 15-47 所示。

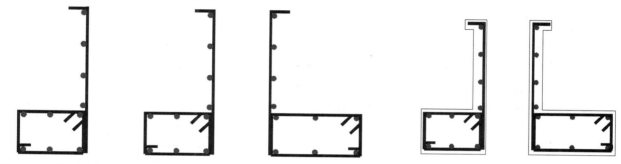

图 15-45　绘制轮廓　　　　　图 15-46　镜像及拉伸图形　　　　　图 15-47　绘制连续多段线

（5）单击"默认"选项卡"绘图"面板中的"直线"按钮╱，在图形适当位置绘制一条竖直直线，如图 15-48 所示。

（6）单击"默认"选项卡"修改"面板中的"偏移"按钮⧉，选择绘制的竖直直线为偏移对象，向右进行偏移，偏移距离为 800、859 和 1233，如图 15-49 所示。

（7）单击"默认"选项卡"绘图"面板中的"直线"按钮╱，在图形底部位置绘制竖直直线底部的连接线，如图 15-50 所示。

图 15-48　绘制竖直直线　　　　　图 15-49　偏移竖直直线　　　　　图 15-50　绘制连接线

（8）单击"默认"选项卡"绘图"面板中的"图案填充"按钮▩，系统打开"图案填充创建"选项卡，设置"图案填充图案"为 ANSI31，"填充图案比例"为 60，拾取填充区域内一点，效果如图 15-51 所示。

（9）单击"默认"选项卡"修改"面板中的"删除"按钮✎，选择绘制的水平直线为删除对象，将其删除，如图 15-52 所示。

（10）单击"注释"选项卡"标注"面板中的"线性"按钮 🔲 和"连续"按钮 🔲，为图形添加标注，如图 15-53 所示。

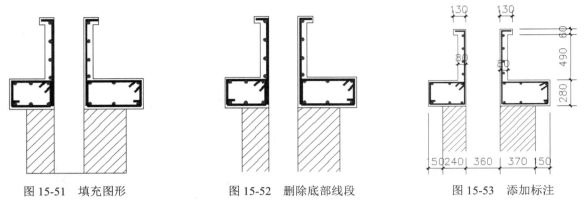

图 15-51　填充图形　　　　　图 15-52　删除底部线段　　　　　图 15-53　添加标注

利用前面讲述的方法完成标高的绘制，如图 15-54 所示。

利用前面讲述的方法完成轴号及文字的添加，如图 15-55 所示。

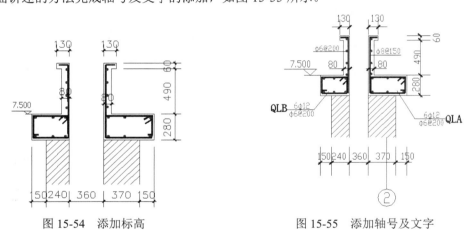

图 15-54　添加标高　　　　　　　　　　图 15-55　添加轴号及文字

15.1.7　添加文字说明及图框

（1）单击"注释"选项卡"文字"面板中的"多行文字"按钮 🅰，为图形添加文字说明，如图 15-56 所示。

说明：
1. 钢筋等级：HPB235(ϕ)HRB335(Φ)。
2. 混凝土选用C20、梁主筋保护层厚度分别为30 ㎜、20 ㎜。

图 15-56　添加文字说明

（2）单击"插入"选项卡"块"面板中的"插入"按钮 🔳，弹出"插入"对话框，如图 15-57 所示。单击"浏览"按钮，弹出"选择图形文件"对话框，选择"源文件\图块\A2 图框"图块，将其放置到图形适当位置，结合所学知识为绘制的图形添加图形名称，最终结果如图 15-1 所示。

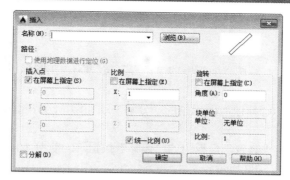

图 15-57　"插入"对话框

15.2　基础断面图

基础断面的结构设计对建筑结构非常重要，一般能够体现出该建筑结构的抗震等级、结构强度、防水处理方法和浇筑方法等重要的建筑结构信息。本节主要讲述基础断面图的绘制，如图 15-58 所示。

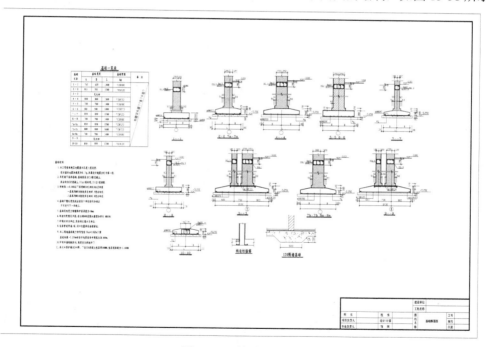

图 15-58　基础断面图

【预习重点】

☑　掌握各个基础断面图的绘制。

☑　掌握如何绘制隔墙基础。

☑　掌握绘制构造柱插筋的方法。

☑　掌握如何添加文字和图框。

15.2.1　绘制图例表

（1）单击"默认"选项卡"绘图"面板中的"矩形"按钮▣，在图形适当位置绘制一个适当大小的矩形，如图 15-59 所示。

（2）单击"默认"选项卡"修改"面板中的"分解"按钮▣，选择绘制的矩形为分解对象，按 Enter 键确认进行分解。

（3）单击"默认"选项卡"修改"面板中的"偏移"按钮▣，选择分解矩形的左侧竖直直线为偏移对象，向右进行连续偏移，如图 15-60 所示。

（4）单击"默认"选项卡"修改"面板中的"偏移"按钮▣，选择分解矩形顶部水平直线为偏移对象，连续向下进行偏移，如图 15-61 所示。

 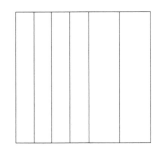 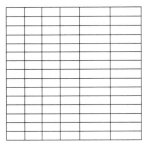

图 15-59　绘制矩形　　　　图 15-60　向右偏移线段　　　　图 15-61　向下偏移线段

（5）单击"默认"选项卡"修改"面板中的"修剪"按钮▣，选择偏移线段为修剪对象对其进行修剪处理，如图 15-62 所示。

（6）单击"默认"选项卡"绘图"面板中的"直线"按钮▣，在图形内绘制一条斜向直线，如图 15-63 所示。

（7）单击"注释"选项卡"文字"面板中的"多行文字"按钮Ａ，在图形内添加文字，如图 15-64 所示。

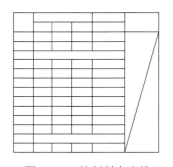 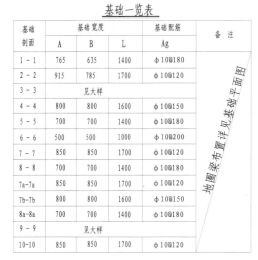

基础一览表

基础剖面	基础宽度			基础配筋	备注
	A	B	L	Ag	
1－1	765	635	1400	φ10@180	
2－2	915	785	1700	φ10@120	
3－3	见大样				
4－4	800	800	1600	φ10@150	
5－5	700	700	1400	φ10@180	
6－6	500	500	1000	φ10@200	
7－7	850	850	1700	φ10@120	
8－8	700	700	1400	φ10@180	
7a－7a	850	850	1700	φ10@120	
7b－7b	800	800	1600	φ10@150	
8a－8a	700	700	1400	φ10@180	
9－9	见大样				
10－10	850	850	1700	φ10@120	

图 15-62　修剪图形　　　　图 15-63　绘制斜向直线　　　　图 15-64　添加文字

15.2.2　1—1 断面剖面图

（1）单击"默认"选项卡"绘图"面板中的"多段线"按钮 ⊏⊐，指定起点宽度为 30、端点宽度为 30，在图形适当位置绘制连续多段线，如图 15-65 所示。

（2）单击"默认"选项卡"修改"面板中的"镜像"按钮 ⚟，选择左侧图形为镜像对象，对其进行竖直镜像，如图 15-66 所示。

（3）单击"默认"选项卡"绘图"面板中的"矩形"按钮 ⬜，在图形底部位置绘制一个适当大小的矩形，如图 15-67 所示。

（4）单击"默认"选项卡"绘图"面板中的"直线"按钮 ⧄，在图形内绘制一条水平直线，如图 15-68 所示。

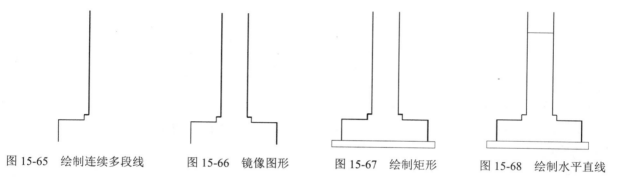

图 15-65　绘制连续多段线　　　图 15-66　镜像图形　　　图 15-67　绘制矩形　　　图 15-68　绘制水平直线

（5）单击"默认"选项卡"修改"面板中的"偏移"按钮 ⊏⊐，选择绘制的水平直线为偏移对象，向下进行偏移，如图 15-69 所示。

（6）单击"默认"选项卡"绘图"面板中的"多段线"按钮 ⊏⊐，指定起点宽度为 50、端点宽度为 50，在图形适当位置绘制连续多段线，如图 15-70 所示。

（7）单击"默认"选项卡"绘图"面板中的"直线"按钮 ⧄，在绘制的图形顶部位置绘制一条水平直线，如图 15-71 所示。

（8）单击"默认"选项卡"绘图"面板中的"直线"按钮 ⧄，在绘制的水平直线上绘制连续的直线，如图 15-72 所示。

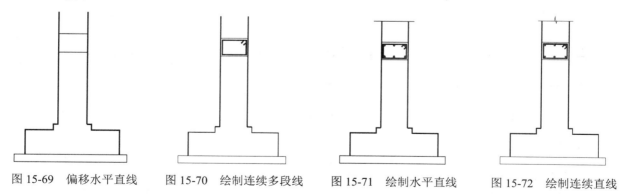

图 15-69　偏移水平直线　　　图 15-70　绘制连续多段线　　　图 15-71　绘制水平直线　　　图 15-72　绘制连续直线

（9）单击"默认"选项卡"修改"面板中的"修剪"按钮 ⧄，选择绘制的线段之间的多余线段对其进行修剪处理，如图 15-73 所示。

（10）单击"默认"选项卡"绘图"面板中的"直线"按钮 ，在步骤（9）绘制的图形内部位置绘制一条水平直线，如图15-74所示。

（11）单击"默认"选项卡"绘图"面板中的"多段线"按钮 ，在图形底部绘制连续多段线，如图15-75所示。

（12）单击"默认"选项卡"绘图"面板中的"圆"按钮 和"图案填充"按钮 ，完成剩余图形的绘制，如图15-76所示。

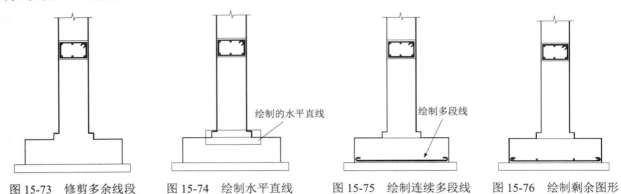

图 15-73　修剪多余线段　　图 15-74　绘制水平直线　　图 15-75　绘制连续多段线　　图 15-76　绘制剩余图形

（13）单击"默认"选项卡"绘图"面板中的"图案填充"按钮 ，系统打开"图案填充创建"选项卡，设置"图案填充图案"为ANSI31，"填充图案比例"为80，拾取填充区域内一点，效果如图15-77所示。

结合所学知识完成1—1断面剖面图中剩余部分的绘制，如图15-78所示。

（14）单击"注释"选项卡"标注"面板中的"线性"按钮 和"连续"按钮 ，为图形添加标注，如图15-79所示。

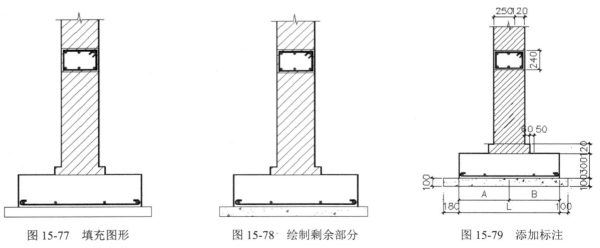

图 15-77　填充图形　　　　　图 15-78　绘制剩余部分　　　　　图 15-79　添加标注

利用前面讲述的方法完成标高的绘制，如图15-80所示。

（15）单击"注释"选项卡"文字"面板中的"多行文字"按钮 和"直线"按钮 ，为图形添加文字说明，如图15-81所示。

（16）单击"默认"选项卡"绘图"面板中的"圆"按钮 和"直线"按钮 ，在图形底部添加轴圆，最终完成1—1断面剖面图的绘制，如图15-82所示。

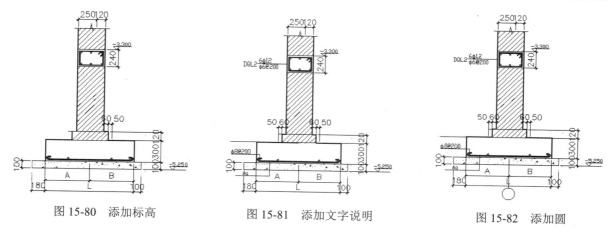

图 15-80　添加标高　　　　　图 15-81　添加文字说明　　　　　图 15-82　添加圆

15.2.3　2—2 断面剖面图

利用前面讲述的方法完成 2—2、7a—7a 断面剖面图的绘制，如图 15-83 所示。

15.2.4　3—3 断面剖面图

利用前面讲述的方法完成 3—3 断面剖面图的绘制，如图 15-84 所示。

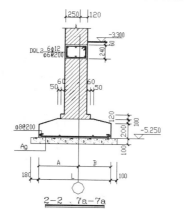

图 15-83　2—2、7a—7a 断面剖面图

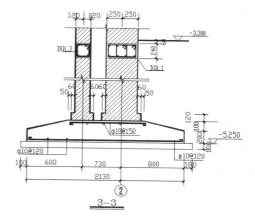

图 15-84　3—3 断面剖面图

15.2.5　4—4 断面剖面图

利用前面讲述的方法完成 4—4 断面剖面图的绘制，如图 15-85 所示。

15.2.6　5—5～6—6 断面剖面图

利用前面讲述的方法完成 5—5～6—6 断面剖面图的绘制，如图 15-86 所示。

15.2.7　7—7 断面剖面图

利用前面讲述的方法完成 7—7 断面剖面图的绘制，如图 15-87 所示。

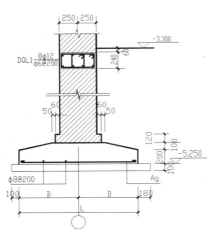

图 15-85　4—4 断面剖面图

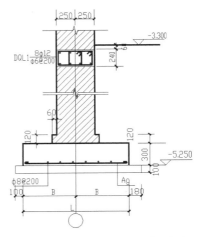

图 15-86　5—5～6—6 断面剖面图

15.2.8　8—8 断面剖面图

利用前面讲述的方法完成 8—8 断面剖面图的绘制，如图 15-88 所示。

15.2.9　7b—7b、8a—8a 断面剖面图

利用前面讲述的方法完成 7b—7b、8a—8a 断面剖面图的绘制，如图 15-89 所示。

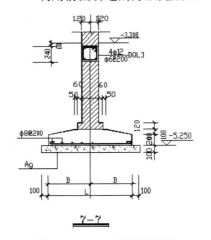

图 15-87　7—7 断面剖面图

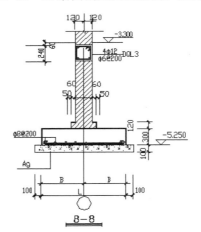

图 15-88　8—8 断面剖面图

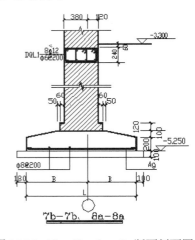

图 15-89　7b—7b　8a—8a 断面剖面图

15.2.10　9—9 断面剖面图

利用前面讲述的方法完成 9—9 断面剖面图的绘制，如图 15-90 所示。

15.2.11　10—10 断面剖面图

利用前面讲述的方法完成 10—10 断面剖面图的绘制，如图 15-91 所示。

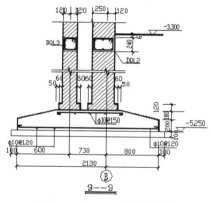

图 15-90　9—9 断面剖面图

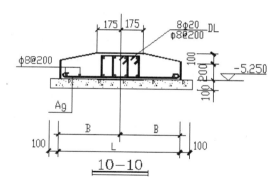

图 15-91　10—10 断面剖面图

15.2.12　绘制 120 隔墙基础

（1）单击"默认"选项卡"绘图"面板中的"多段线"按钮，指定起点宽度为 50、端点宽度为 50，在图形适当位置绘制一条水平多段线，如图 15-92 所示。

（2）单击"默认"选项卡"绘图"面板中的"直线"按钮，在绘制的水平多段线上方绘制一条水平直线，如图 15-93 所示。

图 15-92　绘制水平多段线

图 15-93　绘制水平直线

（3）单击"默认"选项卡"绘图"面板中的"多段线"按钮，指定起点宽度为 0、端点宽度为 0，在绘制的图形下端位置绘制连续多段线，如图 15-94 所示。

（4）单击"默认"选项卡"绘图"面板中的"直线"按钮，在绘制的图形上端位置选取一点为直线起点，绘制一条竖直直线，如图 15-95 所示。

（5）单击"默认"选项卡"修改"面板中的"偏移"按钮，选择绘制的竖直直线为偏移对象，向右进行偏移，如图 15-96 所示。

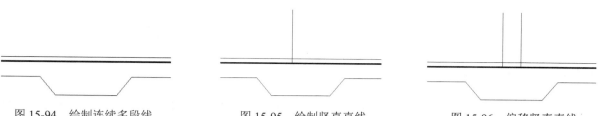

图 15-94　绘制连续多段线　　　　图 15-95　绘制竖直直线　　　　图 15-96　偏移竖直直线

（6）单击"默认"选项卡"修改"面板中的"修剪"按钮，选择绘制的竖直直线间的多余线段为修剪对象，对其进行修剪，如图 15-97 所示。

（7）单击"默认"选项卡"绘图"面板中的"直线"按钮，在图形的适当位置绘制封闭区域线，如图 15-98 所示。

（8）单击"默认"选项卡"绘图"面板中的"直线"按钮，在图形的适当位置绘制多条斜向直线，如图 15-99 所示。

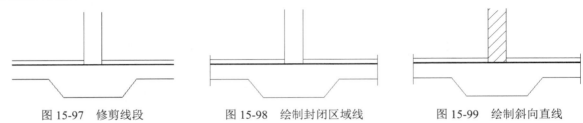

图 15-97　修剪线段　　　　　图 15-98　绘制封闭区域线　　　　图 15-99　绘制斜向直线

结合所学知识，完成图形填充物的绘制，如图 15-100 所示。

（9）单击"默认"选项卡"绘图"面板中的"直线"按钮，在图形左侧竖直边上绘制连续直线，如图 15-101 所示。

（10）单击"默认"选项卡"修改"面板中的"修剪"按钮，选择绘制的连续直线间的多余线段为修剪对象，对其进行修剪处理，如图 15-102 所示。

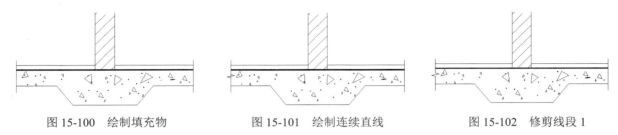

图 15-100　绘制填充物　　　　图 15-101　绘制连续直线　　　　图 15-102　修剪线段 1

利用同样的方法修剪另一侧相同图形，如图 15-103 所示。

（11）单击"注释"选项卡"标注"面板中的"线性"按钮，为图形添加标注，如图 15-104 所示。

（12）单击"注释"选项卡"标注"面板中的"角度"按钮，为图形添加角度标注，如图 15-105 所示。

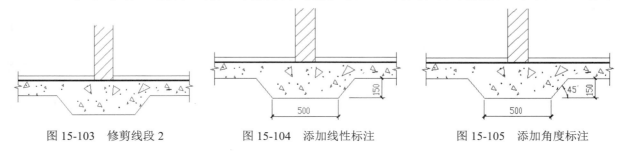

图 15-103　修剪线段 2　　　　图 15-104　添加线性标注　　　　图 15-105　添加角度标注

15.2.13　绘制构造柱插筋

（1）单击"默认"选项卡"绘图"面板中的"多段线"按钮，指定起点宽度为 50、端点宽度为 50，在图形空白区域绘制连续多段线，如图 15-106 所示。

（2）单击"默认"选项卡"修改"面板中的"镜像"按钮，选择绘制的连续多段线为镜像对象对其进行竖直镜像，如图 15-107 所示。

（3）单击"默认"选项卡"绘图"面板中的"直线"按钮，在图形适当位置绘制连续直线，如图 15-108 所示。

（4）单击"默认"选项卡"绘图"面板中的"直线"按钮，在绘制的图形底部位置绘制一条水平直线，如图 15-109 所示。

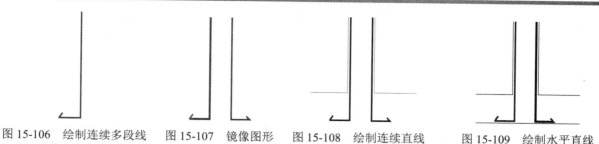

图 15-106　绘制连续多段线　　图 15-107　镜像图形　　图 15-108　绘制连续直线　　图 15-109　绘制水平直线

（5）单击"默认"选项卡"绘图"面板中的"直线"按钮 和"修改"面板中的"修剪"按钮 ，完成图形剩余部分的绘制，如图 15-110 所示。

（6）单击"注释"选项卡"标注"面板中的"线性"按钮 ，为图形添加线性标注，如图 15-111 所示。

15.2.14　添加文字说明及图框

（1）单击"注释"选项卡"文字"面板中的"多行文字"按钮 ，为绘制完成的图形添加文字说明，如图 15-112 所示。

图 15-110　绘制图形的剩余部分

基础说明:

1.本工程按本地区地震基本烈度七度设防.
　设计基本地震加速度为0.15g,所属设计地震分组为第一组.
2.采用墙下条形基础,基础垫层为C10素混凝土,
　其余均为C25混凝土,I(φ)级钢筋,II(±)级钢筋.
3.砖砌体:±0.000以下采用MU10机砖M10水泥砂浆.
　　一层采用MU10烧结多孔砖M7.5混合砂浆.
　　二层采用MU10烧结多孔砖M5.0混合砂浆.
4.基础开槽处理完成后经设计单位验收合格后
　方可进行下一步施工.
5.基础底板受力钢筋保护层厚度为40 mm.
6.构造柱配筋见详图,在柱端800范围内箍筋加密为φ6@100.
7.标高以米为单位,其余均以毫米为单位.
8.设备管道穿墙.板.洞口位置参设备图留设.
9.本工程地基承载力特征值按 Fak=110kPa计算基底标高
　–5.250m相当于地质报告中高程为28.000 m.
10.所有外墙均做防水,高度至自然地坪下.
11.采光井围护墙为240厚,下设C10混凝土垫层厚100 mm,垫层底标高为–1.600 m.

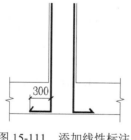

图 15-111　添加线性标注

图 15-112　添加文字说明

（2）单击"插入"选项卡"块"面板中的"插入"按钮 ，弹出"插入"对话框，如图 15-57 所示。单击"浏览"按钮，弹出"选择图形文件"对话框，选择"源文件\图块\A2 图框"图块，将其放置到图形适当位置，结合所学知识为绘制的图形添加图形名称，最终完成基础断面图的绘制，如图 15-58 所示。

15.3　楼梯结构配筋图

楼梯是建筑物中必不可少的附件。楼梯结构图主要表达本案例中各处楼梯的结构尺寸、材料选取、具体做法等。本节主要讲述楼梯结构配筋图的绘制，如图 15-113 所示。

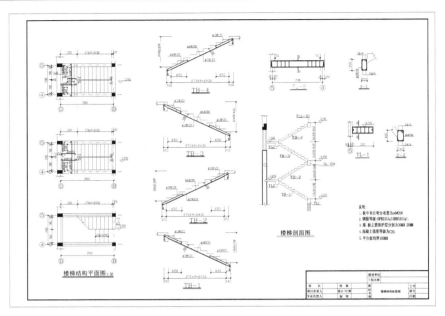

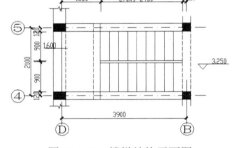

图 15-113　楼梯结构配筋图

【预习重点】

☑　掌握楼梯结构平面图的绘制方法。

☑　掌握楼梯台阶板剖面图的绘制。

☑　掌握楼梯剖面图的绘制。

☑　掌握如何绘制箍梁和挑梁。

15.3.1　楼梯结构平面图的绘制

（1）单击快速访问工具栏中的"打开"按钮，打开"源文件\楼梯结构平面图"，如图 15-114 所示。

（2）单击"默认"选项卡"绘图"面板中的"多段线"按钮，指定起点宽度为 50、端点宽度为 50，在楼梯间绘制连续多段线，如图 15-115 所示。

利用同样的方法完成相同筋的绘制，如图 15-116 所示。

图 15-114　楼梯结构平面图

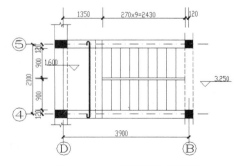

图 15-115　绘制连续多段线

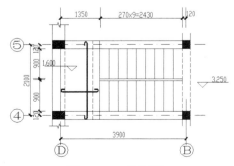

图 15-116　绘制筋

（3）单击"默认"选项卡"绘图"面板中的"多段线"按钮■，指定起点宽度为50、端点宽度为50，在图形的适当位置绘制连续多段线，如图 15-117 和图 15-118 所示。

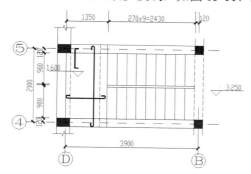

图 15-117 绘制连续多段线 1

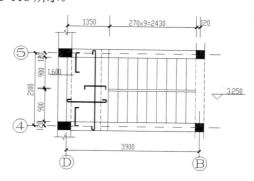

图 15-118 绘制连续多段线 2

（4）单击"注释"选项卡"标注"面板中的"线性"按钮■，为绘制的图形添加标注，如图 15-119 所示。

（5）单击"注释"选项卡"文字"面板中的"单行文字"按钮■，为图形添加文字说明，如图 15-120 所示。

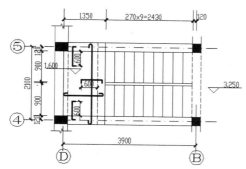

图 15-119 添加标注

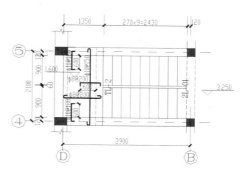

图 15-120 添加文字

利用同样的方法完成剩余楼梯结构图的绘制，如图 15-121 所示。

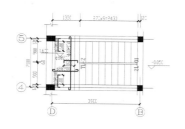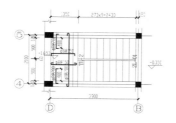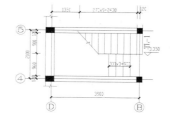

楼梯结构平面图1:50

图 15-121 绘制剩余楼梯结构图

15.3.2 台阶板剖面 TB—4

（1）单击快速访问工具栏中的"打开"按钮■，打开"源文件\台板"，如图 15-122 所示。

（2）单击"默认"选项卡"绘图"面板中的"多段线"按钮 🔲，指定起点宽度为30、端点宽度为30，在打开的源文件内绘制连续多段线，如图 15-123 所示。

（3）单击"默认"选项卡"绘图"面板中的"多段线"按钮 🔲，指定起点宽度为30、端点宽度为30，在绘制的多段线下部绘制连续多段线，如图 15-124 所示。

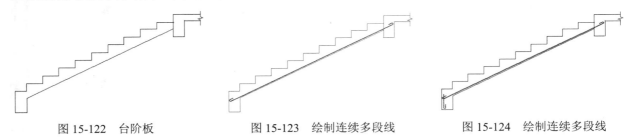

图 15-122　台阶板　　　　图 15-123　绘制连续多段线　　　　图 15-124　绘制连续多段线

（4）单击"默认"选项卡"修改"面板中的"复制"按钮 ❀，选择绘制的连续多段线为复制对象向右进行复制，如图 15-125 所示。

（5）单击"默认"选项卡"绘图"面板中的"多段线"按钮 🔲，指定起点宽度为30、端点宽度为30，绘制剩余连接线，如图 15-126 所示。

（6）单击"注释"选项卡"标注"面板中的"半径"按钮 🔘 和"图案填充"按钮 🔳，在绘制的图形内填充图形，如图 15-127 所示。

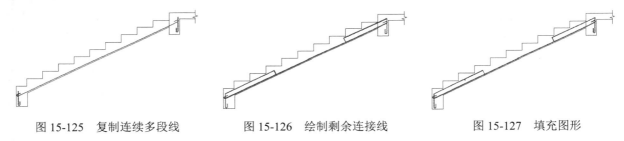

图 15-125　复制连续多段线　　　　图 15-126　绘制剩余连接线　　　　图 15-127　填充图形

（7）单击"默认"选项卡"修改"面板中的"复制"按钮 ❀，选择步骤（6）绘制的图形为复制对象向右进行连续复制，如图 15-128 所示。

（8）单击"注释"选项卡"标注"面板中的"线性"按钮 🔲 和"连续"按钮 🔢，为图形添加标注，如图 15-129 所示。

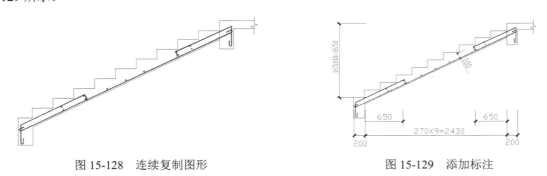

图 15-128　连续复制图形　　　　　　　　图 15-129　添加标注

（9）单击"注释"选项卡"文字"面板中的"多行文字"按钮 🅰，为图形添加文字说明，如图 15-130 所示。

利用同样的方法完成剩余台阶板剖面 TB—3 的绘制，如图 15-131 所示。

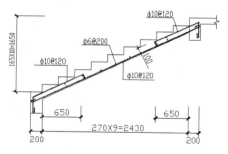

图 15-130　添加文字说明

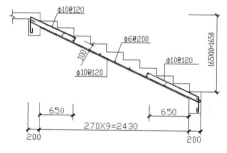

图 15-131　绘制 TB—3

利用同样的方法完成剩余台阶板剖面 TB—2 的绘制，如图 15-132 所示。
利用同样的方法完成剩余台阶板剖面 TB—1 的绘制，如图 15-133 所示。

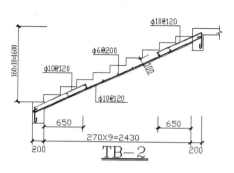

图 15-132　绘制 TB—2

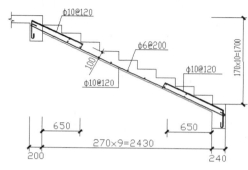

图 15-133　绘制 TB—1

15.3.3　楼梯剖面图的绘制

（1）单击"默认"选项卡"绘图"面板中的"多段线"按钮，指定起点宽度为 66、端点宽度为 66，在图形适当位置绘制连续多段线，如图 15-134 所示。

（2）单击"默认"选项卡"绘图"面板中的"直线"按钮，在绘制的图形底部绘制一条水平直线，如图 15-135 所示。

（3）单击"默认"选项卡"绘图"面板中的"直线"按钮，在图形的适当位置绘制连续直线，如图 15-136 所示。

图 15-134　绘制连续多段线　　图 15-135　绘制水平直线

（4）单击"默认"选项卡"绘图"面板中的"图案填充"按钮，系统打开"图案填充创建"选项卡，设置"图案填充图案"为 ANSI31，"填充图案比例"为 2，拾取填充区域内一点，效果如图 15-137 所示。

（5）单击"默认"选项卡"绘图"面板中的"直线"按钮，绘制图形之间的连接线，如图 15-138 所示。

（6）单击"默认"选项卡"绘图"面板中的"直线"按钮，在绘制的图形上部绘制两条竖直直线，如图 15-139 所示。

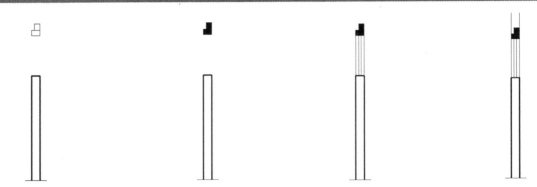

图 15-136　绘制连续直线　　　图 15-137　填充图形　　　图 15-138　绘制连接线　　　图 15-139　绘制竖直直线

（7）单击"默认"选项卡"绘图"面板中的"直线"按钮，在图形的适当位置绘制一条水平直线，如图 15-140 所示。

（8）单击"默认"选项卡"绘图"面板中的"直线"按钮，在图形的适当位置绘制连续折弯线，如图 15-141 所示。

（9）单击"默认"选项卡"修改"面板中的"修剪"按钮，对绘制的折弯线进行修剪，如图 15-142 所示。

利用同样的方法完成底部相同图形的绘制，如图 15-143 所示。

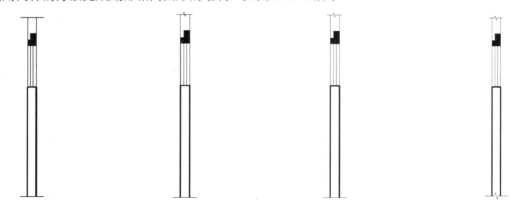

图 15-140　绘制水平直线　　　图 15-141　绘制折弯线　　　图 15-142　修剪折弯线　　　图 15-143　绘制底部相同图形

（10）单击"默认"选项卡"绘图"面板中的"直线"按钮，在图形的适当位置绘制连续直线，如图 15-144 所示。

（11）单击"默认"选项卡"修改"面板中的"修剪"按钮，选择绘制的连续直线为修剪对象对其进行修剪，如图 15-145 所示。

（12）单击"默认"选项卡"绘图"面板中的"多段线"按钮，指定起点宽度为 0、端点宽度为 0，在步骤（11）绘制的图形上绘制连续多段线，如图 15-146 所示。

（13）单击"默认"选项卡"绘图"面板中的"直线"按钮，在图形的适当位置绘制一条斜向直线，如图 15-147 所示。

（14）单击"默认"选项卡"绘图"面板中的"矩形"按钮，在图形的底部绘制一个矩形，如图 15-148 所示。

图 15-144　绘制连续直线

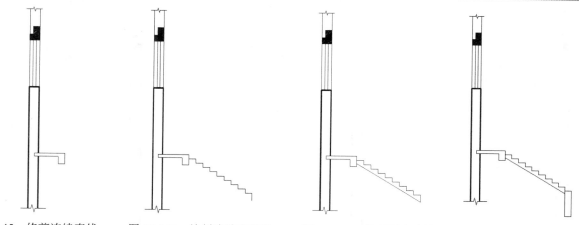

图 15-145　修剪连续直线　　图 15-146　绘制连续多段线　　图 15-147　绘制斜向直线　　图 15-148　绘制矩形

（15）单击"默认"选项卡"修改"面板中的"分解"按钮，选择绘制的矩形为分解对象，按 Enter 键进行确认。

（16）选择分解的矩形底部水平线为删除对象，对其进行删除，如图 15-149 所示。

（17）单击"默认"选项卡"绘图"面板中的"直线"按钮，在步骤（16）绘制的图形适当位置绘制一条水平直线，如图 15-150 所示。

（18）单击"默认"选项卡"绘图"面板中的"直线"按钮，在步骤（17）绘制的图形内绘制斜向直线，如图 15-151 所示。

利用同样的方法完成剩余相同图形的绘制，如图 15-152 所示。

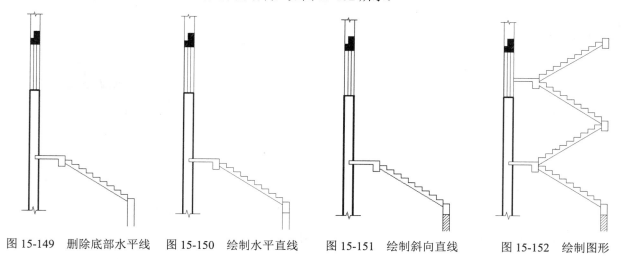

图 15-149　删除底部水平线　　图 15-150　绘制水平直线　　图 15-151　绘制斜向直线　　图 15-152　绘制图形

（19）单击"注释"选项卡"标注"面板中的"线性"按钮和"连续"按钮，为图形添加标注，如图 15-153 所示。

（20）单击"默认"选项卡"绘图"面板中的"直线"按钮和"注释"选项卡"文字"面板中的"多行文字"按钮，为图形添加标高，如图 15-154 所示。

（21）单击"默认"选项卡"绘图"面板中的"直线"按钮和"注释"选项卡"文字"面板中的"多行文字"按钮，为图形添加文字说明，完成楼梯剖面图的绘制，如图 15-155 所示。

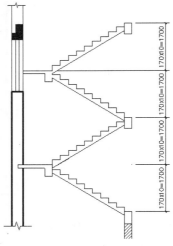

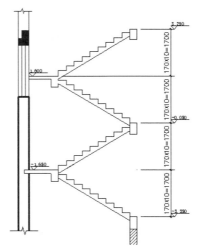

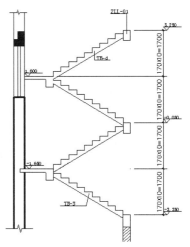

图 15-153　添加标注　　　　　图 15-154　添加标高　　　　　图 15-155　添加文字说明

15.3.4　绘制箍梁

利用前面讲述的方法完成箍梁 1—1 的绘制，如图 15-156 所示。
利用前面讲述的方法完成箍梁 2—2 的绘制，如图 15-157 所示。

15.3.5　绘制挑梁

利用前面讲述的方法完成挑梁 TL—1 的绘制，如图 15-158 所示。

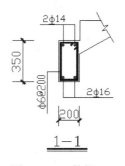

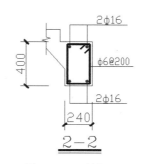

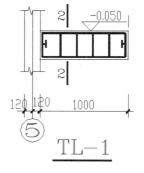

图 15-156　箍梁 1—1　　　　　图 15-157　箍梁 2—2　　　　　图 15-158　挑梁 TL—1

利用前面讲述的方法完成挑梁 TL—2 的绘制，如图 15-159 所示。

15.3.6　添加文字及图框

（1）单击"注释"选项卡"文字"面板中的"多行文字"按钮 **A**，为图形添加文字说明，如图 15-160 所示。

（2）单击"插入"选项卡"块"面板中的"插入"按钮 ，弹出"插入"对话框，如图 15-57 所示。单击"浏览"按钮，弹出"选择图形文件"对话框，选择"源文件\图块\A2 图框"图块，将其放置到图形适当位置，结合所学知识为绘制图形添加图形名称，最终完成楼梯结构配筋图的绘制，如图 15-113 所示。

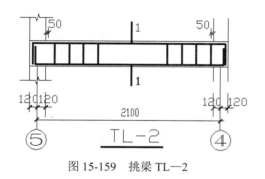

图 15-159　挑梁 TL—2

说明:
1. 板中未注明分布筋为Φ6@200。
2. 钢筋等级:HPB235(Φ) HRB335(Φ)。
3. 梁.板主筋保护层分别为30 mm、20 mm。
4. 混凝土强度等级为 C20。
5. 平台板均厚100 mm。

图 15-160　添加文字说明

15.4　悬挑梁配筋图

利用前面讲述的方法,绘制出悬挑梁配筋图,如图 15-161 所示,具体绘制过程这里不再赘述。

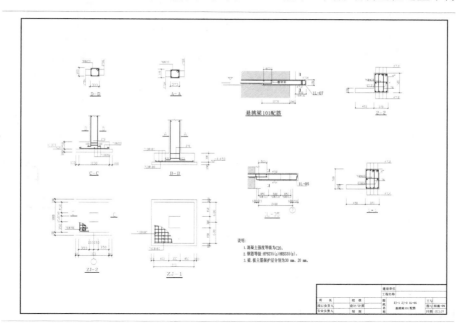

图 15-161　悬挑梁配筋图

15.5　上机实验

【练习 1】绘制如图 15-162 所示的别墅结构基础大样详图 1。

1. 目的要求

本实验主要要求读者通过练习进一步熟悉和掌握别墅结构独立基础详图的绘制方法,如图 15-162 所示。通过练习,可以帮助读者掌握别墅结构独立基础详图绘制的全过程。

2．操作提示

（1）绘制柱截面图。

（2）绘制预留柱插筋。

（3）绘制底板配筋。

（4）标注尺寸。

（5）标注文字。

【练习 2】绘制如图 15-163 所示的别墅结构基础大样详图 2。

1．目的要求

本实验主要要求读者通过练习进一步熟悉和掌握别墅结构组合基础详图的绘制方法，如图 15-163 所示。通过练习，可以帮助读者掌握别墅结构组合基础详图绘制的全过程。

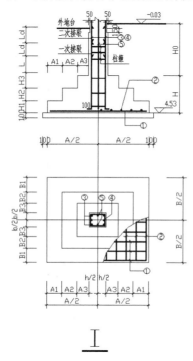

图 15-162 别墅结构基础大样详图 1

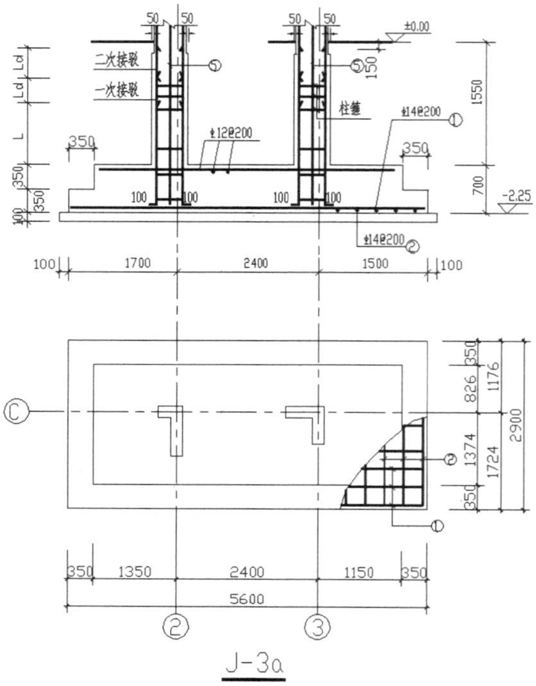

图 15-163 别墅结构基础大样详图 2

2．操作提示

（1）绘制柱截面图。

（2）绘制预留柱插筋。

（3）绘制底板配筋。

（4）标注尺寸。

（5）标注文字。

第4篇

建筑电气图篇

本篇主要结合实例讲解利用AutoCAD 2015进行某城市别墅区独院别墅建筑电气图设计的操作步骤、方法技巧等，包括建筑电气工程基础和建筑电气工程图的绘制等知识。

本篇内容通过具体的建筑电气设计实例加深读者对AutoCAD功能的理解和掌握，熟悉建筑电气图设计的方法。

▶▶ **建筑电气工程基础**

▶▶ **别墅建筑电气工程图**

第 16 章

建筑电气工程基础

    本章将结合电气工程专业的浅要专业知识，介绍建筑电气工程图的相关理论基础知识，以及在 AutoCAD 中进行建筑电气设计的一些基础知识。通过本章的概要性叙述，帮助读者建立一种将专业知识与工程制图技巧相联系的思维模式，初步掌握建筑电气 CAD 的一些技巧。

16.1　概　　述

现代工业与民用建筑中，为满足一定的生产生活需求，都要安装许多不同功能的电气设施，如照明灯具、电源插座、电视、电话、消防控制装置、各种工业与民用的动力装置、控制设备、智能系统、娱乐电气设施及避雷装置等。电气工程或设施，都要经过专业人员的专门设计表达在图纸上，这些相关图纸就可称为电气施工图（也可称电气安装图）。在建筑施工图中，它与给水排水施工图、采暖通风施工图一起，统一称为设备施工图。其中电气施工图按"电施"编号。

各种电气设施，需表达在图纸中，其主要涉及两方面内容：一是供电、配电线路的规格与敷设方式；二是各类电气设备与配件的选型、规格与安装方式。而导线、各种电气设备及配件等在图纸中多数并不是采用其投影制图，而是用国际或国内统一规定的图例、符号及文字表示，可参见相关标准规程的图例说明，亦可于图纸中予以详细说明，并将其标绘在按比例绘制的建筑结构的各种投影图中（系统图除外），这也是电气施工图的一个特点。

【预习重点】

☑　了解建筑电气工程施工图纸的分类。

☑　了解建筑电气工程项目的分类。

☑　了解建筑电气工程图的基本规定及特点。

16.1.1　建筑电气工程施工图纸的分类

依据某建筑电气工程项目的规模大小、功能不同，其图纸的数量、类别是有差异的，常用的建筑电气工程图大致可分为以下几类。注意每套图纸的各类型图纸的排放顺序，一套完整优秀的施工图应非常方便施工人员的阅读识图，其必须遵循一定的顺序。

1. 目录、设计说明、图例、设备材料明细表

图纸目录应表达有关序号、图纸名称、图纸编号、图纸张数、篇幅、设计单位等。

设计说明（施工说明）主要阐述电气工程的设计基本概况，如设计的依据、工程的要求和施工原则、建筑功能特点、电气安装标准、安装方法、工程等级、工艺要求及有关设计的补充说明等。

图例即为各种电气装置为便于表达，简化而成的图形符号，通常只列出本套图纸中涉及的一些图形符号，一些常见的标准通用图例则省略，相关图形符号可参见《电气图用图形符号》（GB/T 4728—2008）有关解释。

设备材料明细表则应列出该项电气工程所需要的各种设备和材料的名称、型号、规格和数量，可供进一步设计概算和施工预算时参考。

2. 电气系统图

电气系统图是用于表达该项电气工程的供电方式及途径、电力输送、分配及控制关系和设备运转等情况的图纸。从电气系统图可看出该电气工程的概况。电气系统图又包括变配电系统图、动力系统图、照明系统图、弱电系统图等子项。

3. 电气平面图

电气平面图是表示电气设备、相关装置及各种管线路平面布置位置关系的图纸，是进行电气安装施工的依据。电气平面图以建筑总平面图为依据，在建筑图上绘出电气设备、相关装置及各种线路的安装位置、

敷设方法等。常用的电气平面图有变配电平面图、动力平面图、照明平面图、防雷平面图、接地平面图、弱电平面图。

4．设备平面布置图

设备布置图是表达各种电气设备或器件的平面与空间的位置、安装方式及其相互关系的图纸，通常由平面图、立面图、剖面图及各种构件详图等组成。设备布置图是按三视图原理绘制的，类似于建筑结构制图方法。

5．安装接线图

安装接线图又可称安装配线图，是用来表示电气设备、电气元件和线路的安装位置、配线方式、接线方法、配线场所特征等的图纸。

6．电气原理图

电气原理图是表达某一电气设备或系统的工作原理的图纸，它是按照各个部分的动作原理采用展开法来绘制的。通过分析电气原理图可以清楚地看出整个系统的动作顺序。电气原理图可以用来指导电气设备和器件的安装、接线、调试、使用与维修。

7．详图

详图是表达电气工程中设备的某一部分、某一节点的具体安装要求和工艺的图纸，可参照标准图集或作单独制图予以表达。

工程人员的识图阅读顺序一般应按如下顺序进行。

标题栏及图纸说明—总说明—系统图—（电路图与接线图）—平面图—详图—设备材料明细表。

16.1.2　建筑电气工程项目的分类

建筑电气工程满足了不同的生产生活以及安全等方面的功能，这些功能的实现又涉及了多项更详细具体的功能项目，这些项目环节共同组建以满足整个建筑电气的整体功能，建筑电气工程一般可包括以下项目。

1．外线工程

室外电源供电线路、室外通信线路等，涉及强电和弱电，如电力线路和电缆线路。

2．变配电工程

由变压器、高低压配电框、母线、电缆、继电保护与电气计量等设备组成的变配电所。

3．室内配线工程

主要有线管配线、桥架线槽配线、瓷瓶配线、瓷夹配线、钢索配线等。

4．电力工程

各种风机、水泵、电梯、机床、起重机以及其他工业与民用、人防等动力设备（电动机）和控制器与动力配电箱等。

5．照明工程

照明电器、开关按钮、插座和照明配电箱等相关设备。

6．接地工程

各种电气设施的工作接地、保护接地系统。

7. 防雷工程

建筑物、电气装置和其他构筑物、设备的防雷设施，一般需经有关气象部门防雷中心检测。

8. 发电工程

各种发电动力装置，如风力发电装置、柴油发电机设备。

9. 弱电工程

智能网络系统、通信系统（广播、电话、闭路电视系统）、消防报警系统、安保检测系统等。

16.1.3　建筑电气工程图的基本规定

工业与民用建筑的各个环节均离不开图纸的表达，建筑设计单位设计、绘制图纸，建筑施工单位按图纸组织工程施工，图纸成为双方信息表达交换的载体，所以图纸必须有设计和施工等部门共同遵守的一定格式及标准。这些规定包括建筑电气工程自身的规定，另外也需涉及机械制图、建筑制图等相关工程方面的一些规定。

建筑电气制图一般可参见《房屋建筑制图统一标准》（GB/T 500016—2010）及《电气工程 CAD 制图规则》（GB/T 18135—2008）等。

电气制图中涉及的图例、符号、文字符号及项目代号可参照标准《工业机械电气图用图形符号》（GB/T 24340—2009）、《电气设备用图形符号》（GB/T 5465.2—2008）等。

同时，对于电气工程中的一些常用术语应认识理解，以方便识图。对于我国的相关行业标准，国际上通用的"IEC"标准，都比较严格地规定了电气图的有关名词术语概念。这些名词术语是电气工程图制图及阅读所必需的。读者若有所需可查阅相关文献资料，详细认识了解。

16.1.4　建筑电气工程图的特点

建筑电气工程图的内容则主要通过如下图纸表达，即系统图、位置图（平面图）、电路图（控制原理图）、接线图、端子接线图、设备材料表等。建筑电气工程图不同于机械图、建筑图，掌握了建筑电气工程图的特点，对建筑电气工程制图及识图将会提供很多方便。其有如下特点。

（1）建筑电气工程图大多是在建筑图上采用统一的图形符号，并加注文字符号绘制出来的。绘制和阅读建筑电气工程图，首先必须明确和熟悉这些图形符号、文字符号及项目代号所代表的内容和物理意义，以及它们之间的相互关系，关于图形符号、文字符号及项目代号可查阅相关标准的解释，如《工业机械电气图用图形符号》（GB/T 24340—2009）。

（2）任何电路均为闭合回路，一个合理的闭合回路一定包括 4 个基本元素，即电源、用电设备、导线和开关控制设备。正确读懂图纸，还必须了解各种设备的基本结构、工作原理、工作程序、主要性能和用途，便于了解设备安装及运行时的情况。

（3）电路中的电气设备、元件等，彼此之间都是通过导线将其连接起来，构成一个整体。识图时，可将各有关的图纸联系起来，相互参照，应通过系统图、电路图联系，通过布置图、接线图找位置，交叉查阅，可达到事半功倍的效果。

（4）建筑电气工程施工通常是与土建工程及其他设备安装工程（给排水管道、工艺管道、采暖通风管道、通信线路、消防系统及机械设备等设备安装工程）施工相互配合进行的。故识读建筑电气工程图时应与有关的土建工程图、管道工程图等对应、参照起来阅读，仔细研究电气工程的各施工流程，提高施工效率。

（5）有效识读电气工程图也是编制工程预算和施工方案必须具备的一个基本能力，以有效指导施工、指导设备的维修和管理。同时我们在识图时，还应熟悉有关规范、规程及标准的要求，才能真正读懂、读通图纸。

（6）电气图是采用图形符号绘制表达的，表现的是示意图（如电路图、系统图等），其不必按比例绘制。但电气工程平面图一般是在建筑平面图基础上表示相关电气设备位置关系的图纸，故位置图一般采用与建筑平面图同比例绘制，其缩小比例可取如下几种：1:10、1:20、1:50、1:100、1:200、1:500 等。

16.2 电气工程施工图的设计深度

该部分为摘录建设部（现住建部）颁发的文件《建筑工程设计文件编制深度规定》（2003 年版）中电气工程部分施工图设计的有关内容，供读者学习参考。

【预习重点】
- ☑ 掌握电气工程施工图的总则。
- ☑ 掌握电气工程施工图的设计。

16.2.1 总则

（1）民用建筑工程一般应分为方案设计、初步设计和施工图设计 3 个阶段；对于技术要求简单的民用建筑工程，经有关主管部门同意，并且合同中有不做初步设计的约定，可在方案设计审批后直接进入施工图设计阶段。

（2）各阶段设计文件编制深度应按以下原则进行。

① 方案设计文件，应满足编制初步设计文件的需要。

注意 对于投标方案，设计文件深度应满足标书要求；若标书无明确要求，设计文件深度可参照相关规定的有关条款。

② 初步设计文件，应满足编制施工图设计文件的需要。

③ 施工图设计文件，应满足设备材料采购、非标准设备制作和施工的需要。对于将项目分别发包给几个设计单位或实施设计分包的情况，设计文件相互关联处的深度应当满足各承包或分包单位设计的需要。

16.2.2 方案设计

建筑电气设计说明。

1．设计范围

本工程拟设置的电气系统。

2．变、配电系统

（1）确定负荷级别：1、2、3 级负荷的主要内容。

（2）负荷估算。

（3）电源：根据负荷性质和负荷量，要求外供电源的回路数、容量、电压等级。

（4）变、配电所：位置、数量、容量。

3. 应急电源系统

确定备用电源和应急电源形式。

4. 照明、防雷、接地、智能建筑设计

照明、防雷、接地、智能建筑设计的相关系统内容。

16.2.3 初步设计

1. 初步设计阶段

建筑电气专业设计文件应包括设计说明书、设计图纸、主要电气设备表、计算书（供内部使用及存档）。

2. 设计说明书

（1）设计依据

① 建筑概况：应说明建筑类别、性质、面积、层数、高度等。

② 相关专业提供给本专业的工程设计资料。

③ 建设方提供给有关职能部门（如供电部门、消防部门、通信部门、公安部门等）认定的工程设计资料，建设方设计要求等。

④ 本工程采用的主要标准及法规。

（2）设计范围

① 根据设计任务书和有关设计资料说明本专业的设计工作内容和分工。

② 本工程拟设置的电气系统。

（3）变、配电系统

① 确定负荷等级和各类负荷容量。

② 确定供电电源及电压等级，电源由何处引来，电源数量及回路数、专用线或非专用线。电缆埋地或架空、近远期发展情况。

③ 备用电源和应急电源容量确定原则及性能要求，有自备发电机时，说明启动方式及与市电网关系。

④ 高、低压供电系统结线形式及运行方式：正常工作电源与备用电源之间的关系；母线联络开关运行和切换方式；变压器之间低压侧联络方式；重要负荷的供电方式。

⑤ 变、配电站的位置、数量、容量（包括设备安装容量、计算有功、无功、变压器台数、容量）及形式（户内、户外或混合）；设备技术条件和选型要求。

⑥ 继电保护装置的设置。

⑦ 电能计量装置：采用高压或低压；专用柜或非专用柜（满足供电部门要求和建设方内部核算要求）；监测仪表的配置情况。

⑧ 功率因数补偿方式：说明功率因数是否达到供用电规则的要求，应补偿容量和采取的补偿方式以及补偿前后的结果。

⑨ 操作电源和信号：说明高压设备操作电源和运行信号装置配置情况。

⑩ 工程供电：高、低压进出线路的型号及敷设方式。

（4）配电系统

① 电源由何处引来、电压等级、配电方式；对重要负荷和特别重要负荷及其他负荷的供电措施。

② 选用导线、电缆、母干线的材质和型号，敷设方式。

③ 开关、插座、配电箱、控制箱等配电设备选型及安装方式。

④ 电动机启动及控制方式的选择。

（5）照明系统

① 照明种类及照度标准。

② 光源及灯具的选择、照明灯具的安装及控制方式。

③ 室外照明的种类（如路灯、庭园灯、草坪灯、地灯、泛光照明、水下照明等）、电压等级、光源选择及其控制方法等。

④ 照明线路的选择及敷设方式（包括室外照明线路的选择和接地方式）。

（6）热工检测及自动调节系统

① 按工艺要求说明热工检测及自动调节系统的组成。

② 自动化仪表的选择。

③ 仪表控制盘、台选型及安装。

④ 线路选择及敷设。

⑤ 仪表控制盘、台的接地。

（7）火灾自动报警系统

① 按建筑性质确定保护等级及系统组成。

② 消防控制室位置的确定和要求。

③ 火灾探测器、报警控制器、手动报警按钮、控制台（柜）等设备的选择。

④ 火灾报警与消防联动控制要求，控制逻辑关系及控制显示要求。

⑤ 火灾应急广播及消防通信概述。

⑥ 消防主电源、备用电源供给方式，接地及接地电阻要求。

⑦ 线路选型及敷设方式。

⑧ 当有智能化系统集成要求时，应说明火灾自动报警系统与其他子系统的接口方式及联动关系。

⑨ 应急照明的电源形式、灯具配置、线路选择及敷设方式、控制方式等。

（8）通信系统

① 对工程中不同性质的电话用户和专线，应分别统计其数量。

② 电话站总配线设备及其容量的选择和确定。

③ 电话站交、直流供电方案。

④ 电话站站址的确定及对土建工程的要求。

⑤ 通信线路容量的确定及线路网络组成和敷设。

⑥ 对市政中继线路的设计分工，线路敷设和引入位置的确定。

⑦ 室内配线及敷设要求。

⑧ 防电磁脉冲接地、工作接地方式及接地电阻要求。

（9）有线电视系统

① 系统规模、网络组成、用户输出口电平值的确定。

② 节目源选择。

③ 机房位置、前端设备配置。

④ 用户分配网络、导体选择及敷设方式、用户终端数量的确定。

（10）闭路电视系统

① 系统组成。

② 控制室的位置及设备的选择。

③ 传输方式、导体选择及敷设方式。

④ 电视制作系统组成及主要设备选择。

（11）有线广播系统

① 系统组成。

② 输出功率、馈送方式和用户线路敷设的确定。

③ 广播设备的选择，并确定广播室位置。

④ 导体选择及敷设方式。

（12）扩声和同声传译系统

① 系统组成。

② 设备选择及声源布置的要求。

③ 确定机房位置。

④ 同声传译方式。

⑤ 导体选择及敷设方式。

（13）呼叫信号系统

① 系统组成及功能要求（包括有线或无线）。

② 导体选择及敷设方式。

③ 设备选型。

（14）公共显示系统

① 系统组成及功能要求。

② 显示装置安装部位、种类、导体选择及敷设方式。

③ 显示装置规格。

（15）时钟系统

① 系统组成、安装位置、导体选择及敷设方式。

② 设备选型。

（16）安全技术防范系统

① 系统防范等级、组成和功能要求。

② 保安监控及探测区域的划分、控制、显示及报警要求。

③ 摄像机、探测器安装位置的确定。

④ 访客对讲、巡更、门禁等子系统配置及安装。

⑤ 机房位置的确定。

⑥ 设备选型、导体选择及敷设方式。

（17）综合布线系统

① 根据工程项目的性质、功能、环境条件和近、远期用户要求确定综合布线的类型及配置标准。

② 系统组成及设备选型。

③ 总配线架、楼层配线架及信息终端的配置。

④ 导体选择及敷设方式。

⑤ 建筑设备监控系统及系统集成。包括系统组成、监控点数及其功能要求、设备选型等。

（18）信息网络交换系统

① 系统组成、功能及用户终端接口的要求。

② 导体选择及敷设要求。

（19）车库管理系统

① 系统组成及功能要求。

② 监控室设置。

③ 导体选择及敷设要求。

（20）智能化系统集成

① 集成形式及要求。

② 设备选择。

（21）建筑物防雷

① 确定防雷类别。

② 防直接雷击、防侧雷击、防雷击电磁脉冲、防高电位侵入的措施。

③ 当利用建（构）筑物混凝土内钢筋做接闪器、引下线、接地装置时，应说明采取的措施和要求。

（22）接地及安全

① 本工程各系统要求接地的种类及接地电阻要求。

② 总等电位、局部等电位的设置要求。

③ 接地装置要求，当接地装置需作特殊处理时应说明采取的措施、方法等。

④ 安全接地及特殊接地的措施。

（23）需提请在设计审批时解决或确定的主要问题

3. 设计图纸

（1）电气总平面图（仅有单体设计时，可无此项内容）

① 标示建（构）筑物名称、容量，高、低压线路及其他系统线路走向，回路编号，导线及电缆型号规格，架空线杆位，路灯、庭园灯的杆位（路灯、庭园灯可不绘线路），重复接地点等。

② 变、配电站位置、编号和变压器容量。

③ 比例、指北针。

（2）变、配电系统

① 高、低压供电系统图：注明开关柜编号、型号及回路编号、一次回路设备型号、设备容量、计算电流、补偿容量、导体型号规格、用户名称、二次回路方案编号。

② 平面布置图：应包括高、低压开关柜、变压器、母干线、发电机、控制屏、直流电源及信号屏等设备平面布置和主要尺寸，图纸应有比例。

③ 标示房间层高、地沟位置、标高（相对标高）。

（3）配电系统（一般只绘制内部作业草图，不对外出图）

主要干线平面布置图，竖向干线系统图（包括配电及照明干线、变配电站的配电回路及回路编号）。

（4）照明系统

对于特殊建筑，如大型体育场馆、大型影剧院等，有条件时应绘制照明平面图。该平面图应包括灯位（含应急照明灯）、灯具规格，配电箱（或控制箱）位，不需连线。

（5）热工检测及自动调节系统

① 需专项设计的自控系统需绘制热工检测及自动调节原理系统图。

② 控制室设备平面布置图。

（6）火灾自动报警系统

① 火灾自动报警系统图。

② 消防控制室设备布置平面图。

（7）通信系统

① 电话系统图。

② 站房设备布置图。

（8）防雷系统、接地系统

一般不出图纸，特殊工程只出接地平面图。

（9）其他系统

① 各系统所属系统图。

② 各控制室设备平面布置图（若在相应系统图中说明清楚时，可不出此图）。

4．主要设备表

注明设备名称、型号、规格、单位、数量。

5．设计计算书（供内部使用及存档）

（1）用电设备负荷计算。

（2）变压器选型计算。

（3）电缆选型计算。

（4）系统短路电流计算。

（5）防雷类别计算及避雷针保护范围计算。

（6）各系统计算结果尚应标示在设计说明或相应图纸中。

（7）因条件不具备不能进行计算的内容，应在初步设计中说明，并应在施工图设计时补算。

16.2.4　施工图设计

1．在施工图设计阶段

建筑电气专业设计文件应包括图纸目录、施工设计说明、设计图纸主要设备表、计算书（供内部使用及存档）。

2．图纸目录

先列新绘制图纸，后列重复使用图纸。

3．施工设计说明

（1）工程设计概况：应将经审批定案后的初步（或方案）设计说明书中的主要指标录入。

（2）各系统的施工要求和注意事项（包括布线、设备安装等）。

（3）设备订货要求（可附在相应图纸上）。

（4）防雷及接地保护等其他系统有关内容（可附在相应图纸上）。

（5）本工程选用标准图图集编号、页号。

4．设计图纸

（1）设计说明

施工设计说明、补充图例符号、主要设备表等可组成首页，当内容较多时，可分设专页。

（2）电气总平面图（仅有单体设计时，可无此项内容）

① 标注建（构）筑物名称或编号、层数或标高、道路、地形等高线和用户的安装容量。

② 标注变、配电站位置、编号；变压器台数、容量；发电机台数、容量；室外配电箱的编号、型号；室外照明灯具的规格、型号、容量。

③ 架空线路应标注：线路规格及走向、回路编号、杆位编号、档数、档距、杆高、拉线、重复接地、避雷器等（附标准图集选择表）。

④ 电缆线路应标注：线路走向、回路编号、电缆型号及规格、敷设方式（附标准图集选择表）、人（手）

孔位置。

⑤ 比例、指北针。

⑥ 图中未表达清楚的内容可附图作统一说明。

（3）变、配电站

① 高、低压配电系统图（一次线路图）。

图中应标明母线的型号、规格；变压器、发电机的型号、规格；标明开关、断路器、互感器、继电器、电工仪表（包括计量仪表）等的型号、规格、整定值。

图下方表格标注：开关柜编号、开关柜型号、回路编号、设备容量、计算电流、导体型号及规格、敷设方法、用户名称、二次原理图方案号（当选用分格式开关柜时，可增加高度或模数等相应栏目）。

② 平、剖面图。

按比例绘制变压器，发电机，开关柜，控制柜，直流及信号柜，补偿柜，支架，地沟，接地装置等平、剖面布置，安装尺寸等，当选用标准图时，应标注标准图编号、页次；标注进出线回路编号、敷设安装方法，图纸应有比例。

③ 继电保护及信号原理图。

继电保护及信号二次原理方案，应选用标准图或通用图。当需要对所选用标准图或通用图进行修改时，只需绘制修改部分并说明修改要求。

控制柜、直流电源及信号柜、操作电源均应选用企业标准产品，图中标示相关产品型号、规格和要求。

④ 竖向配电系统图。

以建（构）筑物为单位，自电源点开始至终端配电箱止，按设备所处相应楼层绘制，应包括变、配电站变压器台数，容量，发电机台数、容量，各处终端配电箱编号，自电源点引出回路编号（与系统图一致），接地干线规格。

⑤ 相应图纸说明。

图中表达不清楚的内容，可随图作相应说明。

（4）配电、照明

① 配电箱（或控制箱）系统图，应标注配电箱编号、型号，进线回路编号；标注各开关（或熔断器）型号、规格、整定值；配电回路编号、导线型号规格（对于单相负荷应标明相别），对有控制要求的回路应提供控制原理图；对重要负荷供电回路宜标明用户名称。上述配电箱（或控制箱）系统内容在平面图上标注完整的，可不单独出配电箱（或控制箱）系统图。

② 配电平面图应包括建筑门窗、墙体、轴线、主要尺寸、工艺设备编号及容量；布置配电箱、控制箱，并注明编号、型号及规格；绘制线路始、终位置（包括控制线路），标注回路规模、编号、敷设方式；图纸应有比例。

③ 照明平面图，应包括建筑门窗、墙体、轴线、主要尺寸、标注房间名称、绘制配电箱、灯具、开关、插座、线路等平面布置。标明配电箱编号、干线、分支线回路编号、相别、型号、规格、敷设方式等；凡需二次装修部位，其照明平面图随二次装修设计，但配电或照明平面上应相应标注预留的照明配电箱，并标注预留容量；图纸应有比例。

④ 图中表达不清楚的，可随图作相应说明。

（5）热工检测及自动调节系统

① 普通工程宜选定型产品，仅列出工艺要求。

② 需专项设计的自控系统需绘制：热工检测及自动调节原理系统图、自动调节方框图、仪表盘及台面布置图、端子排接线图、仪表盘配电系统图、仪表管路系统图、锅炉房仪表平面图、主要设备材料表、设计说明。

（6）建筑设备监控系统及系统集成

① 监控系统方框图，绘至 DDC 站止。

② 随图说明相关建筑设备监控（测）要求、点数、位置。

③ 配合承包方了解建筑情况及要求，审查承包方提供的深化设计图纸。

（7）防雷、接地及安全

① 绘制建筑物顶层平面，应有主要轴线号、尺寸、标高，标注避雷针、避雷带、引下线位置。标明材料型号规格、所涉及的标准图编号、页次，图纸应标注比例。

② 绘制接地平面图（可与防雷顶层平面相似），绘制接地线、接地极、测试点、断接卡等的平面位置，标明材料型号、规格、相对尺寸等涉及的标准图编号、页次（当利用自然接地装置时，可不出此图），图纸应标注比例。

③ 当利用建筑物（或构筑物）钢筋混凝土内的钢筋作为防雷接闪器、引下线、接地装置时，应标注连接点，接地电阻测试点，预埋件位置及敷设方式，注明所涉及的标准图编号、页次。

④ 随图说明包括：防雷类别和采取的防雷措施（包括防侧雷击、防击电磁脉冲、防高电位引入）；接地装置形式，接地极材料要求、敷设要求、接地电阻值要求；当利用桩基、基础内钢筋作接地极时，应采取的措施。

⑤ 除防雷接地外的其他电气系统的工作或安全接地的要求（如电源接地形式，直流接地，局部等电位、总等电位接地等），如果采用共用接地装置，应在接地平面图中叙述清楚，交代不清楚的应绘制相关图纸（如局部等电位平面图等）。

（8）火灾自动报警系统

① 火灾自动报警及消防联动控制系统图、施工设计说明、报警及联动控制要求。

② 各层平面图，应包括设备及器件布点、连线，线路型号、规格及敷设要求。

（9）其他系统

① 各系统的系统框图。

② 说明各设备定位安装、线路型号规格及敷设要求。

③ 配合系统承包方了解相应系统的情况及要求，审查系统承包方提供的深化设计图纸。

5. 主要设备表

注明主要设备名称、型号、规格、单位、数量。

6. 计算书（供内部使用及归档）

施工图设计阶段的计算书，只补充初步设计阶段时应进行计算而未进行计算的部分，修改因初步设计文件审查变更后，需重新进行计算的部分。

16.3　行业相关法规及规范标准

【预习重点】

☑　了解相关法规及规范标准。

规范或标准是工程设计的依据，一名合格的专业人员应首先熟悉专业规范的各相关条文，规范或标准贯穿于整体工程设计过程中。本节归纳列出一些建筑电气工程设计中的常用规范标准，供读者选用查询。

电气工程设计人员在设计过程中应严格执行相关条文，保证工程设计的合理安全，符合相关质量要求，特别是对于一些强制性条文，更应提高警惕，严格遵守，职业工作中应注意以下几点。

（1）掌握我国电气工程设计中法律法规强制执行的概念。

（2）了解电气工程设计中强制执行法律法规文件的名称。

（3）了解我国电气工程设计相关法律法规的归口管理、编制、颁布、等级、分类、版本的基本概念。

（4）了解我国电气工程中工程管理、工程经济、环境保护、监理、咨询、招标、施工、验收，试运行、达标投产、交付运行等环节，执行有关法律法规的基本要求。

（5）了解 IEC、IEEE、ISO 的基本概念和在我国电气工程勘察设计中的使用条件及与我国各种法律法规的关系。

表 16-1 列出了电气工程设计中的常用法律法规及标准规范目录，读者可自行查阅，便于工程设计之用。其涉及建设法规、高压供配电、低压配电、建筑物电气装置、职能建筑与自动化、公共部分、电厂与电网等相关法规及各类规范标准。包含了全国勘察设计注册电气工程师复习推荐用法律、规程、规范。

表 16-1 相关职业法规及标准

序 号	文 件 编 号	文 件 名 称
1	GB 50062—2008	《电力装置的继电保护和自动装置设计规范》
2	GB 50217—2007	《电力工程电缆设计规范》
3	GB 50056—1992	《爆炸和火灾危险环境电力装置设计规范》
4	GB 50016—2006	《建筑设计防火规范》
5	GB 50045—1995（2005）	《高层民用建筑设计防火规范》
6	GB/T 50314—2006	《智能建筑设计标准》
7	GB/T 50312—2000	《建筑与建筑群综合布线系统工程设计规范》
8	GB 50052—1995	《供配电系统设计规范》
9	GB 5005—1994	《10kV 及以下变电所设计规范》
10	GB 50054—2011	《在地低压配电设计规范》
11	GB 50227—1995	《并联电容器装置设计规范》
12	GB 50060—2008	《3～110kV 高压配电装置设计规范》
13	GB 50055—2011	《通用用电设备配电设计规范》
14	GB 50057—2010	《建筑物防雷设计规范》
15	JGJ/T 16—2008	《民用建筑电气设计规范》
16	GB 50260—1996	《电力设施抗震设计规范》
17	GB/T 25295—2010	《电气设备安全设计导则》
18	GB 50150—2006	《电气装配安装工程电气设备交接实验标准》
19	DL 5053—1996	《火力发电厂劳动安全和工业卫生设计规程》
20	DL 5000—2000	《火力发电厂设计技术规程》
21	GB 50116—2008	《火灾自动报警系统设计规范》
22	GB 50174—2008	《电子计算机房设计规范》
23	GB 50038—2005	《人民防空地下室设计规范》
24	GB 50034—2004	《民用建筑照明设计规范》
25	GB 50034—2004	《工业企业照明设计标准》
26	GB 50200—1994	《有线电视系统工程技术规范》
27	GB/T 4728—2008	《电气简图用图形符号》
28	GB/T 5465.2—1996	《电气设备用图形符号》

序 号	文 件 编 号	文 件 名 称
29	GB/T 6988.1—2008	《电气技术用文件的编制》
30	GB/T 16571—1996	《文物系统博物馆安全防范工程设计规范》
31	GB/T 16676—1996	《银行营业场所安全防范工程设计规范》
32	GB 50056—1993	《电热设备、电力装置设计规范》
33	GBJ 147~149—1990	《电气装置安装工程施工及验收规范》
	GB 50168—2006	《电气装置安装工程电缆线路施工及验收规范》
	GB 50173—1992	《电气装置安装工程 35kV 及以下架空电力线路施工及验收规范》
	GB 50182—1993	《电气装置安装工程电梯电气装置施工及验收规范》
	GB 50254—1996	《电气装置安装工程低压电气施工及验收规范》
	GB 50256—1996	《电气装置安装工程起重机电气装置施工及验收规范》
34	GB/T 19000—2008	《中华人民共和国质量管理体系标准》
35	GB 12501.2	《电工和电子设备按防电击保护的分类——第二部分：对电击防护要求的导则》
36	GB 16895.1—2008	《建筑物电气装置——第一部分：范围、目的和基本原则》
37	GB 16895.21—2004	《建筑物电气装置——电击保护》
38	GB 16895.2—2005	《建筑物电气装置——第四部分：安全防护 第 42 章：热效应保护》
39	GB 16895.5—2000	《建筑物电气装置——第四部分：安全防护 第 43 章：过电流保护》
40	GB 16895.6—2000	《建筑物电气装置——第五部分：电气设备的选择和安装 第 52 章：布线系统》
41	GB 16895.4—1997	《建筑物电气装置——第五部分：电气设备的选择和安装 第 53 章：开关设备和控制设备》
42	GB 16895.3—2004	《建筑物电气装置——第五部分：电气设备的选择和安装 第 54 章：接地配置和保护导体》
43	GB 16895.8—2010	《建筑物电气装置——第七部分：特殊装置或场所的要求 第 706 节：狭窄的可导电场所》
44	GB/T 16895.9—2000	《建筑物电气装置——第七部分：特殊装置或场所的要求 第 707 节：数据处理设备用电气装置的接地要求》
45	GB/T 18379—2001	《建筑物电气装置的电压区段》
46	GB/T 13869—2008	《安全用电导则》
47	GB 14050—2008	《系统接地的形式和安全技术要求》
48	GB 13955—2005	《漏电保护安装和运行》
49	GB/T 13870.1	《电流通过人体的效应——第一部分：常用部分》
50	GB/T 13870.2	《电流通过人体的效应——第一部分：特殊情况》
51	JGJ 36—1999	《图书馆建筑设计规范》
52	JGJ 57—2000	《剧场建筑设计规范》
53	JGJ 60—1999	《汽车客运站建筑设计规范》
54	CESC 31—2006	《钢制电缆桥架工程设计规范》
55	DBJ 01—601—1999	《北京市住宅区及住宅楼房电信设施设计技术规定》
56	DBJ 01—606—2002	《北京市住宅区及住宅安全防范设计标准》
57	GB 50222—1995	《建筑内部装修设计防火规范》
58	GB 50263—2007	《气体灭火系统施工及验收规范》
59	GBJ 36—1990	《乡村建筑设计防火规范》

续表

序 号	文件编号	文件名称
60	GB 50067—1997	《汽车库、修车库、停车场设计防火规范》
61	GB 50096—1998	《人民防空地下室设计防火规范》
62	GA/T 269、296—2001	《黑白可视对讲系统》
63	GB 50166—2007	《火灾自动报警系统施工及验收规范》
64	GB 50284—2008	《飞机库设计防火规范》
65	GB 50326—2006	《建筑工程文件归档整理规范》
66	GB/T 50001—2010	《房屋建筑制图统一标准》
67	GB/T 50311—2000	《建筑与建筑群综合布线系统工程验收规范》
68	GB 50099—2011	《中小学建筑设计规范》
69	GB 50198—2011	《民用闭路监视电视系统工程技术规范》
70	GB 50096—2011	《住宅设计规范》
71	GB 50059—2011	《35～110kV 变电所设计规范》
72	GB 50061—2010	《66kV 及以下架空电力线路设计规范》
73	GB/T 12501	《电工电子设备防触电保护分类》
74	GB 5030—2002	《建筑电气安装工程施工质量验收规范》
75	DBJ 01—606—2002	《北京市住宅区及住宅建筑有线广播电视设施设计规定》
76	GBJ 143—1990	《架空电力线路、变电所对电视差转台、转播台无线电干扰防护间距标准》
77	GB 50063—2008	《电力装置的电测量仪表装置设计规范》
78	GB 50073—2001	《洁净厂房设计规范》
79	GB 50300—2001	《建筑工程施工质量验收统一标准》
80	GB 6986—1986	《电气制图》
81	GB 20156—2002（2006）	《汽车加油加气站设计与施工规范》
82	GA/T 308—2001	《安全防范系统验收规则》
83	GA/T 367—2001	《视频安防监控系统技术要求》
84	GA/T 368—2001	《入侵报警系统技术要求》
85	YDJ 9—1990	《市内通信全塑电缆线路工程设计规范》
86	YD/T 2009—1993	《城市住宅区和办公楼电话通信设施设计规范》
87	YD 5010—1995	《城市居住区建筑电话通信设计安装图集》
88	YD/T 5033—2005	《会议电视系统工程设计规范》
89	YD 5040—2005	《通信电源设备安装设计规范》
90	CECS 45—1992	《地下建筑照明设计标准》
91	CECS 37—1991	《工业企业通信工程设计图形及文字符号标准》
92	CECS 115—2000	《干式电力变压器选用、验收、运行及维护规程》
93	GB 50333—2002	《医院洁净手术部建筑技术规程》
94	JGJ 46—2000	《综合医院建筑设计规范》
95	JGJ 57—2000	《剧场建筑设计规范》
96	GB 17945—2010	《消防应急灯具》
97	GB/T 14549—93	《电能质量专用电网谐波》
98	GB 50034—2004	《建筑照明设计标准》

别墅建筑电气工程图

　　本章主要结合前面所讲述的别墅建筑设计实例，讲述别墅强电设计说明系统图、弱电设计说明系统图、照明平面图、电视电话平面图、接地防雷平面图的绘制过程。

17.1 强电设计说明系统图

别墅强电设计说明系统图如图 17-1 所示，主要包括文字、图表说明和相关系统图，下面具体讲述其中的锅炉配电箱系统图和排污泵配电箱系统图的绘制方法。

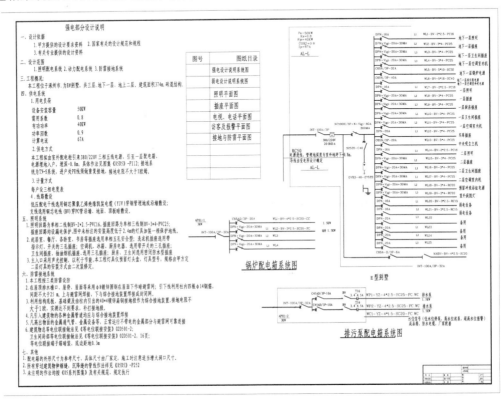

图 17-1 别墅强电设计说明系统图

【预习重点】

☑ 掌握锅炉配电箱系统图。
☑ 掌握排污泵配电箱系统图。

17.1.1 锅炉配电箱系统图

（1）单击"默认"选项卡"绘图"面板中的"多段线"按钮，指定起点宽度为 48、端点宽度为 48，在图形空白区域任选一点为起点向右绘制一条长度为 807 的水平多段线，如图 17-2 所示。

（2）单击"默认"选项卡"绘图"面板中的"多段线"按钮，指定起点宽度为 48、端点宽度为 48，在绘制的图形端点处绘制十字交叉线，如图 17-3 所示。

（3）单击"默认"选项卡"绘图"面板中的"多段线"按钮，指定起点宽度为 48、端点宽度为 48，开启"对象捕捉"按钮，在不按鼠标按键的情况下向右拉伸追踪线，绘制一条水平直线，如图 17-4 所示。

图 17-2　绘制水平多段线

图 17-3　绘制十字交叉线

图 17-4　绘制水平线

（4）右击"状态"工具栏中的"对象捕捉"按钮，打开"草图设置"对话框，选择"极轴追踪"选项卡，选中"启用极轴追踪"复选框，在"增量角"下拉列表中选择 15 选项，如图 17-5 所示。

（5）单击"默认"选项卡"绘图"面板中的"多段线"按钮，指定起点宽度为 48、端点宽度为 48，在 165°追踪线上向左移动鼠标，直至 165°追踪线与竖向追踪线出现交点，选此交点为线段的终点，如图 17-6 所示。

（6）单击"注释"选项卡"文字"面板中的"多行文字"按钮，在步骤（5）绘制的图形上标注文字，如图 17-7 所示。

（7）单击"默认"选项卡"修改"面板中的"复制"按钮，选择添加的文字为复制对象，向右进行复制，如图 17-8 所示。

图 17-5　"草图设置"对话框

图 17-6　绘制斜向直线

DPN—16A

图 17-7　添加文字

DPN—16A　　　　　　DPN—16A

图 17-8　复制文字

（8）双击步骤（7）复制的文字，弹出"文字编辑器"选项卡，在其中输入新的文字，如图 17-9 所示。

DPN—16A　　　　　　TL

图 17-9　修改文字

利用上述方法继续标注文字，如图 17-10 所示。

DPN—16A　　　　　　TL　　　　WL1—BV—2*2.5—PC16

地下一层照明

图 17-10　标注文字

（9）单击"默认"选项卡"修改"面板中的"复制"按钮，选择步骤（8）绘制的图形为复制对象，向下进行复制,如图 17-11 所示。

(10)单击"默认"选项卡"绘图"面板中的"轴,端点"按钮,在图形的适当位置绘制一个适当大小的椭圆,如图 17-12 所示。

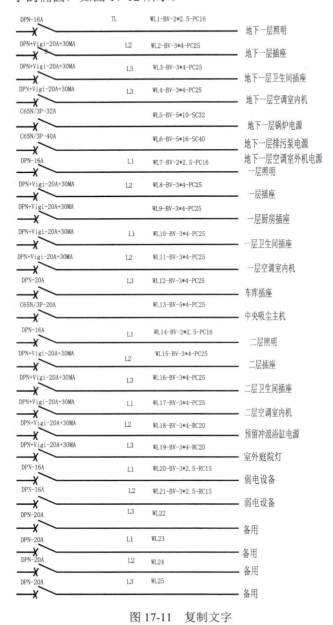

图 17-11 复制文字

图 17-12 绘制椭圆

(11)单击"默认"选项卡"修改"面板中的"复制"按钮,选择绘制的椭圆图形为复制对象,连续向下进行复制,如图 17-13 所示。

(12)单击"默认"选项卡"绘图"面板中的"多段线"按钮,指定起点宽度为 48、端点宽度为 48,在图形左侧位置绘制一条竖直直线,如图 17-14 所示。

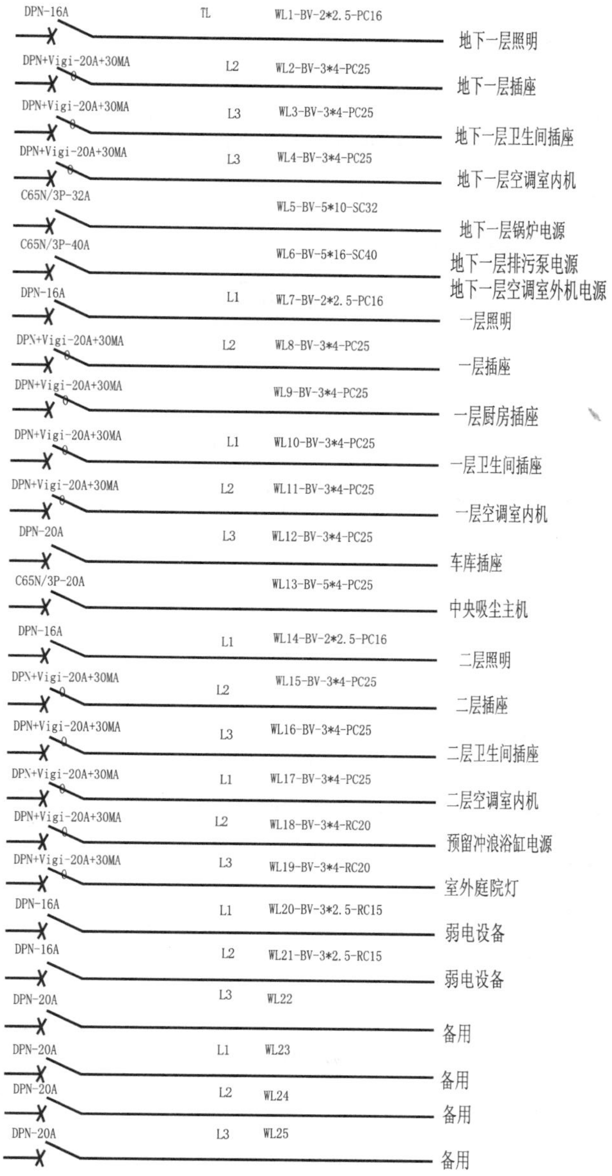

图 17-13　复制椭圆

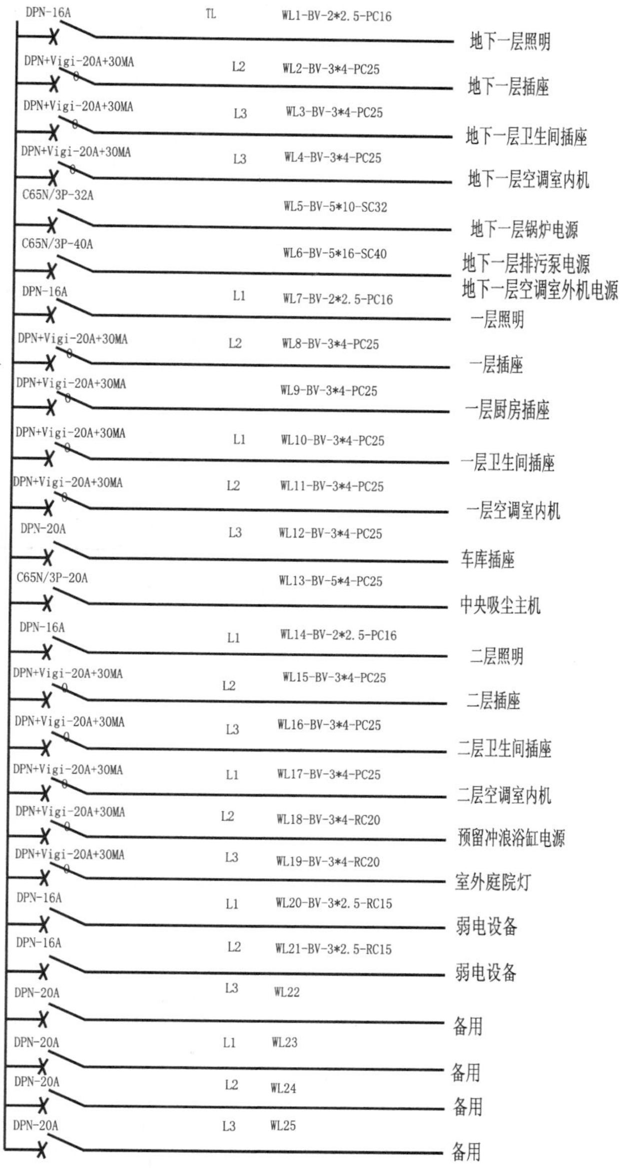

断路器	相	回路	负荷
DPN-16A	TL	WL1-BV-2*2.5-PC16	地下一层照明
DPN+Vigi-20A+30MA	L2	WL2-BV-3*4-PC25	地下一层插座
DPN+Vigi-20A+30MA	L3	WL3-BV-3*4-PC25	地下一层卫生间插座
DPN+Vigi-20A+30MA	L3	WL4-BV-3*4-PC25	地下一层空调室内机
C65N/3P-32A		WL5-BV-5*10-SC32	地下一层锅炉电源
C65N/3P-40A		WL6-BV-5*16-SC40	地下一层排污泵电源 地下一层空调室外机电源
DPN-16A	L1	WL7-BV-2*2.5-PC16	一层照明
DPN+Vigi-20A+30MA	L2	WL8-BV-3*4-PC25	一层插座
DPN+Vigi-20A+30MA		WL9-BV-3*4-PC25	一层厨房插座
DPN+Vigi-20A+30MA	L1	WL10-BV-3*4-PC25	一层卫生间插座
DPN+Vigi-20A+30MA	L2	WL11-BV-3*4-PC25	一层空调室内机
DPN-20A	L3	WL12-BV-3*4-PC25	车库插座
C65N/3P-20A		WL13-BV-5*4-PC25	中央吸尘主机
DPN-16A	L1	WL14-BV-2*2.5-PC16	二层照明
DPN+Vigi-20A+30MA	L2	WL15-BV-3*4-PC25	二层插座
DPN+Vigi-20A+30MA	L3	WL16-BV-3*4-PC25	二层卫生间插座
DPN+Vigi-20A+30MA	L1	WL17-BV-3*4-PC25	二层空调室内机
DPN+Vigi-20A+30MA	L2	WL18-BV-3*4-RC20	预留冲浪浴缸电源
DPN+Vigi-20A+30MA	L3	WL19-BV-3*4-RC20	室外庭院灯
DPN-16A	L1	WL20-BV-3*2.5-RC15	弱电设备
DPN-16A	L2	WL21-BV-3*2.5-RC15	弱电设备
DPN-20A	L3	WL22	备用
DPN-20A	L1	WL23	备用
DPN-20A	L2	WL24	备用
DPN-20A	L3	WL25	备用

图 17-14　绘制竖直直线

断路器	相	回路	负荷
DPN-16A	TL	WL1-BV-2*2.5-PC16	地下一层照明
DPN+Vigi-20A+30MA	L2	WL2-BV-3*4-PC25	地下一层插座
DPN+Vigi-20A+30MA	L3	WL3-BV-3*4-PC25	地下一层卫生间插座
DPN+Vigi-20A+30MA	L3	WL4-BV-3*4-PC25	地下一层空调室内机
C65N/3P-32A		WL5-BV-5*10-SC32	地下一层锅炉电源
C65N/3P-40A		WL6-BV-5*16-SC40	地下一层排污泵电源 地下一层空调室外机电源
DPN-16A	L1	WL7-BV-2*2.5-PC16	一层照明
DPN+Vigi-20A+30MA	L2	WL8-BV-3*4-PC25	一层插座
DPN+Vigi-20A+30MA		WL9-BV-3*4-PC25	一层厨房插座
DPN+Vigi-20A+30MA	L1	WL10-BV-3*4-PC25	一层卫生间插座
DPN+Vigi-20A+30MA	L2	WL11-BV-3*4-PC25	一层空调室内机
DPN-20A	L3	WL12-BV-3*4-PC25	车库插座
C65N/3P-20A		WL13-BV-5*4-PC25	中央吸尘主机
DPN-16A	L1	WL14-BV-2*2.5-PC16	二层照明
DPN+Vigi-20A+30MA	L2	WL15-BV-3*4-PC25	二层插座
DPN+Vigi-20A+30MA	L3	WL16-BV-3*4-PC25	二层卫生间插座
DPN+Vigi-20A+30MA	L1	WL17-BV-3*4-PC25	二层空调室内机
DPN+Vigi-20A+30MA	L2	WL18-BV-3*4-RC20	预留冲浪浴缸电源
DPN+Vigi-20A+30MA	L3	WL19-BV-3*4-RC20	室外庭院灯
DPN-16A	L1	WL20-BV-3*2.5-RC15	弱电设备
DPN-16A	L2	WL21-BV-3*2.5-RC15	弱电设备
DPN-20A	L3	WL22	备用
DPN-20A	L1	WL23	备用
DPN-20A	L2	WL24	备用
DPN-20A	L3	WL25	备用

　　利用上述方法在图形的左侧绘制相同的图形，如图 17-15 所示。

　　（13）单击"默认"选项卡"绘图"面板中的"多段线"按钮，指定起点宽度为 15、端点宽度为 15，在图形的左侧位置绘制一个 500×500 的矩形，如图 17-16 所示。

　　（14）单击"默认"选项卡"绘图"面板中的"多段线"按钮，指定起点宽度为 15、端点宽度为 15，在步骤（14）绘制的图形内绘制一条水平多段线，如图 17-17 所示。

　　（15）单击"默认"选项卡"绘图"面板中的"多段线"按钮，指定起点宽度为 45、端点宽度为 45，在矩形的左侧绘制一条多段线，如图 17-18 所示。

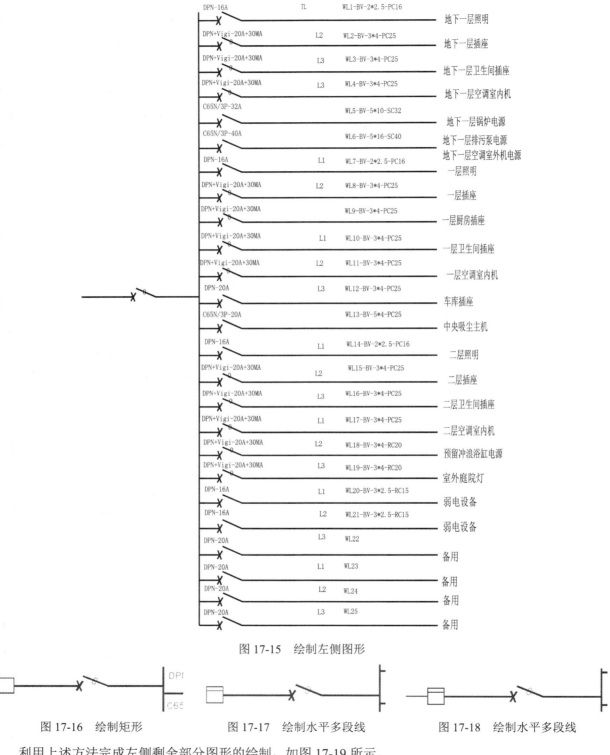

图 17-15　绘制左侧图形

图 17-16　绘制矩形　　　　图 17-17　绘制水平多段线　　　　图 17-18　绘制水平多段线

利用上述方法完成左侧剩余部分图形的绘制，如图 17-19 所示。

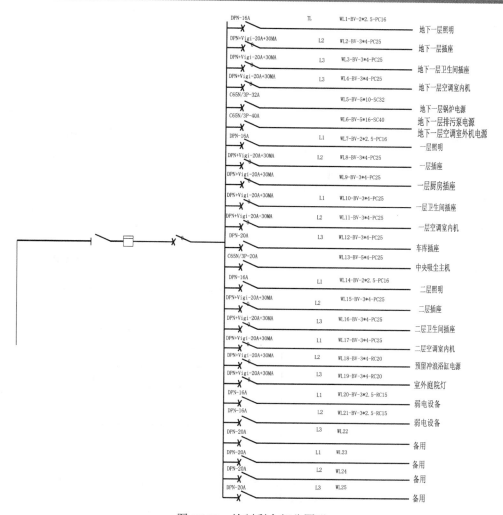

图 17-19　绘制剩余部分图形

（16）单击"默认"选项卡"绘图"面板中的"多段线"按钮，在图形的适当位置绘制一条竖直多段线，如图 17-20 所示。

（17）单击"默认"选项卡"绘图"面板中的"多段线"按钮，在绘制的竖直多段线下端绘制十字交叉线，如图 17-21 所示。

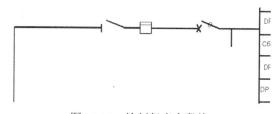

图 17-20　绘制竖直多段线

（18）单击"默认"选项卡"绘图"面板中的"多段线"按钮，指定起点宽度为 48、端点宽度为 48，绘制多段线，如图 17-22 所示。

（19）单击"默认"选项卡"绘图"面板中的"矩形"按钮，在绘制的多段线下部位置绘制一个 315×788 的矩形，如图 17-23 所示。

（20）单击"默认"选项卡"绘图"面板中的"多边形"按钮，在绘制的矩形内绘制一个三角形，如图 17-24 所示。

（21）单击"默认"选项卡"绘图"面板中的"多段线"按钮和"直线"按钮，完成底部图形的绘制，如图 17-25 所示。

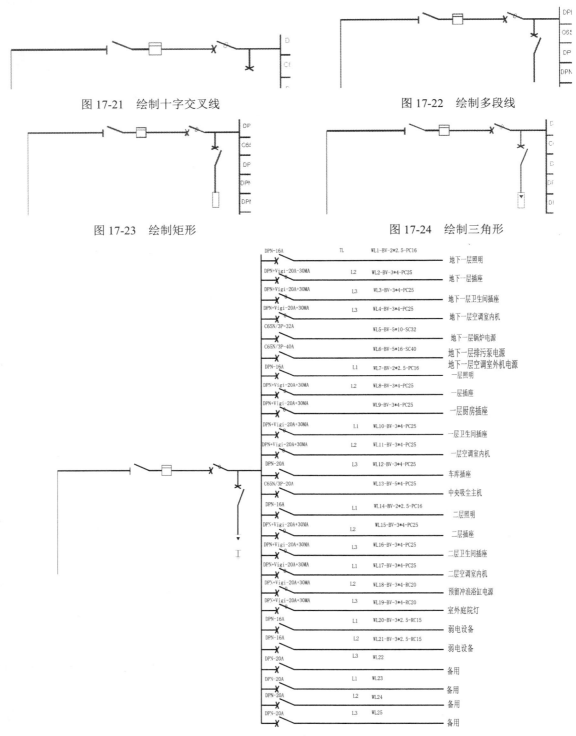

图 17-21　绘制十字交叉线　　　　　　　　图 17-22　绘制多段线

图 17-23　绘制矩形　　　　　　　　　图 17-24　绘制三角形

图 17-25　绘制底部图形

利用上述方法完成配电箱主体图的绘制，如图 17-26 所示。

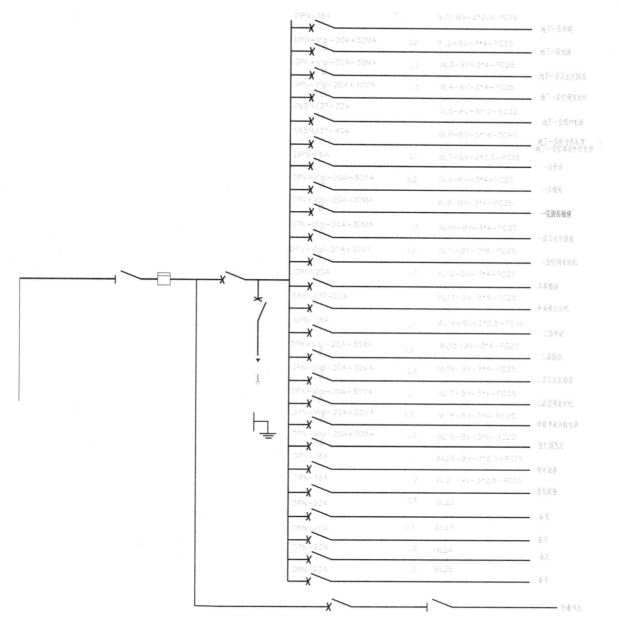

图 17-26　绘制配电箱主体图

（22）单击"默认"选项卡"绘图"面板中的"直线"按钮，在图形的适当位置绘制连续直线，如图 17-27 所示。

（23）单击"默认"选项卡"绘图"面板中的"直线"按钮和"注释"选项卡"文字"面板中的"多行文字"按钮，为图形添加剩余文字说明，最终完成别墅锅炉配电箱系统图，如图 17-28 所示。

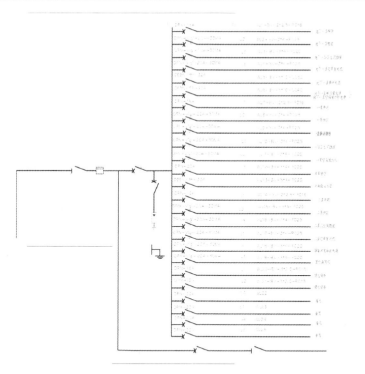

图 17-27　绘制连续直线

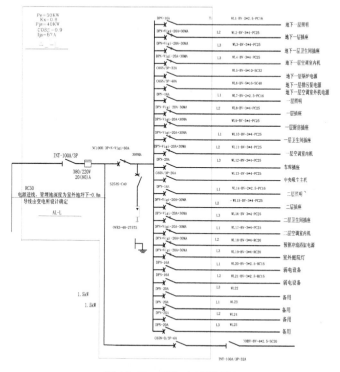

图 17-28　添加文字说明

17.1.2 排污泵配电箱系统图

利用上述方法完成排污泵配电箱系统图的绘制，如图 17-29 所示。

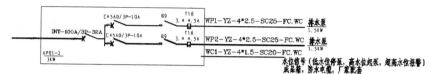

图 17-29 排污泵配电箱

17.2 别墅弱电设计说明系统图

别墅弱电设计说明系统图如图 17-30 所示，主要包括文字、图表说明和相关系统图，下面具体讲述其中的弱电系统图和监控系统图的绘制方法。

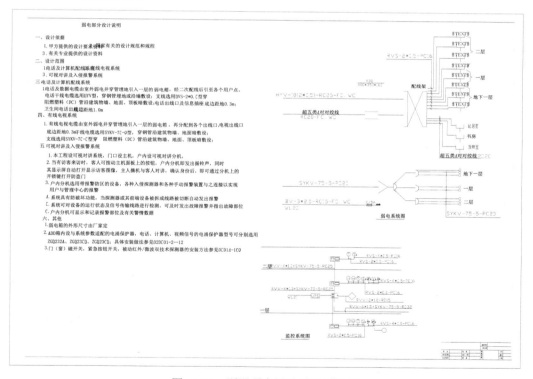

图 17-30 别墅弱电设计说明系统图

【预习重点】

☑ 掌握弱电系统图的绘制。

☑ 掌握监控系统图的绘制。

17.2.1　弱电系统图的绘制

（1）单击"默认"选项卡"绘图"面板中的"多段线"按钮 ⏚，指定起点宽度为 0、端点宽度为 0，在图形空白区域绘制连续多段线，如图 17-31 所示。

（2）单击"默认"选项卡"绘图"面板中的"直线"按钮 ⟋，选择绘制的连续多段线底部水平线中点为起点，向下绘制一条竖直直线，如图 17-32 所示。

（3）单击"注释"选项卡"文字"面板中的"多行文字"按钮 A，在绘制的图形上添加文字"TP"，如图 17-33 所示。

（4）单击"默认"选项卡"修改"面板中的"复制"按钮 ⏚，选择绘制的图形为复制对象，向下进行连续复制，复制间距为 1425，如图 17-34 所示。

（5）单击"默认"选项卡"修改"面板中的"复制"按钮 ⏚，选择步骤（1）和步骤（2）绘制的图形为复制对象，继续向下复制，复制间距为 2434、1237、1302，如图 17-35 所示。

（6）单击"默认"选项卡"绘图"面板中的"多段线"按钮 ⏚，指定起点宽度为 40、端点宽度为 40，绘制图形的首条连接线，如图 17-36 所示。

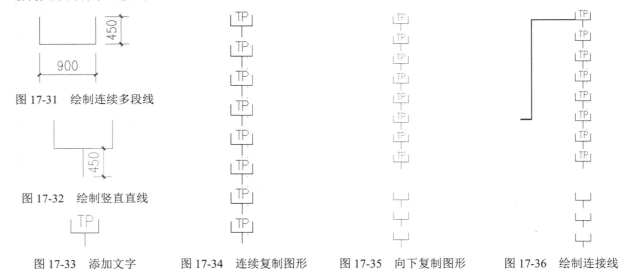

图 17-31　绘制连续多段线

图 17-32　绘制竖直直线

图 17-33　添加文字　　　图 17-34　连续复制图形　　　图 17-35　向下复制图形　　　图 17-36　绘制连接线

利用上述方法绘制剩余的连接线，如图 17-37 所示。

（7）单击"默认"选项卡"绘图"面板中的"矩形"按钮 ▭，在图形左侧绘制一个 4777×466 的矩形，如图 17-38 所示。

（8）单击"默认"选项卡"修改"面板中的"复制"按钮 ⏚，选择绘制的矩形为复制对象，向左进行复制，复制间距为 2204，如图 17-39 所示。

（9）单击"默认"选项卡"绘图"面板中的"直线"按钮 ⟋，连接绘制的两个矩形，然后连接其角点，如图 17-40 所示。

（10）单击"默认"选项卡"绘图"面板中的"直线"按钮 ⟋，在图形的适当位置绘制一条水平直线，如图 17-41 所示。

（11）单击"默认"选项卡"修改"面板中的"偏移"按钮 ⟰，选择绘制的水平直线为偏移对象，向下进行偏移，偏移距离为 1893，如图 17-42 所示。

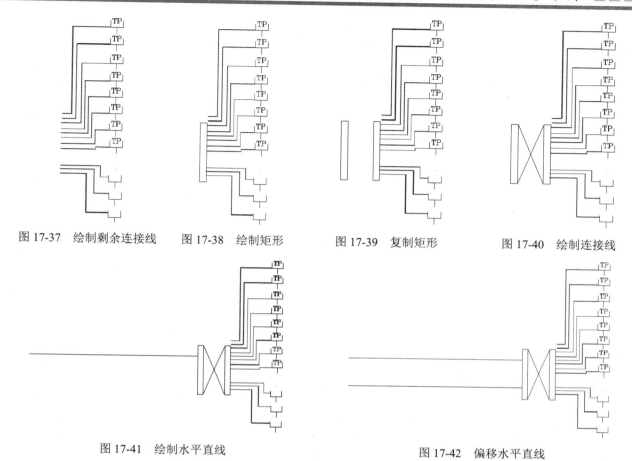

图 17-37 绘制剩余连接线　　图 17-38 绘制矩形　　图 17-39 复制矩形　　图 17-40 绘制连接线

图 17-41 绘制水平直线　　　　　　　　　　图 17-42 偏移水平直线

（12）单击"默认"选项卡"绘图"面板中的"矩形"按钮▣，在偏移线段的适当位置绘制一个 1515×852 的矩形，如图 17-43 所示。

（13）单击"默认"选项卡"修改"面板中的"修剪"按钮╬，选择绘制矩形的内线段为多余线段，对其进行修剪，如图 17-44 所示。

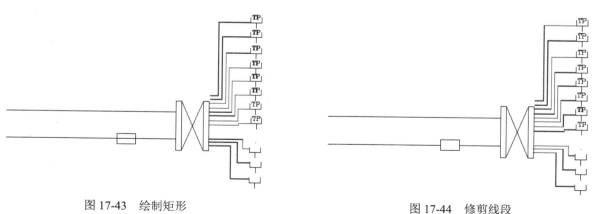

图 17-43 绘制矩形　　　　　　　　　　图 17-44 修剪线段

（14）在图形的下端适当位置选一点为圆的圆心，绘制一个半径为 130 的圆，如图 17-45 所示。

（15）单击"默认"选项卡"修改"面板中的"复制"按钮，选择绘制的圆为复制对象，向下进行复制，复制间距为 291、323、1376、379、1001、344、327，如图 17-46 所示。

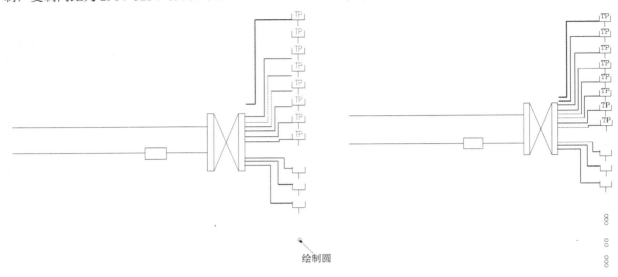

| 图 17-45　绘制圆 | 图 17-46　复制圆 |

（16）单击"默认"选项卡"绘图"面板中的"多段线"按钮，在步骤（15）绘制图形的左侧绘制由多段线形成的半圆，如图 17-47 所示。

（17）单击"默认"选项卡"修改"面板中的"复制"按钮，选择绘制的半圆为复制对象，对其进行水平复制及垂直复制，如图 17-48 所示。

（18）单击"默认"选项卡"绘图"面板中的"多段线"按钮，指定起点宽度为 20、端点宽度为 20，绘制图形间的连接线，如图 17-49 所示。

图 17-47　绘制半圆

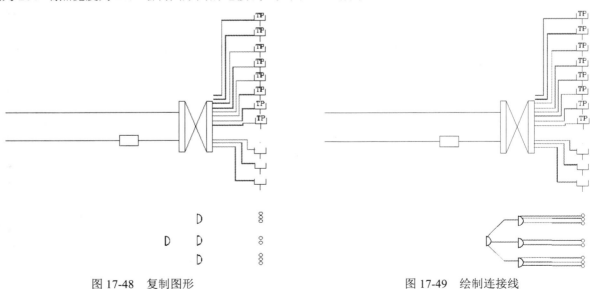

| 图 17-48　复制图形 | 图 17-49　绘制连接线 |

（19）单击"默认"选项卡"绘图"面板中的"矩形"按钮，在步骤（18）绘制图形的左侧位置绘

制一个 1064×1423 的矩形，如图 17-50 所示。

　　（20）单击"默认"选项卡"绘图"面板中的"直线"按钮，在绘制的矩形内绘制连续直线，如图 17-51 所示。

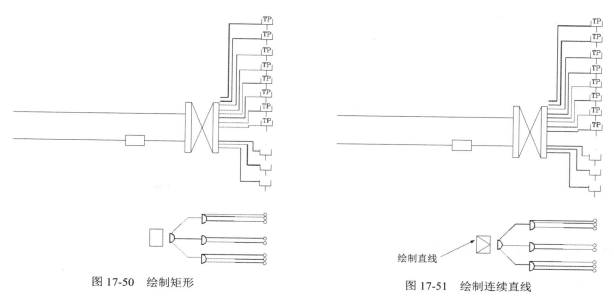

图 17-50　绘制矩形　　　　　　　　　　　　图 17-51　绘制连续直线

　　（21）单击"默认"选项卡"修改"面板中的"删除"按钮，选择绘制的矩形为删除对象，将矩形删除，如图 17-52 所示。

　　（22）单击"默认"选项卡"绘图"面板中的"直线"按钮，绘制图形中剩余的连接线，如图 17-53 所示。

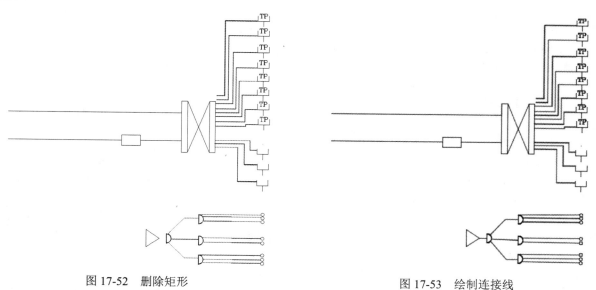

图 17-52　删除矩形　　　　　　　　　　　　图 17-53　绘制连接线

利用上述方法完成剩余图形的绘制，如图 17-54 所示。

　　（23）单击"默认"选项卡"绘图"面板中的"直线"按钮和"注释"选项卡"文字"面板中的"多行文字"按钮，为图形添加文字说明，最终完成弱电系统图的绘制，如图 17-55 所示。

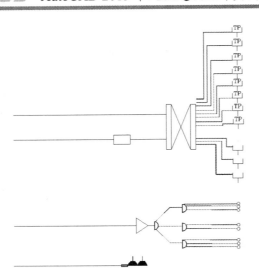

图 17-54　绘制剩余图形

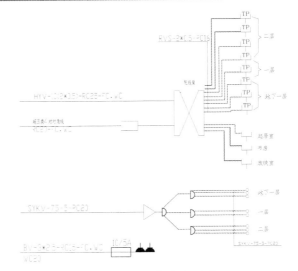

图 17-55　添加文字说明

17.2.2　监控系统图的绘制

1．绘制监控系统图图例

（1）绘制紧急按钮开关

① 单击"默认"选项卡"绘图"面板中的"圆"下拉按钮下的"圆心，半径"按钮，在图形空白区域绘制一个半径为 225 的圆，如图 17-56 所示。

② 单击"默认"选项卡"绘图"面板中的"圆"下拉按钮下的"圆心，半径"按钮，在绘制的圆内绘制一个半径为 86 的圆，如图 17-57 所示。

③ 在命令行中输入"WBLOCK"命令，打开"写块"对话框，如图 17-58 所示，选择步骤②绘制的对象为定义对象，任选一点为定义基点，将其命名为"紧急按钮开关"图块。

（2）绘制探测器

① 单击"默认"选项卡"绘图"面板中的"矩形"按钮，在图形空白区域绘制一个 360×360 的矩形，如图 17-59 所示。

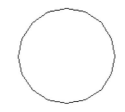

图 17-56　绘制圆 1

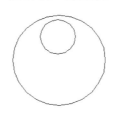

图 17-57　绘制圆 2

图 17-58　"写块"对话框

② 单击"默认"选项卡"绘图"面板中的"直线"按钮，在绘制的矩形内绘制连续直线，如图 17-60 所示。

③ 在命令行中输入"WBLOCK"命令，打开"写块"对话框，选择步骤②绘制的对象为定义对象，任选一点为定义基点，将其命名为"探测器"图块。

（3）绘制门（窗）瓷开关

① 单击"默认"选项卡"绘图"面板中的"圆"下拉按钮下的"圆心，半径"按钮，在图形空白处

绘制一个半径为 225 的圆，如图 17-61 所示。

② 单击"默认"选项卡"绘图"面板中的"直线"按钮，在绘制的圆内绘制连续直线，如图 17-62 所示。

图 17-59　绘制矩形

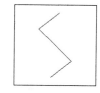
图 17-60　绘制连续直线

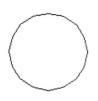
图 17-61　绘制圆

图 17-62　绘制连续直线

③ 在命令行中输入"WBLOCK"命令，打开"写块"对话框，选择步骤②绘制的对象为定义对象，任选一点为定义基点，将其命名为"门（窗）瓷开关"图块。

（4）绘制可燃气体探测器

① 单击"默认"选项卡"绘图"面板中的"矩形"按钮，在图形空白区域绘制一个 360×360 的矩形，如图 17-63 所示。

② 单击"默认"选项卡"绘图"面板中的"圆"下拉按钮下的"圆心，半径"按钮，在绘制的矩形内绘制一个半径为 47 的圆，如图 17-64 所示。

③ 单击"默认"选项卡"绘图"面板中的"图案填充"按钮，弹出"图案填充创建"选项卡，设置"图案填充图案"为 SOLID，拾取填充区域内一点，效果如图 17-65 所示。

④ 单击"默认"选项卡"绘图"面板中的"直线"按钮，在填充的圆上绘制斜向直线，如图 17-66 所示。

图 17-63　绘制矩形

图 17-64　绘制圆

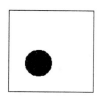
图 17-65　填充图形

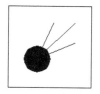
图 17-66　绘制斜向直线

⑤ 在命令行中输入"WBLOCK"命令，打开"写块"对话框，选择步骤④绘制的对象为定义对象，任选一点为定义基点，将其命名为"可燃气体探测器"图块。

（5）绘制感温探测器

① 单击"默认"选项卡"绘图"面板中的"矩形"按钮，在图形空白区域绘制一个 360×360 的矩形，如图 17-67 所示。

② 单击"默认"选项卡"绘图"面板中的"直线"按钮，在绘制的矩形内绘制一条竖直直线，如图 17-68 所示。

③ 单击"默认"选项卡"绘图"面板中的"圆"下拉按钮下的"圆心，半径"按钮，在绘制的竖直直线下端绘制一个半径为 23 的圆，如图 17-69 所示。

④ 单击"默认"选项卡"绘图"面板中的"图案填充"按钮，弹出"图案填充创建"选项卡，设置"图案填充图案"为 SOLID，拾取填充区域内一点，效果如图 17-70 所示。

⑤ 在命令行中输入"WBLOCK"命令，打开"写块"对话框，选择步骤④绘制的对象为定义对象，任

选一点为定义基点，将其命名为"感温探测器"图块。

图 17-67　绘制矩形

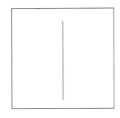

图 17-68　绘制竖直直线

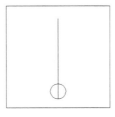

图 17-69　绘制圆

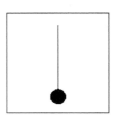

图 17-70　填充图形

（6）被动红外/微波双技术探测器

① 单击"默认"选项卡"绘图"面板中的"直线"按钮 ，在图形空白区域绘制连续直线，如图 17-71 所示。

② 单击"注释"选项卡"文字"面板中的"多行文字"按钮 ，在绘制的连续段内添加文字，如图 17-72 所示。

③ 在命令行中输入"WBLOCK"命令，打开"写块"对话框，选择步骤②绘制的对象为定义对象，任选一点为定义基点，将其命名为"被动红外/微波双技术探测器"图块。

（7）绘制可视对讲机

① 单击"默认"选项卡"绘图"面板中的"矩形"按钮 ，在图形空白区域绘制一个 1130×510 的矩形，如图 17-73 所示。

图 17-71　绘制连续直线

图 17-72　添加文字

图 17-73　绘制矩形

② 单击"默认"选项卡"绘图"面板中的"直线"按钮 ，在绘制的矩形内绘制连续直线，如图 17-74 所示。

③ 单击"默认"选项卡"绘图"面板中的"直线"按钮 和"圆弧"按钮 ，在绘制的图形适当位置绘制图形，如图 17-75 所示。

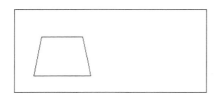

图 17-74　绘制连续直线

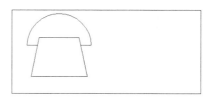

图 17-75　绘制图形

④ 单击"默认"选项卡"绘图"面板中的"矩形"按钮 ，在绘制的图形右侧绘制一个 528×288 的矩形，如图 17-76 所示。

⑤ 单击"默认"选项卡"修改"面板中的"偏移"按钮 ，选择绘制的矩形为偏移对象，向内进行偏移，偏移距离为 24，如图 17-77 所示。

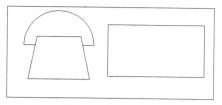

图 17-76　绘制矩形

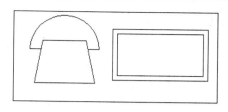

图 17-77　偏移矩形

⑥ 单击"默认"选项卡"修改"面板中的"圆角"按钮，选择绘制的图形中的内部矩形为圆角对象，对其进行圆角处理，圆角半径为 54，如图 17-78 所示。

⑦ 在命令行中输入"WBLOCK"命令，打开"写块"对话框，选择步骤⑥绘制的对象为定义对象，任选一点为定义基点，将其命名为"可视对讲机"图块。

（8）绘制访客对讲电控防盗门主机

① 单击"默认"选项卡"绘图"面板中的"矩形"按钮，在图形空白区域绘制一个 813×557 的矩形，如图 17-79 所示。

② 单击"默认"选项卡"绘图"面板中的"直线"按钮，在绘制的图形内绘制一条竖直直线，如图 17-80 所示。

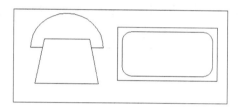

图 17-78　圆角处理

图 17-79　绘制矩形

图 17-80　绘制竖直直线

③ 单击"默认"选项卡"修改"面板中的"偏移"按钮，选择绘制的竖直直线为偏移对象，向右进行偏移，偏移距离为 24、22、22、30、24，如图 17-81 所示。

④ 单击"默认"选项卡"修改"面板中的"复制"按钮，选择绘制的图形为复制对象，向下端进行复制，复制间距为 277，如图 17-82 所示。

⑤ 单击"默认"选项卡"绘图"面板中的"圆"下拉按钮下的"圆心，半径"按钮，在绘制的图形内右侧位置绘制一个半径为 29 的圆，如图 17-83 所示。

⑥ 在命令行中输入"WBLOCK"命令，打开"写块"对话框，选择步骤⑤绘制的对象为定义对象，任选一点为定义基点，将其命名为"访客对讲电控防盗门主机"图块。

利用上述方法完成电控锁的绘制，并将其定义为块，如图 17-84 所示。

图 17-81　偏移线段

图 17-82　复制线段

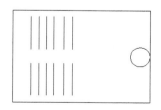

图 17-83　绘制圆

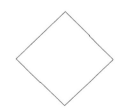

图 17-84　绘制电控锁

利用上述方法完成 UPS 电源的绘制，如图 17-85 所示。

2．绘制监控系统图

（1）单击"默认"选项卡"绘图"面板中的"直线"按钮，将线型选为虚线，在图形适当位置绘制一条水平直线，如图 17-86 所示。

（2）单击"默认"选项卡"修改"面板中的"偏移"按钮，选择绘制的水平直线为偏移对象，将直线向下进行偏移，偏移距离为 2599、5183，如图 17-87 所示。

图 17-85　绘制 UPS 电源

图 17-86　绘制水平直线　　　　　　　　　　图 17-87　偏移线段

（3）单击"默认"选项卡"修改"面板中的"移动"按钮，选择绘制的图例为移动对象，将其放置到适当位置，如图 17-88 所示。

图 17-88　移动图形

（4）单击"默认"选项卡"绘图"面板中的"多段线"按钮，指定起点宽度为 20、端点宽度为 20，绘制步骤（3）布置图例之间的连接线，如图 17-89 所示。

（5）单击"默认"选项卡"绘图"面板中的"多段线"按钮，在图形的适当位置绘制多段线，如图 17-90 所示。

（6）单击"默认"选项卡"绘图"面板中的"圆"下拉按钮下的"圆心，半径"按钮，在绘制的多段线端口处绘制一个半径为 261 的圆，如图 17-91 所示。

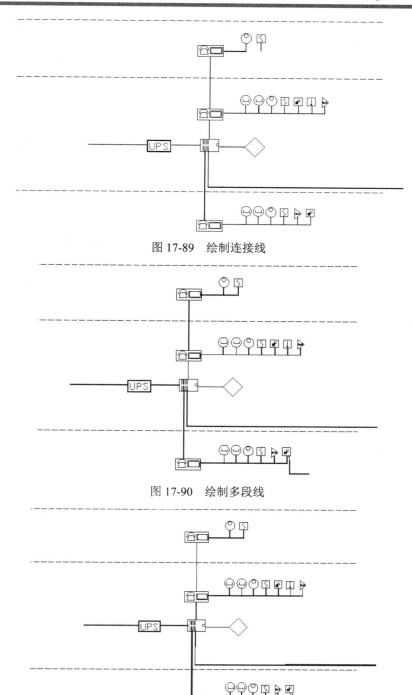

图 17-89　绘制连接线

图 17-90　绘制多段线

图 17-91　绘制圆

（7）单击"默认"选项卡"绘图"面板中的"直线"按钮，在图形适当位置绘制一段斜线，如图 17-92 所示。

（8）单击"默认"选项卡"绘图"面板中的"直线"按钮，选择绘制的斜向直线中点为直线起点，向右绘制一条水平直线，如图 17-93 所示。

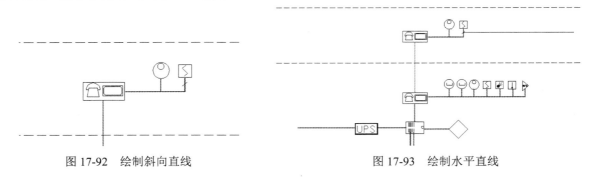

图 17-92　绘制斜向直线　　　　　　　　图 17-93　绘制水平直线

（9）单击"注释"选项卡"文字"面板中的"多行文字"按钮，在绘制的水平直线上标注文字，如图 17-94 所示。

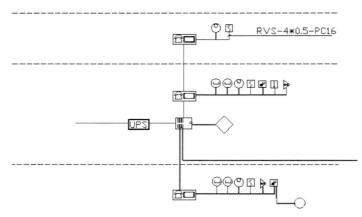

图 17-94　添加文字

利用上述方法完成剩余文字说明的添加，最终完成监控系统图的绘制，如图 17-95 所示。

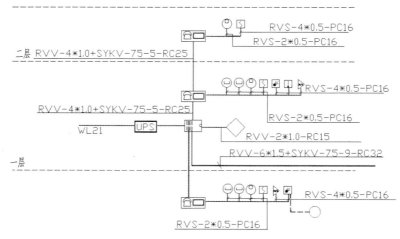

图 17-95　添加剩余文字

17.3　照明平面图

　　照明布置图设计的基本原则是在满足照明电力需求功能的前提下，要求线路尽量短，以节省成本；线缆集成尽量条理清晰，便于后期维修查找；布线尽量美观。

　　本节将介绍别墅照明平面图的绘制，包括地下室照明平面图、首层照明平面图和二层照明平面图。

　　地下室照明平面图如图 17-96 所示，下面讲述其具体绘制方法。

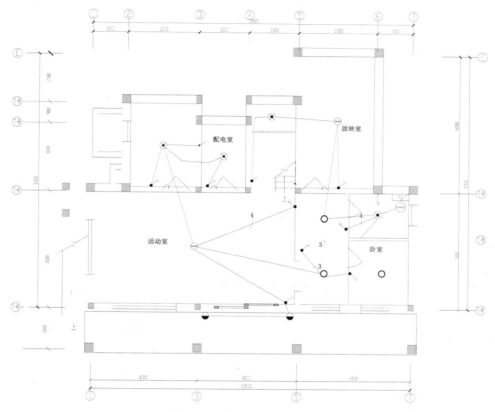

图 17-96　地下室照明平面图

【预习重点】

- ☑　掌握地下室照明平面图的绘制。
- ☑　掌握首层照明平面图的绘制。
- ☑　掌握二层照明平面图的绘制。

17.3.1　地下室照明平面图的绘制

　　单击快速访问工具栏中的"打开"按钮，打开"源文件\地下层平面图"。

　　单击快速访问工具栏中的"另存为"按钮，将打开的"地下层平面图"另存为"地下照明平面图"。

　　结合所学命令对平面图进行调整，如图 17-97 所示。

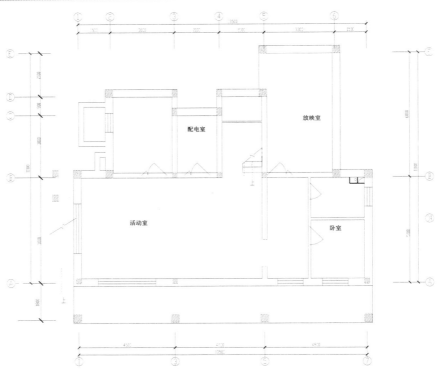

图 17-97　调整平面图

1．绘制图例

（1）绘制配电箱

① 单击"默认"选项卡"绘图"面板中的"矩形"按钮，在图形空白区域绘制一个 720×352 的矩形，如图 17-98 所示。

② 单击"默认"选项卡"绘图"面板中的"图案填充"按钮，弹出"图案填充创建"选项卡，设置"图案填充图案"为 ANSI31，"填充图案比例"为 15，选择绘制图形为填充区域,将其填充，如图 17-99 所示。

图 17-98　绘制矩形

③ 在 命 令 行 中 输 入"WBLOCK"命令，打开"写块"对话框，如图 17-100 所示，选择步骤②绘制的图形为定义对象，任选一点为定义基点，将其定义为"配电箱"图块。

（2）圆球壁灯及防水圆球壁灯

图 17-99　填充图形

图 17-100　"写块"对话框

① 单击"默认"选项卡"绘图"面板中的"圆"下拉按钮下的"圆心，半径"按钮，在图形空白区域任选一点为圆心，绘制一个半径为 150 的圆，如图 17-101 所示。

② 单击"默认"选项卡"绘图"面板中的"直线"按钮，过圆的圆心绘制一条水平直线，如图 17-102 所示。

③ 单击"默认"选项卡"绘图"面板中的"图案填充"按钮，弹出"图案填充创建"选项卡，设置"图案填充图案"为 SOLID，"填充图案比例"为 1，选择绘制的图形为填充区域，将其填充，如图 17-103 所示。

④ 在命令行中输入"WBLOCK"命令，打开"写块"对话框，如图 17-100 所示，选择步骤③绘制的图形为定义对象，任选一点为定义基点，将其定义为"圆球壁灯"图块。

浅半圆的绘制方法基本与防水圆球壁灯的绘制方法基本相同，这里不再详细阐述，如图 17-104 所示。

图 17-101　绘制圆　　　图 17-102　绘制水平直线　　　图 17-103　填充图形　　　图 17-104　浅半圆吸顶灯

⑤ 在命令行中输入"WBLOCK"命令，打开"写块"对话框，如图 17-100 所示，选择步骤④绘制的图形为定义对象，任选一点为定义基点，将其定义为"防水圆球壁灯"图块。

（3）绘制防水防尘灯

① 单击"默认"选项卡"绘图"面板中的"圆"下拉按钮下的"圆心，半径"按钮，在图形空白区域任选一点为圆心，绘制一个半径为 150 的圆，如图 17-105 所示。

② 单击"默认"选项卡"修改"面板中的"偏移"按钮，选择绘制的圆为偏移对象，向内进行偏移，偏移距离为 99，如图 17-106 所示。

③ 单击"默认"选项卡"绘图"面板中的"图案填充"按钮，弹出"图案填充创建"选项卡，设置"图案填充图案"为 SOLID，"填充图案比例"为 1，选择绘制的图形为填充区域，将其填充，如图 17-107 所示。

④ 单击"默认"选项卡"绘图"面板中的"直线"按钮，在填充的圆上选择直线的起点绘制几条斜向直线，如图 17-108 所示。

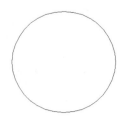   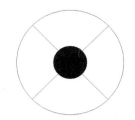

图 17-105　绘制圆　　　图 17-106　偏移圆　　　图 17-107　填充圆　　　图 17-108　绘制斜向直线

⑤ 在命令行中输入"WBLOCK"命令，打开"写块"对话框，如图 17-100 所示，选择步骤④绘制的图形为定义对象，任选一点为定义基点，将其定义为"防水防尘灯"图块。

（4）绘制花灯

① 单击"默认"选项卡"绘图"面板中的"圆"下拉按钮下的"圆心，半径"按钮，在图形空白区域任选一点为圆心，绘制一个半径为 150 的圆，如图 17-109 所示。

② 单击"默认"选项卡"绘图"面板中的"直线"按钮，通过绘制圆的圆心绘制一条水平直线，如图 17-110 所示。

③ 单击"默认"选项卡"修改"面板中的"旋转"按钮◯，选择绘制的水平直线为旋转对象，对其进行旋转复制，旋转角度为 23.96°和-23.96°，如图 17-111 所示。

④ 在命令行中输入"WBLOCK"命令，打开"写块"对话框，如图 17-100 所示，选择步骤③绘制的图形为定义对象，任选一点为定义基点，将其定义为"花灯"图块。

（5）绘制排风扇

① 单击"默认"选项卡"绘图"面板中的"圆"下拉按钮下的"圆心，半径"按钮◯，在图形空白区域任选一点为圆心，绘制一个半径为 206 的圆，如图 17-112 所示。

 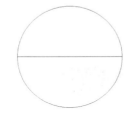 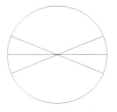 

图 17-109　绘制圆　　　　图 17-110　绘制水平直线　　图 17-111　旋转复制线段　　图 17-112　绘制圆

② 单击"默认"选项卡"修改"面板中的"偏移"按钮◻，选择绘制的圆为偏移对象，向内进行偏移，偏移距离为 175，如图 17-113 所示。

③ 单击"默认"选项卡"绘图"面板中的"矩形"按钮◻，在图形内绘制一个 375×78 的矩形，如图 17-114 所示。

④ 单击"默认"选项卡"绘图"面板中的"直线"按钮◢，在绘制的矩形内绘制对角线，如图 17-115 所示。

⑤ 单击"默认"选项卡"修改"面板中的"修剪"按钮◢，对绘制的矩形线段进行修剪，如图 17-116 所示。

  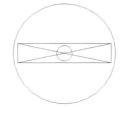 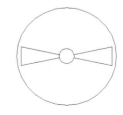

图 17-113　偏移圆　　　　图 17-114　绘制矩形　　　　图 17-115　绘制对角线　　　图 17-116　修剪图形

⑥ 在命令行中输入"WBLOCK"命令，打开"写块"对话框，如图 17-100 所示，选择步骤⑤绘制的图形为定义对象，任选一点为定义基点，将其定义为"排风扇"图块。

（6）绘制防雾型镜前壁灯

① 单击"默认"选项卡"绘图"面板中的"直线"按钮◢，在图形空白区域选一点为直线起点，绘制一条竖直直线，如图 17-117 所示。

② 单击"默认"选项卡"修改"面板中的"偏移"按钮◻，选择步骤①绘制的竖直直线为偏移对象，将其向右偏移，偏移距离为 720，如图 17-118 所示。

③ 单击"默认"选项卡"绘图"面板中的"多段线"按钮◻，指定起点宽度为 42、端点宽度为 42，选择左侧竖直直线中点为多段线起点，向右绘制一条水平多段线，如图 17-119 所示。

④ 在命令行中输入"WBLOCK"命令，打开"写块"对话框，如图 17-100 所示，选择步骤③绘制的

图形为定义对象，任选一点为定义基点，将其定义为"防雾型镜前壁灯"图块。

图 17-117　绘制竖直直线　　　　　图 17-118　偏移直线　　　　　图 17-119　绘制水平多段线

（7）绘制单极安装开关

① 单击"默认"选项卡"绘图"面板中的"圆"下拉按钮下的"圆心，半径"按钮 ⊙，在图形空白区域绘制一个半径为 63 的圆，如图 17-120 所示。

② 单击"默认"选项卡"绘图"面板中的"图案填充"按钮 ▨，弹出"图案填充创建"选项卡，设置"图案填充图案"为 SOLID，"填充图案比例"为 1，选择绘制的图形为填充区域，将其填充，如图 17-121 所示。

③ 单击"默认"选项卡"绘图"面板中的"直线"按钮 ◪，在步骤②绘制的图形上绘制两段连续多段线，如图 17-122 所示。

④ 在命令行中输入"WBLOCK"命令，打开"写块"对话框，选择步骤③绘制的图形为定义对象，任选一点为定义基点，将其定义为"单极安装开关"图块。

利用上述方法完成剩余的双极暗装开关的绘制，并将其定义为块，如图 17-123 所示。

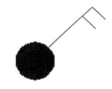

图 17-120　绘制圆　　图 17-121　填充图形　　图 17-122　绘制连续多段线　　图 17-123　双极暗装开关

利用上述方法完成剩余的三极暗装开关的绘制，并将其定义为块，如图 17-124 所示。

利用上述方法完成剩余的四极暗装开关的绘制，并将其定义为块，如图 17-125 所示。

利用上述方法完成节能灯的绘制，如图 17-126 所示。

图 17-124　三级暗装开关　　　　图 17-125　四级暗装开关　　　　图 17-126　节能灯

2．布置图例

（1）单击"插入"选项卡"块"面板中的"插入"按钮 ▥，弹出"插入"对话框。单击"浏览"按钮，弹出"选择图形文件"对话框，选择"源文件\图块\防水防尘灯"图块，单击"打开"按钮，回到"插入"对话框，单击"确定"按钮，完成"防水防尘灯"图块的插入，如图 17-127 所示。

（2）单击"插入"选项卡"块"面板中的"插入"按钮 ▥，弹出"插入"对话框。单击"浏览"按钮，弹出"选择图形文件"对话框，选择"源文件\图块\花灯"图块，单击"打开"按钮，回到"插入"对话框，单击"确定"按钮，完成"花灯"图块的插入，如图 17-128 所示。

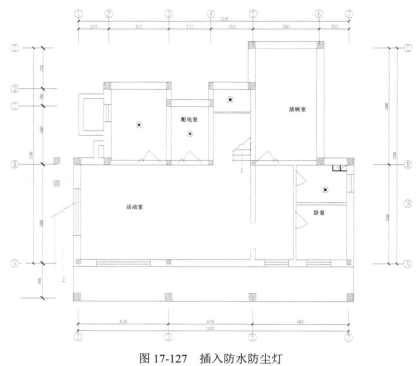

图 17-127　插入防水防尘灯

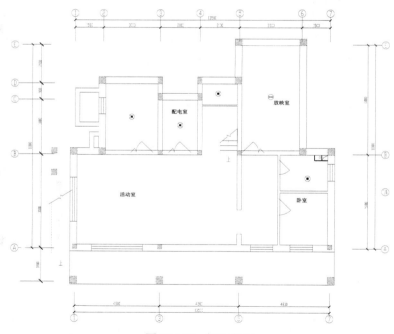

图 17-128　插入花灯

（3）单击"插入"选项卡"块"面板中的"插入"按钮，弹出"插入"对话框。单击"浏览"按钮，弹出"选择图形文件"对话框，选择"源文件\图块\防水圆球壁灯"图块，单击"打开"按钮，回到"插入"对话框，单击"确定"按钮，完成"防水圆球壁灯"图块的插入，如图 17-129 所示。

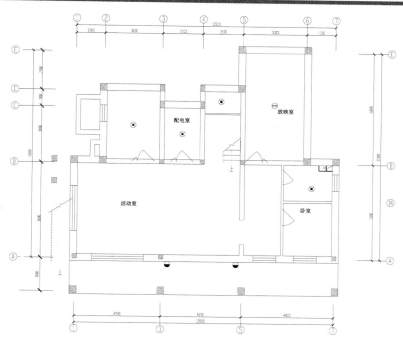

图 17-129 插入防水圆球壁灯

利用上述方法完成剩余电气图例的插入及绘制，如图 17-130 所示。

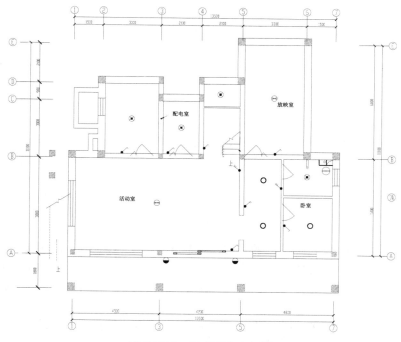

图 17-130 完成剩余电气图

（4）单击"默认"选项卡"绘图"面板中的"多段线"按钮，指定起点宽度为 35、端点宽度为 35，如图 17-131 所示。

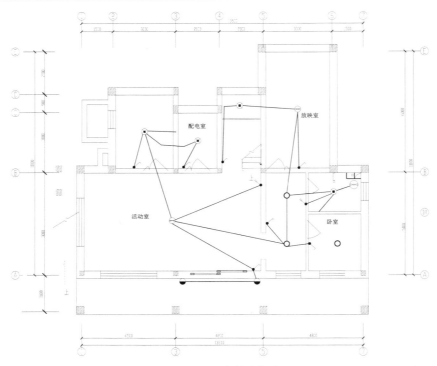

图 17-131　绘制连接线

（5）单击"默认"选项卡"绘图"面板中的"圆"下拉按钮下的"圆心，半径"按钮，在图形适当位置绘制一个半径为 43 的圆，如图 17-132 所示。

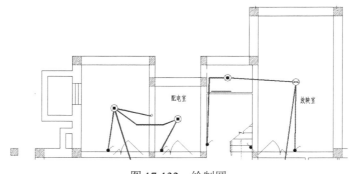

图 17-132　绘制圆

（6）单击"默认"选项卡"绘图"面板中的"图案填充"按钮，弹出"图案填充创建"选项卡，设置"图案填充图案"为 SOLID，选择绘制的图形为填充区域，将其填充，如图 17-133 所示。

（7）单击"默认"选项卡"绘图"面板中的"多段线"按钮，在填充的图形上绘制连续多段线，如图 17-134 所示。

（8）单击"默认"选项卡"绘图"面板中的"直线"按钮，在图形中的线路上绘制一条斜向直线，如图 17-135 所示。

（9）单击"注释"选项卡"文字"面板中的"多行文字"按钮，在绘制的斜线上添加文字，如图 17-136 所示。

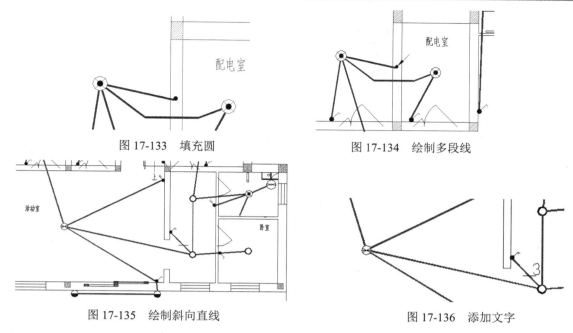

图 17-133　填充圆　　　　　　　　图 17-134　绘制多段线

图 17-135　绘制斜向直线　　　　　　图 17-136　添加文字

利用上述方法完成剩余文字的添加，如图 17-96 所示。

17.3.2　首层照明平面图的绘制

利用上述方法完成照明平面图的绘制，如图 17-137 所示。

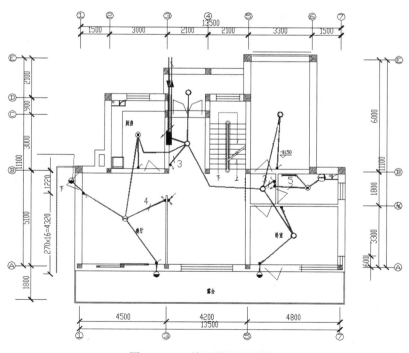

图 17-137　首层照明平面图

17.3.3 二层照明平面图的绘制

利用上述方法完成二层照明平面图的绘制，如图 17-138 所示。

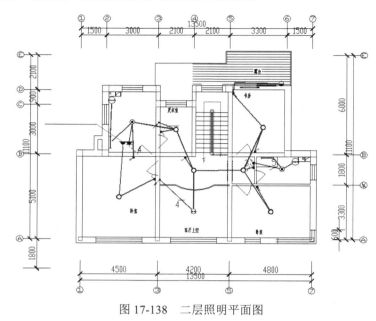

图 17-138　二层照明平面图

17.4　电视电话平面图

别墅电视电话平面图主要表达电视电话的安装布置位置。弱电布置基本原则是满足基本建筑单元的功能需要，在可能需要的地方尽量配置接口。

本节将介绍别墅电视电话平面图的绘制，包括地下室电视电话平面图、首层电视电话平面图和二层电视电话照明平面图。

【预习重点】
☑　掌握地下室电视电话平面图的绘制。
☑　掌握首层电视电话平面图的绘制。
☑　掌握二层电视电话平面图的绘制。

17.4.1 地下室电视电话平面图的绘制

地下室电视电话平面图如图 17-139 所示。下面讲述其具体绘制方法。

1）单击快速访问工具栏中的"打开"按钮，打开"源文件\地下层平面图"。

2）单击快速访问工具栏中的"另存为"按钮，将打开的"地下层平面图"另存为"地下室电视电话平面图"。

3）结合所学命令对平面图进行调整，如图 17-140 所示。

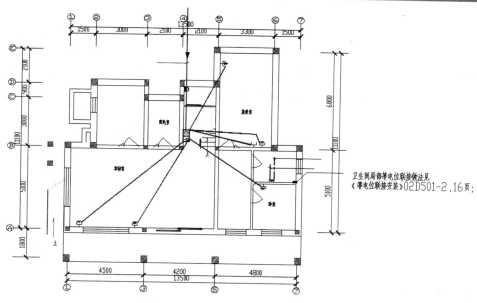

图 17-139　地下室电视电话平面图

4）绘制图例。

（1）绘制电话插座。

① 单击"默认"选项卡"绘图"面板中的"多段线"按钮⚏️，指定起点宽度为 0、端点宽度为 0，在图形空白区域绘制连续多段线，如图 17-141 所示。

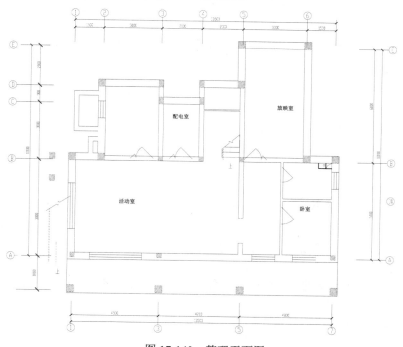

图 17-140　整理平面图

图 17-141　绘制连续多段线

② 单击"默认"选项卡"绘图"面板中的"直线"按钮⚏️，选择绘制的连续多段线底部中点为起点，

向下绘制一条竖直直线，如图 17-142 所示。

③ 单击"注释"选项卡"文字"面板中的"多行文字"按钮 **A**，在绘制的连续线段上添加文字，如图 17-143 所示。

④ 在命令行中输入"WBLOCK"命令，打开"写块"对话框，如图 17-100 所示，选择步骤③绘制的图形为定义对象，任选一点为定义基点，将其定义为"电话插座"图块。

（2）绘制电视插座。

电视插座的绘制方法基本与电话插座的绘制方法相同，这里不再详细阐述，并将其定义为块，如图 17-144 所示。

利用上述方法完成网络插座的绘制，如图 17-145 所示。

图 17-142　绘制竖直直线　　　图 17-143　电话插座　　　图 17-144　电视插座　　　图 17-145　网络插座

（3）绘制放大器。

① 单击"默认"选项卡"绘图"面板中的"矩形"按钮 **▭**，在图形空白区域绘制一个 355×474 的矩形，如图 17-146 所示。

② 单击"默认"选项卡"绘图"面板中的"直线"按钮 **✏**，在绘制的图形内绘制对角线，如图 17-147 所示。

③ 单击"默认"选项卡"修改"面板中的"修剪"按钮 **⊬**，选择绘制的矩形为修剪对象，对其进行修剪，如图 17-148 所示。

④ 单击"默认"选项卡"绘图"面板中的"直线"按钮 **✏**，在绘制的图形上绘制两条水平直线，如图 17-149 所示。

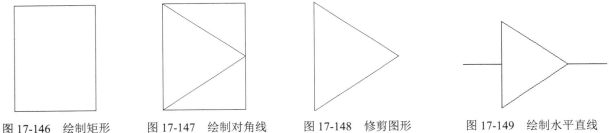

图 17-146　绘制矩形　　　图 17-147　绘制对角线　　　图 17-148　修剪图形　　　图 17-149　绘制水平直线

⑤ 在命令行中输入"WBLOCK"命令，打开"写块"对话框，如图 17-100 所示，选择步骤④绘制的图形为定义对象，任选一点为定义基点，将其定义为"放大器"图块。

（4）绘制电视天线三分配器。

① 单击"默认"选项卡"绘图"面板中的"多段线"按钮 **⏝**，指定起点宽度为 10、端点宽度为 10，绘制连续多段线，如图 17-150 所示。

② 单击"默认"选项卡"绘图"面板中的"直线"按钮 **✏**，在绘制的图形上选一点为起点绘制一条水平直线，如图 17-151 所示。

③ 单击"默认"选项卡"绘图"面板中的"直线"按钮 **✏**，在绘制的图形左右两侧绘制两条斜向 15°的直线，如图 17-152 所示。

图 17-150　绘制连续多段线　　　图 17-151　绘制水平直线　　　图 17-152　绘制斜向直线

④ 单击"默认"选项卡"绘图"面板中的"圆"下拉按钮下的"圆心，半径"按钮，在绘制的水平直线上任选一点为圆的圆心，绘制一个半径为 28 的圆，如图 17-153 所示。

⑤ 单击"默认"选项卡"修改"面板中的"复制"按钮，选择绘制的圆为复制对象，向上下进行复制，如图 17-154 所示。

⑥ 在命令行中输入"WBLOCK"命令，打开"写块"对话框，选择步骤⑤绘制的图形为定义对象，任选一点为定义基点，将其定义为"放大器 1"图块。

利用上述方法完成弱电接电箱的绘制，如图 17-155 所示。

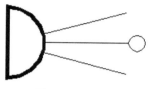

图 17-153　绘制圆

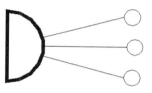

图 17-154　复制圆

图 17-155　完成弱电接电箱的绘制

5）插入图例。

（1）单击"插入"选项卡"块"面板中的"插入"按钮，弹出"插入"对话框，单击"浏览"按钮，弹出"选择图形文件"对话框，选择"源文件\图块\电话插座"图块，单击"打开"按钮，回到"插入"对话框，单击"确定"按钮，完成电话插座图块的插入，如图 17-156 所示。

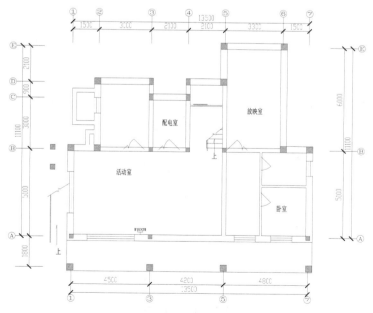

图 17-156　插入电话插座

449

（2）同样方法，完成电视插座图块的插入，结合上述知识在绘制的图形内绘制连接箱，如图 17-157 所示。

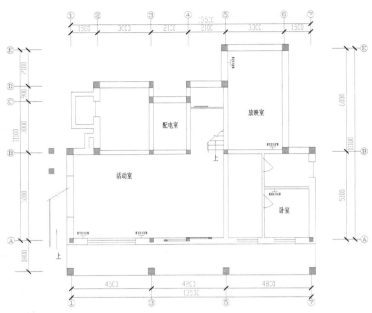

图 17-157　插入电视插座

（3）同样方法，完成弱电接线箱图块的插入，如图 17-158 所示。

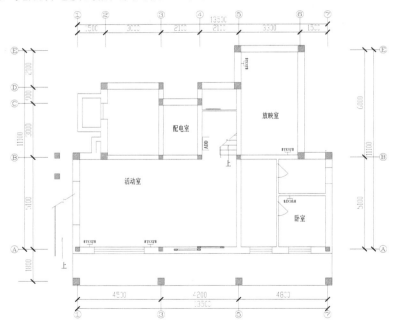

图 17-158　插入弱电接线箱

（4）同样方法，完成网络插座图块的插入，如图 17-159 所示。

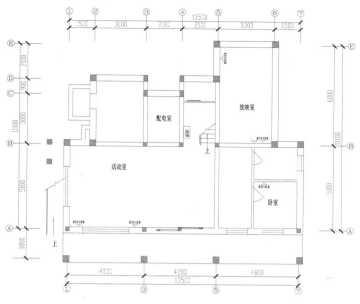

图 17-159　插入网络插座

6）单击"默认"选项卡"绘图"面板中的"多段线"按钮■，指定起点宽度为 35、端点宽度为 35，绘制图例之间的连接线，如图 17-160 所示。

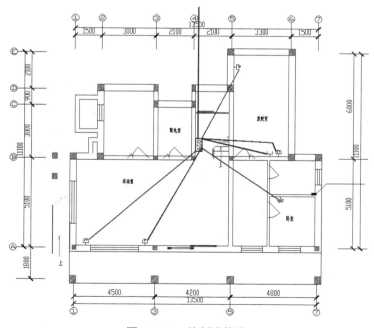

图 17-160　绘制连接线

7）单击"默认"选项卡"绘图"面板中的"多段线"按钮■，指定起点宽度为 180、端点宽度为 0，在绘制的线路连接线上绘制一个适当长度的箭头，如图 17-161 所示。

8）单击"默认"选项卡"绘图"面板中的"直线"按钮■和"多段线"按钮■，完成电视电话平面图剩余部分图形的绘制,如图 17-162 所示。

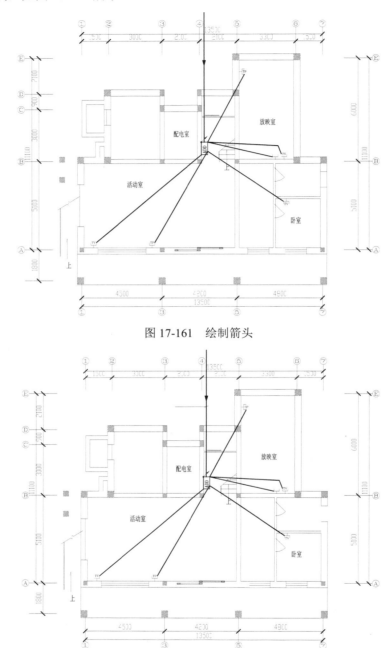

图 17-161 绘制箭头

图 17-162 电视电话平面图

9)单击"默认"选项卡"绘图"面板中的"矩形"按钮▭,在图形适当位置绘制一个 270×80 的矩形,如图 17-163 所示。

10)单击"默认"选项卡"修改"面板中的"修剪"按钮╱,选择绘制的矩形内的多余线段为修剪对象,对其进行修剪,如图 17-164 所示。

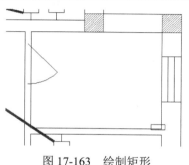
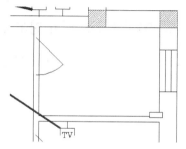

图 17-163　绘制矩形　　　　　　　　　图 17-164　修剪图形

11）单击"默认"选项卡"绘图"面板中的"图案填充"按钮，弹出"图案填充创建"选项卡，设置"图案填充图案"为 SOLID，选择步骤 10）绘制的图形为填充区域，将其填充，如图 17-165 所示。

12）单击"默认"选项卡"绘图"面板中的"矩形"按钮，在图形适当位置绘制一个 278×155 的矩形，如图 17-166 所示。

13）单击"默认"选项卡"绘图"面板中的"直线"按钮，在绘制的矩形内绘制水平直线，如图 17-167 所示。

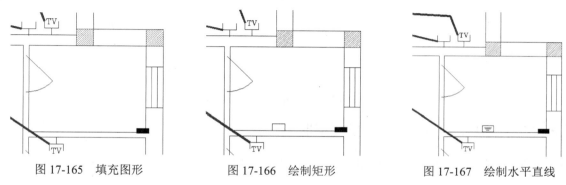

图 17-165　填充图形　　　　　图 17-166　绘制矩形　　　　　图 17-167　绘制水平直线

14）单击"默认"选项卡"绘图"面板中的"多段线"按钮，指定起点宽度为 35、端点宽度为 35，在图形适当位置绘制多段线，如图 17-168 所示。

15）单击"默认"选项卡"绘图"面板中的"直线"按钮，在图形适当位置绘制直线，如图 17-169 所示。

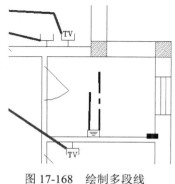
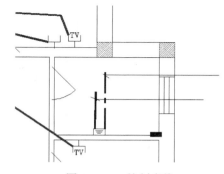

图 17-168　绘制多段线　　　　　　　　图 17-169　绘制直线

16）单击"注释"选项卡"文字"面板中的"多行文字"按钮，在图形适当位置添加文字，如图 17-139 所示。

17.4.2 首层电视电话平面图的绘制

利用上述方法完成首层电视电话平面图的绘制，如图 17-170 所示。

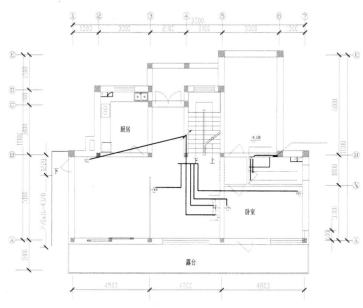

图 17-170 首层电视电话平面图

17.4.3 二层电视电话平面图的绘制

利用上述方法完成二层电视电话平面图的绘制，如图 17-171 所示。

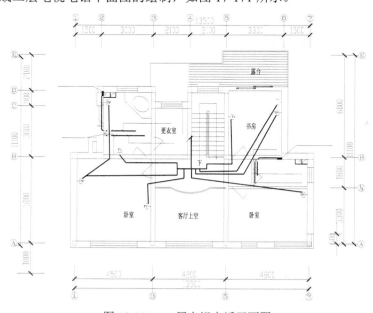

图 17-171 二层电视电话平面图

17.5 接地防雷平面图

接地和防雷平面图属于建筑电气工程图中的一种，是建筑电气设计应该关注的重要部分。本节将介绍别墅接地防雷平面图的绘制，包括接地平面图和防雷平面图。

【预习重点】

☑ 掌握防雷平面图的绘制。
☑ 掌握接地平面图的绘制。

17.5.1 防雷平面图的绘制

防雷平面图如图 17-172 所示。下面讲述其具体绘制方法。

（1）单击"默认"选项卡"绘图"面板中的"多段线"按钮，在图形适当位置绘制连续多段线，如图 17-173 所示。

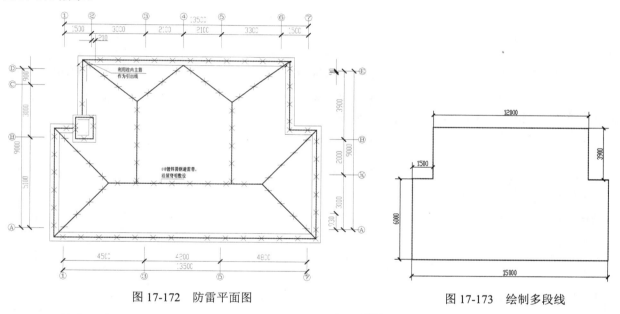

图 17-172 防雷平面图　　　　　　　　　　　图 17-173 绘制多段线

（2）单击"默认"选项卡"修改"面板中的"偏移"按钮，选择绘制的多段线为偏移对象，向内进行偏移，如图 17-174 所示。

（3）单击"默认"选项卡"绘图"面板中的"多段线"按钮，指定起点宽度为 40、端点宽度为 40，在偏移两线段之间绘制连续多段线，如图 17-175 所示。

（4）单击"默认"选项卡"绘图"面板中的"矩形"按钮，在绘制的图形适当位置绘制一个 1270×1540 的矩形，如图 17-176 所示。

（5）单击"默认"选项卡"修改"面板中的"修剪"按钮，选择绘制的矩形内线段为修剪对象，对其进行修剪处理，如图 17-177 所示。

（6）单击"默认"选项卡"绘图"面板中的"矩形"按钮，在绘制的矩形内绘制一个适当大小的矩形，如图 17-178 所示。

图 17-174 偏移多段线

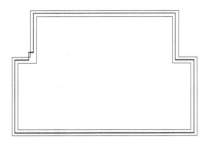

图 17-175 绘制多段线

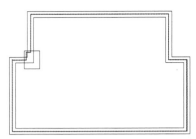

图 17-176 绘制矩形

（7）单击"默认"选项卡"绘图"面板中的"多段线"按钮▱，指定起点宽度为40、端点宽度为40，在图形内绘制连续多段线，如图 17-179 所示。

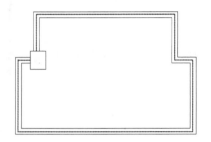

图 17-177 修剪线段

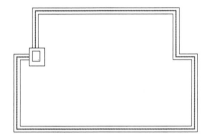

图 17-178 绘制矩形

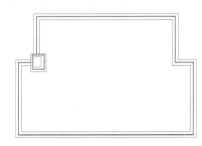

图 17-179 绘制多段线

（8）单击"默认"选项卡"绘图"面板中的"多段线"按钮▱，指定起点宽度为40、端点宽度为40，在图形适当位置绘制连续多段线，如图 17-180 所示。

（9）单击"默认"选项卡"绘图"面板中的"直线"按钮▱，在图形适当位置绘制交叉线，如图 17-181 所示。

（10）单击"默认"选项卡"修改"面板中的"复制"按钮▱，选择绘制的交叉线为复制对象，对其进行连续复制，如图 17-182 所示。

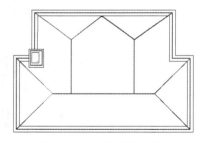

图 17-180 绘制多段线

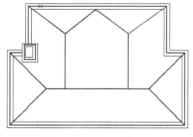

图 17-181 绘制交叉线

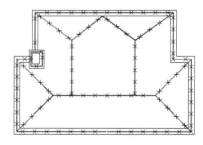

图 17-182 复制交叉线

（11）单击"默认"选项卡"绘图"面板中的"圆"下拉按钮下的"圆心，半径"按钮▱，在图形空白区域绘制一个半径为21的圆，如图 17-183 所示。

（12）单击"默认"选项卡"绘图"面板中的"图案填充"按钮▱，选择绘制的圆为填充区域，将其填充为黑色，如图 17-184 所示。

（13）单击"默认"选项卡"绘图"面板中的"多段线"按钮▱，以填充圆圆心为多段线起点绘制连续多段线，如图 17-185 所示。

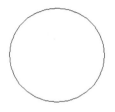

图 17-183　绘制圆

图 17-184　填充图形

图 17-185　绘制多段线

（14）单击"默认"选项卡"修改"面板中的"移动"按钮，选择步骤（13）绘制图形为移动对象，将其放置到适当位置，如图 17-186 所示。

（15）单击"默认"选项卡"修改"面板中的"复制"按钮，选择绘制的图形为复制对象，对其进行复制，如图 17-187 所示。

（16）单击"默认"选项卡"绘图"面板中的"直线"按钮，在图形适当位置绘制连续直线，如图 17-188 所示。

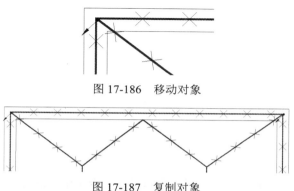

图 17-186　移动对象

图 17-187　复制对象

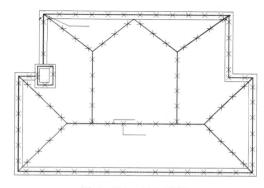

图 17-188　绘制直线

（17）单击"注释"选项卡"标注"面板中的"线性"按钮和"连续"按钮，为图形添加线性标注，如图 17-189 所示。

（18）单击"注释"选项卡"标注"面板中的"线性"按钮，为图形添加总标注，如图 17-190 所示。

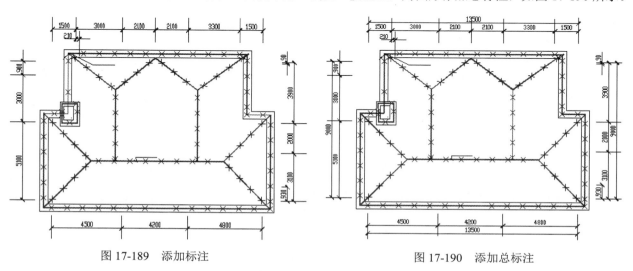

图 17-189　添加标注

图 17-190　添加总标注

（19）单击"注释"选项卡"文字"面板中的"多行文字"按钮▲和"默认"选项卡"绘图"面板中的"圆"按钮◯，最终完成别墅防雷图的绘制，如图 17-172 所示。

17.5.2　接地平面图的绘制

接地平面图如图 17-191 所示。下面讲述其具体绘制方法。

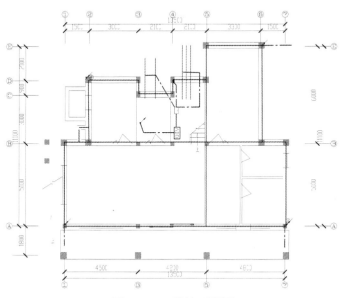

图 17-191　接地平面图

（1）单击快速访问工具栏中的"打开"按钮📂，打开"源文件\地下室平面图"。结合所学知识对其进行修改，如图 17-192 所示。

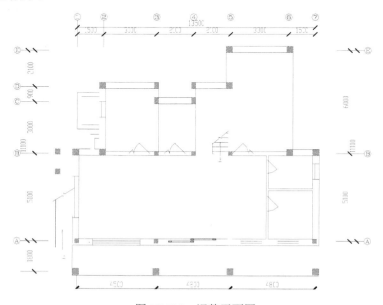

图 17-192　调整平面图

（2）单击"默认"选项卡"绘图"面板中的"矩形"按钮▢和"图案填充"按钮▨，在绘制的图形内绘制图形，如图 17-193 所示。

（3）单击"默认"选项卡"绘图"面板中的"圆"按钮◯，在图形的适当位置绘制一个圆，如图 17-194 所示。

（4）单击"默认"选项卡"绘图"面板中的"直线"按钮╱，在绘制的圆内绘制几条水平直线，完成变电符号的绘制，如图 17-195 所示。

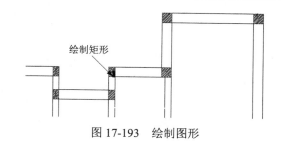

图 17-193 绘制图形

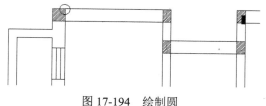

图 17-194 绘制圆

图 17-195 绘制水平直线

（5）单击"默认"选项卡"绘图"面板中的"矩形"按钮▢，在图形的适当位置绘制一个适当大小的矩形，如图 17-196 所示。

（6）单击"默认"选项卡"绘图"面板中的"直线"按钮╱，在绘制的矩形内绘制多条竖直直线，如图 17-197 所示。

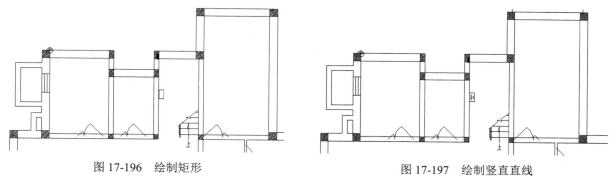

图 17-196 绘制矩形

图 17-197 绘制竖直直线

（7）单击"默认"选项卡"绘图"面板中的"多段线"按钮⇒，指定起点宽度为 22、端点宽度为 22，在图形的适当位置绘制一个连续多段线，如图 17-198 所示。

（8）单击"注释"选项卡"文字"面板中的"多行文字"按钮Ａ，在绘制的多段线内添加多行文字，如图 17-199 所示。

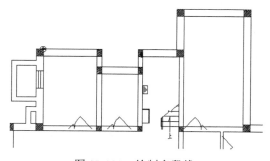

图 17-198 绘制多段线

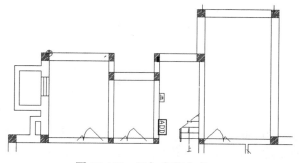

图 17-199 添加多行文字

利用上述方法完成剩余图形的绘制，如图 17-200 所示。

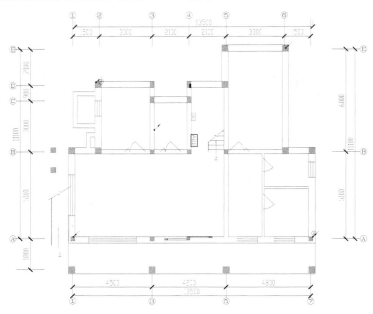

图 17-200　绘制剩余图形

（9）单击"默认"选项卡"绘图"面板中的"多段线"按钮，指定起点宽度为 40、端点宽度为 40，在图形的适当位置绘制连续多段线，如图 17-201 所示。

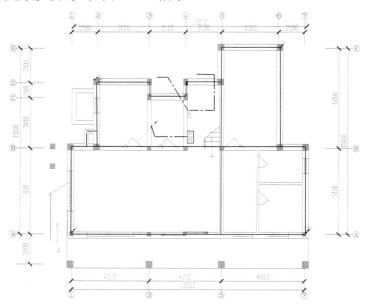

图 17-201　绘制连续多段线

（10）单击"默认"选项卡"绘图"面板中的"多段线"按钮，指定起点宽度为 20、端点宽度为 20，在图形适当位置绘制一条竖直直线，如图 17-202 所示。

（11）单击"默认"选项卡"修改"面板中的"复制"按钮，选择绘制的竖直多段线为复制对象，向右进行复制，如图 17-203 所示。

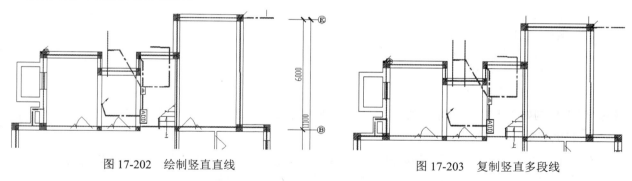

图 17-202 绘制竖直直线   图 17-203 复制竖直多段线

利用上述方法完成剩余相同图形的绘制，见图 17-191 所示。

17.6 上 机 实 验

【练习1】绘制如图 17-204 所示的独立别墅防雷接地平面图。

1．目的要求

本实验主要要求读者通过练习进一步熟悉和掌握独立别墅防雷接地平面图的绘制方法，如图 17-204 所示。通过本实验，可以帮助读者学会完成独立别墅防雷接地平面图绘制的全过程。

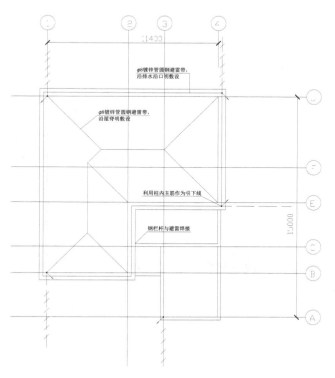

图 17-204 独立别墅防雷接地平面图

2．操作提示

（1）绘图前准备。

（2）绘制别墅顶层屋面平面图。

（3）绘制屋顶立面。

（4）绘制防雷带或避雷网。

（5）尺寸及文字标注说明。

【练习2】 绘制如图 17-205 所示的独立别墅电气照明系统图。

1．目的要求

本实验独立别墅电气照明系统图如图 17-205 所示。通过本实验，可以帮助读者练习基本操作，进一步巩固建筑电气平面图绘制，完成独立别墅电气照明系统图绘制的全过程。

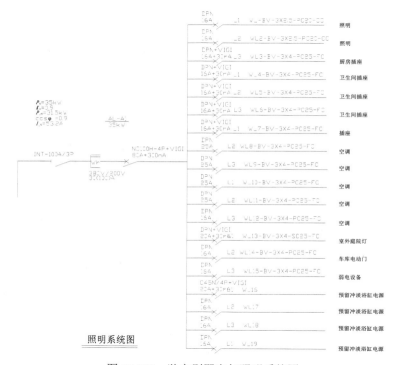

图 17-205　独立别墅电气照明系统图

2．操作提示

（1）设置绘图环境。

（2）绘制进户线、总配电箱、干线、分配电箱以及各相线分配。

（3）尺寸及文字标注说明。

第 5 篇

建筑水暖设计篇

　　本篇主要结合实例讲解利用 AutoCAD 2015 进行某城市别墅区独院别墅建筑水暖工程图设计的操作步骤、方法技巧等，包括建筑给排水工程基础和建筑水暖工程图的绘制等知识。

　　本篇内容通过具体的建筑水暖设计实例加深读者对 AutoCAD 功能的理解和掌握，熟悉建筑水暖工程图设计的方法。

▶▶ 建筑给水排水工程图基本知识

▶▶ 别墅水暖设计工程图的绘制

第18章

建筑给水排水工程图基本知识

　　本章将结合建筑给水排水工程专业知识，介绍建筑给水排水工程施工图的相关制图知识，及其在AutoCAD中实现的基本操作方法及技巧，以及工程制图中各绘图手法在AutoCAD中的具体操作步骤及注意事项，以引导读者顺利进入第19章实际案例的学习。

　　通过本章的学习，帮助读者了解相关专业知识与AutoCAD给水排水工程制图基础，为后面具体学习建筑给水工程的AutoCAD制图的基本操作及技巧作铺垫。

18.1　概　　述

　　建筑给水排水工程是现代城市基础设施的重要组成部分，其在城市生活、生产及城市发展中的作用及意义重大。给水排水工程是指城市或工业单位从水源取水到最终处理的整个工业流程，一般包括给水工程，即水源取水工程、净水工程（水质净化、净水输送、配水使用）；排水工程，即污水净化工程、污泥处理处置工程、污水最终处置工程等；整个给水排水工程由主要枢纽工程及给水排水管道网工程组成。

　　建筑给水排水工程制图涉及多方面的内容，包括基本的工程制图方法、建筑施工图制图方法及建筑结构施工图制图方法等，在识读及绘制建筑给水工程制图前读者应对上述的一些制图方法有所了解，重点学习《给水排水制图标准》（GB/T 50106—2010）。

18.1.1　建筑给水概述

1．室内给水系统图表达的主要内容

　　室内给水系统图即室内给水系统平面布置图，主要表达了房屋内部给水设备的配置和管道的布置及连接的空间情况。其主要内容如下。

　　（1）系统编号。在系统图中，系统的编号与给水排水平面图中的编号应该是一致的。

　　（2）管道的管径、标高、走向、坡度及连接方式等内容。在平面图中管长的变化无法表示，但在系统轴测图中应标注各管段的管径，管径的大小通常用公称直径来表示。在平面图中管道相关设备的标高亦无法表示，在系统图中应标注相关标高，主要包括建筑标高、给水排水管道的标高、卫生设备的标高、管件标高、管径变化处标高以及管道的埋深等。管道的埋深采用负标高标注。管道的坡度值及走向也应标明。

　　（3）管道和设备与建筑的关系，主要是指管道穿墙、穿梁、穿地下室、穿水箱、穿基础的位置及卫生设备与管道接口的位置等。

　　（4）重要管件的位置，如给水管道中的阀门、污水管道中的检查口等，皆应在系统轴测图中标注。

　　（5）与管道相关的给水排水设施的空间位置，如屋顶水箱、室外储水池、水泵、加压设备、室外阀门井等与给水相关的设施的空间位置，以及与排水有关的设施，室外排水检查井、管道等。

　　（6）建筑分区供水，系统轴测图中应反映分区供水的区域；分质供水的建筑，应按照不同的水质独立绘制各系统的供水系统图。

2．图例符号及文字符号的应用

　　建筑给水系统图的绘制涉及很多设备图例及一些设备的简化表达方法，关于这些图形符号及标注的文字符号的表征意义，这里不再介绍。

3．管线位置

　　给水排水系统轴测图的布图方向一般与平面图一致，一般采用正面斜等测方法绘制，表达出管线及设备的立体空间位置关系；当管道或管道附件被遮挡时，或转弯管道变成直线等局部表达不清晰时，可不按比例绘制。系统图中水平方向的长度尺寸可直接在平面图中量取，高度方向的尺寸可根据建筑物的层高和卫生器具的安装高度确定。

4．建筑室内给水系统图的绘制步骤

　　建筑室内给水系统图的绘制一般遵循以下步骤。

　　（1）绘制竖向立管及水平向管道。

（2）绘制各楼层标高线。

（3）绘制各支管及附属用水设备。

（4）对管线、设备等进行尺寸（管径、标高、坡度等）标注。

（5）附加必要的文字说明。

18.1.2　建筑排水概述

建筑室内给水排水平面图是在建筑平面图的基础上，根据建筑给水排水制图的规定绘制出的用于反映给水排水设备、管线的平面布置状况的图样。图中应标注各种管道、附件、卫生器具、用水设备和立管的平面位置以及管道规格、排水管道坡度等相关数值。通常制图时是将各系统的管道绘制在同一张平面布置图上。根据工程规模，当管道及设备较复杂时，在同一张图纸上表达不清晰时，或管道局部布置复杂时，可分类（如卫生器具、其他用水设备、附件等）、分层（如底层、标准层、顶层）表达在不同的图纸上或绘制详图，以便于绘制及识读。建筑排水平面图是建筑给水排水施工图的重要组成部分，其是绘制及识读其他给水排水施工图的基础。

1. 室内排水平面表达的主要内容

室内排水平面图即室内排水系统平面布置图，其主要表达了房屋内部排水设备的配置和管道的布置情况。其主要内容如下。

（1）相关排水设备在建筑平面图中的所在平面位置。

（2）各排水设备的平面位置、规格类型等尺寸关系。

（3）排水管网的各干管、立管和支管的平面位置、走向、立管编号和管道安装方式（明装或暗装）、管道的名称、规格、尺寸等。

（4）管道器材设备（阀门、消火栓、地漏等）、与排水系统相关的室内引出管。

（5）屋顶给水平面图中应注明屋顶水箱的平面位置、水箱容量、进出水箱的各种管道的平面位置、设备支架及保温措施等内容。

（6）管道及设备安装预留洞位置、预埋件、管沟等方面对土建工程的要求。

（7）与室内排水相关的室外检查井、化粪池、排出管等平面位置。

（8）屋面雨水排水设施及管道的平面位置、雨水排水口的平面位置、水流组织、管道安装敷设方式及阳台、雨篷、走廊等与雨水管相连的排水设施。

2. 图例符号及文字符号的应用

建筑排水平面图的绘制涉及很多的设备图例及一些设备的简化表达方法，关于这些图形符号及标注的文字符号的表征意义，在后续内容中将一并介绍。

3. 管线位置的确定

管道设备一般采用图形符号和标注文字的方式来表示，在给水排水平面图中不表示线路及设备本身的尺寸大小形状，但必须确定其敷设和安装的位置。其中平面位置是根据建筑平面图的定位轴线和某些构筑物来确定照明线路和设备布置的位置，而垂直位置，即安装高度，一般采用标高、文字符号等方式来表示。

4. 建筑室内排水平面图的绘制步骤

建筑室内排水平面图的绘制遵循以下步骤。

（1）绘制房屋平面图（外墙、门窗、房间、楼梯等）。

（2）绘制排水设备图例及其平面位置。

（3）绘制各排水管道的走向及位置。

（4）对管线、设备等进行尺寸及附加文字标注。

（5）附加必要的文字说明。

18.2　给水排水施工图分类

给水排水施工图是建筑工程图的组成部分，按其内容和作用不同，分为室内给水排水施工图和室外给水排水施工图。

室内给水排水施工图是表示房屋内给水排水管网的布置、用水设备以及附属配件的设置。

18.3　给水排水施工图的表达特点及一般规定

本节简要介绍给水排水施工图的表达特点和一般规定。

18.3.1　表达特点

（1）给水排水施工图中的平面图、详图等图样采用正投影法绘制。

（2）给水排水系统图宜按 45°正面斜轴测投影法绘制。管道系统图的布图方向应与平面图一致，并宜按比例绘制，当局部管道按比例绘制不易表示清楚时，可不按比例绘制。

（3）给水排水施工图中管道附件和设备等，一般采用标准（统一）图例表示。在绘制和阅读给水排水施工图前，应查阅和掌握与图纸有关的图例及其所表征的设备。

（4）给水及排水管道一般采用单线表示，并以粗线绘制。而建筑与结构的图样及其他有关器材设备均采用中、细实线绘制。

（5）有关管道的连接配件，属于规格统一的定型工业产品，其在图中均可不予画出。

（6）给水排水施工图中，常用 J 作为给水系统和给水管的代号，用 P 作为排水系统和排水管的代号。

（7）给水排水施工图中管道设备的安装应与土建施工图相互配合，尤其在留洞、预埋件、管沟等方面对土建的要求，必须在图纸上予以注明。

18.3.2　一般规定

给排水施工图的绘制，主要参照《房屋建筑制图统一标准》（GB/T 50001—2010）、《建筑给水排水制图标准》（GB/T 50106—2010）、《暖通空调制图标准》（GB/T 50114—2010）等标准，其中对制图的图线、比例、标高、标注方法、管径编号和图例等都作了详细的说明。

18.4　给水排水施工图的表达内容

18.4.1　施工设计说明

给水排水施工图设计说明，是整个给水排水工程设计及施工中的指导性文字说明，应主要阐述以下内容：给水排水系统采用何种管材、设备型号及其施工安装中的要求和注意事项；消防设备的选型、阀门符号、系统防腐、保温做法及系统试压的要求和其他未说明的各项施工要求，以及给水排水施工图尺寸单位的说明等。

18.4.2 室内给水施工图

1．室内给水平面图的主要内容

室内给水平面图是室内给水系统平面布置图的简称，主要表示房屋内部给水设备的配置和管道的布置情况。其主要内容如下。

（1）建筑平面图。

（2）各用水设备的平面位置、类型。

（3）给水管网的各干管、立管和支管的平面位置、走向、立管编号和管道安装方式（明装或暗装）。

（4）管道器材设备（阀门、消火栓和地漏等）的平面位置。

（5）管道及设备安装预留洞位置、预埋件管沟等方面对土建工程的要求。

2．室内给水平面图的表示方法

（1）建筑平面图

室内给水平面图是在建筑平面图上，根据给水设备的配置和管道的布置情况绘出的，因此，建筑轮廓应与建筑平面图一致，一般只抄绘房屋的墙、柱、门窗洞、楼梯等主要构配件（不画建筑材料图例），房屋的细部、门窗代号等均可省略。

（2）卫生器具平面图

房屋卫生器具中的洗脸盆、大便器、小便器等都是工业产品，只需表示它们的类型和位置，按规定用图例画出。

（3）管道的平面布置

通常以单线条的粗实线表示水平管道（包括引入管和水平横管），并标注管径。以小圆圈表示立管，底层平面图中应画出给水引入管，并对其进行系统编号，一般给水管以每一引入管作为一个系统。

（4）图例说明

为使施工人员便于阅读图纸，无论是否采用标准图例，最好能附上各种管道及卫生设备的图例，并对施工要求和有关材料等用文字说明。

3．室内给水系统图

给水系统图是给水系统轴测图的简称，主要表示给水管道的空间布置和连接情况。给水系统图和排水系统图应分别绘制。

（1）给水系统图的形成

室内排水系统图即室内排水系统平面布置图，其主要表达房屋内部排水设备的配置和管道的布置及连接的空间情况。

雨水排水系统图主要反映雨水排水管道的走向、坡度、落水口、雨水斗等内容。当雨水排到地下以后，若采用有组织的排水方式，则还应反映出排水管与室外雨水井之间的空间关系。

（2）给水系统图的图示方法

① 给水系统图与给水平面图采用相同的比例。

② 按平面图上的编号，分别绘制管道图。

③ 轴向选择，通常将房屋的高度方向作为 Z 轴，以房屋的横向作为 X 轴，房屋的纵向作为 Y 轴。

④ 系统图中水平方向的长度尺寸可直接在平面图中量取，高度方向的尺寸可根据建筑物的层高和卫生器具的安装高度确定。

⑤ 在给水系统图中，管道用粗实线表示。

⑥ 在给水系统图中出现管道交叉时，要判别可见性，将后面的管道线断开。

（3）给水系统图中的尺寸标注

给水系统图中的尺寸标注主要包括管径、坡度、标度等几个方面。

18.4.3　室内排水施工图

1．室内排水平面图的主要内容

室内排水平面图主要表示房屋内部的排水设备的配置和管道的平面布置情况。其主要内容如下。

（1）建筑平面图。

（2）室内排水横管、排水立管、排出管和通气管的平面布置。

（3）卫生器具及管道器材设备的平面位置。

2．室内排水平面图的表达方法

（1）建筑平面图、卫生器具与配水设备平面图的表达方法，要求与给水管网平面布置图相同。

（2）排水管道一般用单线条粗虚线表示，以小圆圈表示排水立管。

（3）按系统对各种管道分别予以标识和编号。

（4）图例及说明与室内给水平面图相似。

3．室内排水系统图

（1）室内排水系统图的图示方法

① 室内排水系统图仍选用正面斜等测图，其图示方法与给水系统图基本一致。

② 排水系统图中的管道用粗线表示。

③ 排水系统图只须绘制管路及存水弯，卫生器具及用水设备可不必画出。

④ 排水横管上的坡度，因图例小可忽略，按水平管道画出。

（2）排水系统图中的尺寸标注

排水系统图中的尺寸标注包括管径、坡度、标高等的标注。

18.4.4　室外管网平面布置图

1．室外管网平面布置图的主要内容

室外管网平面布置图：表明一个工程单位的（如小区、城市和工厂等）给水排水管网的布置情况。一般应包括以下内容。

（1）该工程的建筑总平面图。

（2）给水排水管网干管位置等。

（3）室外给水管网，需注明各给水管道的管径、消火栓位置等。

2．室外管网平面布置图的表达方法

（1）给水管道用粗实线表示。

（2）在排水管的起端、两管相交点和转折点要设置检查井。在图上用 2～3mm 的圆圈表示检查井。两检查井之间的管道应是直线。

（3）用汉语拼音字头表示管道类别。

简单的管网布置可直接在布置图中注上管径、坡度、流向、管底标高等。

18.5 给水排水工程施工图的设计深度

该部分为摘录建设部（现住建部）颁发的文件《建筑工程设计文件编制深度规定》（2008 年版）中给水排水工程部分施工图设计的有关内容，供读者学习参考。

18.5.1 总则

（1）民用建筑工程一般应分为方案设计、初步设计和施工图设计 3 个阶段；对于技术要求简单的民用建筑工程，经有关主管部门同意，并且合同中有不做初步设计的约定，可在方案设计审批后直接进入施工图设计。

（2）各阶段设计文件编制深度应按以下原则进行（具体应执行第 2、3、4 章条款，详见相关规范）。

① 方案设计文件，应满足编制初步设计文件的需要。

注意 对于投标方案，设计文件深度应满足标书要求；若标书无明确要求，设计文件深度可参照本规定的有关条款。

② 初步设计文件，应满足编制施工图设计文件的需要。

③ 施工图设计文件，应满足设备材料采购、非标准设备制作和施工的需要。对于将项目分别发包给几个设计单位或实施设计分包的情况，设计文件相互关联处的深度应当满足各承包或分包单位设计的需要。

18.5.2 施工图设计

条文编排遵从原文件的序号，以便于读者进行查阅。

1. 给水排水

（1）在施工图设计阶段，给水排水专业设计文件应包括图纸目录、施工图设计说明、设计图纸、主要设备表和计算书。

（2）图纸目录：先列新绘制的图纸，后列选用的标准图或重复利用图。

（3）设计总说明。

① 设计依据简述。

② 给水排水系统概况，主要的技术指标（如最高日用水量，最大时用水量，最高日排水量，最大时热水用水量、耗热量，循环冷却水量，各消防系统的设计参数及消防总用水量等），控制方法；有大型的净化处理厂（站）或复杂的工艺流程时，还应有运转和操作说明。

③ 凡不能用图示表达的施工要求，均应以设计说明表述。

④ 有特殊需要说明的可分别列在有关图纸上。

2．给水排水总平面图

（1）绘出各建筑物的外形、名称、位置、标高、指北针（或风玫瑰图）。

（2）绘出全部给水排水管网及构筑物的位置（或坐标）、距离、检查井、化粪池型号及详图索引号。

（3）对较复杂工程，给水、排水（雨水、污废水）总平面图应分开绘制，以便于施工（简单工程可以绘在一张图上）。

（4）给水管注明管径、埋设深度或敷设的标高，宜标注管道长度，并绘制节点图，注明节点结构、闸站井尺寸、编号及引用详图（一般工程给水管线可不绘节点图）。

（5）排水管标注检查井编号和水流坡向，标注管道接口处市政管网的位置、标高、管径、水流坡向。

3．排水管道高程表和纵断面图

（1）排水管道绘制高程表，将排水管道的检查井编号、井距、管径、坡度、地面设计标高、管内底标高等写在表内。简单的工程，可将上述内容直接标注在平面图上，不再列表。

（2）对地形复杂的排水管道以及管道交叉较多的给水排水管道，应绘制管道纵断面图，图中应标示出设计地面标高、管道标高（给水管道注管中心，排水管道注管内底）、管径、坡度、井距、井号和井深，并标出交叉管的管径、位置和标高；纵断面图比例宜为竖向 1:1000（或 1:50、1:200）、横向 1:500（或与总平面图的比例一致）。

4．取水工程总平面图

绘出取水工程区域内（包括河流及岸边）的地形等高线、取水头部、吸水管线（自流管）、集水井、取水泵房、栈桥、转换闸门及相应的辅助建筑物、道路的平面位置、尺寸、坐标、管道的管径、长度和方位等，并列出建（构）筑物一览表。

5．取水工程流程示意图（或剖面图）

一般工程可与总平面图合并绘在一张图上，较大且复杂的工程应单独绘制。图中标明各构筑物间的标高关系和水源地最高、最低、常年水位线和标高等。

6．取水龙部（取水口）平面、剖面及详图

（1）绘出取水头部所在位置及相关河流、岸边的地形平面布置，图中标明河流、岸边与总体建筑物的坐标、标高等。

（2）详图应详细标注各部分尺寸、构造、管径和引用详图等。

7．取水泵房平面、剖面及详图

绘出各种设备基础尺寸（包括地脚螺栓孔位置、尺寸），相应的管道、阀门、配件、仪表、配电、起吊设备的相关位置、尺寸、标高等，列出设备材料表，并标注出各设备型号和规格及管道、阀门的管径，配件的规格。

8．其他建筑物平面、剖面及详图

内容应包括集水井、计量设备和转换闸门井等。

9．输水管线图

在带状地形图（或其他地形图）上绘制出管线及附属设备、闸门等的平面位置、尺寸，图中注明管径、管长、标高及坐标、方位。是否需要另绘管道纵断面图，视工程地形的复杂程度而定。

10．给水净化处理厂（站）总平面布置图及高程系统图

（1）绘出各建（构）筑物的平面位置、道路、标高、坐标，连接各建（构）筑物之间的各种管线、管

径、闸门井、检查井、堆放药物、滤料等堆放场的平面位置、尺寸。

（2）高程系统图应表示各构筑物之间的标高和流程关系。

11．各净化建（构）筑物平面、剖面及详图

分别绘制各建筑物、构筑物的平面、剖面及详图，图中详细标出各细部尺寸、标高、构造、管径及管道穿池壁预埋管管径或加套管的尺寸、位置、结构形式和引用的详图。

12．水泵房平面、剖面图

注意 一般指利用城市给水管网供水压力不足时设计的加压泵房，净水处理后的二次升压泵房或地下水取水泵房。

（1）平面图

应绘出水泵基础外框、管道位置，列出主要设备材料表，标出设备型号和规格、管径、阀件，起吊设备、计量设备等位置、尺寸。如需设真空泵或其他引水设备时，需要绘出有关的管道系统和平面位置及排水设备。

（2）剖面图

绘出水泵基础剖面尺寸、标高，水泵轴线管道、阀门安装标高，防水套管位置及标高。简单的泵房，用系统轴测图能交代清楚时，可不绘剖面图。

13．水塔（箱）、水池配管及详图

分别绘出水塔（箱）、水池的进水、出水、泄水、溢水、透气等各种管道平、剖面图或系统轴测图及详图，标注管径、标高、最高水位、最低水位、消防储备水位及储水容积。

14．循环水构筑物的平面、剖面及系统图

有循环水系统时，应绘出循环冷却水系统的构筑物（包括用水设备、冷却塔等），循环水泵房及各种循环管道的平、剖面及系统图（当绘制系统轴测图时，可不绘制剖面图）。

15．污水处理

如有集中的污水处理或局部污水处理时，应绘出污水处理站（间）平面、高程流程图，并绘出各构筑物平面、剖面及详图，其深度可参照给水部分的相应图纸内容。

16．建筑给水排水图纸

（1）平面图

① 绘出与给水排水、消防给水管道布置有关各层的平面图，内容包括主要轴线编号、房间名称、用水点位置，注明各种管道系统编号或图例。

② 绘出给水排水、消防给水管道平面布置，立管位置及编号。

③ 当采用展开系统原理图时，应标注管道管径、标高（给水管安装高度，应在变化处用符号表示清楚，并分别标出标高，排水横管应标注管道终点标高），管道密集处应在该平面图中绘制横断面图将管道布置定位表示清楚。

④ 底层平面应注明引入道、排出管、水泵接合器等，以及建筑物的定位尺寸、穿建筑外墙管道的标高、防水套管形式等，还应绘出指北针。

⑤ 标出各楼层建筑平面标高（如卫生设备间平面标高有不同时，应另加标注）和灭火器放置地点。

⑥ 若管道种类较多，在一张图纸上表示不清楚时，可分别绘制给水排水平面图和消防给水平面图。

⑦ 对于给水排水设备及管道较多处，如泵房、水池、水箱间、热交换器站、饮水间、卫生间、水处理间、报警阀门和气体消防储瓶间等，当上述平面图不能表示清楚时，应绘出局部放大平面图。

（2）系统图

① 系统轴测图。

对于给水排水系统和消防给水系统，一般宜按比例分别绘出各种管道系统轴测图。图中标明管道走向、管径、仪表及阀门、控制点标高和管道坡度（设计说明中已表示的，图中可不标注管道坡度），各系统编号，各楼层卫生设备和工艺用水设备的连接位置。如各层（或某几层）卫生设备及用水点接管（分支管段）情况完全相同时，在系统轴测图上可只绘一个有代表性楼层的接管图，其他各层注明同该层即可。复杂的边节点应局部放大绘制。在系统轴测图上，应注明建筑楼层标高、层数、室内外建筑平面标高差。卫生间管道应绘制轴测图。

② 展开系统原理图。

对于用展开系统原理图将设计内容表达清楚的，可绘制展开系统原理图。图中标明立管和横管的管径、立管编号、楼层标高、层数、仪表及闸门、各系统编号、各楼层卫生设备和工艺用水设备的连接，排水管标立管检查口、通风帽等距地（板）高度等。如各层（或某几层）卫生设备及用水点接管（分支管段）情况完全相同时，在展开系统原理图上可只绘一个有代表性楼层的接管图，其他各层注明同该层即可。

③ 当自动喷水灭火系统在平面图中已将管道管径、标高、喷头间距和位置标注清楚时，可简化表示从水流指示器至末端试水装置（试水阀）等阀件之间的管道和喷头。

④ 简单管段在平面图上注明管径、坡度、走向、进出水管位置及标高，可不绘制系统图。

（3）局部设施

当建筑物内有提升、调节或小型局部给水排水处理设施时，可绘出其平面图、剖面图（或轴测图），或注明已有的详图、标准图号。

（4）详图

特殊管件无定型产品又无标准图可利用时，应绘制详图。

17. 主要设备材料表

主要设备、器具、仪表及管道附件、配件可在首页或相关图上列表表示。

18. 计算书（内部使用）

根据初步设计审批意见进行施工图阶段设计计算。

19. 设计依据

为合作设计时，应依据主设计方审批的初步设计文件，按所分工内容进行施工图设计。

18.6 职业法规及规范标准

规范或标准是工程设计的依据，贯穿于整体工程设计过程。作为专业人员应首先熟悉专业规范的各相关条文，特别是一些强制条文。本节归纳列出了一些建筑给水排水工程设计中的常用规范标准，供读者选用、查询。

给水排水工程设计人员必须熟悉相关行业的国家法律法规及行业标准规范，应在设计过程中严格执行相关条文，保证工程设计的合理安全，符合相关质量要求，特别是对于一些强制性条文，更应提高警惕，严格遵守，职业工作中应注意以下几点法律法规。

（1）我国有关基本建设、建筑、城市规划、环保和房地产方面的法律规范。

（2）工程设计人员的职业道德与行为准则。

如表 18-1 所示列出了给水排水工程设计中的常用法律法规及标准规范目录，读者可自行查阅，便于工程设计之用，其包含了全国勘察设计注册电气工程师考试推荐用的法律、规程、规范。

表 18-1　相关职业法规及标准

序　　号	文 件 编 号	文 件 名 称
法律法规		
1		《中华人民共和国城市房地产管理法》
2		《中华人民共和国城市规划法》
3		《中华人民共和国环境保护法》
4		《中华人民共和国建筑法》
5		《中华人民共和国合同法》
6		《中华人民共和国招标投标法》
7		《建设工程质量管理条例》
8		《建设工程勘察设计管理条例》
9		《中华人民共和国大气污染防治法 》
10		《中华人民共和国水污染防治法》
规范标准		
1	GB 50013—2006（2011 版）	《室外给水设计规范》
2	GB 50014—2006（2011 版）	《室外排水设计规范》
3	GB 50015—2010	《建筑给水排水设计规范》
4	CB 50016—2012	《建筑设计防火规范》
5	GB 50045—1995（2005 版）	《高层民用建筑设计防火规范》
6	GB 50084—2001（2005）	《自动喷水灭火系统设计规范》
7	GB 50336—2002	《建筑中水设计规范》
8	CECS 14—2002	《游泳池和水上游乐池给水排水设计规程》
9	GB 50265—2010	《泵站设计规范》
10	GB 50102—2003	《工业循环水冷却设计规范》
11	GB 50050—2007	《工业循环冷却水处理设计规范》
12	GB 50109—2006	《工业用水软化水除盐设计规范》
13	GB 50219—1995	《水喷雾灭火系统设计规范》
14	CB 50067—1997	《汽车库、修车库、停车场设计防火规范》
15	GB 50098—2009	《人民防空工程设计防火规范》
16	GB 50140—2005（2010 版）	《建筑灭火器配置设计规范》
17	GB 50096—2011	《住宅设计规范》
18	GB 50038—2005	《人民防空地下室设计规范》
19	CECS 41—92	《建筑给水硬聚氯乙烯管道设计与施工验收规程》
20	CJJ/T 29—89	《建筑排水硬聚氯乙烯管道工程技术规程》
21	GB 50268—2008	《给水排水管道工程施工及验收规范》

续表

序 号	文件编号	文 件 名 称
22	GB 50141—2008	《给水排水构筑物施工及验收规范》
23	GB 50242—2002	《建筑给水排水及采暖工程施工质量验收规范》
24	GB 50261—2005	《自动喷水灭火系统施工及验收规范》
规范标准		
25	GB 50319—2000	《建设工程监理规范》
26	CJ 3020—1993	《生活饮用水水源水质标准》
27	GB 5749—2006	《生活饮用水卫生标准》
28	CJ 94—2005	《饮用净水水质标准》
29	GB 3838—2002	《地表水环境质量标准》
30	GB 8978—1996	《污水综合排放标准》
设计手册		
1	严煦世等. 给水工程[M]. 第4版. 北京：中国建筑工业出版社，1999.	
2	孙慧修. 排水工程（上册）[M]. 第4版. 北京：中国建筑工业出版社，1999.	
3	张自杰. 排水工程（下册）[M]. 第4版. 北京：中国建筑工业出版社，2000.	
4	王增长. 建筑给水排水工程[M]. 北京：中国建筑工业出版社，1998.	
5	上海市政工程设计研究院. 给水排水设计手册（第3册）——城镇给水[M]. 第2版. 北京：中国建筑工业出版社，2003.	
6	华东建筑设计院有限公司. 给水排水设计手册（第4册）——工业给水处理[M]. 第2版. 北京：中国建筑工业出版社，2000.	
7	北京市市政设计研究总院. 给水排水设计手册（第5册）——城镇排水[M]. 第2版. 北京：中国建筑工业出版社，2003.	
8	北京市市政设计研究总院. 给水排水设计手册（第6册）——工业排水[M]. 第2版. 北京：中国建筑工业出版社，2002.	
9	中国建筑标准化研究所等. 全国民用建筑工程设计技术措施（给水排水）[M]. 北京：中国计划出版社，2003.	
10	严煦世. 给水排水工程快速设计手册（第1册）——给水工程[M]. 北京：中国建筑工业出版社，1995.	
11	于尔捷等. 给水排水工程快速设计手册（第2册）——排水工程[M]. 北京：中国建筑工业出版社，1996.	
12	陈耀宗等. 建筑给水排水设计手册[M]. 北京：中国建筑工业出版社，1992.	
13	黄晓家等. 自动喷水灭火系统设计手册[M]. 北京：中国建筑工业出版社，2002.	
14	聂梅生等. 水工业工程设计手册——建筑和小区给水排水[M]. 北京：中国建筑工业出版社，2000.	
15	张自杰. 环境工程手册——水污染防治卷[M]. 北京：高等教育出版社，1996.	
16	兰文艺等. 实用环境工程手册——水处理材料与药剂[M]. 北京：化学工业出版社，2002.	
17	北京市环境保护科学研究院等. 三废处理工程技术手册废水卷[M]. 北京：化学工业出版社，2000.	
18	顾夏声等. 水处理工程[M]. 北京：清华大学出版社，1985.	
19	周本省. 工业水处理技术[M]. 北京：化学工业出版社，1997.	
20	孙力平等. 污水处理新工艺与设计计算实例[M]. 北京：中国科学出版社，2001.	
21	周玉文等. 排水管网理论与计算[M]. 北京：中国建筑工业出版社，2000.	
22	唐受印等. 废水处理工程[M]. 北京：化学工业出版社，1998.	

序　号	文 件 编 号	文 件 名 称
		设计手册
23	徐根良等. 废水控制及治理工程[M]. 杭州：浙江大学出版社，1999.	
24	李培红. 工业废水处理与回收利用[M]. 北京：化学工业出版社，2001.	
25	王绍文等. 重金属废水治理技术[M]. 北京：冶金工业出版社，1993.	
26	高廷耀等. 水污染控制工程（下册）[M]. 北京：高等教育出版社，1999.	
27	秦钰慧等. 饮用水卫生与处理技术[M]. 北京：化学工业出版社，2002.	
28	罗光辉等. 环境设备设计与应用[M]. 北京：高等教育出版社，1997.	

18.7　建筑给水排水工程制图规定

建筑给水排水工程的 AutoCAD 制图必须遵循我国颁布的相关制图标准，其主要涉及《房屋建筑制图统一标准》（GB/T 50001—2010）、《建筑给水排水制图标准》（GB/T 50106—2010）等多项制图标准，还有一些大型建筑设计单位内部的相关标准，读者可自行查阅，以获得详细的相关条文解释，也可查阅相关建筑设备工程制图方面的教材或辅助读物进行参考学习，本节主要以 AutoCAD 2015 应用软件为背景，针对建筑给水排水工程制图的各基本规定，说明其在 AutoCAD 2015 中的制图操作过程，详细介绍 AutoCAD 在建筑给水排水工程制图方面的一些知识及技巧，以帮助读者迅速提高 CAD 工程制图的能力。

18.7.1　比例

《房屋建筑制图统一标准》（GB/T 50001—2010）及《给水排水制图标准》（GB/T 50106—2010）对建筑制图的比例、给水排水工程制图的比例都作了详细的说明，比例大小的合理选择关系到图样表达的清晰程度及图纸的通用性。

绘制排水专业的图纸种类繁多，包括平面图、系统图、轴测图、剖面图和详图等。在不同的专业设计阶段，图纸要求表达的内容及深度是不同的，以及工程的规模大小、工程的性质等都关系到比例的合理选择。给水排水工程制图中的常见比例如表 18-2 所示。

表 18-2　图纸比例

名 　 称	比 　 例
区域规划图	1:10000、1:25000、1:50000
区域位置图	1:2000、1:5000
厂区总平面图	1:300、1:500、1:1000
管道纵断面图	横向有 1:300、1:500、1:1000 纵向有 1:50、1:100、1:200
水处理厂平面图	1:500，1:200，1:100
水处理高程图	可无比例
水处理流程图	可无比例
水处理构筑物、设备间和泵房等	1:30、1:50、1:100

续表

名　　称	比　　例
建筑给排水平面图	1:100、1:150、1:200
建筑给排水轴测图	1:50、1:100、1:150
详图	1:1、2:1、1:5、1:10、1:20、1:50

其中建筑给水排水平面图及轴测图宜与建筑专业图纸比例一致，以便于识图。另外，在管道纵断面图中，根据表达需要在横向与纵向可采用不同的比例绘制。水处理的高程图及流程图及给水排水的系统原理图也可不按比例绘制。建筑给水排水的轴测图局部绘制表达困难时也可不按比例绘制。

18.7.2　线型

制图中的各种建筑、设备等多数图样是通过不同式样的线条来表现的，以线条的形式传递相应的表达信息，不同的线条即代表不同的含义，通过对线条的调整设置，包括线型及线宽等的设置，以及填充图案样式等的灵活运用，可以使图样表达清晰、信息明确、制图快捷。

《房屋建筑制图统一标准》（GB/T 50001—2010）、《给水排水制图标准》（GB/T 50106—2010）中对线条作了详细的解释，建筑给水排水工程涉及建筑制图方面的线条规定，应严格执行，另外还有给水排水专业在制图方面关于线条表达的一些规定，应将两者结合。

图线的宽度 b 的选择，主要考虑到图纸的类别、比例、表达内容与复杂程度，给水排水图纸中的基础线宽，一般取 1.0 mm 及 0.7 mm 两种。

如表 18-3 所示列出了线型的一些表达规则。

表 18-3　线型的使用

名　　称	线　　宽	表 达 用 途
粗实线	b	新设计的各种排水及其他重力流管线
粗虚线		新设计的各种排水及其他重力流管线不可见轮廓线
中粗实线	0.75b	新设计的各种给水和其他压力流管线
		原有的各种排水及其他重力流管线
中粗虚线	0.75b	新设计的各种给水和其他压力流管线不可见轮廓线
		原有的各种排水及其他重力流管线不可见轮廓线
中实线	0.5b	给排水设备、零件的可见轮廓线
		总图中新建建筑物和构筑物的可见轮廓线
		原有的各种给水和其他压力流管线
虚实线	0.5b	给排水设备、零件的不可见轮廓线
		总图中新建建筑物和构筑物的不可见轮廓线
		原有的各种给水和其他压力流管线的不可见轮廓线
细实线	0.25b	建筑的可见轮廓线，总图中原有建筑物和构筑物的可见轮廓线
细虚线	0.25b	建筑的不可见轮廓线，总图中原有建筑物和构筑物的不可见轮廓线
单点长划线	0.25b	中心线、定位轴线
折断线	0.25b	断开线
波浪线	0.25b	平面图中的水面线、局部构造层次范围线、保温范围示意线

对于线型的选用及制图时应注意的细节，读者可参考有关制图标准及教科书，如相互平行的图线，其

间隙不宜小于其中的粗线宽度，且不宜小于 0.7mm；图线不得与文字、数字、符号等重叠、混淆，不可避免时，应首先保证文字等信息的清晰；同一张图纸中，相同比例的图样，应选用相同的线宽组等，这里不详细赘述。

18.7.3　图层及交换文件

《房屋建筑制图统一标准》（GB/T 50001—2010）有关给排水部分的图层命名举例如表 18-4 所示。

表 18-4　图层名举例（遵从原文件的编排序号）

	给排-冷热	P-DOMW	生活冷热（Domestic Hot and Cold）水系统（Water Systems）
冷热	给排-冷热-设备	P-DOMW-EQPH	生活冷热（Domestic Hot and Cold）水设备（Water Equipment）
	给排-冷热-热管	P-DOMW-HPIP	生活热水管线（Domestic Hot Water Piping）
	给排-冷热-冷管	P-DOMW-CPIP	生活冷水管线（Domestic Cold Water Piping）
排水	给排-排水	P-SANR	排水（Sanitary Drainage）
	给排-排水-设备	P-SANR-EQPM	排水设备（Sanitary Equipment）
	给排-排水-管线	P-SANR-PIPE	排水管线（Sanitary Piping）
雨水	给排-雨水	P-STRM	雨水排水系统（Storm Drainage System）
	给排-雨水-管线	P-STRM-PIPE	雨水排水管线（Storm Drain Piping）
	给排-排水-屋面	P-STRM-RFDR	屋面排水（Roof Drains）
	给排-消防	P-HYDR	消防系统（Hydrant System）

别墅水暖设计工程图

本章将以别墅水暖设计工程图为例，详细讲述水暖工程图的绘制过程。在讲述过程中，将逐步带领读者完成空调水系统图、风机盘管连接示意图、空调平面图、给排水平面图和给排水系统图的绘制，并讲述关于水暖工程图设计的相关知识和技巧。本章包括水暖工程图绘制的知识要点、图例的绘制、管线的绘制以及尺寸文字标注等内容。

19.1　空调设计总说明

1．设计依据

（1）《采暖通风与空气调节设计规范》（GB 50019—2003）。

（2）《建筑设计防火规范》（GB 50016—2006）。

（3）甲方提供的外部条件及要求。

（4）建筑及其他专业提供的施工图资料。

2．室内外设计参数

（1）室外计算参数

① 夏季。

空调计算干球温度：33.2℃。

空调计算湿球温度：215.4℃。

空调计算日均温度：28.6℃。

② 冬季。

空调计算干球温度：−12.0℃。

采暖计算干球温度：−9.0℃。

（2）室内设计参数

室内设计参数如表 19-1 所示。

表 19-1　室内设计参数

房间名称	夏　季		冬　季		备　注
	温度/（℃）	相对湿度/（%）	温度/（℃）	相对湿度/（%）	
卧室	26		20		
客厅	26		20		
活动室	26		20		
卫生间（带洗浴）			25		

3．空调与供暖

（1）本建筑采用风冷空调机组提供回水温度 7℃～12℃的冷水供夏季使用，冬季采用燃气壁挂炉供暖，其供回水温度为 50℃～60℃。室内的冷、热负荷由风机盘管负担。

（2）空调冷负荷 30kW，供暖热负荷 33kW。

（3）风机盘管采用暗式吊装，由带三速开关的温度控制器控制其开启。

（4）空调水系统：系统干管及户内系统均采用双管异程式系统。

（5）空调冷热水管采用焊接钢管，冷凝水管采用热镀锌钢管。

（6）管道支架的最大跨距（公称直径）：DN20～DN25，DN32～DN50，（D57×3.5）。

（7）空调水管保温：冷热水供回水管及阀门均用耐高温的橡塑进行保温，燃烧级别为难燃，保温厚度为 30mm，冷凝水管为 15mm；冷热水管道穿越墙体和楼板时，保温层不能间断。

（8）防腐：暗装管道除锈后涂防锈漆两道；明装管道除锈后涂防锈漆两道，涂面漆两道。

（9）管道水压试验和冲洗：空调水系统最大工作压力为 0.4MPa，冷热水管道安装完毕后，应进行水压试验，系统试验压力为 0.6MPa，在 10min 内压降不大于 0.02MPa，降至工作压力，不渗不漏为合格；冷凝水管道应进行充水试验，以不渗不漏为合格。施压合格后，应对系统反复冲洗，冲洗时先除去过滤器的滤网，冲洗结束后再重新装好，管路系统冲洗时，水流不得经过设备。

（10）水系统的最低点应配置泄水丝堵，最高处安装 E121 型自动排气阀。

（11）本设计预留了地板辐射采暖的主干管，地板辐射采暖由专业厂家设计施工。

4．除尘

设计采用中央真空吸尘系统主机一套，主机设于车库，每层均设一吸尘口。

5．其他

（1）管道标高相对于地面±0.000，以 m 计（指地面到管径中心）。

（2）其他未说明的按《通风与空调工程施工质量验收规范》（GB 50243—2002）和《建筑给水排水及采暖工程施工质量验收规范》（GB 50242—2002）执行，注意与其他工种密切配合，事先进行必要的预留或预埋。

19.2　给排水图例绘制

下面讲述一些简单给排水图例的绘制方法。

1．闸阀的绘制

（1）单击"默认"选项卡"绘图"面板中的"矩形"按钮，在图形空白区域绘制一个适当大小的矩形，如图 19-1 所示。

（2）单击"默认"选项卡"绘图"面板中的"直线"按钮，在绘制的矩形内绘制矩形对角线，如图 19-2 所示。

（3）单击"默认"选项卡"修改"面板中的"修剪"按钮，对绘制的矩形进行修剪处理，如图 19-3 所示。

 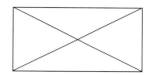 

图 19-1　绘制矩形　　　　图 19-2　绘制对角线　　　　图 19-3　修剪图形

（4）单击"默认"选项卡"绘图"面板中的"直线"按钮，在绘制的图形底部适当位置绘制一条竖直直线，如图 19-4 所示。

（5）单击"默认"选项卡"修改"面板中的"偏移"按钮，选择绘制的竖直直线为偏移对象，向右进行偏移，完成平衡阀的绘制，如图 19-5 所示。

利用上述方法完成闸阀的绘制，如图 19-6 所示。

利用上述方法完成截止阀的绘制，如图 19-7 所示。

 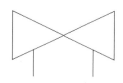  

图 19-4　绘制竖直直线　　图 19-5　偏移直线　　图 19-6　绘制闸阀　　图 19-7　截止阀

2．绘制自动排气阀

（1）单击"默认"选项卡"绘图"面板中的"矩形"按钮▢，在图形适当位置绘制一个适当大小的矩形，如图 19-8 所示。

（2）单击"默认"选项卡"修改"面板中的"分解"按钮，选择绘制的矩形为分解对象，按 Enter 键确认进行分解。

（3）单击"默认"选项卡"修改"面板中的"删除"按钮，选择分解的矩形下面水平边为删除对象，对其进行删除，如图 19-9 所示。

（4）单击"默认"选项卡"绘图"面板中的"圆弧"下拉按钮下的"三点"按钮，选择绘制的图形左侧竖直边下端点为圆弧起点，右侧竖直边下端点为圆弧端点绘制一段半径适当的圆弧，如图 19-10 所示。

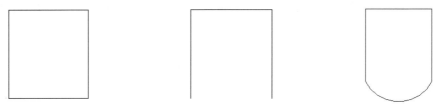

图 19-8　绘制矩形　　　　　图 19-9　删除线段　　　　　图 19-10　绘制圆弧

（5）单击"默认"选项卡"绘图"面板中的"直线"按钮，在绘制的图形上方选取一点为直线起点，向下绘制一条竖直直线，如图 19-11 所示。

（6）单击"默认"选项卡"修改"面板中的"修剪"按钮，对绘制的竖直直线进行修剪处理，完成自动排气阀的绘制，如图 19-12 所示。

3．绘制三通电动水阀

（1）单击"默认"选项卡"绘图"面板中的"圆"按钮，在图形空白位置任选一点为圆的圆心，绘制一个半径适当的圆，如图 19-13 所示。

（2）单击"默认"选项卡"绘图"面板中的"直线"按钮，在绘制的圆上选择一点为直线起点，向下绘制一条竖直直线，如图 19-14 所示。

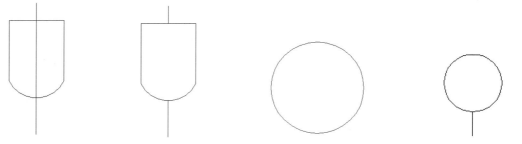

图 19-11　绘制竖直直线　　图 19-12　修剪线段　　　　图 19-13　绘制圆　　　图 19-14　绘制竖直直线

（3）单击"默认"选项卡"绘图"面板中的"多边形"按钮，在绘制图形的适当位置绘制一个半径适当的三角形，如图 19-15 所示。

（4）单击"默认"选项卡"修改"面板中的"旋转"按钮，选择绘制的三角形为旋转对象，对其进行旋转复制，如图 19-16 所示。

4．绘制过滤器

（1）单击"默认"选项卡"绘图"面板中的"直线"按钮 ▨ ，在图形适当位置选择一点为直线起点，绘制一条水平直线，如图 19-17 所示。

 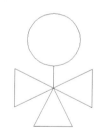

图 19-15　绘制三角形　　　　图 19-16　旋转复制图形　　　　图 19-17　绘制水平直线

（2）单击"默认"选项卡"绘图"面板中的"直线"按钮 ▨ ，在图形左侧位置绘制一条竖直直线，如图 19-18 所示。

（3）单击"默认"选项卡"修改"面板中的"复制"按钮 ▨ ，选择绘制的竖直直线为复制对象，向右进行复制，如图 19-19 所示。

利用上述方法绘制剩余相同图形，并完成过滤器的绘制，如图 19-20 所示。

图 19-18　绘制竖直直线　　　　　　图 19-19　复制直线　　　　　　图 19-20　绘制过滤器

19.3　空调水系统图

系统图一般表示某系统整体结构和各个单元连接关系的网络图。建筑系统图一般使用轴测画法，主要目的是表达出一种空间的相对位置关系。本例所绘制的空调水系统图则表达了整个别墅各个房间所安装的空调热交换的水循环以及冷凝水流出的线路系统图。本例采用中央空调，所以整个中央空调的水循环以及相应的地板辐射采暖系统的水循环形成一个封闭循环的整体，整个系统采用干线分支系统，各个空调单元和地板辐射采暖单元保持相对独立，避免出现相互干涉的情况。本节主要讲述空调水系统的绘制，如图 19-21 所示。

19.3.1　绘制基础图形

（1）单击"默认"选项卡"绘图"面板中的"直线"按钮 ▨ ，在图形空白区域选取一点为直线起点，向下绘制一条竖直直线，如图 19-22 所示。

（2）单击"默认"选项卡"修改"面板中的"偏移"按钮 ▨ ，选择绘制的竖直直线为偏移对象，向右进行偏移，并将其线型修改为 DASHED，如图 19-23 所示。

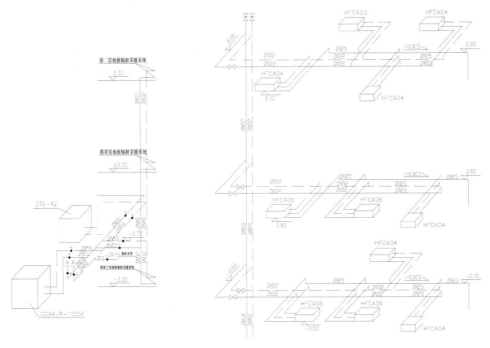

图 19-21　空调水系统图

（3）单击"默认"选项卡"绘图"面板中的"直线"按钮 ，在绘制的图形右侧选取一点为直线起点，绘制连续直线，如图 19-24 所示。

图 19-22　绘制竖直直线　　　　　图 19-23　偏移线段　　　　　图 19-24　绘制连续直线

（4）单击"默认"选项卡"绘图"面板中的"直线"按钮，在绘制的连续直线上选取直线起点，向下绘制 3 段相等的竖直直线，如图 19-25 所示。

（5）单击"默认"选项卡"绘图"面板中的"直线"按钮，连接步骤（4）绘制的直线，如图 19-26 所示。

（6）单击"默认"选项卡"修改"面板中的"复制"按钮，选择绘制的图形为复制对象，对其进行连续复制，如图 19-27 所示。

图 19-25　绘制竖直直线　　　　　图 19-26　绘制连接线　　　　　图 19-27　连续复制图形

（7）单击"默认"选项卡"绘图"面板中的"直线"按钮，连接复制的图形，如图 19-28 所示。利用上述方法继续绘制剩余图形之间的连接线，如图 19-29 所示。

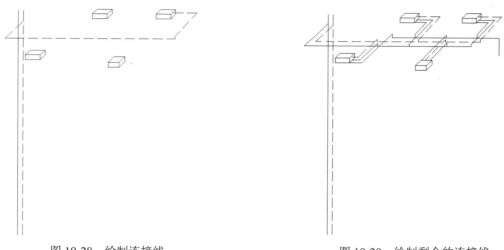

图 19-28　绘制连接线　　　　　　　　　　　图 19-29　绘制剩余的连接线

（8）单击"默认"选项卡"修改"面板中的"移动"按钮和"旋转"按钮，选择 19.2 节绘制的闸阀图形为操作对象，将其放置到适当位置，如图 19-30 所示。

（9）单击"默认"选项卡"修改"面板中的"复制"按钮，选择步骤（8）放置的闸阀图形为复制对象，将其进行复制，如图 19-31 所示。

（10）单击"默认"选项卡"修改"面板中的"移动"按钮，选择前面绘制的截止阀图形为移动对象，将其放置到适当位置，如图 19-32 所示。

（11）单击"默认"选项卡"修改"面板中的"修剪"按钮，选择步骤（10）放置的截止阀图形之间的线段为修剪对象，对其进行修剪处理，如图 19-33 所示。

利用上述方法完成下部相同图形的绘制，如图 19-34 所示。

（12）单击"默认"选项卡"绘图"面板中的"圆弧"按钮，在图形的底部绘制连续圆弧，如图 19-35 所示。

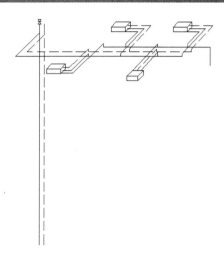

图 19-30 移动闸阀

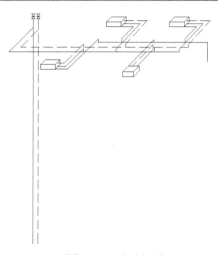

图 19-31 复制对象

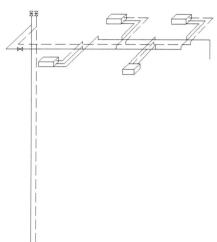

图 19-32 放置图形

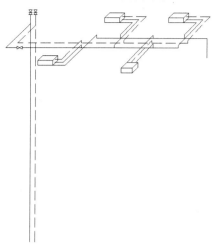

图 19-33 修剪线段

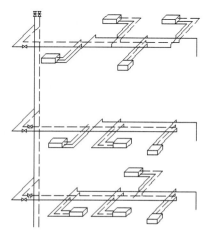

图 19-34 绘制相同图形

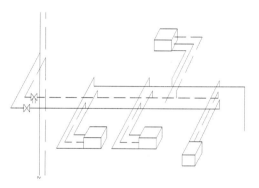

图 19-35 绘制连续圆弧

（13）单击"默认"选项卡"修改"面板中的"复制"按钮，选择绘制的圆弧图形为复制对象，向右进行复制，如图 19-36 所示。

（14）单击"默认"选项卡"绘图"面板中的"直线"按钮和"注释"选项卡"文字"面板中的"多行文字"按钮，为绘制的图形添加标高，如图 19-37 所示。

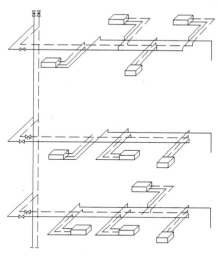

图 19-36　复制图形

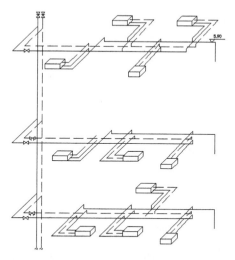

图 19-37　添加标高

利用上述方法完成剩余标高的添加，如图 19-38 所示。

（15）单击"默认"选项卡"绘图"面板中的"直线"按钮，在图形适当位置绘制连续直线，如图 19-39所示。

19.3.2　添加文字

（1）单击"注释"选项卡"文字"面板中的"多行文字"按钮，在绘制的连续直线上添加文字，如图 19-40所示。

（2）单击"默认"选项卡"修改"面板中的"复制"按钮，选择步骤（1）绘制的图形为复制对象，对其进行连续复制，如图 19-41 所示。

（3）单击"注释"选项卡"文字"面板中的"多行文字"按钮，为图形添加文字说明，如图 19-42 所示。

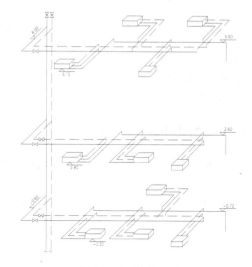

图 19-38　绘制标高

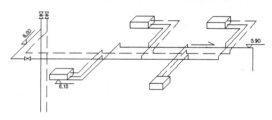

图 19-39　绘制连续直线

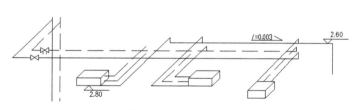

图 19-40　添加文字

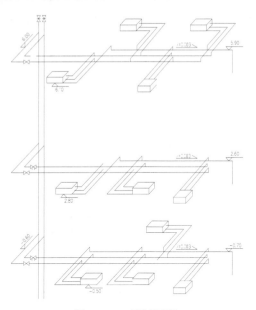
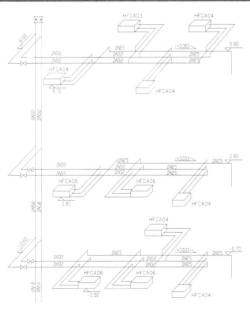

图 19-41   复制图形   图 19-42   添加文字说明

利用上述方法完成空调水系统图的剩余部分图形的绘制，如图 19-21 所示。

19.4   风机盘管连接示意图

风机盘管连接示意图是表达单个风机盘管连接的局部详图。本节主要讲述风机盘管连接示意图的绘制，如图 19-43 所示。

19.4.1   绘制基础图形

（1）单击"默认"选项卡"绘图"面板中的"直线"按钮，在图形空白区域绘制连续直线，如图 19-44 所示。

（2）单击"默认"选项卡"绘图"面板中的"直线"按钮，在图形底部绘制连续直线，如图 19-45 所示。

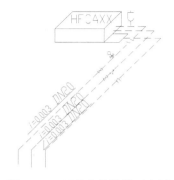

图 19-43   风机盘管连接示意图

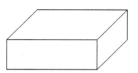

图 19-44   绘制连续直线

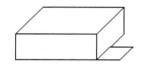

图 19-45   绘制连续直线

（3）单击"默认"选项卡"绘图"面板中的"直线"按钮▨，在绘制的图形上选取一点为直线起点，绘制连续线段，如图 19-46 所示。

（4）单击"默认"选项卡"绘图"面板中的"直线"按钮▨，在绘制的图形适当位置绘制连续直线，如图 19-47 所示。

（5）单击"默认"选项卡"修改"面板中的"修剪"按钮▨，选择绘制的连续线段间多余部分为修剪对象，对其进行修剪处理，如图 19-48 所示。

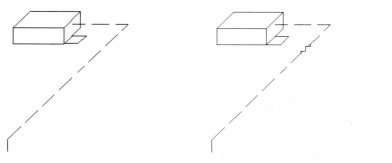

图 19-46　绘制连续线段　　　　图 19-47　绘制连续直线　　　　图 19-48　修剪线段

（6）单击"默认"选项卡"修改"面板中的"移动"按钮▨，选择前面绘制的自动排气阀为移动对象，将其移动放置到步骤（5）图形的适当位置，如图 19-49 所示。

（7）单击"默认"选项卡"修改"面板中的"移动"按钮▨，选择前面绘制的三通电动水阀为移动对象，将其放置到图形的适当位置，如图 19-50 所示。

（8）单击"默认"选项卡"修改"面板中的"修剪"按钮▨，选择移动放置的三通电动水阀内的多余线段为修剪对象，对其进行修剪处理，如图 19-51 所示。

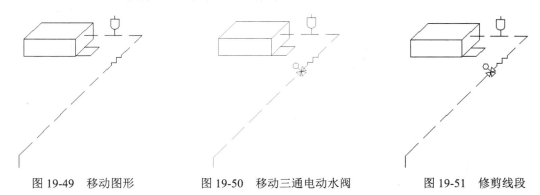

图 19-49　移动图形　　　　图 19-50　移动三通电动水阀　　　　图 19-51　修剪线段

（9）单击"默认"选项卡"修改"面板中的"移动"按钮▨，选择前面绘制的"截止阀"为移动对象，将其移动放置到图形适当位置，如图 19-52 所示。

利用上述方法完成剩余部分图形的绘制，如图 19-53 所示。

19.4.2　添加文字

单击"默认"选项卡"绘图"面板中的"直线"按钮▨和"注释"选项卡"文字"面板中的"多行文字"按钮Ⓐ，为绘制完成的风机盘管连接示意图添加文字说明，最终完成风机盘管连接示意图的绘制，如图 19-43 所示。

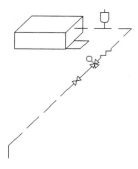

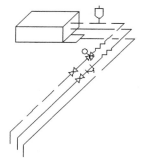

图 19-52　移动截止阀　　　　　　　图 19-53　绘制剩余部分

19.5　首层空调平面图

　　首层空调平面图表达了首层风机口的布置情况和水循环详图管线的布置情况。本层在餐厅、客厅、客人卧室布置 3 个出风口，主循环水管线接到位于厨房的立管干线上，冷凝水管线接到客人卧室卫生间的地漏处。为了防止灰尘进入室内，在楼道口还设置了吸尘系统。本节主要讲述首层空调平面图的绘制过程，如图 19-54 所示。

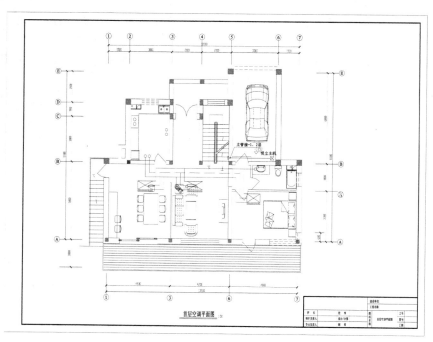

图 19-54　首层空调平面图

19.5.1　整理平面图

　　（1）单击快速访问工具栏中的"打开"按钮📂，打开"源文件\首层装饰平面图"。
　　（2）单击"默认"选项卡"修改"面板中的"删除"按钮✄，删除不需要的图形，并结合所学命令对打开的平面图形进行修改，如图 19-55 所示。

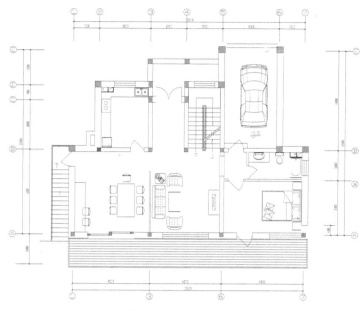

图 19-55　调整平面图

19.5.2　布置给水图例

（1）单击"默认"选项卡"绘图"面板中的"圆"下拉按钮下的"圆心，半径"按钮⊙，在厨房内任选一点为圆心，绘制一个半径为 93 的热水管，如图 19-56 所示。

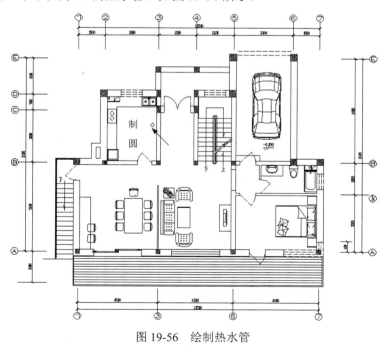

图 19-56　绘制热水管

（2）单击"默认"选项卡"修改"面板中的"复制"按钮，选择绘制的热水管为复制对象，向下进行复制，复制间距为305，如图19-57所示。

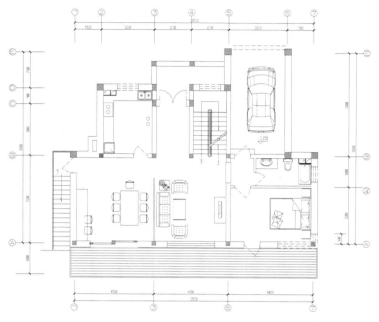

图 19-57　复制图形

利用上述方法完成图形中剩余立管的绘制，如图19-58所示。

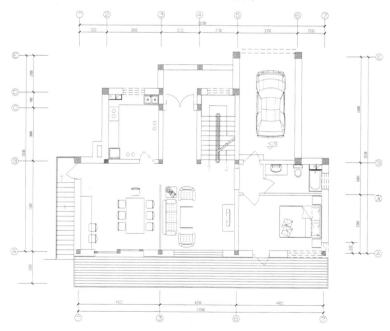

图 19-58　绘制剩余立管

（3）单击"默认"选项卡"绘图"面板中的"矩形"按钮，在绘制的图形适当位置绘制一个1064×

566 的矩形，如图 19-59 所示。

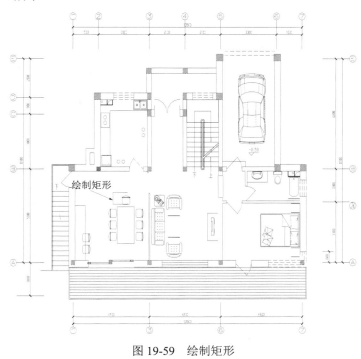

图 19-59　绘制矩形

（4）单击"默认"选项卡"绘图"面板中的"直线"按钮■，在绘制的矩形内绘制对角线，如图 19-60 所示。

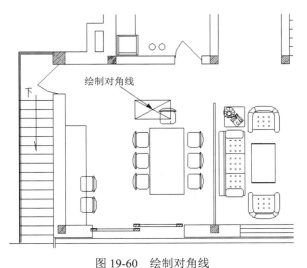

图 19-60　绘制对角线

（5）单击"默认"选项卡"绘图"面板中的"矩形"按钮■，在矩形下端绘制一个 1064×62 的矩形，如图 19-61 所示。

（6）单击"默认"选项卡"绘图"面板中的"直线"按钮■，绘制竖直连接线连接步骤（5）绘制的矩形，如图 19-62 所示。

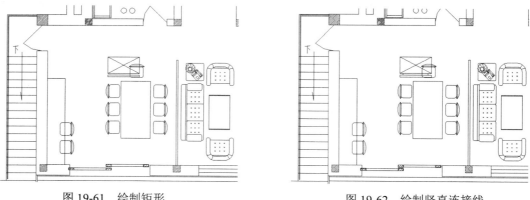

图 19-61　绘制矩形　　　　　　　　　　　图 19-62　绘制竖直连接线

（7）单击"默认"选项卡"修改"面板中的"复制"按钮，选择绘制的图形为复制对象，对其进行连续复制，如图 19-63 所示。

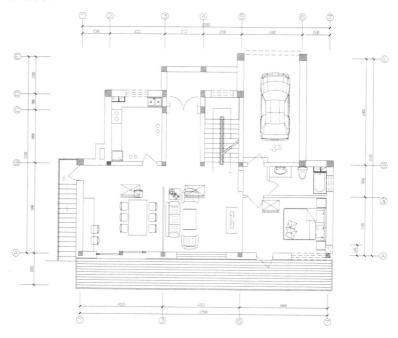

图 19-63　复制图形

（8）单击"默认"选项卡"绘图"面板中的"矩形"按钮，在图形的适当位置绘制一个 22×238 的矩形，如图 19-64 所示。

（9）单击"默认"选项卡"绘图"面板中的"直线"按钮，在绘制的矩形上绘制两条斜向直线，如图 19-65 所示。

（10）单击"默认"选项卡"绘图"面板中的"圆"按钮，在绘制的斜向直线上端绘制一个半径适当的圆，如图 19-66 所示。

（11）单击"默认"选项卡"绘图"面板中的"矩形"按钮，在图形右侧绘制一个 240×233 的矩形，如图 19-67 所示。

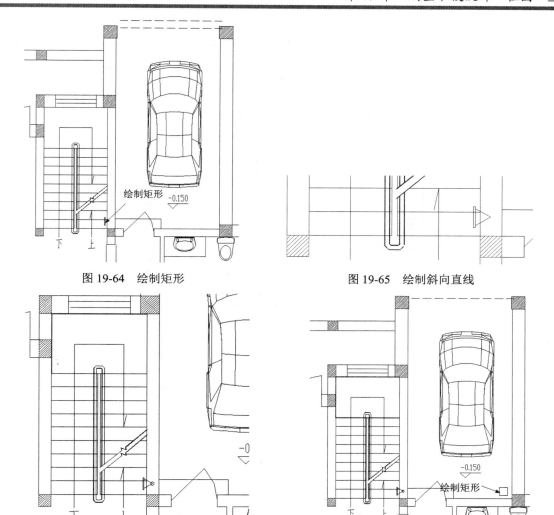

图 19-64　绘制矩形　　　　　　　　　图 19-65　绘制斜向直线

图 19-66　绘制圆　　　　　　　　　　图 19-67　绘制矩形

（12）单击"默认"选项卡"绘图"面板中的"直线"按钮，在绘制的矩形内绘制对角线，如图 19-68 所示。

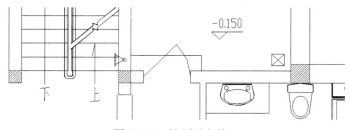

图 19-68　绘制对角线

（13）单击"默认"选项卡"绘图"面板中的"直线"按钮，绘制连续直线连接绘制的各图形，如图 19-69 所示。

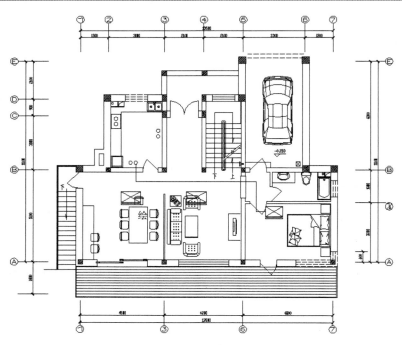

图 19-69　绘制连续直线 1

（14）单击"默认"选项卡"绘图"面板中的"直线"按钮，在绘制的连续直线下方继续绘制连续直线，如图 19-70 所示。

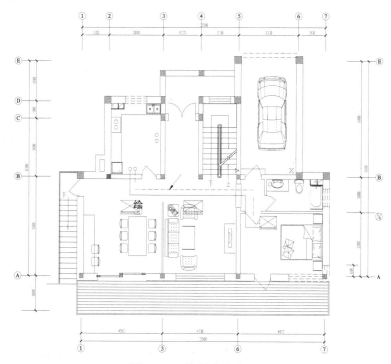

图 19-70　绘制连续直线 2

（15）单击"默认"选项卡"绘图"面板中的"圆"按钮⊙，在绘制图形的适当位置绘制一个半径适当的圆，如图 19-71 所示。

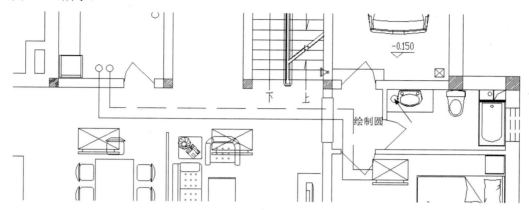

图 19-71　绘制圆

利用上述方法完成剩余相同连接线的绘制，如图 19-72 所示。

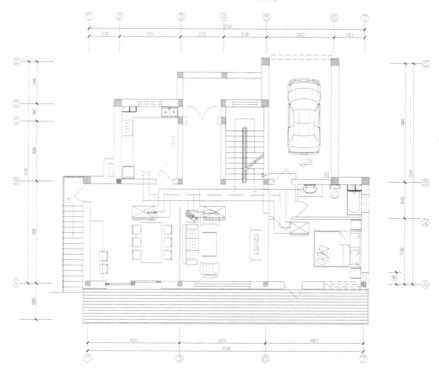

图 19-72　绘制连接线

（16）单击"默认"选项卡"绘图"面板中的"直线"按钮✎，连接前面布置的吸尘口及吸尘主机，最终完成首层空调平面图，如图 19-73 所示。

（17）单击"注释"选项卡"文字"面板中的"多行文字"按钮🅰和"默认"选项卡"绘图"面板中的"直线"按钮✎，为绘制完成的首层空调平面图添加文字说明，如图 19-74 所示。

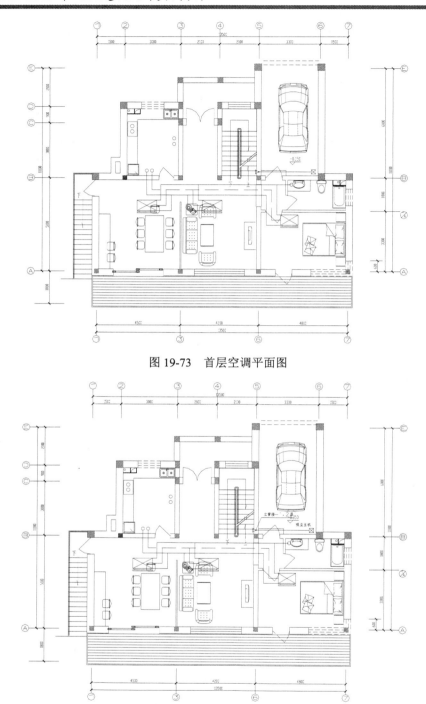

图 19-73 首层空调平面图

图 19-74 添加文字说明

（18）单击"插入"选项卡"块"面板中的"插入"按钮 ，弹出"插入"对话框，如图 19-75 所示。单击"浏览"按钮，弹出"选择图形文件"对话框，选择"源文件\图块\A2 图框"图块，将其放置到图形适当位置，结合所学知识为绘制的图形添加图形名称，最终完成首层空调平面图，如图 19-54 所示。

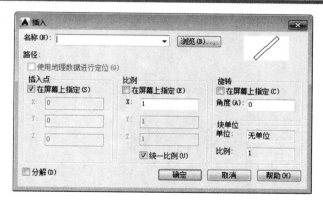

图 19-75　"插入"对话框

19.6　地下室空调平面图

地下室空调平面图和首层空调平面图类似，所不同的是，地下层设置有热交换终端（集水坑、锅炉和冷却塔），设计时要注意这些热交换终端与管线之间的相连关系。利用前面所学知识完成地下室空调平面图的绘制，如图 19-76 所示。

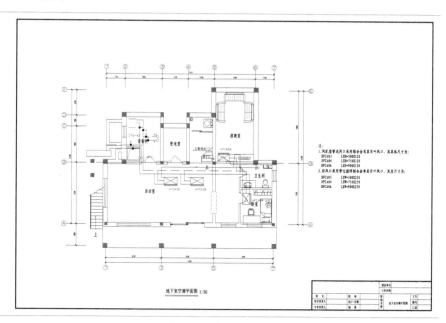

图 19-76　地下室空调平面图

19.7　二层空调平面图

二层空调平面图和首层空调平面图类似,利用前面所学知识完成二层空调平面图的绘制,如图 19-77 所示。

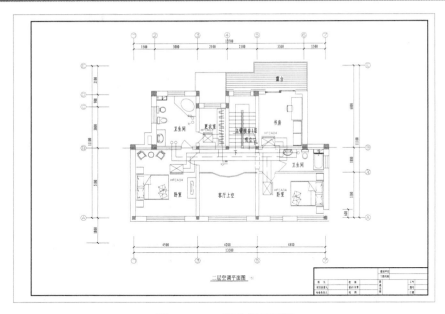

图 19-77　二层空调平面图

19.8　给水排水平面图

给水排水系统包括冷水给水系统、热水给水系统和排水系统。在平面图中，在卫生间、厨房以及热交换终端等处，需要绘制相关的管线及附属设备。利用前面所学知识完成别墅各层给水排水平面图的绘制，如图 19-78～图 19-80 所示。

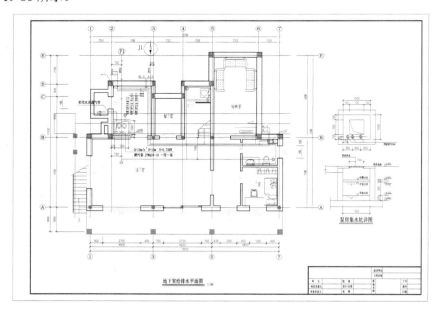

图 19-78　地下层给水排水平面图

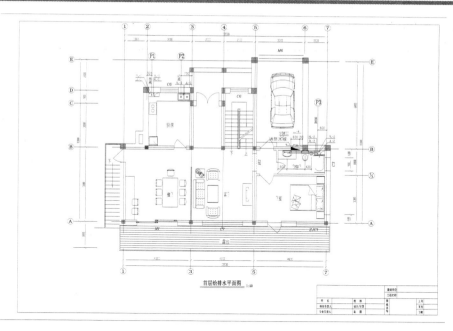

图 19-79　首层给排水平面图

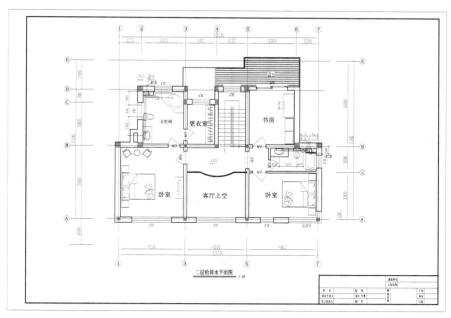

图 19-80　二层给排水平面图

19.9　给排水系统图

给排水系统图分为冷水系统图、热水系统图、排水系统图和设备间集水坑排水系统图，绘制方法与空调水系统图类似。利用上述方法完成别墅给排水系统图绘制，如图 19-81 所示。

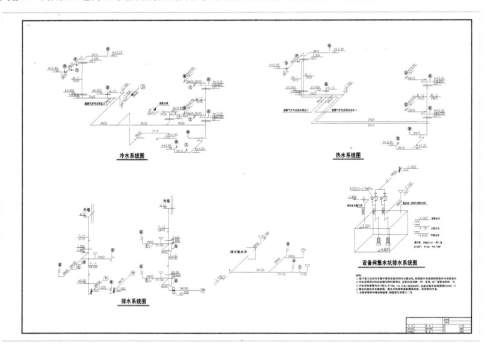

冷水系统图

热水系统图

外墙

排水系统图

设备间集水坑排水系统图

图 19-81　给排水系统图

19.10　上机实验

【练习 1】绘制如图 19-82 所示的某教学楼空调平面图局部。

1. 目的要求

本实验为某教学楼空调平面图局部，结构比较简单，但是空调部分比较复杂，需要细心绘制。绘制过程包括设置图层、绘制轴线、绘制墙体、绘制其他设施、绘制空调、绘制标注和插入图签。

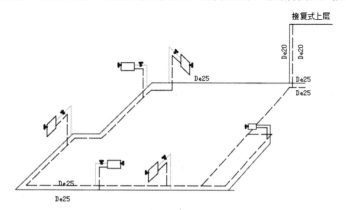

图 19-82　某教学楼空调平面图局部

2．操作提示

（1）绘制门窗。

（2）绘制空调。

（3）绘制空调设备。

（4）绘制其他建筑构件。

（5）标注文字说明。

（6）标注尺寸及轴号。

【练习 2】绘制如图 19-83 所示的某户型采暖系统图。

1．目的要求

本实验为某户型采暖系统图，采暖平面图是室内采暖施工图中的基本图样，表示室内采暖管网和散热设备的平面图布置及相互连接关系情况。

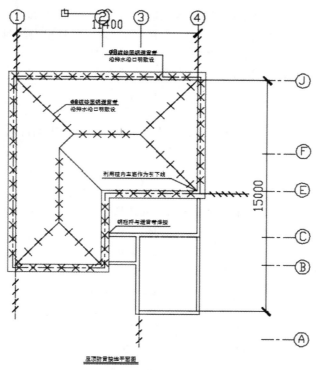

图 19-83　某户型采暖系统图

2．操作提示

（1）绘制采暖管线。

（2）绘制回水管线。

（3）布置设备。

（4）管道标注。

附录 A

Autodesk 工程师认证考试样题（满分 100 分）

一、单项选择题。（以下各小题给出的四个选项中，只有一个符合题目要求，请选择相应的选项，不选、错选均不得分，共 30 题，每题 2 分，共 60 分。）

1. "图层"工具栏中按钮"将对象的图层置为当前"的作用是（   ）。
   A．将所选对象移至当前图层   B．将所选对象移出当前图层
   C．将选中对象所在的图层置为当前层   D．增加图层

2. 在 AutoCAD 中插入外部参照时，路径类型不正确的是（   ）。
   A．无路径   B．相对路径
   C．绝对路径   D．覆盖路径

3. 将信息附着到目标文件中后，要想源信息所在文件的变动不会影响目标文件中的信息，应选用什么方式引用？（   ）
   A．复制、粘贴   B．OLE 链接
   C．OLE 嵌入   D．A 和 C 都可以

4. 在选择集中去除对象，按住哪个可以进行去除对象选择（   ）。
   A．Space   B．Shift
   C．Ctrl   D．Alt

5. 所有尺寸标注公用一条尺寸界线的是（   ）。
   A．引线标注   B．连续标注
   C．基线标注   D．公差标注

6. 利用夹点对一个线性尺寸进行编辑，不能完成的操作是？（   ）
   A．修改尺寸界线的长度和位置   B．修改尺寸线的长度和位置
   C．修改文字的高度和位置   D．修改尺寸的标注方向

7. 边长为 10 的正五边形的外接圆的半径是（   ）。
   A．8.51   B．17.01
   C．6.88   D．13.76

8. 绘制带有圆角的矩形，首先要（   ）。
   A．确定一个角点   B．绘制矩形再倒圆角
   C．设置圆角再确定角点   D．设置倒角再确定角点

9. 将图和已标注的尺寸同时放大 2 倍，其结果是（   ）。
   A．尺寸值是原尺寸的 2 倍   B．尺寸值不变，字高是原尺寸的 2 倍
   C．尺寸箭头是原尺寸的 2 倍   D．原尺寸不变

10. AutoCAD 为用户提供了屏幕菜单方式，该菜单位于屏幕的（　　）。

    A．上侧   B．下侧

    C．左侧   D．右侧

11. 在图纸空间创建长度为 1000 的竖直线，设置 DIMLFAC 为 5，视口比例为 1:2，在布局空间进行的关联标注直线长度为（　　）。

    A．500   B．1000

    C．2500   D．5000

12. 实体填充区域不能表示为以下哪项？（　　）

    A．图案填充（使用实体填充图案）   B．三维实体

    C．渐变填充   D．多段线或圆环

13. 下列关于块的说法正确的是（　　）。

    A．块只能在当前文档中使用

    B．只有用 WBLOCK 命令写到盘上的块才可以插入另一图形文件中

    C．任何一个图形文件都可以作为块插入另一幅图中

    D．用 BLOCK 命令定义的块可以直接通过 INSERT 命令插入到任何图形文件中

14. 在尺寸标注样式管理器中将"测量单位比例"的比例因子设置为 0.5，则 30° 的角度将被标注为（　　）。

    A．15   B．60

    C．30   D．与注释比例相关，不定

15. 以下哪种方式不能创建表格？（　　）

    A．从空表格开始   B．自数据链接

    C．自图形中的对象数据   D．自文件中的数据链接

16. 默认的工具选项板不包括以下哪些内容？（　　）

    A．机械   B．电力

    C．土木工程   D．结构

17. 在 AutoCAD 中，以下哪种操作不能切换工作空间？（　　）

    A．通过"菜单浏览器"→"工具"→"工作空间"命令切换工作空间

    B．通过状态栏上的"工作空间"按钮切换工作空间

    C．通过"工作空间"工具栏切换工作空间

    D．通过"菜单浏览器"→"视图"→"工作空间"命令切换工作空间

18. 对于一个多段线对象中的所有角点进行圆角，可以使用圆角命令中的什么命令选项？（　　）

    A．多段线(P)   B．修剪(T)

    C．多个(U)   D．半径(R)

19. 如果 A 图和 B 图都附加了 C 图，同时 A 图还附加了 B 图，在外部参照属性管理器中，以下说法正确的是（　　）。

    A．使用"列表图"显示两个 C 图，使用"树状图"显示一个 C 图

    B．使用"列表图"显示一个 C 图，使用"树状图"显示两个 C 图

    C．使用"列表图"和"树状图"都显示两个 C 图

    D．使用"列表图"和"树状图"都显示一个 C 图

20. 图形组织和图档管理视口最大化的状态保存在以下哪个系统变量中？（　　）
    A．VSEDGES　　　　　　　　　　　B．VPLAYEROVERRIDESMODE
    C．VPMAXIMIZEDSTATE　　　　　　D．VSBACKGROUNDS

21. 关于偏移，下面说明错误的是（　　）。
    A．偏移值为 30
    B．偏移值为-30
    C．偏移圆弧时，既可以创建更大的圆弧，也可以创建更小的圆弧
    D．可以偏移的对象类型有样条曲线

22. 关于分解命令（EXPLODE）的描述正确的是（　　）。
    A．对象分解后颜色、线型和线宽不会改变
    B．图案分解后图案与边界的关联性仍然存在
    C．多行文字分解后将变为单行文字
    D．构造线分解后可得到两条射线

23. 图 A-1 采用的多线编辑方法分别是（　　）。
    A．T 字打开，T 字闭合，T 字合并　　B．T 字闭合，T 字打开，T 字合并
    C．T 字合并，T 字闭合，T 字打开　　D．T 字合并，T 字打开，T 字闭合

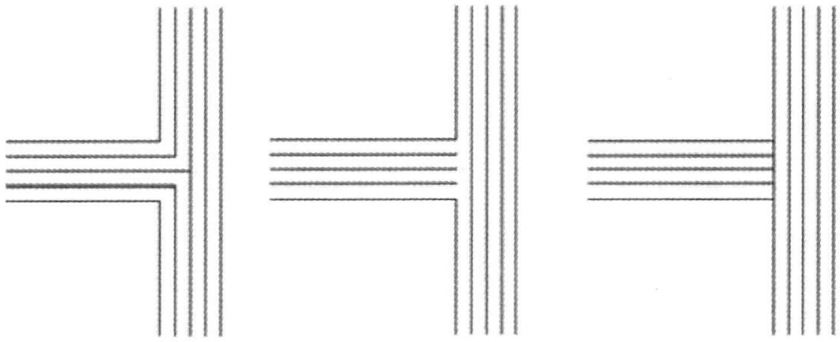

图 A-1

24. 当使用显示图形范围的命令时，下列哪个图形对象会被忽略？（　　）
    A．直线　　　　　B．射线　　　　　C．点　　　　　D．云线

25. 夹点模式下，不可以对图形执行的操作有（　　）。
    A．拉伸对象　　　　　　　　　　　B．移动对象
    C．镜像对象　　　　　　　　　　　D．阵列对象

26. 不能作为多重引线线型类型的是（　　）。
    A．直线　　　　　　　　　　　　　B．多段线
    C．样条曲线　　　　　　　　　　　D．以上均可以

27. 在执行打印命令时，若希望当前空间内的所有几何图形都被打印，使用下列哪个打印选项？（　　）。
    A．布局　　　　　　　　　　　　　B．界限
    C．范围　　　　　　　　　　　　　D．视图

28. 绘制如图 A-2 所示图形，请问极轴追踪的极轴角该如何设置？（　　）
    A．增量角 15，附加角 80　　　　　B．增量角 15，附加角 35
    C．增量角 30，附加角 35　　　　　D．增量角 15，附加角 30

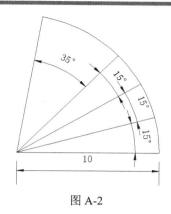

图 A-2

29. 利用 AutoCAD "设计中心" 不可能完成的操作是（   ）。

    A．根据特定的条件快速查找图形文件

    B．打开所选的图形文件

    C．将某一图形中的块通过鼠标拖放添加到当前图形中

    D．删除图形文件中未使用的命名对象，例如块定义、标注样式、图层、线型和文字样式等

30. 选择图形对象后，按住鼠标左键从一个文档拖动到另一个文档，该操作是（   ）。

    A．移动   B．粘贴为块

    C．复制   D．插入外部参照

二、操作题。（根据题中的要求逐步完成，每题 20 分，共 2 题，共 40 分）

1. 题目：绘制如图 A-3 所示的建筑平面图。

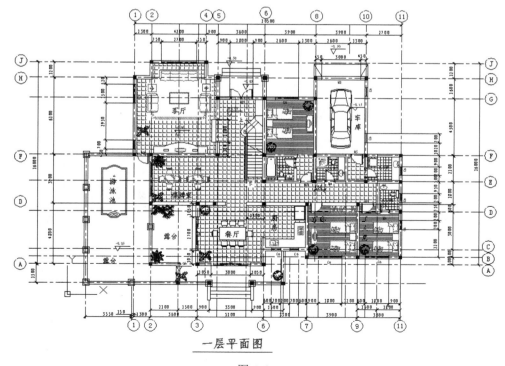

一层平面图

图 A-3

操作提示：

（1）绘制建筑轴网。

（2）绘制墙体和柱子。

（3）绘制门窗和台阶。

（4）绘制楼梯。

（5）室内布置。

（6）添加尺寸标注和文字说明。

2．题目：绘制如图 A-4 所示的建筑平面图。

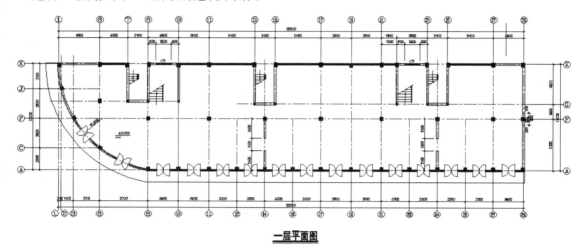

一层平面图

图 A-4

操作提示：

（1）绘制定位辅助线。

（2）绘制墙线、柱子。

（3）绘制门窗及楼梯。

（4）绘制散水。

（5）标注尺寸和文字说明。

模拟题单项选择题答案：

| 1～5 | CDDBC | 6～10 | CACAD | 11～15 | DBCCD |
| 16～20 | ADABC | 21～25 | BCDBD | 26～30 | BBADC |

模拟考试答案

第 1 章

1. D   2. C   3. B   4. C   5. A
6. C   7. D   8. C   9. A

第 2 章

1. A   2. B   3. B   4. A   5. D
6. A   7. D   8. D   9. A   10. B

第 3 章

1. B   2. D   3. D

第 4 章

1. A   2. C   3. C   4. D   5. A
6. B   7. B   8. A   9. C

第 5 章

1. D   2. C   3. D   4. B

第 6 章

1. A   2. B   3. B   4. A
5. B   6. B   7. C

第 7 章

1. A   2. C   3. C   4. A   5. B

精品图书 推荐阅读

"善于工作讲方法，提高效率有捷径。"清华大学出版社"高效随身查"系列就是一套致力于提高职场人员工作效率的"口袋书"。全系列包括 11 个品种，含图像处理与绘图、办公自动化及操作系统等多个方向，适合于设计人员、行政管理人员、文秘、网管等读者使用。

一两个技巧，也许能解除您一天的烦恼，让您少走很多弯路；一本小册子，也可能让您从职场中脱颖而出。"高效随身查"系列图书，教你以一当十的"绝活"，教你不加班的秘诀。

（本系列图书在各地新华书店、书城及当当网、亚马逊、京东商城等网店有售）

精 品 图 书 推 荐 阅 读

　　"高效办公视频大讲堂"系列丛书为清华社"视频大讲堂"大系中的子系列，是一套旨在帮助职场人士高效办公的从入门到精通类丛书。全系列包括 8 个品种，含行政办公、数据处理、财务分析、项目管理、商务演示等多个方向，适合行政、文秘、财务及管理人员使用。各品种均配有高清同步视频讲解，可帮助读者快速入门，在成就精英之路上助你一臂之力。另外，本系列图书还有如下特点：

1. 职场案例＋拓展练习，让学习和实践无缝衔接
2. 应用技巧＋疑难解答，有问有答让你少走弯路
3. 海量办公模板，让你工作事半功倍
4. 常用实用资源随书送，随看随用，真方便

（本系列图书在各地新华书店、书城及当当网、亚马逊、京东商城等网店有售）

精 品 图 书　推 荐 阅 读

　　在当前的社会环境下，很多用人单位越来越注重员工的综合实力，恨不得你是"十项全能"。所以在做好本职工作的同时，利用业余时间自学掌握一种或几种其他技能，是很多职场人的选择。

　　以下图书为艺术设计专业讲师和专职设计师联合编写的、适合自学读者使用的参考书。共 8 个品种，涉及图像处理（Photoshop）、效果图制作（Photoshop、3ds Max 和 VRay）、平面设计（Photoshop 和 CorelDRAW）、三维图形绘制和动画制作（3ds Max）、视频编辑（Premiere 和会声会影）等多个方向。作者编写时充分考虑到自学的特点，以"实例＋视频"的形式，确保读者看得懂、学得会，非常适合想提升自己的读者选择。

部分案例效果展示

（以上图书在各地新华书店、书城及当当网、亚马逊、京东商城等网店有售）

精品图书　推荐阅读

《CAD/CAM/CAE 自学视频教程》是一套面向自学的 CAD 行业应用入门类丛书，该丛书由 Autodesk 中国认证考试中心首席专家组织编写，科学、专业、实用性强。

丛书细分为入门、建筑、机械、室内装潢设计、电气设计、园林设计、建筑水暖电等。每个品种都尽可能通过实例讲述，并结合行业案例，力求"好学"、"实用"。

另外，本丛书还配套自学视频光盘，为读者配备了极为丰富的学习资源，具体包括以下内容：

- 🔘 应用技巧汇总
- 🔘 典型练习题
- 🔘 常用图块集
- 🔘 快捷键速查

- 🔘 疑难问题汇总
- 🔘 全套图纸案例
- 🔘 快捷命令速查
- 🔘 工具按钮速查

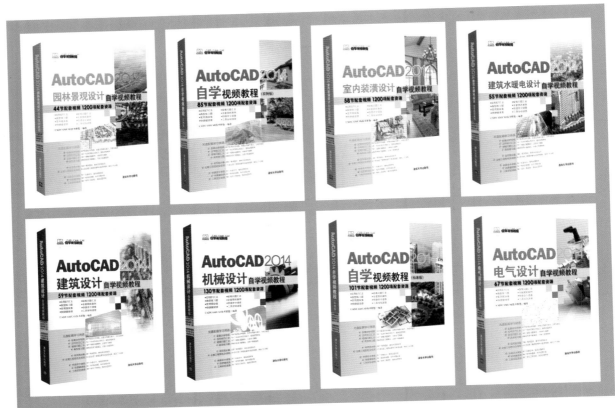

（以上图书在各地新华书店、书城及当当网、亚马逊、京东商城等网店有售）